数学演習ライブラリ＝1

線形代数演習
［新訂版］

横井英夫／尼野一夫 共著

サイエンス社

新訂版へのまえがき

本書の初版本が発行されてから早くも20年近くの歳月がたちました．この間，科学・技術の著しい高度化や社会の多様化が進展し，教育を取り巻く環境も激しく変化してきました．それにともない，高等学校の学習指導要領も改訂され，高・大一貫教育の必要性も叫ばれるようになってきました．とくに，コンピュータやインターネットに代表される情報通信技術の発展と普及は目覚ましく，高等学校では新たな教科「情報」が選択必修科目として取り入れられました．また，大学では単なる情報リテラシー教育のみならず情報科学の理論的基礎教育も必要不可欠となり，線形代数学を含む情報数学の重要性が益々高まってきました．他方，少子化の進展とともに大学への進学率が高まり，学生の層も多様化してきました．このような諸情勢の変化を考慮して，この度の新訂版では，とくに,「使いやすく，理解しやすい」をモットーに，多様な学生や幅広い読者層に活用されやすくするため，

1）各節の問題へ，読者が取りかかりやすい問題の追加

2）複数のキーワードから成るキーワードについては，索引からの検索が一層しやすくなるように索引の補充

を行った．

最後になりましたが，この新訂版の出版を熱心に勧めていただいたサイエンス社編集部の田島伸彦氏，並びに校正や索引の作成などいろいろと大変お世話になった鈴木まどかさんに心から感謝の意を表します．

2003年1月

横井英夫
尼野一夫

まえがき

近年，線形代数学は幅広い応用性をもったものとして，その重要性がますます大きくなってきました．そのため，大学の初年級では微分積分学とともに，もう1つの柱として線形代数学が講義されています．しかし，多くの場合，時間的な制約もあって講義は基本的な理論の解説に追われているのが実情だろうと思われます．微分積分学にせよ線形代数学にせよ数学をほんとうに理解しようとすれば，理論面ばかりでなく，それを支える具体的な裏づけも不可欠であります．

この本は，このような目的をもって，線形代数学を理解するための1つの手助けになればと思って書かれた線形代数学の演習書です．

本書の構成と特徴は次の諸点です．

1) 高等学校の数学との関連を考慮して，基礎的事項を確認するため，とくに第1章に「平面と空間のベクトル」をもうけた．
2) 各節のはじめには，基本的な事項や定理を整理して掲げた．
3) 各節の例題は，その節の基本的な事項や定理が理解されやすいように，具体的なものに限った．
4) 各節の終りには，その節に関する基本的な問題を，やさしいもの (A) とやや程度の高いもの (B) に分けて掲げ，そのヒントと解答は，各節の末尾にできるだけ詳しくまとめて付した．

最後に，本書の出版に際して，企画から出版にいたるまで大変お世話になったサイエンス社の富沢昇氏はじめ，編集部の方々に心より感謝の言葉を申しのべます．

1984年5月

横 井 英 夫
尼 野 一 夫

目　　次

第1章　平面と空間のベクトル

1.1　幾何ベクトル ・・・・・・・・・・・・・・・・・・・・・・・・・・・・・・・・・・・・・・・　1
　　　ベクトルの演算　内分点・外分点　ベクトルの平行　チェバ
　　　の定理　問題　ヒントと解答

1.2　ベクトルの成分と座標系 ・・・・・・・・・・・・・・・・・・・・・・・・・・・・・　10
　　　空間の基底　4面体の重心　直線のベクトル表示　直線と平
　　　面の方程式　問題　ヒントと解答

1.3　ベクトルの内積 ・・・・・・・・・・・・・・・・・・・・・・・・・・・・・・・・・・・　20
　　　平行4辺形の面積　方向余弦　正射影　問題　ヒントと解答

1.4　ベクトル積 ・・　28
　　　ベクトル積の計算　平行6面体の体積　ベクトル積と直線
　　　問題　ヒントと解答

1.5　平面と空間の1次変換 ・・・・・・・・・・・・・・・・・・・・・・・・・・・・・・　34
　　　1次変換と図形　1次変換と面積　正射影と1次変換　問題
　　　ヒントと解答

第2章　行　　列

2.1　行列とその演算 ・・・・・・・・・・・・・・・・・・・・・・・・・・・・・・・・・・・　40
　　　基本演算　分割乗法　可換な行列　特別な行列と可換な行列
　　　問題　ヒントと解答

2.2　行列の転置と複素共役 ・・・・・・・・・・・・・・・・・・・・・・・・・・・・・　52
　　　対称行列・交代行列　エルミート共役　問題　ヒントと解答

2.3　正則行列と逆行列 ・・・・・・・・・・・・・・・・・・・・・・・・・・・・・・・・　57
　　　2次正方行列と逆行列　複素数と行列　分割行列の逆行列
　　　問題　ヒントと解答

2.4　いろいろな正方行列 ・・・・・・・・・・・・・・・・・・・・・・・・・・・・・・・　64

第5章　線 形 空 間

第6章　線 形 写 像

第7章 行列の標準形

1　平面と空間のベクトル

1.1　幾何ベクトル

幾何ベクトル ▶　平面または空間の有向線分 $\overrightarrow{\mathrm{AB}}$, $\overrightarrow{\mathrm{CD}}$ は向きと長さが等しいとき，有向線分として同値であるという．

$\overrightarrow{\mathrm{AB}}$ に同値な有向線分の全体を $\boldsymbol{a} = (\overrightarrow{\mathrm{AB}})$ などと表し，**幾何ベクトル**または単に**ベクトル**と呼ぶ．とくに，$(\overrightarrow{\mathrm{AA}})$ を $\boldsymbol{o}$ で表し**零ベクトル**という．

平面における幾何ベクトル全体の集合を V^2，空間における幾何ベクトル全体の集合を V^3，などで表し，それぞれ，**幾何ベクトル空間**と呼ばれる．

ベクトルの相等 ▶　$\boldsymbol{a} = (\overrightarrow{\mathrm{AB}})$, $\boldsymbol{b} = (\overrightarrow{\mathrm{CD}})$ に対し，$\overrightarrow{\mathrm{AB}}$ と $\overrightarrow{\mathrm{CD}}$ が有向線分として同値であるとき，$\boldsymbol{a}$ と $\boldsymbol{b}$ は等しいといって $\boldsymbol{a} = \boldsymbol{b}$ で表す．

ベクトルの和と実数倍 ▶　2 つのベクトル $\boldsymbol{a} = (\overrightarrow{\mathrm{AB}})$, $\boldsymbol{b} = (\overrightarrow{\mathrm{BC}})$ と実数 k に対して，ベクトルの和，ベクトルの実数倍の演算を次のように定める．

和　　：$\boldsymbol{a} + \boldsymbol{b} = (\overrightarrow{\mathrm{AC}})$

実数倍：$k\boldsymbol{a}$ を，$k > 0$ なら $\overrightarrow{\mathrm{AB}}$ と同じ向きで長さが k 倍の有向線分 $\overrightarrow{\mathrm{AC}}$ に対して $k\boldsymbol{a} = (\overrightarrow{\mathrm{AC}})$ とし，$k < 0$ なら $\overrightarrow{\mathrm{AB}}$ と逆向きで長さが $|k|$ 倍の有向線分 $\overrightarrow{\mathrm{AC}}$ に対して $k\boldsymbol{a} = (\overrightarrow{\mathrm{AC}})$ とする．とくに，$k = 0$ ならば $k\boldsymbol{a} = \boldsymbol{o}$ とする．

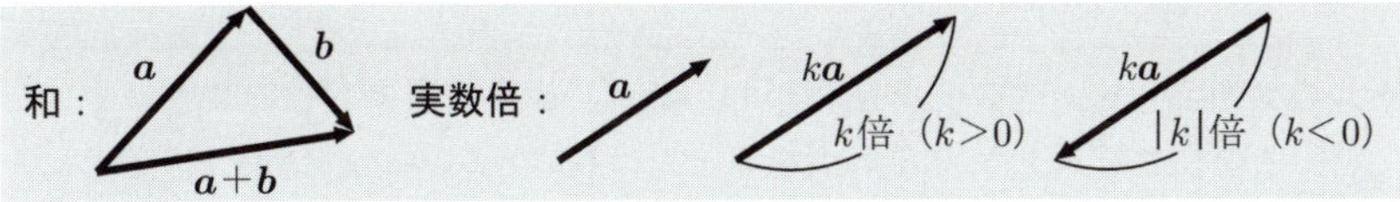

定理 1

(i)	$\boldsymbol{a} + \boldsymbol{b} = \boldsymbol{b} + \boldsymbol{a}$	（和の交換法則）
(ii)	$\boldsymbol{a} + (\boldsymbol{b} + \boldsymbol{c}) = (\boldsymbol{a} + \boldsymbol{b}) + \boldsymbol{c}$	（和の結合法則）
(iii)	$\boldsymbol{a} + \boldsymbol{o} = \boldsymbol{o} + \boldsymbol{a} = \boldsymbol{a}$	
(iv)	$\boldsymbol{a}, \boldsymbol{b}$ に対して $\boldsymbol{a} + \boldsymbol{x} = \boldsymbol{b}$ をみたす $\boldsymbol{x}$ がただ 1 つ存在する	
(v)	$k(\boldsymbol{a} + \boldsymbol{b}) = k\boldsymbol{a} + k\boldsymbol{b}$	
(vi)	$(k + l)\boldsymbol{a} = k\boldsymbol{a} + l\boldsymbol{a}$	
(vii)	$(kl)\boldsymbol{a} = k(l\boldsymbol{a})$	
(viii)	$1\boldsymbol{a} = \boldsymbol{a}$	

$\boldsymbol{a}+\boldsymbol{x}=\boldsymbol{b}$ から定まる $\boldsymbol{x}$ を $\boldsymbol{b}-\boldsymbol{a}$ で表し**差**という．とくに $\boldsymbol{o}-\boldsymbol{a}$ を $-\boldsymbol{a}$ と表し，$\boldsymbol{a}$ の**逆ベクトル**という．

定理 2

(i)　$\boldsymbol{a}-\boldsymbol{a}=\boldsymbol{o}$

(ii)　$-\boldsymbol{a}=(-1)\boldsymbol{a}$

(iii)　$\boldsymbol{b}-\boldsymbol{a}=\boldsymbol{b}+(-1)\boldsymbol{a}$

位置ベクトル ▶　平面または空間に1点Oを定めると，これを基準として，任意の点Pの位置は有向線分 $\overrightarrow{\mathrm{OP}}$ で定まる．$\overrightarrow{\mathrm{OP}}$ の定めるベクトルを $\boldsymbol{p}$ とすると，点Pとベクトル $\boldsymbol{p}$ とは1対1の対応をする．この $\boldsymbol{p}$ を原点Oに対する点Pの**位置ベクトル**という．位置ベクトルが $\boldsymbol{p}$ であるような点Pを $\boldsymbol{p}$ で表すことがある．

定理 3

点 $\boldsymbol{a}$ から点 $\boldsymbol{b}$ にいたる有向線分の定めるベクトルは $\boldsymbol{b}-\boldsymbol{a}$.

ベクトルの平行 ▶　$\boldsymbol{o}$ でない2つのベクトル $\boldsymbol{a},\boldsymbol{b}$ は，それらに属する有向線分の向きが同じか反対のとき**平行**であるといって

$$\boldsymbol{a} \mathbin{/\!/} \boldsymbol{b}$$

と表す．

定理 4

$\boldsymbol{a}\neq\boldsymbol{o},\ \boldsymbol{b}\neq\boldsymbol{o}$ に対して

$$\boldsymbol{a} \mathbin{/\!/} \boldsymbol{b} \iff \boldsymbol{a}=k\boldsymbol{b}\text{となる実数 } k\ (\neq 0)\text{ がある}$$
$$\iff \boldsymbol{b}=l\boldsymbol{a}\text{となる実数 } l\ (\neq 0)\text{ がある}$$

ベクトルの大きさ ▶　ベクトル $\boldsymbol{a}$ に対し，それに属する有向線分の長さはすべて等しい．この長さをベクトル $\boldsymbol{a}$ の**大きさ**または**長さ**といい $\|\boldsymbol{a}\|$ で表す．とくに，大きさ1のベクトルを**単位ベクトル**という．

定理 5

(i)　$\|\boldsymbol{a}+\boldsymbol{b}\| \leqq \|\boldsymbol{a}\|+\|\boldsymbol{b}\|$　　**(3角不等式)**

(ii)　$\|k\boldsymbol{a}\|=|k|\,\|\boldsymbol{a}\|$

例題 1　（ベクトルの演算）

$\boldsymbol{p} = 3\boldsymbol{a} + 2\boldsymbol{b}$, $\boldsymbol{q} = -2\boldsymbol{a} + 5\boldsymbol{b}$ のとき，次のベクトルを $\boldsymbol{a}, \boldsymbol{b}$ を用いて表せ．

(i)　$\boldsymbol{p} - \boldsymbol{q}$　　(ii)　$2\boldsymbol{p} + \boldsymbol{q}$　　(iii)　$5\boldsymbol{p} - 3\boldsymbol{q}$

(iv)　$\boldsymbol{p} - 2\boldsymbol{x} = 2\boldsymbol{q}$ をみたすベクトル $\boldsymbol{x}$

(v)　$\begin{cases} 2\boldsymbol{x} + 3\boldsymbol{y} = \boldsymbol{p} + \boldsymbol{q} \\ 3\boldsymbol{x} + 5\boldsymbol{y} = -2\boldsymbol{q} \end{cases}$ をみたすベクトル $\boldsymbol{x}, \boldsymbol{y}$

〖**ポイント**〗　ベクトルの和・実数倍の演算は数式の場合と同様に計算される．

【**解答**】　(i)　
$$\begin{aligned} \boldsymbol{p} - \boldsymbol{q} &= (3\boldsymbol{a} + 2\boldsymbol{b}) - (-2\boldsymbol{a} + 5\boldsymbol{b}) \\ &= 3\boldsymbol{a} + 2\boldsymbol{b} + 2\boldsymbol{a} - 5\boldsymbol{b} \\ &= 5\boldsymbol{a} - 3\boldsymbol{b} \end{aligned}$$

(ii)　
$$\begin{aligned} 2\boldsymbol{p} + \boldsymbol{q} &= 2(3\boldsymbol{a} + 2\boldsymbol{b}) + (-2\boldsymbol{a} + 5\boldsymbol{b}) \\ &= 6\boldsymbol{a} + 4\boldsymbol{b} - 2\boldsymbol{a} + 5\boldsymbol{b} \\ &= 4\boldsymbol{a} + 9\boldsymbol{b} \end{aligned}$$

(iii)　
$$\begin{aligned} 5\boldsymbol{p} - 3\boldsymbol{q} &= 5(3\boldsymbol{a} + 2\boldsymbol{b}) - 3(-2\boldsymbol{a} + 5\boldsymbol{b}) \\ &= 15\boldsymbol{a} + 10\boldsymbol{b} + 6\boldsymbol{a} - 15\boldsymbol{b} \\ &= 21\boldsymbol{a} - 5\boldsymbol{b} \end{aligned}$$

(iv)　
$$\begin{aligned} &\boldsymbol{p} - 2\boldsymbol{x} = 2\boldsymbol{q} \\ \therefore\quad &-2\boldsymbol{x} = 2\boldsymbol{q} - \boldsymbol{p} \\ \therefore\quad &\boldsymbol{x} = -\boldsymbol{q} + \frac{1}{2}\boldsymbol{p} \\ &\phantom{\boldsymbol{x}} = -(-2\boldsymbol{a} + 5\boldsymbol{b}) + \frac{1}{2}(3\boldsymbol{a} + 2\boldsymbol{b}) \\ &\phantom{\boldsymbol{x}} = 2\boldsymbol{a} - 5\boldsymbol{b} + \frac{3}{2}\boldsymbol{a} + \boldsymbol{b} \\ &\phantom{\boldsymbol{x}} = \frac{7}{2}\boldsymbol{a} - 4\boldsymbol{b} \end{aligned}$$

(v)　
$$\begin{cases} 2\boldsymbol{x} + 3\boldsymbol{y} = \boldsymbol{p} + \boldsymbol{q} \\ 3\boldsymbol{x} + 5\boldsymbol{y} = -2\boldsymbol{q} \end{cases}$$

これを連立 1 次方程式として解けば，

$$\begin{cases} \boldsymbol{x} = 5\boldsymbol{p} + 11\boldsymbol{q} \\ \boldsymbol{y} = -3\boldsymbol{p} - 7\boldsymbol{q} \end{cases}$$

これに，与えられた $\boldsymbol{p}, \boldsymbol{q}$ を代入すると

$$\begin{cases} \boldsymbol{x} = -7\boldsymbol{a} + 65\boldsymbol{b} \\ \boldsymbol{y} = 5\boldsymbol{a} - 41\boldsymbol{b} \end{cases}$$

例題 2 **（内分点・外分点）**

2点 $\boldsymbol{a}, \boldsymbol{b}$ に対し，$\boldsymbol{a}$ から $\boldsymbol{b}$ へいたる線分を $m : n$ の比に

（i）内分する点の位置ベクトルは $\dfrac{n\boldsymbol{a}+m\boldsymbol{b}}{m+n}$，

（ii）外分する点の位置ベクトルは $\dfrac{m\boldsymbol{b}-n\boldsymbol{a}}{m-n}$（ただし，$m \neq n$）

と表されることを示せ．

〚**ポイント**〛

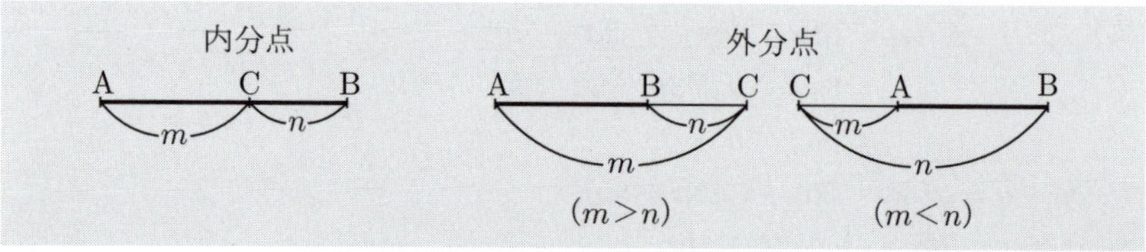

【解答】（i）$m : n$ の比に内分する点の位置ベクトルを $\boldsymbol{x}$ とすると

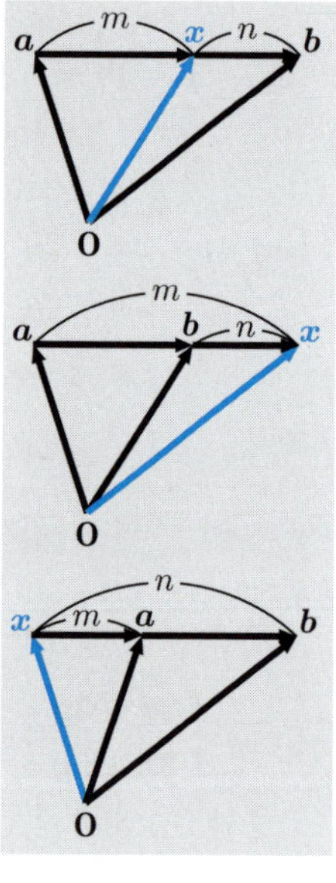

$$\boldsymbol{x}-\boldsymbol{a}=\frac{m}{m+n}(\boldsymbol{b}-\boldsymbol{a})$$

$$\therefore \quad \boldsymbol{x}=\frac{m\boldsymbol{b}+n\boldsymbol{a}}{m+n}$$

（ii）$m : n$ の比に外分する点の位置ベクトルを $\boldsymbol{x}$ とすると

（イ）$m > n$ のとき

$$\frac{1}{m}(\boldsymbol{x}-\boldsymbol{a})=\frac{1}{n}(\boldsymbol{x}-\boldsymbol{b})$$

$$\therefore \quad \boldsymbol{x}=\frac{1}{m-n}(m\boldsymbol{b}-n\boldsymbol{a})$$

（ロ）$m < n$ のとき

$$\frac{1}{m}(\boldsymbol{a}-\boldsymbol{x})=\frac{1}{n}(\boldsymbol{b}-\boldsymbol{x})$$

$$\therefore \quad \boldsymbol{x}=\frac{1}{m-n}(m\boldsymbol{b}-n\boldsymbol{a})$$

〚**注意**〛とくに，2点 $\boldsymbol{a}, \boldsymbol{b}$ の中点の位置のベクトルは $\dfrac{\boldsymbol{a}+\boldsymbol{b}}{2}$ である．

例題 3　（ベクトルの平行）

（i）　$\boldsymbol{a} = 2\boldsymbol{p} + 3\boldsymbol{q} - \boldsymbol{r}$, $\boldsymbol{b} = 4\boldsymbol{p} + 5\boldsymbol{q} + \boldsymbol{r}$, $\boldsymbol{c} = -5\boldsymbol{p} - 7\boldsymbol{q} + \boldsymbol{r}$ とするとき，$-\boldsymbol{a}+\boldsymbol{b}$, $2\boldsymbol{b}+\boldsymbol{c}$ は平行なベクトルであることを示せ．

（ii）　3 点 $\boldsymbol{a}$, $\boldsymbol{b}$, $\boldsymbol{c}$ が同一直線上にあるための必要十分条件は

$$l\boldsymbol{a} + m\boldsymbol{b} + n\boldsymbol{c} = \boldsymbol{o}, \quad l+m+n=0, \quad lmn \neq 0$$

をみたす実数 l, m, n が存在することである．これを示せ．

〖**ポイント**〗　ベクトル $\boldsymbol{a}, \boldsymbol{b}$ が平行 $\Longleftrightarrow$ $l\boldsymbol{a} = m\boldsymbol{b}$ をみたす 0 でない実数 l, m が存在する．

【解答】　（i）　$-\boldsymbol{a}+\boldsymbol{b} = 2\boldsymbol{p} + 2\boldsymbol{q} + 2\boldsymbol{r} = 2(\boldsymbol{p}+\boldsymbol{q}+\boldsymbol{r})$

$$2\boldsymbol{b}+\boldsymbol{c} = 3\boldsymbol{p} + 3\boldsymbol{q} + 3\boldsymbol{r} = 3(\boldsymbol{p}+\boldsymbol{q}+\boldsymbol{r})$$

$$\therefore \quad 3(-\boldsymbol{a}+\boldsymbol{b}) = 2(2\boldsymbol{b}+\boldsymbol{c})$$

$$\therefore \quad -\boldsymbol{a}+\boldsymbol{b} \,/\!/\, 2\boldsymbol{b}+\boldsymbol{c}$$

（ii）　$\boldsymbol{a}, \boldsymbol{b}, \boldsymbol{c}$ が同一直線上にあれば

$$\boldsymbol{b}-\boldsymbol{a} \,/\!/\, \boldsymbol{c}-\boldsymbol{a}$$

よって，

$$m(\boldsymbol{b}-\boldsymbol{a}) = (-n)(\boldsymbol{c}-\boldsymbol{a}), \quad m \neq -n$$

をみたす 0 でない実数 m, n が存在する．

これを，整理すれば，

$$-(m+n)\boldsymbol{a} + m\boldsymbol{b} + n\boldsymbol{c} = \boldsymbol{o}$$

したがって，

$$l = -(m+n)$$

とおけば，

$$l\boldsymbol{a} + m\boldsymbol{b} + n\boldsymbol{c} = \boldsymbol{o}, \quad l+m+n=0, \quad lmn \neq 0$$

逆に，$l\boldsymbol{a} + m\boldsymbol{b} + n\boldsymbol{c} = \boldsymbol{o}$, $l+m+n=0$, $lmn \neq 0$ とすれば，$l+m+n=0$ より

$$l = -(m+n)$$

これを，$l\boldsymbol{a} + m\boldsymbol{b} + n\boldsymbol{c} = \boldsymbol{o}$ に代入すると

$$-(m+n)\boldsymbol{a} + m\boldsymbol{b} + n\boldsymbol{c} = \boldsymbol{o}$$

$$\therefore \quad m(\boldsymbol{b}-\boldsymbol{a}) = n(\boldsymbol{a}-\boldsymbol{c})$$

$$\therefore \quad \boldsymbol{b}-\boldsymbol{a} \,/\!/\, \boldsymbol{a}-\boldsymbol{c}$$

これは，3 点 $\boldsymbol{a}, \boldsymbol{b}, \boldsymbol{c}$ が同一直線上に存在することを示している．

例題 4　（チェバの定理）

3角形ABCの各辺BC, CA, AB上にそれぞれ点X, Y, Zがあるとき，AX, BY, CZが1点で交わるための必要十分条件は

$$\frac{\mathrm{BX}}{\mathrm{XC}}\cdot\frac{\mathrm{CY}}{\mathrm{YA}}\cdot\frac{\mathrm{AZ}}{\mathrm{ZB}}=1$$

となることである．これを証明せよ．

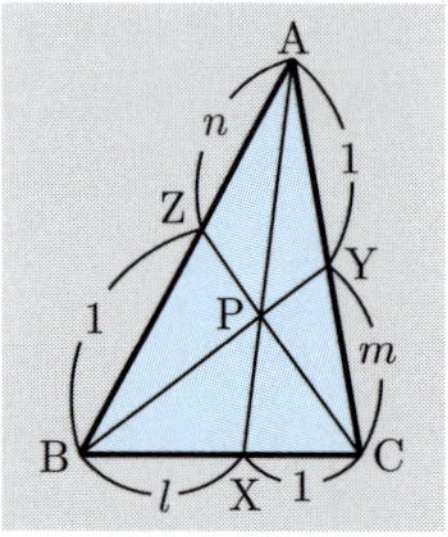

【解答】　A, B, Cの位置ベクトルを $\boldsymbol{a}, \boldsymbol{b}, \boldsymbol{c}$ とする．

$$(\overrightarrow{\mathrm{BX}})=l(\overrightarrow{\mathrm{XC}}),\quad (\overrightarrow{\mathrm{CY}})=m(\overrightarrow{\mathrm{YA}}),\quad (\overrightarrow{\mathrm{AZ}})=n(\overrightarrow{\mathrm{ZB}})$$

とする．

このとき，X, Y, Zの位置ベクトルはそれぞれ

$$\frac{\boldsymbol{b}+l\boldsymbol{c}}{l+1},\quad \frac{\boldsymbol{c}+m\boldsymbol{a}}{m+1},\quad \frac{\boldsymbol{a}+n\boldsymbol{b}}{n+1}$$

(i)　1点Pで交わるとし，Pを原点とする位置ベクトルとして考えれば，

$$\frac{\boldsymbol{b}+l\boldsymbol{c}}{l+1}=x\boldsymbol{a},\quad \frac{\boldsymbol{c}+m\boldsymbol{a}}{m+1}=y\boldsymbol{b},\quad \frac{\boldsymbol{a}+n\boldsymbol{b}}{n+1}=z\boldsymbol{c}$$

と表される．これから，

$$\boldsymbol{c}=\frac{x(l+1)}{l}\boldsymbol{a}+\left(\frac{-1}{l}\right)\boldsymbol{b}=-m\boldsymbol{a}+(m+1)y\boldsymbol{b}=\frac{1}{(n+1)z}\boldsymbol{a}+\frac{n}{(n+1)z}\boldsymbol{b}$$

$$\therefore\quad \frac{x(l+1)}{l}=-m=\frac{1}{(n+1)z},\quad -\frac{1}{l}=(m+1)y=\frac{n}{(n+1)z}$$

$$\therefore\quad z=\frac{-1}{m(n+1)}=\frac{-ln}{(n+1)}\qquad \therefore\quad 1=lmn$$

(ii)　$lmn=1$ とする．

AXとBYとの交点Pを原点として考えると，X, Yの位置ベクトルについて

$$\frac{\boldsymbol{b}+l\boldsymbol{c}}{l+1}=x\boldsymbol{a},\quad \frac{\boldsymbol{c}+m\boldsymbol{a}}{m+1}=y\boldsymbol{b}$$

$$\therefore\quad \boldsymbol{c}=\frac{x(l+1)}{l}\boldsymbol{a}+\left(-\frac{1}{l}\right)\boldsymbol{b}=-m\boldsymbol{a}+(m+1)y\boldsymbol{b}$$

したがって，$\boldsymbol{c}=-m\boldsymbol{a}+\left(-\frac{1}{l}\right)\boldsymbol{b}$ と表される．

両辺に ln をかけると，$ln\boldsymbol{c}=-\boldsymbol{a}-n\boldsymbol{b}$.

$$\therefore\quad \frac{\boldsymbol{a}+n\boldsymbol{b}}{n+1}=-\frac{ln}{n+1}\boldsymbol{c}$$

よってZ, P, Cは一直線上にある．

問題 1.1　A

1．$\boldsymbol{p} = \boldsymbol{a} - 2\boldsymbol{b} + \boldsymbol{c}$, $\boldsymbol{q} = 3\boldsymbol{a} + \boldsymbol{b} - \boldsymbol{c}$, $\boldsymbol{r} = \boldsymbol{a} - \boldsymbol{c}$ のとき，次のベクトルを $\boldsymbol{a}, \boldsymbol{b}$ を用いて表せ．

(1)　$\boldsymbol{p} - \boldsymbol{q} + \boldsymbol{r}$　　(2)　$2\boldsymbol{p} - \boldsymbol{r}$　　(3)　$\boldsymbol{p} - 2(\boldsymbol{q} + \boldsymbol{r})$　　(4)　$3\boldsymbol{p} - 2\boldsymbol{q} + 4\boldsymbol{r}$

(5)　$\boldsymbol{x} + 2\boldsymbol{p} - \boldsymbol{r} = 4\boldsymbol{q} + 2\boldsymbol{r}$　をみたすベクトル $\boldsymbol{x}$

(6)　$\begin{cases} \boldsymbol{x} + \boldsymbol{y} + \boldsymbol{z} = \boldsymbol{p} \\ 2\boldsymbol{x} - \boldsymbol{y} - 3\boldsymbol{z} = \boldsymbol{q} \\ 4\boldsymbol{x} + 5\boldsymbol{y} + 6\boldsymbol{z} = \boldsymbol{r} \end{cases}$　をみたすベクトル $\boldsymbol{x}, \boldsymbol{y}, \boldsymbol{z}$

2．4 角形 ABCD において，辺 AB, CD の中点をそれぞれ M, N とする．$\boldsymbol{p} = (\overrightarrow{\mathrm{AD}})$, $\boldsymbol{q} = (\overrightarrow{\mathrm{BC}})$ とおくとき，$\boldsymbol{r} = (\overrightarrow{\mathrm{MN}})$ を $\boldsymbol{p}, \boldsymbol{q}$ を用いて表せ．

3．3 角形 ABC の辺 AB, AC を $m : n$ に内分する点をそれぞれ M, N とするとき，MN と BC は並行であることを示せ．

4．3 角形 ABC の各頂点の位置ベクトルをそれぞれ $\boldsymbol{a}, \boldsymbol{b}, \boldsymbol{c}$ とするとき，3 角形 ABC の辺上の点および内部の点の位置ベクトル $\boldsymbol{x}$ は

$$\boldsymbol{x} = k_1\boldsymbol{a} + k_2\boldsymbol{b} + k_3\boldsymbol{c}, \quad k_1, k_2, k_3 \geqq 0, \quad k_1 + k_2 + k_3 = 1$$

と表されることを示せ．

5．正 6 角形 ABCDEF において，$\boldsymbol{a} = (\overrightarrow{\mathrm{AB}})$, $\boldsymbol{b} = (\overrightarrow{\mathrm{AF}})$ とおくとき，

$$\boldsymbol{x} = (\overrightarrow{\mathrm{AC}}), \quad \boldsymbol{y} = (\overrightarrow{\mathrm{AE}})$$

を $\boldsymbol{a}, \boldsymbol{b}$ を用いて表せ．

問題 1.1　B

1．4 面体 ABCD の各頂点の位置ベクトルをそれぞれ $\boldsymbol{a}, \boldsymbol{b}, \boldsymbol{c}, \boldsymbol{d}$ とするとき，4 面体は，次の形の位置ベクトル $\boldsymbol{x}$ をもつ点の全体の集合であることを示せ．

$$\boldsymbol{x} = k_1\boldsymbol{a} + k_2\boldsymbol{b} + k_3\boldsymbol{c} + k_4\boldsymbol{d}, \quad k_1, k_2, k_3, k_4 \geqq 0, \quad k_1 + k_2 + k_3 + k_4 = 1$$

2．平行 4 辺形 ABCD において，辺 BC の中点を E とし，AE, BD の交点を F とすれば，F は BD の 3 等分点の 1 つである．これを示せ．

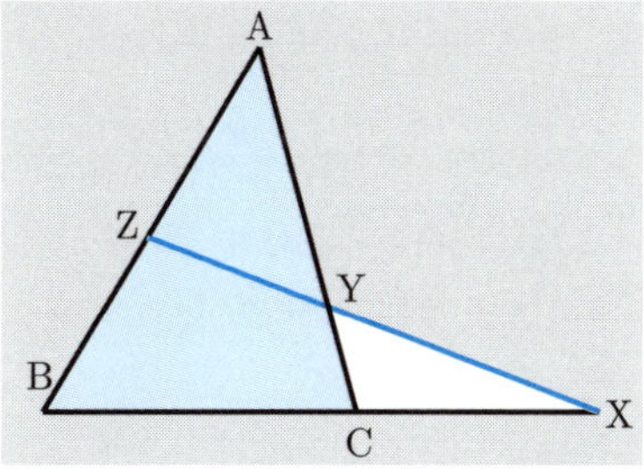

3．3 角形 ABC の 3 辺 BC, CA, AB またはその延長上の点 X, Y, Z が同一直線上にあるための必要十分条件は

$$\frac{\mathrm{BX}}{\mathrm{XC}} \cdot \frac{\mathrm{CY}}{\mathrm{YA}} \cdot \frac{\mathrm{AZ}}{\mathrm{ZB}} = -1$$

となることである．これを証明せよ．(**メネラウスの定理**)

ヒントと解答

問題 1.1 A

1. (1) $-\boldsymbol{a}-3\boldsymbol{b}+\boldsymbol{c}$ (2) $\boldsymbol{a}-4\boldsymbol{b}+3\boldsymbol{c}$ (3) $-7\boldsymbol{a}-4\boldsymbol{b}+5\boldsymbol{c}$

(4) $\boldsymbol{a}-8\boldsymbol{b}+\boldsymbol{c}$ (5) $\boldsymbol{x}=13\boldsymbol{a}+8\boldsymbol{b}-9\boldsymbol{c}$

(6) $\boldsymbol{x}=-4\boldsymbol{a}+19\boldsymbol{b}-12\boldsymbol{c}$, $\boldsymbol{y}=13\boldsymbol{a}-50\boldsymbol{b}+31\boldsymbol{c}$, $\boldsymbol{z}=-8\boldsymbol{a}+29\boldsymbol{b}-18\boldsymbol{c}$

2. A, B, C, D の位置ベクトルをそれぞれ $\boldsymbol{a},\boldsymbol{b},\boldsymbol{c},\boldsymbol{d}$ とすると，$\boldsymbol{p}=\boldsymbol{d}-\boldsymbol{a}$, $\boldsymbol{q}=\boldsymbol{c}-\boldsymbol{b}$. M, N の位置ベクトルは，それぞれ，$(\boldsymbol{a}+\boldsymbol{b})/2$, $(\boldsymbol{c}+\boldsymbol{d})/2$ だから，

$$\boldsymbol{r}=(\overrightarrow{\mathrm{MN}})=(\boldsymbol{c}+\boldsymbol{d})/2-(\boldsymbol{a}+\boldsymbol{b})/2$$
$$=(\boldsymbol{p}+\boldsymbol{q})/2$$

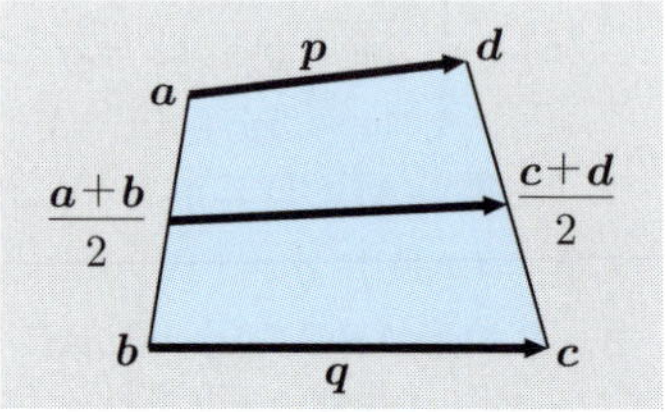

3. A, B, C の位置ベクトルを $\boldsymbol{a},\boldsymbol{b},\boldsymbol{c}$ とすると，M, N の位置ベクトルは，それぞれ，

$$\frac{n\boldsymbol{a}+m\boldsymbol{b}}{m+n},\quad \frac{n\boldsymbol{a}+m\boldsymbol{c}}{m+n}$$

である．

$$\therefore\quad (\overrightarrow{\mathrm{MN}})=\frac{m(\boldsymbol{c}-\boldsymbol{b})}{m+n}\mathbin{/\!/}\boldsymbol{c}-\boldsymbol{b}$$
$$=(\overrightarrow{\mathrm{BC}})$$

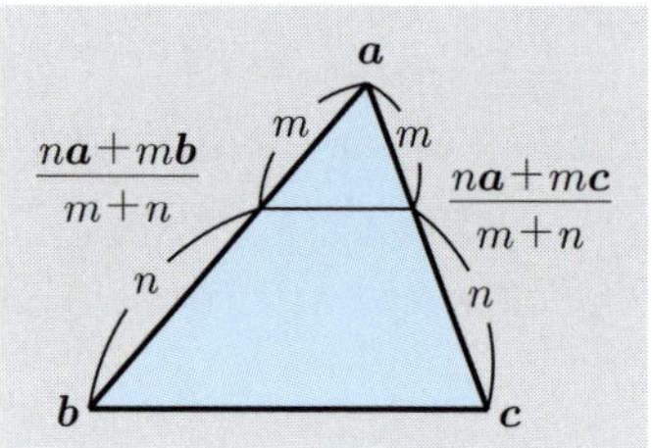

4. BC 上の点の位置ベクトルは $\dfrac{n\boldsymbol{b}+m\boldsymbol{c}}{m+n}$ $(m,\ n\geqq 0)$ より成り立つ．

AB, BC 上の点または内部の点は，$\boldsymbol{a}$ と $\dfrac{n\boldsymbol{b}+m\boldsymbol{c}}{m+n}$ を結ぶ線分上にあるから

$$\frac{n'\boldsymbol{a}+m'\dfrac{n\boldsymbol{b}+m\boldsymbol{c}}{m+n}}{m'+n'}$$
$$=\frac{n'(m+n)\boldsymbol{a}+m'n\boldsymbol{b}+mm'\boldsymbol{c}}{(m+n)(m'+n')}$$

これらの係数の和は 1 である．

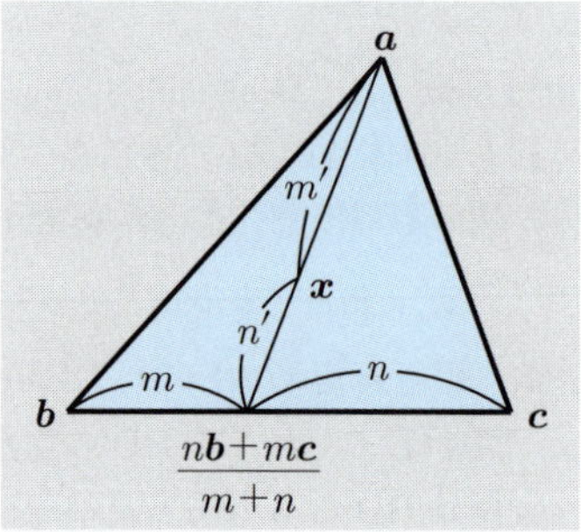

5. 正 6 角形の中心を O とすると，$(\overrightarrow{\mathrm{AO}})=\boldsymbol{a}+\boldsymbol{b}$. $(\overrightarrow{\mathrm{AO}})=(\overrightarrow{\mathrm{BC}})$ から

$$\therefore\quad \boldsymbol{a}+(\boldsymbol{a}+\boldsymbol{b})=2\boldsymbol{a}+\boldsymbol{b}=\boldsymbol{x}$$

同様に，$\boldsymbol{y}=\boldsymbol{a}+2\boldsymbol{b}$.

問題 1.1　B

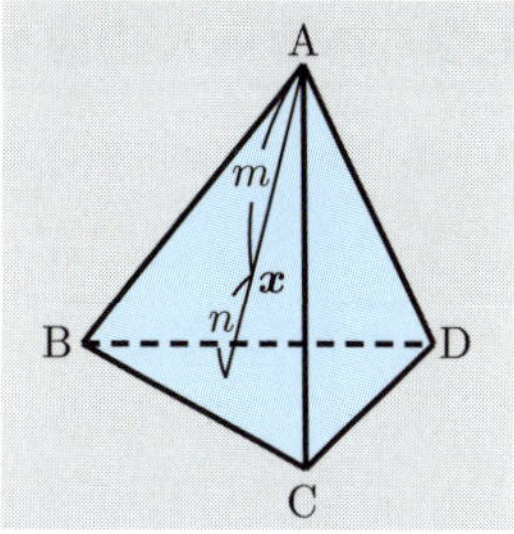

1. 問題 1.1A，4 より，3 角形 BCD の点の位置ベクトルは，$k'_1\boldsymbol{b}+k'_2\boldsymbol{c}+k'_3\boldsymbol{d}$，$k'_1+k'_2+k'_3=1$ $(k \geqq 0)$ である．この点と $\boldsymbol{a}$ とを結ぶ線分上の点の位置ベクトルは

$$\frac{n\boldsymbol{a}+m(k'_1\boldsymbol{b}+k'_2\boldsymbol{c}+k'_3\boldsymbol{d})}{m+n}$$

であって，係数の和は 1 である．

2. A, B, C, D の位置ベクトルをそれぞれ $\boldsymbol{a},\boldsymbol{b},\boldsymbol{c},\boldsymbol{d}$ とおくと，$\boldsymbol{d}=\boldsymbol{a}+\boldsymbol{c}-\boldsymbol{b}$．F は BD の内分点だからその比を $1:m$ とおくと F の位置ベクトルは $\dfrac{m\boldsymbol{b}+\boldsymbol{a}+\boldsymbol{c}-\boldsymbol{b}}{m+1}$．

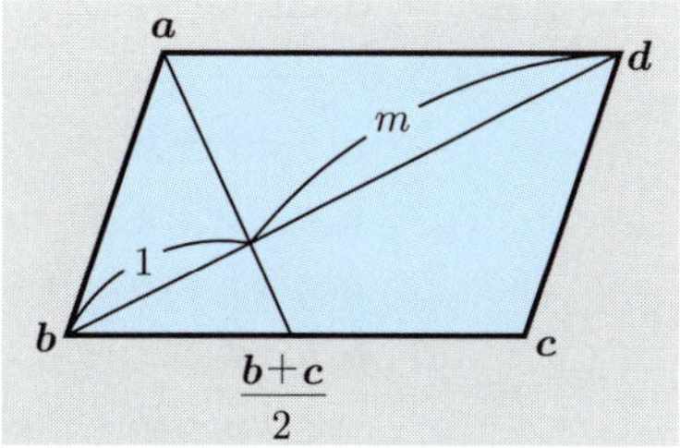

AF, AE は一直線上にあるから

$$k\left(\frac{\boldsymbol{b}+\boldsymbol{c}}{2}-\boldsymbol{a}\right)=\frac{m\boldsymbol{b}+\boldsymbol{a}+\boldsymbol{c}-\boldsymbol{b}}{m+1}-\boldsymbol{a}$$

$$\therefore\quad -k\boldsymbol{a}+\frac{k}{2}\boldsymbol{b}+\frac{k}{2}\boldsymbol{c}$$
$$=-\frac{m}{m+1}\boldsymbol{a}+\frac{m-1}{m+1}\boldsymbol{b}+\frac{1}{m+1}\boldsymbol{c}$$

$\therefore$　両辺を比較して $m=2$．

3. A, B, C の位置ベクトルを $\boldsymbol{a},\boldsymbol{b},\boldsymbol{c}$ とする．

$$(\overrightarrow{\mathrm{BX}})=l(\overrightarrow{\mathrm{XC}}),\quad (\overrightarrow{\mathrm{CY}})=m(\overrightarrow{\mathrm{YA}}),$$
$$(\overrightarrow{\mathrm{AZ}})=n(\overrightarrow{\mathrm{ZB}})$$

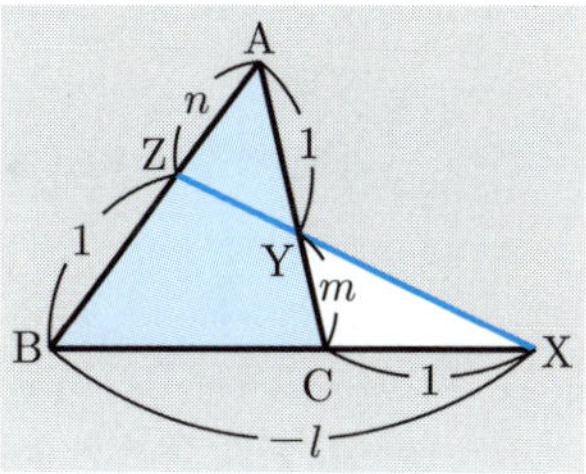

とすると，X, Y, Z の位置ベクトルは，それぞれ

$$\frac{\boldsymbol{b}+l\boldsymbol{c}}{1+l},\quad \frac{\boldsymbol{c}+m\boldsymbol{a}}{m+1},\quad \frac{n\boldsymbol{b}+\boldsymbol{a}}{n+1}$$

(1)　これらが一直線上にあれば，Y を原点として考えると $\boldsymbol{c}=-m\boldsymbol{a}$．

$$\frac{\boldsymbol{b}+l\boldsymbol{c}}{1+l}=k\frac{n\boldsymbol{b}+\boldsymbol{a}}{n+1}\qquad \therefore\quad (n+1)\boldsymbol{b}-lm(n+1)\boldsymbol{a}=kn(1+l)\boldsymbol{b}+k(1+l)\boldsymbol{a}$$

係数を比較すると，$n+1=kn(1+l)$，$-lm(n+1)=k(1+l)$．　　$\therefore\quad lmn=-1$．

(2)　$lmn=-1$ とする．Y を原点として考えると，$\boldsymbol{c}=-m\boldsymbol{a}$．

$$\therefore\quad \frac{\boldsymbol{b}+l\boldsymbol{c}}{1+l}=\frac{\boldsymbol{b}-lm\boldsymbol{a}}{1+l}=\frac{n\boldsymbol{b}+\boldsymbol{a}}{(1+l)n}=\frac{n+1}{(1+l)n}\cdot\frac{n\boldsymbol{b}+\boldsymbol{a}}{n+1}$$

$$\therefore\quad \frac{\boldsymbol{b}+l\boldsymbol{c}}{1+l}\,/\!/\,\frac{n\boldsymbol{b}+\boldsymbol{a}}{n+1}$$

したがって，3 点 X, Y, Z は一直線上にある．

1.2 ベクトルの成分と座標系

基　底 ▶ ベクトル $\boldsymbol{a}$ がベクトル $\boldsymbol{a}_1, \boldsymbol{a}_2, \cdots, \boldsymbol{a}_n$ によって，

$$\boldsymbol{a} = k_1\boldsymbol{a}_1 + k_2\boldsymbol{a}_2 + \cdots + k_n\boldsymbol{a}_n \quad (k_i：実数)$$

と表されているとき，$\boldsymbol{a}$ を $\boldsymbol{a}_1, \boldsymbol{a}_2, \cdots, \boldsymbol{a}_n$ の**線形結合**または**1次結合**という．

$\boldsymbol{o}$ でないベクトル $\boldsymbol{a}$；平行でないベクトルの組 $\boldsymbol{a}, \boldsymbol{b}$；同一平面上の有向線分で表されない3つのベクトルの組 $\boldsymbol{a}, \boldsymbol{b}, \boldsymbol{c}$，これらは，それぞれ**線形独立**または**1次独立**であるといわれる．線形独立でないベクトルの組を**線形従属**または**1次従属**という．

定理 6

(i) $\boldsymbol{a}$ が線形従属 $\Longleftrightarrow \boldsymbol{a} = \boldsymbol{o}$

(ii) $\boldsymbol{a}, \boldsymbol{b}$ が線形従属 $\Longleftrightarrow \boldsymbol{a} /\!/ \boldsymbol{b}$

$\Longleftrightarrow k\boldsymbol{a} + l\boldsymbol{b} = \boldsymbol{o}$ をみたす少なくとも1つは0でない k, l が存在する．

(iii) $\boldsymbol{a}, \boldsymbol{b}, \boldsymbol{c}$ が線形従属 $\Longleftrightarrow \boldsymbol{a}, \boldsymbol{b}, \boldsymbol{c}$ が同一平面上に有向線分をもつ．

$\Longleftrightarrow k\boldsymbol{a} + l\boldsymbol{b} + m\boldsymbol{c} = \boldsymbol{o}$ をみたす少なくとも1つは0でない k, l, m が存在する．

線形独立な平面ベクトルの組 $\{\boldsymbol{a}, \boldsymbol{b}\}$，空間ベクトルの組 $\{\boldsymbol{a}, \boldsymbol{b}, \boldsymbol{c}\}$ は，それぞれの**平面の基底**，**空間の基底**と呼ばれる．

ベクトルの成分 ▶ 1. 平面ベクトルの場合

定理 7

平面の基底 $\{\boldsymbol{e}_1, \boldsymbol{e}_2\}$ に対して，この平面の任意のベクトル $\boldsymbol{a}$ は

$$\boldsymbol{a} = a_1\boldsymbol{e}_1 + a_2\boldsymbol{e}_2 \quad (a_1, a_2：実数)$$

とただ一通りに表される．

a_1, a_2 はベクトル $\boldsymbol{a}$ の基底 $\{\boldsymbol{e}_1, \boldsymbol{e}_2\}$ に関する**成分**と呼ばれ，ベクトル $\boldsymbol{a}$ を

$$\boldsymbol{a} = \begin{bmatrix} a_1 \\ a_2 \end{bmatrix}$$

と略記する．

定理 8

$$\boldsymbol{a} = \begin{bmatrix} a_1 \\ a_2 \end{bmatrix},\ \boldsymbol{b} = \begin{bmatrix} b_1 \\ b_2 \end{bmatrix} \Longrightarrow \boldsymbol{a} + \boldsymbol{b} = \begin{bmatrix} a_1 + b_1 \\ a_2 + b_2 \end{bmatrix},\ k\boldsymbol{a} = \begin{bmatrix} ka_1 \\ ka_2 \end{bmatrix}$$

2.　空間ベクトルの場合

定理 7′

空間の基底 $\{\boldsymbol{e}_1, \boldsymbol{e}_2, \boldsymbol{e}_3\}$ に対して，空間の任意のベクトル $\boldsymbol{a}$ は

$$\boldsymbol{a} = a_1\boldsymbol{e}_1 + a_2\boldsymbol{e}_2 + a_3\boldsymbol{e}_3 \quad (a_1,\ a_2,\ a_3：実数)$$

とただ一通りに表される．

a_1, a_2, a_3 はベクトル $\boldsymbol{a}$ の基底 $\{\boldsymbol{e}_1, \boldsymbol{e}_2, \boldsymbol{e}_3\}$ に関する**成分**と呼ばれ，ベクトル $\boldsymbol{a}$ を

$$\boldsymbol{a} = \begin{bmatrix} a_1 \\ a_2 \\ a_3 \end{bmatrix}$$

と略記する．

定理 8′

$$\boldsymbol{a} = \begin{bmatrix} a_1 \\ a_2 \\ a_3 \end{bmatrix},\ \boldsymbol{b} = \begin{bmatrix} b_1 \\ b_2 \\ b_3 \end{bmatrix} \Longrightarrow \boldsymbol{a}+\boldsymbol{b} = \begin{bmatrix} a_1+b_1 \\ a_2+b_2 \\ a_3+b_3 \end{bmatrix},\ k\boldsymbol{a} = \begin{bmatrix} ka_1 \\ ka_2 \\ ka_3 \end{bmatrix}$$

座標系と点の座標　▶　1.　平面の場合　平面上に定点 O と平面の基底 $\{\boldsymbol{e}_1, \boldsymbol{e}_2\}$ が定められているとき，その平面上の任意の点 P の位置ベクトル $\boldsymbol{p}$ は $\boldsymbol{p} = x\boldsymbol{e}_1 + y\boldsymbol{e}_2$ とただ一通りに表されるから点 P を $\mathrm{P}(x, y)$ などで表す．$\{\mathrm{O}\,;\,\boldsymbol{e}_1, \boldsymbol{e}_2\}$ を**平面座標系**といい，O を原点，$\boldsymbol{e}_1, \boldsymbol{e}_2$ を**基本ベクトル**という．(x, y) を点の**座標**といい，x を **x 座標**，y を **y 座標**という．

2.　空間の場合　定点 O と空間の基底 $\{\boldsymbol{e}_1, \boldsymbol{e}_2, \boldsymbol{e}_3\}$ が定められているとき，空間の任意の点 P の位置ベクトル $\boldsymbol{p}$ は $\boldsymbol{p} = x\boldsymbol{e}_1 + y\boldsymbol{e}_2 + z\boldsymbol{e}_3$ とただ一通りに表されるから点 P を $\mathrm{P}(x, y, z)$ などで表す．$\{\mathrm{O}\,;\,\boldsymbol{e}_1, \boldsymbol{e}_2, \boldsymbol{e}_3\}$ を**空間座標系**といい，O を原点，$\boldsymbol{e}_1, \boldsymbol{e}_2, \boldsymbol{e}_3$ を**基本ベクトル**という．(x, y, z) を点の**座標**といい，x を **x 座標**，y を **y 座標**，z を **z 座標**という．

いずれの場合も，点 P の座標は点 P の位置ベクトルの成分でもあり，座標と成分とは同一視してもよい．

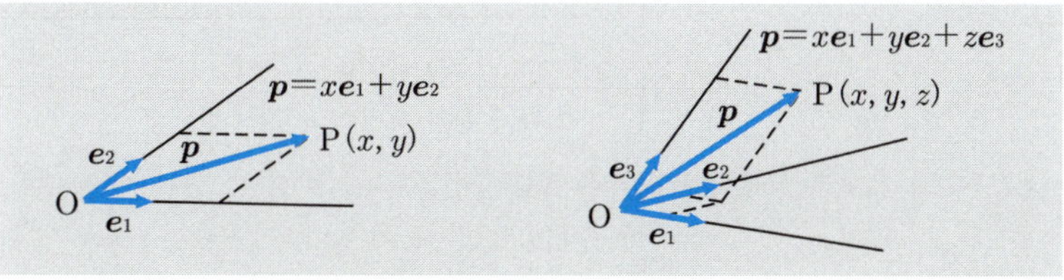

直線と平面 ▶ 1. 直線 点 $\boldsymbol{p}$ を通って方向ベクトルが $\boldsymbol{a}$ の直線 (l) は，(l) 上の任意の点を $\boldsymbol{x}$ とするとき，

$$\boldsymbol{x} = \boldsymbol{p} + t\boldsymbol{a} \quad (-\infty < t < \infty)$$

と表される．これを直線 (l) の**ベクトル表示**という．

定理 9

(i) $\boldsymbol{p} = \begin{bmatrix} x_0 \\ y_0 \end{bmatrix}$, $\boldsymbol{a} = \begin{bmatrix} l \\ m \end{bmatrix}$, $\boldsymbol{x} = \begin{bmatrix} x \\ y \end{bmatrix}$ とすれば，直線 (l) は

$$\begin{cases} x = x_0 + tl \\ y = y_0 + tm \end{cases} \quad \text{または} \quad \frac{x - x_0}{l} = \frac{y - y_0}{m}$$

と表される．

(ii) $\boldsymbol{p} = \begin{bmatrix} x_0 \\ y_0 \\ z_0 \end{bmatrix}$, $\boldsymbol{a} = \begin{bmatrix} l \\ m \\ n \end{bmatrix}$, $\boldsymbol{x} = \begin{bmatrix} x \\ y \\ z \end{bmatrix}$ とすれば，直線 (l) は

$$\begin{cases} x = x_0 + tl \\ y = y_0 + tm \\ z = z_0 + tn \end{cases} \quad \text{または} \quad \frac{x - x_0}{l} = \frac{y - y_0}{m} = \frac{z - z_0}{n}$$

と表される．ただし，分母が 0 のときは分子も 0 とする．

2. 平面 点 $\boldsymbol{p}$ を通って，線形独立な 2 つのベクトル $\boldsymbol{a}, \boldsymbol{b}$ で張られる平面 (π) は，(π) 上の任意の点を $\boldsymbol{x}$ とするとき，

$$\boldsymbol{x} = \boldsymbol{p} + t\boldsymbol{a} + s\boldsymbol{b} \quad (-\infty < t, s < \infty)$$

と表される．これを平面 (π) の**ベクトル表示**という．

定理 10

$\boldsymbol{p} = \begin{bmatrix} x_0 \\ y_0 \\ z_0 \end{bmatrix}$, $\boldsymbol{a} = \begin{bmatrix} a_1 \\ a_2 \\ a_3 \end{bmatrix}$, $\boldsymbol{b} = \begin{bmatrix} b_1 \\ b_2 \\ b_3 \end{bmatrix}$, $\boldsymbol{x} = \begin{bmatrix} x \\ y \\ z \end{bmatrix}$ とすれば，平面 (π) は

$$\begin{cases} x = x_0 + ta_1 + sb_1 \\ y = y_0 + ta_2 + sb_2 \\ z = z_0 + ta_3 + sb_3 \end{cases}$$

または，s, t を消去して 1 次方程式によって

$$Ax + By + Cz + D = 0$$

と表される．

例題 5　（空間の基底）

（i）$\boldsymbol{a} = \begin{bmatrix} 1 \\ 2 \\ 3 \end{bmatrix}$, $\boldsymbol{b} = \begin{bmatrix} 1 \\ 3 \\ 9 \end{bmatrix}$, $\boldsymbol{c} = \begin{bmatrix} -1 \\ -2 \\ 1 \end{bmatrix}$ は 1 組の空間の基底であることを示せ.

（ii）$\boldsymbol{x} = \begin{bmatrix} 0 \\ -1 \\ -2 \end{bmatrix}$ を上の $\boldsymbol{a}, \boldsymbol{b}, \boldsymbol{c}$ の線形結合として表せ.

〖ポイント〗　$\boldsymbol{a}, \boldsymbol{b}, \boldsymbol{c}$：空間の基底 $\Longleftrightarrow$ 線形独立

$\Longleftrightarrow k\boldsymbol{a} + l\boldsymbol{b} + m\boldsymbol{c} = \boldsymbol{o}$ をみたす実数 k, l, m は 0 に限る.

【解答】（i）$k\boldsymbol{a} + l\boldsymbol{b} + m\boldsymbol{c} = \boldsymbol{o}$ とおく.

すなわち,

$$k\begin{bmatrix} 1 \\ 2 \\ 3 \end{bmatrix} + l\begin{bmatrix} 1 \\ 3 \\ 9 \end{bmatrix} + m\begin{bmatrix} -1 \\ -2 \\ 1 \end{bmatrix} = \begin{bmatrix} 0 \\ 0 \\ 0 \end{bmatrix}$$

とおく.

定理 8′ によって次の連立 1 次方程式を得る.

$$\begin{cases} k + l - m = 0 \\ 2k + 3l - 2m = 0 \\ 3k + 9l + m = 0 \end{cases}$$

これを解くと，$k = 0,\ l = 0,\ m = 0$

$$\therefore \quad \boldsymbol{a},\ \boldsymbol{b},\ \boldsymbol{c} \text{ は線形独立であり，基底となる.}$$

（ii）$\boldsymbol{x} = k\boldsymbol{a} + l\boldsymbol{b} + m\boldsymbol{c}$ とおく.

すなわち,

$$\begin{bmatrix} 0 \\ -1 \\ -2 \end{bmatrix} = k\begin{bmatrix} 1 \\ 2 \\ 3 \end{bmatrix} + l\begin{bmatrix} 1 \\ 3 \\ 9 \end{bmatrix} + m\begin{bmatrix} -1 \\ -2 \\ 1 \end{bmatrix}$$

とすると,

$$\begin{cases} k + l - m = 0 \\ 2k + 3l - 2m = -1 \\ 3k + 9l + m = -2 \end{cases}$$

この連立 1 次方程式を解くと，$k = 2,\ l = -1,\ m = 1$.

$$\therefore \quad \boldsymbol{x} = 2\boldsymbol{a} - \boldsymbol{b} + \boldsymbol{c}$$

例題 6 **(4面体の重心)**

4面体 ABCD において各頂点の座標を

$$A(a_1, a_2, a_3),\quad B(b_1, b_2, b_3),\quad C(c_1, c_2, c_3),\quad D(d_1, d_2, d_3)$$

とする．このとき，この4面体の相対する辺の中点を結ぶ線分は1点 G で交わることを示し，その座標を求めよ．

【解答】 原点 O に関する A, B, C, D の位置ベクトルを

$$\boldsymbol{a},\ \boldsymbol{b},\ \boldsymbol{c},\ \boldsymbol{d}$$

とする．

このとき，それらの成分は

$$\boldsymbol{a} = \begin{bmatrix} a_1 \\ a_2 \\ a_3 \end{bmatrix},\quad \boldsymbol{b} = \begin{bmatrix} b_1 \\ b_2 \\ b_3 \end{bmatrix},\quad \boldsymbol{c} = \begin{bmatrix} c_1 \\ c_2 \\ c_3 \end{bmatrix},\quad \boldsymbol{d} = \begin{bmatrix} d_1 \\ d_2 \\ d_3 \end{bmatrix}$$

である．

BC, AD の中点の位置ベクトルはそれぞれ，

$$\frac{\boldsymbol{b}+\boldsymbol{c}}{2} = \frac{1}{2}\begin{bmatrix} b_1+c_1 \\ b_2+c_2 \\ b_3+c_3 \end{bmatrix},\quad \frac{\boldsymbol{a}+\boldsymbol{d}}{2} = \frac{1}{2}\begin{bmatrix} a_1+d_1 \\ a_2+d_2 \\ a_3+d_3 \end{bmatrix}$$

である．

BC, AD の中点を結ぶ線分の中点の位置ベクトルは

$$\frac{\dfrac{\boldsymbol{b}+\boldsymbol{c}}{2}+\dfrac{\boldsymbol{a}+\boldsymbol{d}}{2}}{2} = \frac{\boldsymbol{a}+\boldsymbol{b}+\boldsymbol{c}+\boldsymbol{d}}{4} = \frac{1}{4}\begin{bmatrix} a_1+b_1+c_1+d_1 \\ a_2+b_2+c_2+d_2 \\ a_3+b_3+c_3+d_3 \end{bmatrix}$$

である．

同様に，AB と CD，BD と AC を結ぶ線分の中点の位置ベクトルも

$$\frac{\boldsymbol{a}+\boldsymbol{b}+\boldsymbol{c}+\boldsymbol{d}}{4}$$

となる．

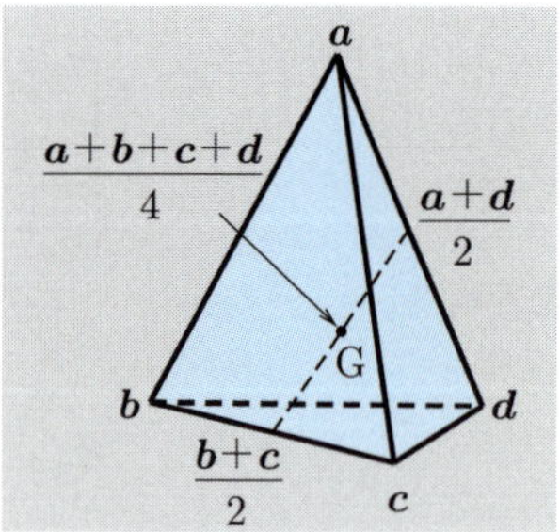

よって，相対する辺の中点を結ぶ線分は1点 G で交わり，その位置ベクトルは

$$\frac{\boldsymbol{a}+\boldsymbol{b}+\boldsymbol{c}+\boldsymbol{d}}{4}$$

である．

$$\therefore\quad G\left(\frac{a_1+b_1+c_1+d_1}{4},\ \frac{a_2+b_2+c_2+d_2}{4},\ \frac{a_3+b_3+c_3+d_3}{4}\right)$$

例題 7　（直線のベクトル表示）

平面の座標系を $\{O\,;\boldsymbol{e}_1, \boldsymbol{e}_2\}$ とする.

(i)　2 点 A(1, 2), B(3, 4) を通る直線の方程式を求め，そのグラフをかけ.

(ii)　次の方程式の表す直線のベクトル表示を求め，そのグラフをかけ.

（イ）　$y - 2x = 0$　　　（ロ）　$3x + 2y = 4$

〖ヒント〗　2 点 (a_1, a_2), (b_1, b_2) を通る直線の方向ベクトルは

$$\boldsymbol{a} = \begin{bmatrix} b_1 - a_1 \\ b_2 - a_2 \end{bmatrix}$$

【解答】　(i)　A, B を通る直線の方向ベクトルは $\begin{bmatrix} 2 \\ 2 \end{bmatrix}$ である.

したがって，求める直線の方程式は

$$\frac{x-1}{2} = \frac{y-2}{2}$$

$$\therefore \quad y - x = 1$$

方向ベクトルは

$$\begin{bmatrix} 2 \\ 2 \end{bmatrix} = 2\begin{bmatrix} 1 \\ 0 \end{bmatrix} + 2\begin{bmatrix} 0 \\ 1 \end{bmatrix} = 2(\boldsymbol{e}_1 + \boldsymbol{e}_2)$$

$\therefore$　求める直線のグラフは A(1, 2) を通って $\boldsymbol{e}_1 + \boldsymbol{e}_2$ に平行な直線である（図 a）.

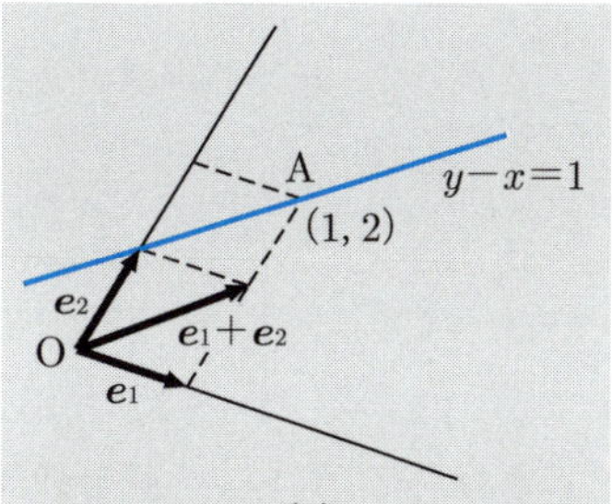

(a)

(ii)　（イ）　$x = t$ とおくと $y = 2t$

$$\therefore \quad \begin{bmatrix} x \\ y \end{bmatrix} = t\begin{bmatrix} 1 \\ 2 \end{bmatrix}$$

よって，点 $\begin{bmatrix} 0 \\ 0 \end{bmatrix}$ を通り，方向ベクトルが $\begin{bmatrix} 1 \\ 2 \end{bmatrix}$ の直線である（図 b）.

（ロ）　$x = t$ とおくと $y = (-3/2)t + 2$

$$\therefore \quad \begin{bmatrix} x \\ y \end{bmatrix} = \begin{bmatrix} 0 \\ 2 \end{bmatrix} + t\begin{bmatrix} 1 \\ -3/2 \end{bmatrix}$$

よって，点 $\begin{bmatrix} 0 \\ 2 \end{bmatrix}$ を通り，方向ベクトルが $\begin{bmatrix} 1 \\ -3/2 \end{bmatrix}$ の直線である（図 b）.

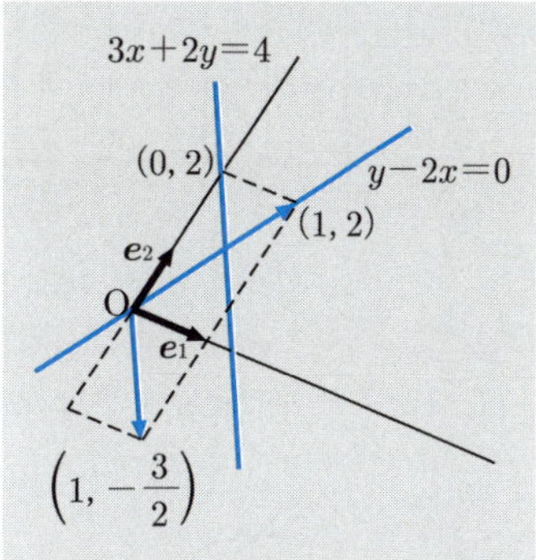

(b)

例題 8　（直線と平面の方程式）

(i)　2点 $A(-1,3,2)$, $B(2,5,1)$ を通る直線の方程式を求めよ．

(ii)　$C(1,1,0)$ を通って，(i) の直線を含む平面の方程式を求めよ．

〚ヒント〛　3点 $A_i(a_i,b_i,c_i)$ $(i=1,2,3)$ を通る平面は点 $\begin{bmatrix} a_1 \\ b_1 \\ c_1 \end{bmatrix}$ を通って，$\begin{bmatrix} a_2-a_1 \\ b_2-b_1 \\ c_2-c_1 \end{bmatrix}$ と $\begin{bmatrix} a_3-a_1 \\ b_3-b_1 \\ c_3-c_1 \end{bmatrix}$ で張られる．

【解答】　(i)　A, B を通る直線の方向ベクトルは $\begin{bmatrix} 3 \\ 2 \\ -1 \end{bmatrix}$ である．

したがって，求める直線の方程式は

$$\frac{x+1}{3}=\frac{y-3}{2}=\frac{z-2}{-1}$$

(ii)　$(\overrightarrow{CA})=\begin{bmatrix} -2 \\ 2 \\ 2 \end{bmatrix}$,　$(\overrightarrow{CB})=\begin{bmatrix} 1 \\ 4 \\ 1 \end{bmatrix}$

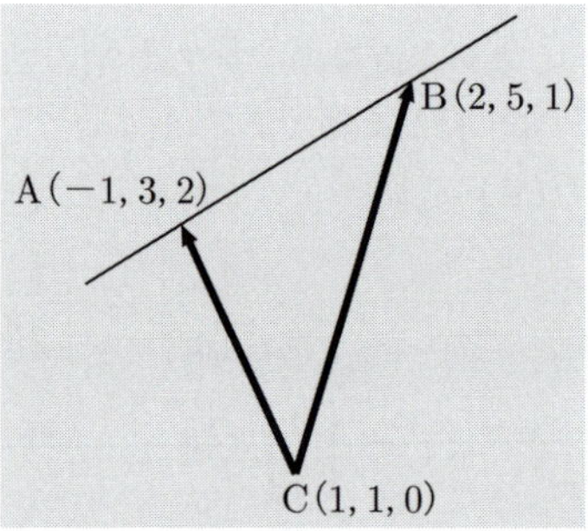

これは平行でないから線形独立である．

よって，平面のベクトル表示は

$$\begin{bmatrix} x \\ y \\ z \end{bmatrix}=\begin{bmatrix} 1 \\ 1 \\ 0 \end{bmatrix}+t\begin{bmatrix} -2 \\ 2 \\ 2 \end{bmatrix}+s\begin{bmatrix} 1 \\ 4 \\ 1 \end{bmatrix}$$

$$\therefore\quad \begin{cases} x=1-2t+s & (1) \\ y=1+2t+4s & (2) \\ z=2t+s & (3) \end{cases}$$

(1), (2) を t,s の連立1次方程式として解けば，

$$t=-\frac{4x-y-3}{10},\quad s=\frac{x+y-2}{5}$$

これらを (3) に代入すると

$$z=-\frac{2(4x-y-3)}{10}+\frac{x+y-2}{5}$$

$\therefore$　求める平面の方程式は $3x-2y+5z=1$．

問題 1.2　A

1. $\boldsymbol{a} = \begin{bmatrix} 1 \\ 0 \\ 1 \end{bmatrix}$, $\boldsymbol{b} = \begin{bmatrix} 1 \\ 1 \\ 0 \end{bmatrix}$, $\boldsymbol{c} = \begin{bmatrix} 0 \\ 1 \\ 1 \end{bmatrix}$ は 1 組の空間の基底であることを示せ.

また，$\boldsymbol{x} = \begin{bmatrix} 2 \\ 1 \\ 3 \end{bmatrix}$ を $\boldsymbol{a},\boldsymbol{b},\boldsymbol{c}$ の線形結合として表せ.

2. $\boldsymbol{a}, \boldsymbol{b}, \boldsymbol{c}$ が線形独立ならば $\boldsymbol{b}+\boldsymbol{c}$, $\boldsymbol{c}+\boldsymbol{a}$, $\boldsymbol{a}+\boldsymbol{b}$ も線形独立であることを示せ.

3. $\boldsymbol{a} = \begin{bmatrix} 1 \\ 2 \end{bmatrix}$, $\boldsymbol{b} = \begin{bmatrix} -1 \\ \alpha \end{bmatrix}$ が線形従属のとき，α を求めよ.

4. 3 角形 ABC において，BC に平行な直線が AB, AC と交わる点を E, F とする. BF, CE の交わる点を G とするとき，AG は BC の中点を通ることを示せ.

5. 2 点 P$(3, -1, 2)$, Q$(1, 0, 3)$ を通る直線の方程式を求めよ.

6. 2 点 P$(-1, 3, 5)$, Q$(2, 3, 4)$ を通る直線の方程式を求めよ.

7. 3 点 A$(1, 2, 6)$, B$(-2, -1, 3)$, C$(3, 1, 2)$ を通る平面の方程式を求めよ.

8. 平面 (π) : $3x + 2y - z = 2$ をベクトル表示せよ.

9. 直線 (l) : $\begin{cases} 2x + 3y + z = 1 \\ 3x + 5y - 2z = -2 \end{cases}$ のベクトル表示を求めよ.

10. 直線 (l) : $\dfrac{x - x_0}{l} = \dfrac{y - y_0}{m} = \dfrac{z - z_0}{n}$ と平面 (π) : $ax + by + cz = d$ とが平行である条件を求めよ.

問題 1.2　B

1. $\boldsymbol{a},\boldsymbol{b}$ が線形独立で，$\boldsymbol{a},\boldsymbol{b},\boldsymbol{c}$ が線形従属ならば，$\boldsymbol{c}$ は $\boldsymbol{a},\boldsymbol{b}$ の線形結合として一意的に表されることを示せ.

2. $\boldsymbol{a} = \begin{bmatrix} 1 \\ 2 \\ 3 \end{bmatrix}$, $\boldsymbol{b} = \begin{bmatrix} 4 \\ 1 \\ 6 \end{bmatrix}$, $\boldsymbol{c} = \begin{bmatrix} -1 \\ 2 \\ \alpha \end{bmatrix}$ が線形従属のとき，α を求めよ.

3. 2 つの直線 $ax + by + c = 0$, $a'x + b'y + c' = 0$ の交点を通る直線は

$$m(ax + by + c) + m'(a'x + b'y + c') = 0$$

の形で表されることを示せ.

4. 2 直線 (l_1) : $\boldsymbol{x} = \boldsymbol{p}_1 + t\boldsymbol{a}_1$, (l_2) : $\boldsymbol{x} = \boldsymbol{p}_2 + s\boldsymbol{a}_2$ がねじれの位置にある条件を求めよ.

5. 原点を通って，次の 2 つの直線と交わる直線の方程式を求めよ.

$$(l_1) : \begin{cases} 5x + 2y - z = 3 \\ 2x + y + z = -2 \end{cases} \qquad (l_2) : \begin{cases} 2x - 4y + z = -2 \\ x + 3y + 2z = 3 \end{cases}$$

ヒントと解答

問題 1.2 A

1. 例題5をみなさい．$\boldsymbol{x} = 2\boldsymbol{a} + \boldsymbol{c}$.

2. $k_1(\boldsymbol{b}+\boldsymbol{c}) + k_2(\boldsymbol{c}+\boldsymbol{a}) + k_3(\boldsymbol{a}+\boldsymbol{b}) = \boldsymbol{o}$

$\therefore \quad (k_2+k_3)\boldsymbol{a} + (k_1+k_3)\boldsymbol{b} + (k_1+k_2)\boldsymbol{c} = \boldsymbol{o} \qquad \therefore \quad k_i = 0$

3. $\boldsymbol{a} /\!/ \boldsymbol{b} \Longleftrightarrow \boldsymbol{b} = t\boldsymbol{a} \qquad \therefore \quad \alpha = -2$

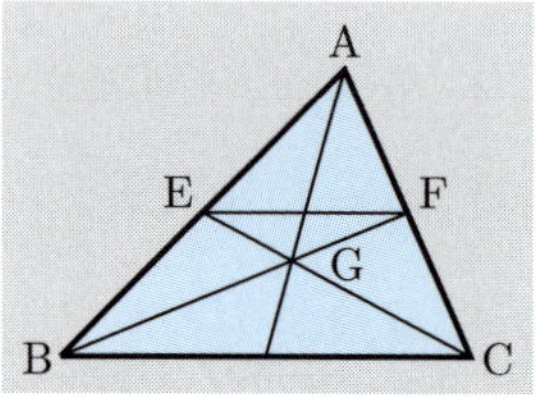

4. Bを原点とし，$\boldsymbol{a} = (\overrightarrow{\mathrm{BA}})$, $\boldsymbol{b} = (\overrightarrow{\mathrm{BC}})$ を基本ベクトルとする座標系を考える．Eの座標を $(0, p)$ とすると，直線EFは $y = p$ である．また，直線ACは $x + y = 1$ だから，Fの座標は $(1-p, p)$．よって，直線EC, FBは $px - (1-p)y = 0$, $y + px = p$．したがって交点の座標は $\mathrm{G}(1-p/2-p,\ p/2-p)$．ゆえに，直線AGは $y + 2x = 1$．これはBCの中点を通る．

5. $\dfrac{x-3}{-2} = y + 1 = z - 2$

6. P, Qを通る直線の1つの方向ベクトルは $\begin{bmatrix} -3 \\ 0 \\ 1 \end{bmatrix}$ である．定理9 (ii) より $\dfrac{x+1}{-3} = \dfrac{z-5}{1}$, $y = 3$ が方程式である．

7. $x - 2y + z = 3$

8. $x = t$, $y = s$ とすると，$z = 2t + 2s - 2 \qquad \therefore \begin{bmatrix} x \\ y \\ z \end{bmatrix} = \begin{bmatrix} 0 \\ 0 \\ -2 \end{bmatrix} + t\begin{bmatrix} 1 \\ 0 \\ 2 \end{bmatrix} + s\begin{bmatrix} 0 \\ 1 \\ 2 \end{bmatrix}$

9. $z = t$ とおくと，$x = 11 - 11t$, $y = 7t - 7 \qquad \therefore \begin{bmatrix} x \\ y \\ z \end{bmatrix} = \begin{bmatrix} 11 \\ -7 \\ 0 \end{bmatrix} + t\begin{bmatrix} -11 \\ 7 \\ 1 \end{bmatrix}$

10. (l) と (π) とが交わらぬ条件．$x = x_0 + lt$, $y = y_0 + mt$, $z = z_0 + nt$ を (π) に代入すると $(al + bm + cn)t = d - (ax_0 + by_0 + cy_0)$. $\quad \therefore$ 条件は $al + bm + cn = 0$.

問題 1.2 B

1. 定理6 (iii) を用いれば，少なくとも1つは0でない l, m, n によって $l\boldsymbol{a} + m\boldsymbol{b} + n\boldsymbol{c} = \boldsymbol{0}$ と表される．このとき，$n \neq 0$.（$n = 0$ とすると $\boldsymbol{a}, \boldsymbol{b}$ が線形独立だから $l = m = 0$ となり不合理）．$\boldsymbol{c} = x\boldsymbol{a} + y\boldsymbol{b} = x'\boldsymbol{a} + y'\boldsymbol{b}$ と表すと $(x - x')\boldsymbol{a} + (y - y')\boldsymbol{b} = \boldsymbol{o}$. $\boldsymbol{a}, \boldsymbol{b}$ は線形独立だから $x = x'$, $y = y'$.

2. 上の問題1を用いる．$\boldsymbol{a}, \boldsymbol{b}$ は線形独立であるから，$\boldsymbol{c} = x\boldsymbol{a} + y\boldsymbol{b}$ と表される．これを解いて，$x = 9/7$, $y = -4/7 \qquad \therefore \quad \alpha = 3/7$.

3.　交点を (x_0, y_0) とし，その点を通る直線を $px+qy+r=0$ とする．(x_0, y_0) は 2 つの直線上にあるから，$ax_0+by_0+c=0$, $a'x_0+b'y_0+c'=0$.

$\begin{cases} am+a'm'=p \\ bm+b'm'=q \end{cases}$ をみたす m, m' をとれば（2 直線が交わることから存在する.）

$$\begin{aligned} mc+m'c' &= m(-ax_0-by_0)+m'(-a'x_0-b'y_0) \\ &= -(am+a'm')x_0-(bm+b'm')y_0 \\ &= -px_0-qy_0=r \end{aligned}$$

したがって，$px+qy+r=0$ は $m(ax+by+c)+m'(a'x+b'y+c')=0$ と表される.

4.　$(l_1), (l_2)$ は平行でないから $\boldsymbol{a}_1$，$\boldsymbol{a}_2$ は線形独立.

交点をもつならば，$\boldsymbol{p}_1+t\boldsymbol{a}_1 = \boldsymbol{p}_2+s\boldsymbol{a}_2$ をみたす s, t が存在するから，このとき，$\boldsymbol{p}_1-\boldsymbol{p}_2, \boldsymbol{a}_1, \boldsymbol{a}_2$ は線形従属．逆に，$\boldsymbol{p}_1-\boldsymbol{p}_2, \boldsymbol{a}_1, \boldsymbol{a}_2$ が線形従属ならば，

$$l(\boldsymbol{p}_1-\boldsymbol{p}_2)+m\boldsymbol{a}_1+n\boldsymbol{a}_2=\boldsymbol{o}$$

をみたす少なくとも 1 つは 0 でない l, m, n が存在する．$l=0$ ならば，

$$m\boldsymbol{a}_1+n\boldsymbol{a}_2=\boldsymbol{o}$$

となり，$\boldsymbol{a}_1$，$\boldsymbol{a}_2$ が線形独立より $m=n=0$ となって不合理である．　$\therefore\quad l\neq 0$.

このとき，

$$\boldsymbol{p}_1-\boldsymbol{p}_2+\frac{m}{l}\boldsymbol{a}_1+\frac{n}{l}\boldsymbol{a}_2=\boldsymbol{o} \qquad \therefore\quad \boldsymbol{p}_1+\frac{m}{l}\boldsymbol{a}_1=\boldsymbol{p}_2-\frac{n}{l}\boldsymbol{a}_2$$

これは $(l_1), (l_2)$ が $t=m/l$, $s=-n/l$ で交点をもつことを示している.

よって，$\boldsymbol{p}_1-\boldsymbol{p}_2, \boldsymbol{a}_1, \boldsymbol{a}_2$ が線形従属 $\Longleftrightarrow$ $(l_1), (l_2)$ が交点をもつ.

対偶を考えると，$\boldsymbol{p}_1-\boldsymbol{p}_2, \boldsymbol{a}_1, \boldsymbol{a}_2$ が線形独立 $\Longleftrightarrow$ $(l_1), (l_2)$ が交点をもたぬ.

ゆえに，求める条件は，$\boldsymbol{p}_1-\boldsymbol{p}_2, \boldsymbol{a}_1, \boldsymbol{a}_2$ が線形独立なることである.

5.　上の問題 3 と同様に，(l_1) を含む平面は

$$m(5x+2y-z-3)+m'(2x+y+z+2)=0$$

この中で，原点を通るものは $-3m+2m'=0$ をみたすから

$$m:m'=2:3$$

$$\therefore\quad 16x+7y+z=0 \tag{1}$$

同様に，(l_2) を含み原点を通る平面の方程式は

$$8x-6y+7z=0 \tag{2}$$

(1), (2) の交わる直線が求めるものである.

$$\therefore\quad \frac{x}{-55}=\frac{y}{104}=\frac{z}{152}$$

1.3 ベクトルの内積

内　積 ▶ 2つのベクトル $\boldsymbol{a} = (\overrightarrow{\mathrm{AB}})$, $\boldsymbol{b} = (\overrightarrow{\mathrm{AC}})$ に対して，$\theta = \angle\mathrm{BAC}$ を $\boldsymbol{a}$ と $\boldsymbol{b}$ のなす角という．$\boldsymbol{a}, \boldsymbol{b}$ に対し一意的に定まる実数

$$(\boldsymbol{a},\, \boldsymbol{b}) = ||\boldsymbol{a}||\,||\boldsymbol{b}||\cos\theta$$

を $\boldsymbol{a}$, $\boldsymbol{b}$ の**内積**または**スカラー積**という．

定理 11

(i) $(\boldsymbol{a}, \boldsymbol{a}) = ||\boldsymbol{a}||^2 \geqq 0$

(ii) $(\boldsymbol{a}, \boldsymbol{b}) = (\boldsymbol{b},\, \boldsymbol{a})$

(iii) $(\boldsymbol{a}+\boldsymbol{b}, \boldsymbol{c}) = (\boldsymbol{a}, \boldsymbol{c}) + (\boldsymbol{b}, \boldsymbol{c})$,　$(\boldsymbol{a}, \boldsymbol{b}+\boldsymbol{c}) = (\boldsymbol{a}, \boldsymbol{b}) + (\boldsymbol{a}, \boldsymbol{c})$

(iv) $(k\boldsymbol{a}, \boldsymbol{b}) = k(\boldsymbol{a}, \boldsymbol{b}) = (\boldsymbol{a}, k\boldsymbol{b})$

$\boldsymbol{a}$ と $\boldsymbol{b}$ のなす角が $\theta = \pi/2$ のとき，$\boldsymbol{a}$ と $\boldsymbol{b}$ は**直交する**といい，$\boldsymbol{a} \perp \boldsymbol{b}$ で表す．

定理 12

(i) $(\boldsymbol{a}, \boldsymbol{b}) = 0 \Longleftrightarrow \boldsymbol{a} \perp \boldsymbol{b}$

(ii) $|(\boldsymbol{a}, \boldsymbol{b})| \leqq ||\boldsymbol{a}||\,||\boldsymbol{b}||$　　　　（**シュワルツの不等式**）

直交座標系と内積 ▶ 互いに直交する大きさの1のベクトルからつくられる基底を**正規直交基底**といい，正規直交基底を基本ベクトルとする座標系を**直交座標系**という．

定理 13

$\{\boldsymbol{e}_1, \boldsymbol{e}_2\}$ を平面の正規直交基底とする．

(i) $\{\mathrm{O}\,;\boldsymbol{e}_1, \boldsymbol{e}_2\}$ が直交座標系 $\Longleftrightarrow (\boldsymbol{e}_i, \boldsymbol{e}_j) = \begin{cases} 1 & (i=j) \\ 0 & (i \neq j) \end{cases}$

$\Longleftrightarrow \{\boldsymbol{e}_1, \boldsymbol{e}_2\}$ が正規直交基底

(ii) $\boldsymbol{a} = \begin{bmatrix} a_1 \\ a_2 \end{bmatrix}$, $\boldsymbol{b} = \begin{bmatrix} b_1 \\ b_2 \end{bmatrix}$ に対して，

$$(\boldsymbol{a},\, \boldsymbol{b}) = a_1b_1 + a_2b_2$$

$$||\boldsymbol{a}|| = \sqrt{{a_1}^2 + {a_2}^2}$$

$$\cos\theta = \frac{a_1b_1 + a_2b_2}{\sqrt{{a_1}^2 + {a_2}^2}\sqrt{{b_1}^2 + {b_2}^2}}$$

$$\boldsymbol{a} \perp \boldsymbol{b} \Longleftrightarrow a_1b_1 + a_2b_2 = 0$$

(iii) 直交座標系 $\{\mathrm{O}\,;\boldsymbol{e}_1, \boldsymbol{e}_2\}$ に関して，点 $\mathrm{P}(x_1, y_1)$ から点 $\mathrm{Q}(x_2, y_2)$ にいたる線分の長さは

$$\overline{\mathrm{PQ}} = \sqrt{(x_1 - x_2)^2 + (y_1 - y_2)^2}$$

定理 13′

$\{\boldsymbol{e}_1, \boldsymbol{e}_2, \boldsymbol{e}_3\}$ を空間の正規直交基底とする．

（i）$\{\mathrm{O}\,;\boldsymbol{e}_1, \boldsymbol{e}_2, \boldsymbol{e}_3\}$ が直交座標系 $\Longleftrightarrow (\boldsymbol{e}_i, \boldsymbol{e}_j) = \begin{cases} 1 & (i = j) \\ 0 & (i \neq j) \end{cases}$

$\Longleftrightarrow \{\boldsymbol{e}_1, \boldsymbol{e}_2, \boldsymbol{e}_3\}$ が正規直交基底

（ii）$\boldsymbol{a} = \begin{bmatrix} a_1 \\ a_2 \\ a_3 \end{bmatrix}$, $\boldsymbol{b} = \begin{bmatrix} b_1 \\ b_2 \\ b_3 \end{bmatrix}$ に対して，

$$(\boldsymbol{a}, \boldsymbol{b}) = a_1b_1 + a_2b_2 + a_3b_3$$

$$\|\boldsymbol{a}\| = \sqrt{{a_1}^2 + {a_2}^2 + {a_3}^2}$$

$$\cos\theta = \frac{a_1b_1 + a_2b_2 + a_3b_3}{\sqrt{{a_1}^2 + {a_2}^2 + {a_3}^2}\sqrt{{b_1}^2 + {b_2}^2 + {b_3}^2}}$$

$$\boldsymbol{a} \perp \boldsymbol{b} \Longleftrightarrow a_1b_1 + a_2b_2 + a_3b_3 = 0$$

(iii) 直交座標系 $\{\mathrm{O}\,;\boldsymbol{e}_1, \boldsymbol{e}_2, \boldsymbol{e}_3\}$ に関して，点 $\mathrm{P}(x_1, y_1, z_1)$ から点 $\mathrm{Q}(x_2, y_2, z_2)$ にいたる線分の長さは

$$\overline{\mathrm{PQ}} = \sqrt{(x_1 - x_2)^2 + (y_1 - y_2)^2 + (z_1 - z_2)^2}$$

法線ベクトル ▶　平面上の直線または平面に直交するベクトルを，その直線または平面の**法線ベクトル**という．

定理 14

（i）直線：$ax + by = c$ に対して，$\boldsymbol{n} = \begin{bmatrix} a \\ b \end{bmatrix}$ は法線ベクトルである．

（ii）平面：$ax + by + cz = d$ に対して，$\boldsymbol{n} = \begin{bmatrix} a \\ b \\ c \end{bmatrix}$ は法線ベクトルである．

直線・平面のなす角 ▶　(1)　2つの直線に対し，それらの方向ベクトルのなす角をその**直線と直線のなす角**という．

(2)　直線と平面に対し，直線の方向ベクトルと平面の法線ベクトルのなす角をその**直線と平面のなす角**という．

(3)　2つの平面に対し，それらの法線ベクトルのなす角をその**平面と平面のなす角**という．

例題 9 （平行4辺形の面積）

（i） 2つのベクトル $\boldsymbol{a}, \boldsymbol{b}$ を相隣る2辺にもつ平行4辺形の面積 S は

$$S = \sqrt{||\boldsymbol{a}||^2||\boldsymbol{b}||^2 - (\boldsymbol{a}, \boldsymbol{b})^2}$$

と表されることを示せ．

（ii） 直交座標系に関して，$\boldsymbol{a} = \begin{bmatrix} a_1 \\ a_2 \end{bmatrix}$，$\boldsymbol{b} = \begin{bmatrix} b_1 \\ b_2 \end{bmatrix}$ ならば $S = |a_1b_2 - a_2b_1|$ を示せ．

【解答】 （i） $\boldsymbol{a}$ と $\boldsymbol{b}$ のなす角を θ $(0 \leqq \theta \leqq \pi)$ とする．

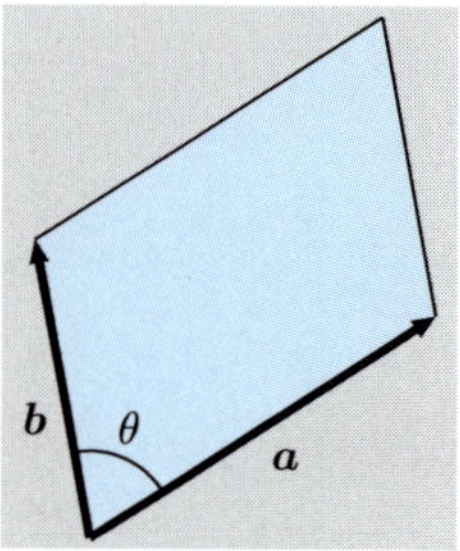

$$S = ||\boldsymbol{a}||\,||\boldsymbol{b}||\sin\theta$$

$$\begin{aligned}\therefore \quad S^2 &= ||\boldsymbol{a}||^2||\boldsymbol{b}||^2\sin^2\theta \\ &= ||\boldsymbol{a}||^2||\boldsymbol{b}||^2(1 - \cos^2\theta) \\ &= ||\boldsymbol{a}||^2||\boldsymbol{b}||^2 - (||\boldsymbol{a}||\,||\boldsymbol{b}||\cos\theta)^2\end{aligned}$$

$(\boldsymbol{a}, \boldsymbol{b}) = ||\boldsymbol{a}||\,||\boldsymbol{b}||\cos\theta$ であるから

$$S^2 = ||\boldsymbol{a}||^2||\boldsymbol{b}||^2 - (\boldsymbol{a},\, \boldsymbol{b})^2$$

$$\therefore \quad S = \sqrt{||\boldsymbol{a}||^2||\boldsymbol{b}||^2 - (\boldsymbol{a},\, \boldsymbol{b})^2}$$

（ii） $\boldsymbol{a} = \begin{bmatrix} a_1 \\ a_2 \end{bmatrix}$，$\boldsymbol{b} = \begin{bmatrix} b_1 \\ b_2 \end{bmatrix}$ だから

$$||\boldsymbol{a}||^2 = (\boldsymbol{a},\, \boldsymbol{a}) = {a_1}^2 + {a_2}^2$$

$$||\boldsymbol{b}||^2 = (\boldsymbol{b},\, \boldsymbol{b}) = {b_1}^2 + {b_2}^2$$

$$(\boldsymbol{a},\, \boldsymbol{b}) = a_1b_1 + a_2b_2$$

$$\begin{aligned}\therefore \quad S &= \sqrt{||\boldsymbol{a}||^2||\boldsymbol{b}||^2 - (\boldsymbol{a},\, \boldsymbol{b})^2} \\ &= \sqrt{({a_1}^2 + {a_2}^2)({b_1}^2 + {b_2}^2) - (a_1b_1 + a_2b_2)^2} \\ &= \sqrt{(a_1b_2 - a_2b_1)^2} \\ &= |a_1b_2 - a_2b_1|\end{aligned}$$

〖注意〗 $\boldsymbol{a} = \begin{bmatrix} a_1 \\ a_2 \end{bmatrix}$，$\boldsymbol{b} = \begin{bmatrix} b_1 \\ b_2 \end{bmatrix}$ に対し絶対値の中の式 $a_1b_2 - a_2b_1$ は **2次行列式**と呼ばれ，$\det(\boldsymbol{a},\, \boldsymbol{b}) = \begin{vmatrix} a_1 & b_1 \\ a_2 & b_2 \end{vmatrix}$ と表される．行列式についての詳細は第3章をみなさい．

例題 10　**（方向余弦）**

直交座標系 $\{O\,;\boldsymbol{e}_1, \boldsymbol{e}_2, \boldsymbol{e}_3\}$ において

(i)　ベクトル $\boldsymbol{a}\ (\neq \boldsymbol{o})$ に対して，$\boldsymbol{e} = \dfrac{1}{||\boldsymbol{a}||}\boldsymbol{a}$ とおけば，$\boldsymbol{e}$ は単位ベクトルであり，

また $\boldsymbol{a}$ と $\boldsymbol{e}_1, \boldsymbol{e}_2, \boldsymbol{e}_3$ のなす角をそれぞれ $\theta_1, \theta_2, \theta_3$ とすれば

$$\boldsymbol{e} = \begin{bmatrix} \cos\theta_1 \\ \cos\theta_2 \\ \cos\theta_3 \end{bmatrix}$$

と表されることを示せ．

（$\boldsymbol{e}$ の成分 $\cos\theta_1, \cos\theta_2, \cos\theta_3$ を $\boldsymbol{a}$ の**方向余弦**という．）

(ii)　直線 (l) : $\begin{cases} x+y+3z = \ \ 4 \\ 2x-y \qquad = -1 \end{cases}$ の方向ベクトルとその方向余弦を求めよ．

〖**ポイント**〗　$\boldsymbol{e}$ が単位ベクトル $\iff$ 大きさ 1 のベクトル $\iff ||\boldsymbol{e}|| = 1$

【**解答**】　(i)　$||\boldsymbol{e}|| = \sqrt{(\boldsymbol{e}, \boldsymbol{e})}$

$$= \sqrt{\left(\frac{1}{||\boldsymbol{a}||}\boldsymbol{a}, \frac{1}{||\boldsymbol{a}||}\boldsymbol{a}\right)} = \sqrt{\frac{1}{||\boldsymbol{a}||^2}(\boldsymbol{a}, \boldsymbol{a})} = \sqrt{\frac{1}{||\boldsymbol{a}||^2}\cdot||\boldsymbol{a}||^2} = 1$$

$\boldsymbol{e} = l\boldsymbol{e}_1 + m\boldsymbol{e}_2 + n\boldsymbol{e}_3$ とする．このとき，$\boldsymbol{e}_1, \boldsymbol{e}_2, \boldsymbol{e}_3$ は正規直交基底であるから

$$l = (\boldsymbol{e},\, \boldsymbol{e}_1) = \cos\theta_1$$
$$m = (\boldsymbol{e},\, \boldsymbol{e}_2) = \cos\theta_2$$
$$n = (\boldsymbol{e},\, \boldsymbol{e}_3) = \cos\theta_3$$
$$\therefore \quad \boldsymbol{e} = \begin{bmatrix} \cos\theta_1 \\ \cos\theta_2 \\ \cos\theta_3 \end{bmatrix}$$

(ii)　$\begin{cases} x+y+3z = \ \ 4 \\ 2x-y \qquad = -1 \end{cases}$ において，$z = t$ とすると

$$\begin{cases} x = 1-t \\ y = 3-2t \end{cases}$$

したがって，$t = 0, 1$ とおけば，2 点 $(1, 3, 0)$，$(0, 1, 1)$ を通る直線である．

$$\therefore \quad \text{方向ベクトルとして} \begin{bmatrix} 1 \\ 2 \\ -1 \end{bmatrix} \text{を得る．}$$

このベクトルの大きさは $\sqrt{6}$ だから

$$\therefore \quad \text{方向余弦は}\ (1\sqrt{6},\ 2/\sqrt{6},\ -1/\sqrt{6}).$$

例題 11　（正射影）

(i)　$\boldsymbol{o}$ でないベクトル $\boldsymbol{n}$ と任意のベクトル $\boldsymbol{x}$ に対し，$\boldsymbol{n}$ に平行なベクトル $\boldsymbol{x}'$ で，$\boldsymbol{x}-\boldsymbol{x}'$ が $\boldsymbol{n}$ と直交するものがただ1つ存在し，

$$\boldsymbol{x}' = \frac{(\boldsymbol{n},\, \boldsymbol{x})}{(\boldsymbol{n},\, \boldsymbol{n})}\boldsymbol{n}$$

と表されることを示せ．($\boldsymbol{x}'$ を $\boldsymbol{x}$ の $\boldsymbol{n}$ への**正射影**という．)

(ii)　平面 (π) の法線ベクトルを $\boldsymbol{n}$ とする．任意のベクトル $\boldsymbol{x}$ に対し，平面 (π) に平行なベクトル $\boldsymbol{x}'$ で，$\boldsymbol{x}-\boldsymbol{x}'$ が (π) と直交するものがただ1つ存在し，

$$\boldsymbol{x}' = \boldsymbol{x} - \frac{(\boldsymbol{n},\, \boldsymbol{x})}{(\boldsymbol{n},\, \boldsymbol{n})}\boldsymbol{n}$$

と表されることを示せ．($\boldsymbol{x}'$ を $\boldsymbol{x}$ の平面 (π) への**正射影**という．)

【解答】　(i)　$\boldsymbol{n}$ に平行なベクトル $\boldsymbol{x}'$ は $\boldsymbol{x}' = t\boldsymbol{n}$（$t$ は実数）と表される．この $\boldsymbol{x}'$ について，$\boldsymbol{x}-\boldsymbol{x}'$ と $\boldsymbol{n}$ とが直交するなら

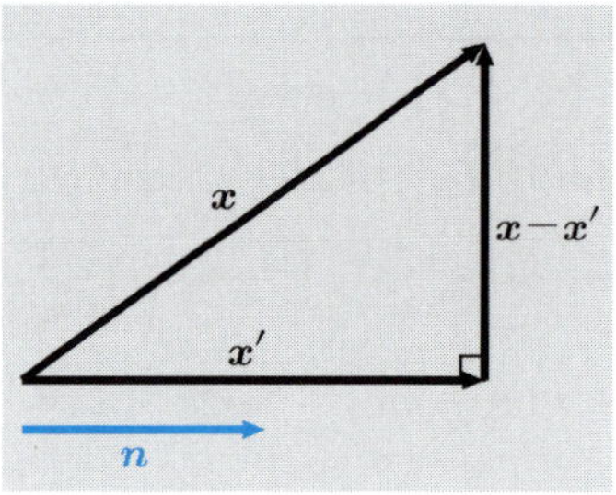

$$\begin{aligned} 0 &= (\boldsymbol{x}-\boldsymbol{x}',\, \boldsymbol{n}) \\ &= (\boldsymbol{x}-t\boldsymbol{n},\, \boldsymbol{n}) \\ &= (\boldsymbol{x},\, \boldsymbol{n}) - t(\boldsymbol{n},\, \boldsymbol{n}) \end{aligned}$$

$\therefore\quad t = \dfrac{(\boldsymbol{x},\, \boldsymbol{n})}{(\boldsymbol{n},\, \boldsymbol{n})}$ はただ1つの解である．

よって，$\boldsymbol{x}'$ はただ1つ存在し，

$$\boldsymbol{x}' = \frac{(\boldsymbol{n},\, \boldsymbol{x})}{(\boldsymbol{n},\, \boldsymbol{n})}\boldsymbol{n}$$

(ii)　平面 (π) に平行なベクトル $\boldsymbol{x}'$ で，$\boldsymbol{x}-\boldsymbol{x}'$ と (π) とが直交するなら

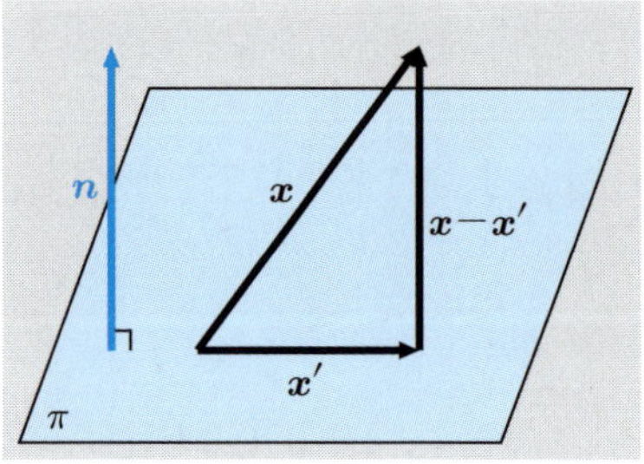

$$\boldsymbol{x}-\boldsymbol{x}' = t\boldsymbol{n}\quad（t \text{ は実数}）$$

と表される．

$$\therefore\quad \boldsymbol{x}' = \boldsymbol{x} - t\boldsymbol{n}$$

$\boldsymbol{x}'$ と $\boldsymbol{n}$ とは直交するから

$$\begin{aligned} 0 &= (\boldsymbol{x}',\, \boldsymbol{n}) \\ &= (\boldsymbol{x}-t\boldsymbol{n},\, \boldsymbol{n}) \\ &= (\boldsymbol{x},\, \boldsymbol{n}) - t(\boldsymbol{n},\, \boldsymbol{n}) \end{aligned}$$

$\therefore\quad t = \dfrac{(\boldsymbol{x},\, \boldsymbol{n})}{(\boldsymbol{n},\, \boldsymbol{n})}$ はただ1つの解である．

よって，$\boldsymbol{x}'$ はただ1つ存在し，$\boldsymbol{x}' = \boldsymbol{x} - \dfrac{(\boldsymbol{n}, \boldsymbol{x})}{(\boldsymbol{n}, \boldsymbol{n})}\boldsymbol{n}$.

問題 1.3　A

1. 3 点 A(1, 3), B(3, 1), C(−2, 4) を頂点とする 3 角形の面積を求めよ.

2. 3 点 A(1, 3, −1), B(2, 6, 1), C(−1, 4, 2) を頂点とする 3 角形について,

(1) ∠BAC を求めよ.

(2) △ABC の面積を求めよ.

3. 空間の 4 点 A, B, C, D の間に AB ⊥ CD, AC ⊥ BD の関係があれば, AD ⊥ BC を示せ.

4. 直交座標系 $\{\mathrm{O}\,;\boldsymbol{e}_1, \boldsymbol{e}_2, \boldsymbol{e}_3\}$ に関して,

$$\boldsymbol{a} = 2\boldsymbol{e}_1 - \boldsymbol{e}_2 + 3\boldsymbol{e}_3, \quad \boldsymbol{b} = -\boldsymbol{e}_1 + 2\boldsymbol{e}_2 - \boldsymbol{e}_3$$

とするとき, $(\boldsymbol{a}, \boldsymbol{b})$, $\|\boldsymbol{a}\|$, $\|\boldsymbol{b}\|$ を求めよ.

5. 3 角形の各頂点から対辺に下した 3 つの垂線は 1 点で交わることを示せ.（この点を**3 角形の垂心**という.）

6. 直交座標系 $\{\mathrm{O}\,;\boldsymbol{e}_1, \boldsymbol{e}_2, \boldsymbol{e}_3\}$ に関して, ベクトル $\boldsymbol{a}$ を $\boldsymbol{a} = a_1\boldsymbol{e}_1 + a_2\boldsymbol{e}_2 + a_3\boldsymbol{e}_3$ とするとき各ベクトル $a_i\boldsymbol{e}_i$ は $\boldsymbol{a}$ の $\boldsymbol{e}_i$ への正射影であることを示せ.

7. 直交座標系に関して,

(1) 原点から直線 (L) に下した垂線の長さを p とするとき, その直線の方程式は

$$lx + my = p, \quad l^2 + m^2 = 1$$

と表されることを示せ.

(2) 原点から平面 (H) に下した垂線の長さを p とするとき, その平面の方程式は

$$lx + my + nz = p, \quad l^2 + m^2 + n^2 = 1$$

と表されることを示せ.

（(1), (2) の方程式を**ヘッセの標準形**という.）

8. 直交座標系に関して, 直線 (l) : $\begin{cases} x + y - z = 2 \\ 2x + y + z = 1 \end{cases}$ と平面 (π) : $x - 2y + z = 3$ のなす角を求めよ.

問題 1.3　B

1. 2 つの平面 (π_1), (π_2) のヘッセの標準形をそれぞれ,

$$l_1x + m_1y + n_1z = p_1, \quad l_2x + m_2y + n_2z = p_2$$

とするとき, (π_1) の (π_2) に関して対称な平面 (π_3) の方程式を求めよ.（直交座標系）

2. 直線 (l) : $\dfrac{x+1}{2} = y - 1 = \dfrac{z-2}{3}$ を平面 (π) : $2x + y - z = 1$ に正射影した直線 (l') の方程式を求めよ.（直交座標系）

ヒントと解答

問題 1.3　A

1.　$\boldsymbol{a} = (\overrightarrow{\mathrm{AB}})$, $\boldsymbol{b} = (\overrightarrow{\mathrm{AC}})$ とすれば，$\boldsymbol{a} = \begin{bmatrix} 2 \\ -2 \end{bmatrix}$, $\boldsymbol{b} = \begin{bmatrix} -3 \\ 1 \end{bmatrix}$.

$$\therefore \quad S = \frac{1}{2}\,|2 \cdot 1 - (-2) \cdot (-3)| = 2$$

2.　(1)　$\boldsymbol{a} = (\overrightarrow{\mathrm{AB}})$, $\boldsymbol{b} = (\overrightarrow{\mathrm{AC}})$ とすれば，$\boldsymbol{a} = \begin{bmatrix} 1 \\ 3 \\ 2 \end{bmatrix}$, $\boldsymbol{b} = \begin{bmatrix} -2 \\ 1 \\ 3 \end{bmatrix}$.

$(\boldsymbol{a}, \boldsymbol{b}) = 7$, $||\boldsymbol{a}|| = ||\boldsymbol{b}|| = \sqrt{14}$ より，

$$\cos\angle\mathrm{BAC} = \frac{1}{2} \qquad \therefore \quad \angle\mathrm{BAC} = \frac{\pi}{3}$$

(2)　$S = \dfrac{1}{2}||\boldsymbol{a}||\,||\boldsymbol{b}||\sin\dfrac{\pi}{3} = \dfrac{7\sqrt{3}}{2}$

3.　A を原点として B, C, D の位置ベクトルをそれぞれ，$\boldsymbol{b}$, $\boldsymbol{c}$, $\boldsymbol{d}$ とすると，

$$(\overrightarrow{\mathrm{BC}}) = \boldsymbol{c} - \boldsymbol{b},\ (\overrightarrow{\mathrm{CD}}) = \boldsymbol{d} - \boldsymbol{c},\ (\overrightarrow{\mathrm{BD}}) = \boldsymbol{d} - \boldsymbol{b},\ \mathrm{AB} \perp \mathrm{CD} \Longleftrightarrow (\boldsymbol{b}, \boldsymbol{d} - \boldsymbol{c}) = 0$$

$$\mathrm{AC} \perp \mathrm{BD} \Longleftrightarrow (\boldsymbol{c}, \boldsymbol{d} - \boldsymbol{b}) = 0 \qquad \therefore \quad (\boldsymbol{b}, \boldsymbol{c}) = (\boldsymbol{b}, \boldsymbol{d}) = (\boldsymbol{c}, \boldsymbol{d}) \qquad \therefore \quad (\boldsymbol{d}, \boldsymbol{c} - \boldsymbol{b}) = 0$$

4.　$(\boldsymbol{e}_i, \boldsymbol{e}_j) = \begin{cases} 1 & (i = j) \\ 0 & (i \neq j) \end{cases}$ だから定理 13 より，$(\boldsymbol{a}, \boldsymbol{b}) = -7$, $||\boldsymbol{a}|| = \sqrt{14}$, $||\boldsymbol{b}|| = \sqrt{6}$.

5.　3 角形 ABC において，B, C から対辺に垂線を下し，その交点を P とする．P を原点とし，A, B, C の位置ベクトルをそれぞれ，$\boldsymbol{a}, \boldsymbol{b}, \boldsymbol{c}$ とする．$\mathrm{AB} \perp \mathrm{PC}$, $\mathrm{AC} \perp \mathrm{PB}$ より $(\boldsymbol{a}, \boldsymbol{b}) = (\boldsymbol{b}, \boldsymbol{c}) = (\boldsymbol{c}, \boldsymbol{a})$. このとき，$(\boldsymbol{a}, \boldsymbol{b} - \boldsymbol{c}) = 0$.

$$\therefore \quad \mathrm{AP} \perp \mathrm{BC}.$$

6.　例題 11 によって，$\boldsymbol{a}$ の $\boldsymbol{e}_i$ への正射影は

$$\frac{(\boldsymbol{e}_i, \boldsymbol{a})}{(\boldsymbol{e}_i, \boldsymbol{e}_i)}\boldsymbol{e}_i = (\boldsymbol{e}_i, a_1\boldsymbol{e}_1 + a_2\boldsymbol{e}_2 + a_3\boldsymbol{e}_3)\boldsymbol{e}_i = a_i\boldsymbol{e}_i$$

7.　(1)　直線 (L) の単位法線ベクトルを $\begin{bmatrix} l \\ m \end{bmatrix}$ とすると，(L) は $\begin{bmatrix} pl \\ pm \end{bmatrix}$ を通る．

$$\therefore \quad lx + my = p, \quad l^2 + m^2 = 1$$

(2)　平面 (H) の単位法線ベクトルを $\begin{bmatrix} l \\ m \\ n \end{bmatrix}$ とすると，(H) は $\begin{bmatrix} pl \\ pm \\ pn \end{bmatrix}$ を通る．

$$\therefore \quad lx + my + nz = p, \quad l^2 + m^2 + n^2 = 1$$

8. $z=t$ として，直線 (l) の連立 1 次方程式を解けば，$x=-2t-1,\ y=3t+3$.

$\therefore\quad (l)\colon \dfrac{x+1}{-2}=\dfrac{y-3}{3}=z$. よって (l) の方向ベクトルは $\begin{bmatrix}-2\\3\\1\end{bmatrix}$. また，平面 (π) の法線ベクトルは $\begin{bmatrix}1\\-2\\1\end{bmatrix}$.　$\therefore\quad \cos\theta=\dfrac{-7}{\sqrt{14}\cdot\sqrt{6}}=\dfrac{-\sqrt{7}}{\sqrt{12}}\qquad\therefore\quad \theta=\left|\cos^{-1}\dfrac{-\sqrt{7}}{\sqrt{12}}\right|$.

問題 1.3　B

1. $(\pi_1),(\pi_2)$ の法線ベクトルをそれぞれ，$\boldsymbol{n}_1,\boldsymbol{n}_2$ とする．(π_2) に関して $\boldsymbol{n}_1$ と対称なベクトル $\boldsymbol{n}_3$ は $\boldsymbol{n}_3=\boldsymbol{n}_1-\dfrac{2(\boldsymbol{n}_2,\ \boldsymbol{n}_1)}{(\boldsymbol{n}_2,\ \boldsymbol{n}_2)}\boldsymbol{n}_2$ であり，これは (π_3) の 1 つの法線ベクトルである．

$$\boldsymbol{n}_1=\begin{bmatrix}l_1\\m_1\\n_1\end{bmatrix},\ \boldsymbol{n}_2=\begin{bmatrix}l_2\\m_2\\n_2\end{bmatrix}\quad \text{だから}\quad \boldsymbol{n}_3=\begin{bmatrix}l_1-2(l_1l_2+m_1m_2+n_1n_2)l_2\\m_1-2(l_1l_2+m_1m_2+n_1n_2)m_2\\n_1-2(l_1l_2+m_1m_2+n_1n_2)n_2\end{bmatrix}$$

したがって，(π_3) の方程式は

$$\begin{aligned}(l_1-2(l_1l_2+m_1m_2+n_1n_2)l_2)x+(m_1-2(l_1l_2+m_1m_2+n_1n_2)m_2)y&\\+(n_1-2(l_1l_2+m_1m_2+n_1n_2)n_2)z=d&\end{aligned}$$

と表される．一方，(π_3) は (π_1) と (π_2) の交線を含み，その交線上で，$l_ix+m_iy+n_iz=p_i$ であるから，これを (π_3) の方程式に代入すると，

$$p_1-2(l_1l_2+m_1m_2+n_1n_2)p_2=d$$

$$\begin{aligned}\therefore\quad \text{求める方程式 }(\pi_3)\colon (l_1x+m_1y+n_1z-p_1)-2(l_1l_2+m_1m_2+n_1n_2)&\\ \times(l_2x+m_2y+n_2z-p_2)=0&\end{aligned}$$

2. 例題 11 によって，(l) の方向ベクトルの (π) への正射影は $\boldsymbol{a}=\begin{bmatrix}4/3\\2/3\\10/3\end{bmatrix}$. よって，$(l')$ の方向ベクトルは $\boldsymbol{a}'=\begin{bmatrix}2\\1\\5\end{bmatrix}$ としてよい．他方，(l) と (π) の交点の座標は $(3,3,8)$ だから

$$\therefore\quad (l')\colon \frac{x-3}{2}=y-3=\frac{z-8}{5}$$

1.4　ベクトル積

ベクトル積 ▶　線形独立な空間のベクトル $\boldsymbol{a}, \boldsymbol{b}$ に対して，次の性質をもつベクトル $\boldsymbol{c}$ がちょうど1つ存在する．

大きさ：$\|\boldsymbol{c}\|$ は $\boldsymbol{a}, \boldsymbol{b}$ を相隣る2辺にもつ平行4辺形の面積に等しい

方　向：$\boldsymbol{c} \perp \boldsymbol{a}$, $\boldsymbol{c} \perp \boldsymbol{b}$

向　き：$\boldsymbol{a}, \boldsymbol{b}, \boldsymbol{c}$ は右手系，すなわち，$\boldsymbol{a}, \boldsymbol{b}, \boldsymbol{c}$ の向きがこの順序で右手の親指，人さし指，中指に対応する．

この $\boldsymbol{c}$ を $\boldsymbol{a}$ と $\boldsymbol{b}$ の**ベクトル積**または**外積**といい，

$$\boldsymbol{c} = \boldsymbol{a} \times \boldsymbol{b}$$

で表す．$\boldsymbol{a}$, $\boldsymbol{b}$ が線形従属のときには $\boldsymbol{a} \times \boldsymbol{b} = \boldsymbol{o}$ と定める．

定理 15

(i)　$\boldsymbol{a} \times \boldsymbol{b} = -(\boldsymbol{b} \times \boldsymbol{a})$

(ii)　$k\boldsymbol{a} \times \boldsymbol{b} = \boldsymbol{a} \times k\boldsymbol{b} = k(\boldsymbol{a} \times \boldsymbol{b})$

(iii)　$\boldsymbol{a} \times (\boldsymbol{b} + \boldsymbol{c}) = \boldsymbol{a} \times \boldsymbol{b} + \boldsymbol{a} \times \boldsymbol{c}, \quad (\boldsymbol{a} + \boldsymbol{b}) \times \boldsymbol{c} = \boldsymbol{a} \times \boldsymbol{c} + \boldsymbol{b} \times \boldsymbol{c}$

定理 16

直交座標系 $\{\mathrm{O}\,;\boldsymbol{e}_1, \boldsymbol{e}_2, \boldsymbol{e}_3\}$ が右手系をなすとき，

$$\boldsymbol{a} = \begin{bmatrix} a_1 \\ a_2 \\ a_3 \end{bmatrix},\ \boldsymbol{b} = \begin{bmatrix} b_1 \\ b_2 \\ b_3 \end{bmatrix} \quad \text{ならば} \quad \boldsymbol{a} \times \boldsymbol{b} = \begin{bmatrix} a_2b_3 - a_3b_2 \\ a_3b_1 - a_1b_3 \\ a_1b_2 - a_2b_1 \end{bmatrix}$$

以後，直交座標系は右手系だけを考える．

スカラー3重積 ▶　空間のベクトル $\boldsymbol{a}$, $\boldsymbol{b}$, $\boldsymbol{c}$ に対して，$\boldsymbol{a}$ と $\boldsymbol{b} \times \boldsymbol{c}$ の内積

$$(\boldsymbol{a}, \boldsymbol{b}, \boldsymbol{c}) = (\boldsymbol{a}, \boldsymbol{b} \times \boldsymbol{c})$$

を $\boldsymbol{a}$, $\boldsymbol{b}$, $\boldsymbol{c}$ の**スカラー3重積**という．

定理 17

(i)　$(\boldsymbol{a}, \boldsymbol{b}, \boldsymbol{c}) = (\boldsymbol{b}, \boldsymbol{c}, \boldsymbol{a}) = (\boldsymbol{c}, \boldsymbol{a}, \boldsymbol{b})$

　　$= -(\boldsymbol{a}, \boldsymbol{c}, \boldsymbol{b}) = -(\boldsymbol{c}, \boldsymbol{b}, \boldsymbol{a}) = -(\boldsymbol{b}, \boldsymbol{a}, \boldsymbol{c})$

(ii)　$(\boldsymbol{a} + \boldsymbol{a}', \boldsymbol{b}, \boldsymbol{c}) = (\boldsymbol{a}, \boldsymbol{b}, \boldsymbol{c}) + (\boldsymbol{a}', \boldsymbol{b}, \boldsymbol{c})$

　　$(\boldsymbol{a}, \boldsymbol{b} + \boldsymbol{b}', \boldsymbol{c}) = (\boldsymbol{a}, \boldsymbol{b}, \boldsymbol{c}) + (\boldsymbol{a}, \boldsymbol{b}', \boldsymbol{c})$

　　$(\boldsymbol{a}, \boldsymbol{b}, \boldsymbol{c} + \boldsymbol{c}') = (\boldsymbol{a}, \boldsymbol{b}, \boldsymbol{c}) + (\boldsymbol{a}, \boldsymbol{b}, \boldsymbol{c}')$

(iii)　$(k\boldsymbol{a}, \boldsymbol{b}, \boldsymbol{c}) = (\boldsymbol{a}, k\boldsymbol{b}, \boldsymbol{c}) = (\boldsymbol{a}, \boldsymbol{b}, k\boldsymbol{c}) = k(\boldsymbol{a}, \boldsymbol{b}, \boldsymbol{c})$

例題 12　（ベクトル積の計算）

直交座標系に関して

$$\boldsymbol{a}=\begin{bmatrix}1\\-1\\2\end{bmatrix},\ \boldsymbol{b}=\begin{bmatrix}2\\1\\3\end{bmatrix},\ \boldsymbol{c}=\begin{bmatrix}0\\2\\-1\end{bmatrix}$$

とするとき，次を求めよ．

（i）$\boldsymbol{a}\times\boldsymbol{b}$　（ii）$\boldsymbol{a}\times(\boldsymbol{b}\times\boldsymbol{c})$　（iii）$(\boldsymbol{a}\times\boldsymbol{b})\times\boldsymbol{c}$　（iv）$(\boldsymbol{a},\boldsymbol{b},\boldsymbol{c})$

〖**ポイント**〗 $\boldsymbol{a}=\begin{bmatrix}a_1\\a_2\\a_3\end{bmatrix},\ \boldsymbol{b}=\begin{bmatrix}b_1\\b_2\\b_3\end{bmatrix}$ に対し，ベクトル積 $\boldsymbol{a}\times\boldsymbol{b}$ を次のように図式的に覚えると便利である．

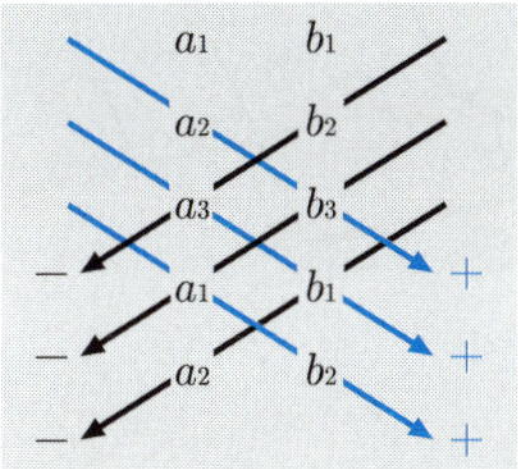

$$\boldsymbol{a}\times\boldsymbol{b}=\begin{bmatrix}a_2b_3-b_2a_3\\a_3b_1-b_3a_1\\a_1b_2-b_1a_2\end{bmatrix}$$

【**解答**】（i）$\boldsymbol{a}\times\boldsymbol{b}=\begin{bmatrix}(-1)\cdot 3-1\cdot 2\\2\cdot 2-3\cdot 1\\1\cdot 1-2\cdot(-1)\end{bmatrix}=\begin{bmatrix}-5\\1\\3\end{bmatrix}$

（ii）$\boldsymbol{a}\times(\boldsymbol{b}\times\boldsymbol{c})=\begin{bmatrix}1\\-1\\2\end{bmatrix}\times\begin{bmatrix}-7\\2\\4\end{bmatrix}=\begin{bmatrix}-8\\-18\\-5\end{bmatrix}$

（iii）$(\boldsymbol{a}\times\boldsymbol{b})\times\boldsymbol{c}=\begin{bmatrix}-5\\1\\3\end{bmatrix}\times\begin{bmatrix}0\\2\\-1\end{bmatrix}=\begin{bmatrix}-7\\-5\\-10\end{bmatrix}$

（iv）$(\boldsymbol{a},\boldsymbol{b},\boldsymbol{c})=(\boldsymbol{a},\boldsymbol{b}\times\boldsymbol{c})=1\cdot(-7)+(-1)\cdot 2+2\cdot 4=-1$

〖**注意**〗 ベクトル積の演算において，結合法則は成り立たない．すなわち，

$$\boldsymbol{a}\times(\boldsymbol{b}\times\boldsymbol{c}),\quad (\boldsymbol{a}\times\boldsymbol{b})\times\boldsymbol{c}$$

は等しいとは限らない．

例題 13　　（平行 6 面体の体積）

（i）3 つのベクトル $\boldsymbol{a}, \boldsymbol{b}, \boldsymbol{c}$ を相隣る 3 辺にもつ平行 6 面体の体積 V は

$$V = |(\boldsymbol{a},\ \boldsymbol{b},\ \boldsymbol{c})|$$

と表されることを示せ．

（ii）直交座標系に関して，$\boldsymbol{a} = \begin{bmatrix} 1 \\ 2 \\ -1 \end{bmatrix}$，$\boldsymbol{b} = \begin{bmatrix} 3 \\ 1 \\ 4 \end{bmatrix}$，$\boldsymbol{c} = \begin{bmatrix} 1 \\ 0 \\ -1 \end{bmatrix}$ のとき V を求めよ．

【解答】（i）$\boldsymbol{a} \times \boldsymbol{b}$ と $\boldsymbol{c}$ のなす角を θ とする．

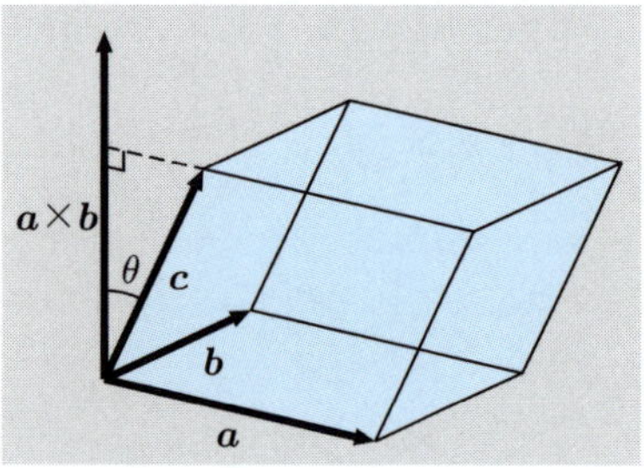

$\boldsymbol{a}, \boldsymbol{b}$ を相隣る 2 辺とする平行 4 辺形の面積は，ベクトル積の定義より $\|\boldsymbol{a} \times \boldsymbol{b}\|$ である．

また，$\boldsymbol{a} \times \boldsymbol{b}$ はこの平行 4 辺形と直交しているから $\|\boldsymbol{c}\|\,|\cos\theta|$ は高さである．

よって

$$\begin{aligned} V &= \|\boldsymbol{a} \times \boldsymbol{b}\|\,\|\boldsymbol{c}\|\,|\cos\theta| \\ &= |(\boldsymbol{a} \times \boldsymbol{b},\ \boldsymbol{c})| = |(\boldsymbol{a},\ \boldsymbol{b},\ \boldsymbol{c})| \end{aligned}$$

（ii）$\boldsymbol{a} \times \boldsymbol{b} = \begin{bmatrix} 2 \cdot 4 - (-1) \cdot 1 \\ (-1) \cdot 3 - 1 \cdot 4 \\ 1 \cdot 1 - 2 \cdot 3 \end{bmatrix} = \begin{bmatrix} 9 \\ -7 \\ -5 \end{bmatrix}$

$$\begin{aligned} \therefore\quad V &= |(\boldsymbol{a},\ \boldsymbol{b},\ \boldsymbol{c})| = |(\boldsymbol{a} \times \boldsymbol{b},\ \boldsymbol{c})| \\ &= |9 \cdot 1 + (-7) \cdot 0 + (-5) \cdot (-1)| = 14 \end{aligned}$$

〖注意〗　直交座標系に関して，$\boldsymbol{a} = \begin{bmatrix} a_1 \\ a_2 \\ a_3 \end{bmatrix}$，$\boldsymbol{b} = \begin{bmatrix} b_1 \\ b_2 \\ b_3 \end{bmatrix}$，$\boldsymbol{c} = \begin{bmatrix} c_1 \\ c_2 \\ c_3 \end{bmatrix}$ とするとき，

$$(\boldsymbol{a},\ \boldsymbol{b},\ \boldsymbol{c}) = a_1b_2c_3 + a_2b_3c_1 + a_3b_1c_2 - a_1b_3c_2 - a_2b_1c_3 - a_3b_2c_1$$

であって，これは **3 次行列式**と呼ばれ，

$$\begin{vmatrix} a_1 & b_1 & c_1 \\ a_2 & b_2 & c_2 \\ a_3 & b_3 & c_3 \end{vmatrix}$$

と表される．行列式についての詳細は第 3 章をみなさい．

例題 14　（ベクトル積と直線）

（i）　点 $\boldsymbol{p}$ を通って方向ベクトルが $\boldsymbol{a}$ の直線 (l) は

$$(l)：(\boldsymbol{x}-\boldsymbol{p})\times\boldsymbol{a}=\boldsymbol{o}$$

と表されることを示せ．

（ii）　2 直線 $(\boldsymbol{x}-\boldsymbol{p}_1)\times\boldsymbol{a}_1=\boldsymbol{o}$, $(\boldsymbol{x}-\boldsymbol{p}_2)\times\boldsymbol{a}_2=\boldsymbol{o}$ の共通垂線の長さは

$$\frac{|(\boldsymbol{p}_1-\boldsymbol{p}_2,\ \boldsymbol{a}_1,\ \boldsymbol{a}_2)|}{||\boldsymbol{a}_1\times\boldsymbol{a}_2||}$$

となることを示せ．

【解答】（i）　直線 (l) 上の任意の点を $\boldsymbol{x}$ とする．

$\boldsymbol{x}-\boldsymbol{p}$ は $\boldsymbol{a}$ と平行だから $(\boldsymbol{x}-\boldsymbol{p})\times\boldsymbol{a}=\boldsymbol{o}$.

逆に，$(\boldsymbol{x}-\boldsymbol{p})\times\boldsymbol{a}=\boldsymbol{o}$ ならば $\boldsymbol{x}-\boldsymbol{p}$ と $\boldsymbol{a}$ とは平行である．

$$\therefore\quad (\boldsymbol{x}-\boldsymbol{p})\times\boldsymbol{a}=\boldsymbol{o}\ \text{は直線}\ (l)\ \text{を表す．}$$

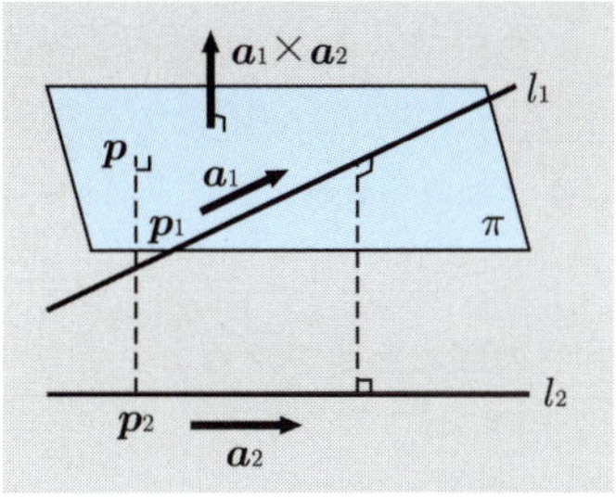

（ii）　共通垂線の長さは，直線 $(\boldsymbol{x}-\boldsymbol{p}_1)\times\boldsymbol{a}_1=\boldsymbol{o}$ を含み，直線 $(\boldsymbol{x}-\boldsymbol{p}_2)\times\boldsymbol{a}_2=\boldsymbol{o}$ に平行な平面 (π) に $\boldsymbol{p}_2$ から下した垂線の長さと等しい．

$\boldsymbol{a}_1\times\boldsymbol{a}_2$ は $\boldsymbol{a}_1, \boldsymbol{a}_2$ に直交するから，(π) は法線ベクトル $\boldsymbol{a}_1\times\boldsymbol{a}_2$ をもつ．ゆえに (π) は

$$(\boldsymbol{x}-\boldsymbol{p}_1,\ \boldsymbol{a}_1\times\boldsymbol{a}_2)=0$$

と表される．

$\boldsymbol{p}_2$ から (π) に下した垂線の足を $\boldsymbol{p}$ とすると

$$\boldsymbol{p}_2-\boldsymbol{p}=t(\boldsymbol{a}_1\times\boldsymbol{a}_2)\qquad\therefore\quad \boldsymbol{p}=\boldsymbol{p}_2-t(\boldsymbol{a}_1\times\boldsymbol{a}_2)$$

また，$\boldsymbol{p}$ は (π) 上にあるから

$$(\boldsymbol{p}-\boldsymbol{p}_1,\ \boldsymbol{a}_1\times\boldsymbol{a}_2)=0$$

これに $\boldsymbol{p}=\boldsymbol{p}_2-t(\boldsymbol{a}_1\times\boldsymbol{a}_2)$ を代入すると，

$$(\boldsymbol{p}_2-\boldsymbol{p}_1,\ \boldsymbol{a}_1\times\boldsymbol{a}_2)-t(\boldsymbol{a}_1\times\boldsymbol{a}_2,\ \boldsymbol{a}_1\times\boldsymbol{a}_2)=0$$

$$\therefore\quad t=\frac{(\boldsymbol{p}_2-\boldsymbol{p}_1,\ \boldsymbol{a}_1\times\boldsymbol{a}_2)}{||\boldsymbol{a}_1\times\boldsymbol{a}_2||^2}$$

$$\therefore\quad \boldsymbol{p}=\boldsymbol{p}_2-\frac{(\boldsymbol{p}_2-\boldsymbol{p}_1,\ \boldsymbol{a}_1\times\boldsymbol{a}_2)}{||\boldsymbol{a}_1\times\boldsymbol{a}_2||^2}(\boldsymbol{a}_1\times\boldsymbol{a}_2)$$

よって，共通垂線の長さは

$$||\boldsymbol{p}-\boldsymbol{p}_2||=\frac{|(\boldsymbol{p}_1-\boldsymbol{p}_2,\ \boldsymbol{a}_1\times\boldsymbol{a}_2)|}{||\boldsymbol{a}_1\times\boldsymbol{a}_2||^2}||\boldsymbol{a}_1\times\boldsymbol{a}_2||=\frac{|(\boldsymbol{p}_1-\boldsymbol{p}_2,\ \boldsymbol{a}_1,\ \boldsymbol{a}_2)|}{||\boldsymbol{a}_1\times\boldsymbol{a}_2||}$$

問題 1.4　A

1. 直交座標系に関して，$\boldsymbol{a} = \begin{bmatrix} 1 \\ 2 \\ 3 \end{bmatrix}$，$\boldsymbol{b} = \begin{bmatrix} 0 \\ -1 \\ 2 \end{bmatrix}$，$\boldsymbol{c} = \begin{bmatrix} 2 \\ -1 \\ 0 \end{bmatrix}$ とするとき，

(1)　$\boldsymbol{a} \times (\boldsymbol{b} + \boldsymbol{c})$, $\boldsymbol{a} \times \boldsymbol{b} + \boldsymbol{a} \times \boldsymbol{c}$ を求め比較せよ．

(2)　$\boldsymbol{a} \times (\boldsymbol{b} \times \boldsymbol{c})$, $(\boldsymbol{a}, \boldsymbol{c})\boldsymbol{b} - (\boldsymbol{a}, \boldsymbol{b})\boldsymbol{c}$ を求め比較せよ．

2. 次の等式の成り立つことを示せ．

(1)　$\boldsymbol{a} \times (\boldsymbol{b} \times \boldsymbol{c}) = (\boldsymbol{a}, \boldsymbol{c})\boldsymbol{b} - (\boldsymbol{a}, \boldsymbol{b})\boldsymbol{c}$

(2)　$(\boldsymbol{a} \times \boldsymbol{b}) \times \boldsymbol{c} = (\boldsymbol{a}, \boldsymbol{c})\boldsymbol{b} - (\boldsymbol{b}, \boldsymbol{c})\boldsymbol{a}$

(3)　$(\boldsymbol{a} \times \boldsymbol{b}) \times \boldsymbol{c} + (\boldsymbol{b} \times \boldsymbol{c}) \times \boldsymbol{a} + (\boldsymbol{c} \times \boldsymbol{a}) \times \boldsymbol{b} = \boldsymbol{o}$

(4)　$(\boldsymbol{a} \times \boldsymbol{b},\ \boldsymbol{c} \times \boldsymbol{d}) = (\boldsymbol{a}, \boldsymbol{c})(\boldsymbol{b}, \boldsymbol{d}) - (\boldsymbol{a}, \boldsymbol{d})(\boldsymbol{b}, \boldsymbol{c})$

(5)　$(\boldsymbol{a} \times \boldsymbol{b}) \times (\boldsymbol{a} \times \boldsymbol{c}) = (\boldsymbol{a}, \boldsymbol{b}, \boldsymbol{c})\boldsymbol{a}$

(6)　$(\boldsymbol{a} \times \boldsymbol{b},\ \boldsymbol{b} \times \boldsymbol{c},\ \boldsymbol{c} \times \boldsymbol{a}) = (\boldsymbol{a}, \boldsymbol{b}, \boldsymbol{c})^2$

3. 4点 A(1, 3, 1), B(2, 5, 4), C(3, 6, 2), D(2, 7, 4) を頂点とする4面体について，

(1)　△ABC の面積を求めよ．

(2)　4面体 ABCD の体積を求めよ．

4. 2つの直線

$$\frac{x+1}{-2} = y - 1 = \frac{z-1}{3}, \qquad \frac{x-1}{-1} = \frac{y+1}{2} = \frac{z-1}{-2}$$

の間の距離を求めよ．

問題 1.4　B

1. 次の方程式をみたす点 $\boldsymbol{x}$ の軌跡を求めよ．ただし，$\boldsymbol{a}, \boldsymbol{b}$ は定ベクトルとする．

(1)　$\boldsymbol{x} \times (\boldsymbol{x} - \boldsymbol{a}) = \boldsymbol{o}$

(2)　$\boldsymbol{a} \perp \boldsymbol{b}$ とするとき，$\boldsymbol{a} \times \boldsymbol{x} = \boldsymbol{b}$

(3)　$||\boldsymbol{a} \times \boldsymbol{x}|| = 1$

2. 点 $\boldsymbol{q}$ から点 $\boldsymbol{p}$ を通る直線 (l)：$\boldsymbol{x} = \boldsymbol{p} + t\boldsymbol{a}$ に下した垂線の長さは

$$\frac{||\boldsymbol{a} \times (\boldsymbol{p} - \boldsymbol{q})||}{||\boldsymbol{a}||}$$

であることを示せ．

ヒントと解答

問題 1.4　A

1. 例題 12 のように計算すると，(1) 共に $\begin{bmatrix} 10 \\ 4 \\ -6 \end{bmatrix}$，(2) 共に $\begin{bmatrix} -8 \\ 4 \\ 0 \end{bmatrix}$.

2. 右手系となっている直交座標系 $\{\mathrm{O}\,;\,\boldsymbol{e}_1,\,\boldsymbol{e}_2,\,\boldsymbol{e}_3\}$ を適当にとり，

$$\boldsymbol{a} = a_1\boldsymbol{e}_1, \quad \boldsymbol{b} = b_1\boldsymbol{e}_1 + b_2\boldsymbol{e}_2, \quad \boldsymbol{c} = c_1\boldsymbol{e}_1 + c_2\boldsymbol{e}_2 + c_3\boldsymbol{e}_3$$

となっているとする．($\{\mathrm{O}\,;\,\boldsymbol{e}_1,\,\boldsymbol{e}_2,\,\boldsymbol{e}_3\}$：右手系 $\Longleftrightarrow \boldsymbol{e}_1\times\boldsymbol{e}_2 = \boldsymbol{e}_3,\ \boldsymbol{e}_2\times\boldsymbol{e}_3 = \boldsymbol{e}_1,\ \boldsymbol{e}_3\times\boldsymbol{e}_1 = \boldsymbol{e}_2$)

(1)
$$\begin{aligned}\boldsymbol{a}\times(\boldsymbol{b}\times\boldsymbol{c}) &= a_1\boldsymbol{e}_1\times(b_2c_3\boldsymbol{e}_1 - b_1c_3\boldsymbol{e}_2 + (b_1c_2 - b_2c_1)\boldsymbol{e}_3) \\ &= -a_1b_1c_3\boldsymbol{e}_3 - a_1(b_1c_2 - b_2c_1)\boldsymbol{e}_2\end{aligned}$$
$$\begin{aligned}(\boldsymbol{a},\,\boldsymbol{c})\boldsymbol{b} - (\boldsymbol{a},\,\boldsymbol{b})\boldsymbol{c} &= a_1c_1(b_1\boldsymbol{e}_1 + b_2\boldsymbol{e}_2) - a_1b_1(c_1\boldsymbol{e}_1 + c_2\boldsymbol{e}_2 + c_3\boldsymbol{e}_3) \\ &= a_1b_1c_3\boldsymbol{e}_3 + (a_1b_2c_1 - a_1b_1c_2)\boldsymbol{e}_2\end{aligned}$$

ゆえに，$\boldsymbol{a}\times(\boldsymbol{b}\times\boldsymbol{c}) = (\boldsymbol{a},\,\boldsymbol{c})\boldsymbol{b} - (\boldsymbol{a},\,\boldsymbol{b})\boldsymbol{c}$. (2)，(3)，$\cdots$，(6) もまったく同様である．

3. $\boldsymbol{a} = (\overrightarrow{\mathrm{AB}})$，$\boldsymbol{b} = (\overrightarrow{\mathrm{AC}})$，$\boldsymbol{c} = (\overrightarrow{\mathrm{AD}})$ とすれば，$\boldsymbol{a} = \begin{bmatrix} 1 \\ 2 \\ 3 \end{bmatrix}$，$\boldsymbol{b} = \begin{bmatrix} 2 \\ 3 \\ 1 \end{bmatrix}$，$\boldsymbol{c} = \begin{bmatrix} 1 \\ 4 \\ 3 \end{bmatrix}$.

(1)　$\boldsymbol{a}\times\boldsymbol{b} = \begin{bmatrix} -7 \\ 5 \\ -1 \end{bmatrix}$．よって面積 $S = \dfrac{1}{2}\|\boldsymbol{a}\times\boldsymbol{b}\| = \dfrac{5\sqrt{3}}{2}$.

(2)　体積 $V = \dfrac{1}{6}|(\boldsymbol{a}\times\boldsymbol{b},\,\boldsymbol{c})| = \dfrac{5}{3}$.

4. 例題 14 (ii) を適用する．

$$\boldsymbol{p}_1 = \begin{bmatrix} -1 \\ 1 \\ 1 \end{bmatrix},\ \boldsymbol{a}_1 = \begin{bmatrix} -2 \\ 1 \\ 3 \end{bmatrix};\ \boldsymbol{p}_2 = \begin{bmatrix} 1 \\ -1 \\ 1 \end{bmatrix},\ \boldsymbol{a}_2 = \begin{bmatrix} -1 \\ 2 \\ -2 \end{bmatrix} \qquad \therefore\ \ \text{距離は}\frac{2}{\sqrt{122}}.$$

問題 1.4　B

1. (1)　$\boldsymbol{x},\,\boldsymbol{x}-\boldsymbol{a}$ は線形従属　　$\therefore$　原点を通って，$\boldsymbol{a}$ に平行な直線.

(2)　$\boldsymbol{a},\,\boldsymbol{c},\,\boldsymbol{b}$ が右手をなす長さ $\|\boldsymbol{b}\|\,/\,\|\boldsymbol{a}\|$ のベクトルを $\boldsymbol{c}$ とするとき，点 $\boldsymbol{c}$ を通って，$\boldsymbol{a}$ に平行な直線.

(3)　中心線が $\boldsymbol{a}$ に平行で半径 $1\,/\,\|\boldsymbol{a}\|$ からなる円柱.

2. $\|\boldsymbol{a}\times(\boldsymbol{p}-\boldsymbol{q})\|$ は $\boldsymbol{a}$ と $\boldsymbol{p}-\boldsymbol{q}$ を相隣る 2 辺とする平行 4 辺形の面積に等しいから，$\|\boldsymbol{a}\|$ で割れば $\boldsymbol{q}$ から直線 (l) に下した垂線の長さである．

1.5　平面と空間の1次変換

1次変換 ▶ 1. 平面の1次変換　平面上に座標系を考え，平面上の点 $\boldsymbol{x} = \begin{bmatrix} x \\ y \end{bmatrix}$ に対し，平面上の点 $\boldsymbol{x}' = \begin{bmatrix} x' \\ y' \end{bmatrix}$ を対応させる写像 f が

$$\begin{cases} x' = a_1x + a_2y \\ y' = b_1x + b_2y \end{cases} \tag{1}$$

をみたすとき，f を**平面の1次変換**という．

2. 空間の1次変換　空間に座標系を考え，空間の点 $\boldsymbol{x} = \begin{bmatrix} x \\ y \\ z \end{bmatrix}$ に対し，点 $\boldsymbol{x}' = \begin{bmatrix} x' \\ y' \\ z' \end{bmatrix}$ を対応させる写像 f が

$$\begin{cases} x' = a_1x + a_2y + a_3z \\ y' = b_1x + b_2y + b_3z \\ z' = c_1x + c_2y + c_3z \end{cases} \tag{2}$$

をみたすとき，f を**空間の1次変換**という．

定理 18

f を平面または空間の1次変換とするとき，

(i)　$f(\boldsymbol{x}+\boldsymbol{y}) = f(\boldsymbol{x}) + f(\boldsymbol{y})$

(ii)　$f(k\boldsymbol{x}) = kf(\boldsymbol{x})$

が成り立つ．逆に，(i),(ii) をみたす写像 f は1次変換である．

1次変換の行列 ▶ 1次変換 (1),(2) を，係数の配列に注目し，

$$\begin{bmatrix} x' \\ y' \end{bmatrix} = \begin{bmatrix} a_1 & a_2 \\ b_1 & b_2 \end{bmatrix} \begin{bmatrix} x \\ y \end{bmatrix}, \qquad \begin{bmatrix} x' \\ y' \\ z' \end{bmatrix} = \begin{bmatrix} a_1 & a_2 & a_3 \\ b_1 & b_2 & b_3 \\ c_1 & c_2 & c_3 \end{bmatrix} \begin{bmatrix} x \\ y \\ z \end{bmatrix}$$

と略記する．係数の配列

$$\begin{bmatrix} a_1 & a_2 \\ b_1 & b_2 \end{bmatrix}, \qquad \begin{bmatrix} a_1 & a_2 & a_3 \\ b_1 & b_2 & b_3 \\ c_1 & c_2 & c_3 \end{bmatrix}$$

を**1次変換 f の行列**といい，大文字 $A, B, \cdots$ を用いて表す．このとき，1次変換は

$$f(\boldsymbol{x}) = A\boldsymbol{x}$$

と略記される．

例題 15　（1次変換と図形）

f を平面または空間の1次変換で1対1写像とする．このとき，f によって

(i)　直線は直線に移る，

(ii)　平行な直線は平行な直線に移る，

(iii)　一直線上の線分の長さの比は変わらない，

となることを示せ．

【解答】　(i)　点 $\boldsymbol{p}$ を通って方向ベクトルが $\boldsymbol{a}$ の直線のベクトル表示は

$$\boldsymbol{x} = \boldsymbol{p} + t\boldsymbol{a} \quad (-\infty < t < \infty)$$

である．

これを f で移せば，定理18によって

$$f(\boldsymbol{x}) = f(\boldsymbol{p} + t\boldsymbol{a}) = f(\boldsymbol{p}) + f(t\boldsymbol{a}) = f(\boldsymbol{p}) + tf(\boldsymbol{a})$$

$\boldsymbol{x}, \boldsymbol{p}, \boldsymbol{a}$ を f で移したベクトルを $\boldsymbol{x}', \boldsymbol{p}', \boldsymbol{a}'$ とすると，

$$\boldsymbol{x}' = \boldsymbol{p}' + t\boldsymbol{a}'$$

これは，直線を表しているから直線は直線に移される．

(ii)　2つの平行な直線の方向ベクトルを $\boldsymbol{a}, \boldsymbol{b}$ とすれば，$\boldsymbol{a} /\!/ \boldsymbol{b}$ より

$$\boldsymbol{a} = k\boldsymbol{b}$$

をみたす実数 k が存在する．

(i)によって，f で移される直線の方向ベクトルは，$f(\boldsymbol{a}), f(\boldsymbol{b})$ であるから，定理18より $f(\boldsymbol{a}) = f(k\boldsymbol{b}) = kf(\boldsymbol{b})$ となる．

$$\therefore \quad f(\boldsymbol{a}) /\!/ f(\boldsymbol{b})$$

(iii)　直線上の4点をA, B, C, Dとし，その位置ベクトルをそれぞれ，$\boldsymbol{a}, \boldsymbol{b}, \boldsymbol{c}, \boldsymbol{d}$ とする．このとき，

$$\boldsymbol{d} - \boldsymbol{c} = k(\boldsymbol{b} - \boldsymbol{a})$$

また，f によってA, B, C, Dを移した点をA′, B′, C′, D′とすれば，その位置ベクトルはそれぞれ $f(\boldsymbol{a}),\ f(\boldsymbol{b}),\ f(\boldsymbol{c}),\ f(\boldsymbol{d})$ である．

$$\begin{aligned} f(\boldsymbol{d}) - f(\boldsymbol{c}) &= f(\boldsymbol{d} - \boldsymbol{c}) = f(k(\boldsymbol{b} - \boldsymbol{a})) \\ &= kf(\boldsymbol{b} - \boldsymbol{a}) = k(f(\boldsymbol{b}) - f(\boldsymbol{a})) \end{aligned}$$

$$\therefore \quad \frac{\overline{\mathrm{AB}}}{\overline{\mathrm{CD}}} = \frac{||\boldsymbol{b} - \boldsymbol{a}||}{||\boldsymbol{d} - \boldsymbol{c}||} = \frac{1}{k} = \frac{||f(\boldsymbol{b}) - f(\boldsymbol{a})||}{||f(\boldsymbol{d}) - f(\boldsymbol{c})||} = \frac{\overline{\mathrm{A'B'}}}{\overline{\mathrm{C'D'}}}$$

例題 16　（1 次変換と面積）

平面の直交座標系に関して，点 $\begin{bmatrix} x \\ y \end{bmatrix}$ を点 $\begin{bmatrix} x' \\ y' \end{bmatrix}$ に移す 1 次変換 f を

$$f : \begin{cases} x' = ax + by \\ y' = cx + dy \end{cases} \quad (ad - bc \neq 0)$$

とする．このとき，

(i)　3 角形 ABC は 3 角形 A′B′C′ に移されることを示せ．

(ii)　3 角形 ABC, A′B′C′ の面積をそれぞれ S, S' とするとき

$$S' = |ad - bc|S$$

が成り立つことを示せ．

〖**ポイント**〗 $ad - bc \neq 0$ より f は 1 対 1 の変換である．

【解答】 (i)　例題 15 によって，1 次変換 f は直線を直線に移す．一方，仮定によって，$ad - bc \neq 0$ より，x, y について解けば

$$\begin{cases} x = \dfrac{1}{ad - bc}(dx' - by') \\ y = \dfrac{1}{ad - bc}(-cx' + ay') \end{cases}$$

だから，f は平面の 1 対 1 対応である．

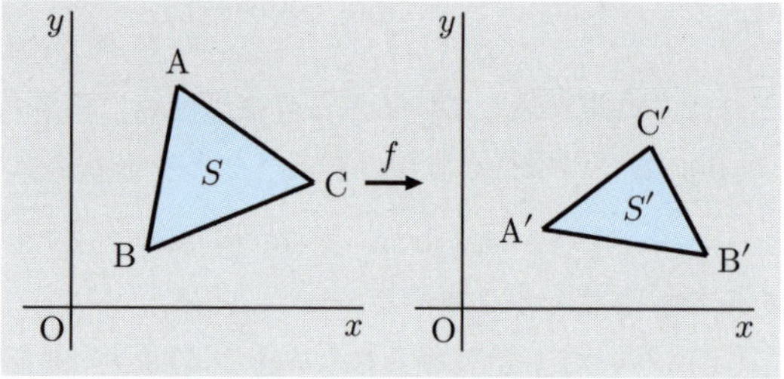

ゆえに，3 角形 ABC は 3 角形 A′B′C′ に移される．

(ii)　$(\overrightarrow{\mathrm{AB}}) = \begin{bmatrix} x_1 \\ y_1 \end{bmatrix}$,　$(\overrightarrow{\mathrm{AC}}) = \begin{bmatrix} x_2 \\ y_2 \end{bmatrix}$,　$(\overrightarrow{\mathrm{A'B'}}) = \begin{bmatrix} x_1' \\ y_1' \end{bmatrix}$,　$(\overrightarrow{\mathrm{A'C'}}) = \begin{bmatrix} x_2' \\ y_2' \end{bmatrix}$

とすると

$$\begin{cases} x_1' = ax_1 + by_1 \\ y_1' = cx_1 + dy_1 \end{cases}, \quad \begin{matrix} x_2' = ax_2 + by_2 \\ y_2' = cx_2 + dy_2 \end{matrix}$$

例題 9 より

$$2S' = |x_1'y_2' - x_2'y_1'| = |(ax_1 + by_1)(cx_2 + dy_2) - (ax_2 + by_2)(cx_1 + dy_1)|$$
$$= |(ad - bc)(x_1y_2 - x_2y_1)| = 2|ad - bc|S \qquad \therefore \quad S' = |ad - bc|S$$

〖**注意**〗 $ad - bc$ は 1 次変換 f の**ヤコビアン**と呼ばれ，$\dfrac{\partial(x', y')}{\partial(x, y)}$ で表される．第 3 章 3.5，例題 15 をみなさい．

例題 17　**（正射影と１次変換）**

直交座標系に関して，ベクトル $\boldsymbol{x}=\begin{bmatrix}x\\y\\z\end{bmatrix}$ の単位ベクトル $\boldsymbol{a}=\begin{bmatrix}a\\b\\c\end{bmatrix}$ への正射影を $\boldsymbol{x}'=\begin{bmatrix}x'\\y'\\z'\end{bmatrix}$ とする．

（i）$\boldsymbol{x}$ に対し $\boldsymbol{x}'$ を対応させる写像 f は空間の１次変換であることを示せ．

（ii）（i）の１次変換の行列を求めよ．

〖ポイント〗　$\boldsymbol{x}'=f(\boldsymbol{x})$ が１次変換 $\Longleftrightarrow \begin{cases}(1)\quad f(\boldsymbol{x}+\boldsymbol{y})=f(\boldsymbol{x})+f(\boldsymbol{y})\\(2)\quad f(k\boldsymbol{x})=kf(\boldsymbol{x})\end{cases}$

【解答】　$\boldsymbol{x}$ の $\boldsymbol{a}$ への正射影 $\boldsymbol{x}'$ は例題 11 によって

$$\boldsymbol{x}'=f(\boldsymbol{x})=\frac{(\boldsymbol{a},\boldsymbol{x})}{(\boldsymbol{a},\boldsymbol{a})}\boldsymbol{a}$$

と表される．$\boldsymbol{a}$ は単位ベクトルだから $(\boldsymbol{a},\boldsymbol{a})=1$

$$\therefore\quad f(\boldsymbol{x})=(\boldsymbol{a},\,\boldsymbol{x})\boldsymbol{a}$$

（i）
$$\begin{aligned}f(\boldsymbol{x}+\boldsymbol{y})&=(\boldsymbol{a},\,\boldsymbol{x}+\boldsymbol{y})\boldsymbol{a}\\&=\{(\boldsymbol{a},\,\boldsymbol{x})+(\boldsymbol{a},\,\boldsymbol{y})\}\boldsymbol{a}\\&=(\boldsymbol{a},\,\boldsymbol{x})\boldsymbol{a}+(\boldsymbol{a},\,\boldsymbol{y})\boldsymbol{a}\\&=f(\boldsymbol{x})+f(\boldsymbol{y})\end{aligned}$$

また，
$$\begin{aligned}f(k\boldsymbol{x})&=(\boldsymbol{a},\,k\boldsymbol{x})\boldsymbol{a}\\&=k(\boldsymbol{a},\,\boldsymbol{x})\boldsymbol{a}\\&=kf(\boldsymbol{x})\end{aligned}$$

したがって，$\boldsymbol{x}'=f(\boldsymbol{x})$ は１次変換である．

（ii）
$$\begin{bmatrix}x'\\y'\\z'\end{bmatrix}=\boldsymbol{x}'=f(\boldsymbol{x})=(\boldsymbol{a},\,\boldsymbol{x})\boldsymbol{a}=(ax+by+cz)\begin{bmatrix}a\\b\\c\end{bmatrix}$$

$$\therefore\quad\begin{cases}x'=a^2x+aby+acz\\y'=abx+b^2y+bcz\\z'=acx+bcy+c^2z\end{cases}$$

ゆえに，１次変換 f の行列は $\begin{bmatrix}a^2&ab&ac\\ab&b^2&bc\\ac&bc&c^2\end{bmatrix}$ である．

問題 1.5　A

1. 平面の1次変換 $f : \begin{bmatrix} x \\ y \end{bmatrix} \to \begin{bmatrix} x+y \\ x-2y \end{bmatrix}$ によって

(1) 直線：$x+2y=1$ はどんな図形に移るか.

(2) どんな図形が直線：$x+2y=1$ に移るか.

2. 平面の1次変換 f によって，点 $\begin{bmatrix} 1 \\ 2 \end{bmatrix}$ および $\begin{bmatrix} -2 \\ 1 \end{bmatrix}$ がそれぞれ $\begin{bmatrix} -1 \\ 2 \end{bmatrix}$, $\begin{bmatrix} 1 \\ -2 \end{bmatrix}$ に移されるとき，f の行列を求めよ.

3. 直交座標系が定めてある空間において，

(1) 点 $\boldsymbol{x}$ に対し，x 軸に関して対称な点 $\boldsymbol{x}'$ を対応させる変換 f は1次変換であることを示し，f の行列を求めよ.

(2) 点 $\boldsymbol{x}$ に対し，y 軸のまわりに角 θ だけ回転した点 $\boldsymbol{x}'$ を対応させる写像 f は1次変換であることを示し，f の行列を求めよ.

問題 1.5　B

1. 平面の1次変換 f および g の行列をそれぞれ $\begin{bmatrix} a_{11} & a_{12} \\ a_{21} & a_{22} \end{bmatrix}$, $\begin{bmatrix} b_{11} & b_{12} \\ b_{21} & b_{22} \end{bmatrix}$ とする．このとき，g と f の合成写像 $f \circ g$ も1次変換であることを示し，$f \circ g$ の行列を求めよ.

2. 直交座標系が定めてある空間において，点 $\mathrm{P}(x, y, z)$ に対し，

$$\text{平面 } (\pi) : x+y+z=0$$

に関して対称な点 $\mathrm{Q}(x', y', z')$ を対応させる写像 f は1次変換であることを示し，f の行列を求めよ.

ヒントと解答

問題 1.5　A

1. (1) $x'=x+y$, $y'=x-2y$ とすれば，$x=(2x'+y')/3$, $y=(x'-y')/3$

$$\therefore \quad 4x'-y'=3$$

(2) $x'+2y'=1$ とみて，x', y' を代入すると $3x-3y=1$.

2. $x'=ax+by$, $y'=cx+dy$ とおくと条件より，

$$a=-\frac{3}{5}, \quad b=-\frac{1}{5}, \quad c=\frac{6}{5}, \quad d=\frac{2}{5}$$

よって，1次変換の行列は $\begin{bmatrix} -3/5 & -1/5 \\ 6/5 & 2/5 \end{bmatrix}$.

3. (1)　$x' = x,\ y' = -y,\ z' = -z$ が 1 次変換であり，その行列は $\begin{bmatrix} 1 & 0 & 0 \\ 0 & -1 & 0 \\ 0 & 0 & -1 \end{bmatrix}$.

(2)　$x' = x\cos\theta - z\sin\theta,\ y' = y,\ z' = x\sin\theta + z\cos\theta$ が 1 次変換であり，その行列は

$$\begin{bmatrix} \cos\theta & 0 & -\sin\theta \\ 0 & 1 & 0 \\ \sin\theta & 0 & \cos\theta \end{bmatrix}$$

問題 1.5　B

1. $f : \begin{cases} x'' = a_{11}x' + a_{12}y' \\ y'' = a_{21}x' + a_{22}y' \end{cases}, \quad g : \begin{cases} x' = b_{11}x + b_{12}y \\ y' = b_{21}x + b_{22}y \end{cases}$

と表せるから，$(f \circ g)(\boldsymbol{x}) = f(g(\boldsymbol{x}))$ を計算すると，

$$\begin{cases} x'' = (a_{11}b_{11} + a_{12}b_{21})x + (a_{11}b_{12} + a_{12}b_{22})y \\ y'' = (a_{21}b_{11} + a_{22}b_{21})x + (a_{21}b_{12} + a_{22}b_{22})y \end{cases}$$

したがって，1 次変換 $f \circ g$ の行列は $\begin{bmatrix} a_{11}b_{11} + a_{12}b_{21} & a_{11}b_{12} + a_{12}b_{22} \\ a_{21}b_{11} + a_{22}b_{21} & a_{21}b_{12} + a_{22}b_{22} \end{bmatrix}$.

2. 点 P，点 Q の位置ベクトルを $\boldsymbol{x}, \boldsymbol{x}'$，平面 (π) の法線ベクトルを $\boldsymbol{n}$ とすると，

$$\boldsymbol{x}' - \boldsymbol{x} = k\boldsymbol{n},\ \left(\frac{\boldsymbol{x} + \boldsymbol{x}'}{2},\ \boldsymbol{n}\right) = 0 \quad \text{より} \quad \boldsymbol{x}' = \boldsymbol{x} - \frac{2(\boldsymbol{n}, \boldsymbol{x})}{(\boldsymbol{n}, \boldsymbol{n})}\boldsymbol{n}.$$

$\boldsymbol{x} = \begin{bmatrix} x \\ y \\ z \end{bmatrix}$，$\boldsymbol{x}' = \begin{bmatrix} x' \\ y' \\ z' \end{bmatrix}$，$\boldsymbol{n} = \begin{bmatrix} 1 \\ 1 \\ 1 \end{bmatrix}$ を代入して計算すれば，

$$\begin{cases} x' = \frac{1}{3}x - \frac{2}{3}y - \frac{2}{3}z \\ y' = -\frac{2}{3}x + \frac{1}{3}y - \frac{2}{3}z \\ z' = -\frac{2}{3}x - \frac{2}{3}y + \frac{1}{3}z \end{cases}$$

$$\therefore \quad 1\text{ 次変換 } f \text{ の行列は } \begin{bmatrix} \frac{1}{3} & -\frac{2}{3} & -\frac{2}{3} \\ -\frac{2}{3} & \frac{1}{3} & -\frac{2}{3} \\ -\frac{2}{3} & -\frac{2}{3} & \frac{1}{3} \end{bmatrix}.$$

2 行　　列

2.1 行列とその演算

行　列 ▶ mn 個の複素数 a_{ij} $(i = 1, 2, \cdots, m\,;\, j = 1, 2, \cdots, n)$ を長方形状に配置した

$$A = \begin{bmatrix} a_{11} & a_{12} & \cdots & a_{1j} & \cdots & a_{1n} \\ a_{21} & a_{22} & \cdots & a_{2j} & \cdots & a_{2n} \\ & & \cdots\cdots & & & \\ a_{i1} & a_{i2} & \cdots & a_{ij} & \cdots & a_{in} \\ & & \cdots\cdots & & & \\ a_{m1} & a_{m2} & \cdots & a_{mj} & \cdots & a_{mn} \end{bmatrix}$$

を $\boldsymbol{m}$ **行** $\boldsymbol{n}$ **列の行列**といい，単に $\boldsymbol{(m,\, n)}$ **行列**などと呼ぶ．(m, n) をこの行列の**型**という．

横の並び $a_{i1}a_{i2}\cdots a_{in}$ は行列の**第** $\boldsymbol{i}$ **行**，縦の並び $a_{1j}a_{2j}\cdots a_{mj}$ は行列の**第** $\boldsymbol{j}$ **行**と呼ばれ，第 i 行と第 j 列が共有する a_{ij} をこの行列の $\boldsymbol{(i,\, j)}$ **成分**という．

行列を表すのに，$A, B, \cdots, X, Y, \cdots$ 等の大文字が用いられ，行列の型が明らかなときには，単に $A = (a_{ij})$ と略記される．

成分がすべて実数である行列をとくに**実行列**という．

$(n, 1)$ 行列は $\boldsymbol{n}$ **次元列ベクトル**，$(1, n)$ 行列は $\boldsymbol{n}$ **次元行ベクトル**と呼ばれ，$\boldsymbol{a}, \boldsymbol{b}, \boldsymbol{c}, \cdots$ などの文字が用いられる．

(n, n) 行列はとくに $\boldsymbol{n}$ **次正方行列**と呼ばれる．

行列の相等 ▶ 行列 $A = (a_{ij})$，$B = (b_{ij})$ がともに (m, n) 行列であり，すべての (i, j) 成分について $a_{ij} = b_{ij}$ となっているとき，A と B は**等しい**といって $A = B$ で表す．

行列の和とスカラー倍 ▶ $A = (a_{ij})$，$B = (b_{ij})$ がともに同じ型の (m, n) 行列のとき

和　　　；$A + B = (a_{ij} + b_{ij})$

スカラー倍；$kA = (ka_{ij})$　(k は複素数)

と定める．このとき，$A + B$, kA もまた (m, n) 行列である．

行列に対し，複素数のことを**スカラー**と呼ぶ．

定理 1

(i)　$A+B=B+A$　（和の交換法則）

(ii)　$A+(B+C)=(A+B)+C$　（和の結合法則）

(iii)　A, B に対して $A+X=B$ をみたす (m, n) 行列 X がただ 1 つ存在する．

(iv)　$k(A+B)=kA+kB$

(v)　$(k+l)A=kA+lA$

(vi)　$(kl)A=k(lA)$

(vii)　$1A=A$

$A+X=B$ から定まる X を $B-A$ で表して，B から A を引いた**差**という．$A=(a_{ij})$，$B=(b_{ij})$ ならば

$$B-A=(b_{ij}-a_{ij})$$

とくに，成分がすべて 0 である (m, n) 行列を $O_{m,n}$，あるいは単に O と表して**零行列**という．$O-A$ を $-A$ と表す．

定理 2

(i)　$A+O=O+A=A$

(ii)　$-A=(-1)A$

(iii)　$B-A=B+(-1)A$

行列の積 ▶　(m, l) 行列 $A=(a_{ij})$，(l, n) 行列 $B=(b_{ij})$ に対して，A の第 i 行と B の第 j 列との積和

$$c_{ij}=a_{i1}b_{1j}+a_{i2}b_{2j}+\cdots+a_{il}b_{lj} \quad (i=1, 2, \cdots, m\,;\ j=1, 2, \cdots, n)$$

を (i, j) 成分とする (m, n) 行列 $C=(c_{ij})$ を A と B の**積**といい，$C=AB$ と表す．

定理 3

(i)　$A(BC)=(AB)C$　（積の結合法則）

(ii)　$A(B+C)=AB+AC$　（左分配法則）

(iii)　$(A+B)C=AC+BC$　（右分配法則）

(iv)　$(kA)B=A(kB)=k(AB)$

〘注意〙 1.　積 AB は「A の列の数 $=$ B の行の数」のときに限り定義される．

2.　積 AB がつくれても，積 BA はつくれるとは限らない．AB，BA がつくれても一般には，$AB=BA$ とは限らない．$AB=BA$ となっているとき，**A と B は可換**であるという．

3.　$A \neq O$, $B \neq O$ でも $AB = O$ となることがある．このような行列を**零因子**という．

単位行列 ▶　対角成分がすべて 1 で，他の成分がすべて 0 の n 次正方行列

$$\begin{bmatrix} 1 & 0 & \cdots & 0 \\ 0 & 1 & \cdots & 0 \\ & & \cdots\cdots & \\ 0 & 0 & \cdots & 1 \end{bmatrix}$$

を $\boldsymbol{n}$ **次単位行列**といい，E_n または単に E で表す．

定理 4

(i)　任意の (m, n) 行列 A に対して　$AE_n = A, \ E_mA = A$

(ii)　任意の n 次正方行列 A に対して　$AE = EA = A$

行列の分割 ▶　行列にいくつかの縦線と横線を入れて，2 つ以上の小行列に分けることを**行列の分割**という．一般に，行列の分割は次の形をしている．

$$\begin{bmatrix} A_{11} & A_{12} & \cdots & A_{1s} \\ A_{21} & A_{22} & \cdots & A_{2s} \\ & & \cdots\cdots & \\ A_{r1} & A_{r2} & \cdots & A_{rs} \end{bmatrix}$$

行列の分割は，行列の積を型の小さい行列の積に帰着させることで有用である．

定理 5

(m, l) 行列 A, (l, n) 行列 B を次のように分割する．

$$A = \begin{bmatrix} A_{11} & A_{12} & \cdots & A_{1t} \\ A_{21} & A_{22} & \cdots & A_{2t} \\ & & \cdots\cdots & \\ A_{r1} & A_{r2} & \cdots & A_{rt} \end{bmatrix}, \quad B = \begin{bmatrix} B_{11} & B_{12} & \cdots & B_{1s} \\ B_{21} & B_{22} & \cdots & B_{2s} \\ & & \cdots\cdots & \\ B_{t1} & B_{t2} & \cdots & B_{ts} \end{bmatrix}$$

ただし，A_{ik} は (m_i, l_k) 行列，B_{kj} は (l_k, n_j) 行列とする．

このとき，小行列の積和

$$C_{ij} = A_{i1}B_{1j} + A_{i2}B_{2j} + \cdots + A_{it}B_{tj} \quad (i = 1, 2, \cdots, r\,;\, j = 1, 2, \cdots, s)$$

をつくれば

$$AB = \begin{bmatrix} C_{11} & C_{12} & \cdots & C_{1s} \\ C_{21} & C_{22} & \cdots & C_{2s} \\ & & \cdots\cdots & \\ C_{r1} & C_{r2} & \cdots & C_{rs} \end{bmatrix}$$

例題 1 （行列の基本演算）

$$A=\begin{bmatrix}1 & 9 & -8\\ 3 & -2 & 1\end{bmatrix},\ B=\begin{bmatrix}0 & 3\\ 1 & 4\\ -3 & 0\end{bmatrix},\ C=\begin{bmatrix}-1 & 2\\ 2 & 0\\ 1 & 5\end{bmatrix}$$ とするとき

（i） $AB-AC,\ A(B-C)$ を計算し比較せよ．

（ii） $A(5B)-(3A)C$ を計算せよ．

【解答】 （i）

$$AB=\begin{bmatrix}1 & 9 & -8\\ 3 & -2 & 1\end{bmatrix}\begin{bmatrix}0 & 3\\ 1 & 4\\ -3 & 0\end{bmatrix}=\begin{bmatrix}1\cdot 0+9\cdot 1+(-8)\cdot(-3) & 1\cdot 3+9\cdot 4+(-8)\cdot 0\\ 3\cdot 0+(-2)\cdot 1+1\cdot(-3) & 3\cdot 3+(-2)\cdot 4+1\cdot 0\end{bmatrix}$$

$$\therefore\quad AB=\begin{bmatrix}33 & 39\\ -5 & 1\end{bmatrix}$$

$$AC=\begin{bmatrix}1 & 9 & -8\\ 3 & -2 & 1\end{bmatrix}\begin{bmatrix}-1 & 2\\ 2 & 0\\ 1 & 5\end{bmatrix}=\begin{bmatrix}1\cdot(-1)+9\cdot 2+(-8)\cdot 1 & 1\cdot 2+9\cdot 0+(-8)\cdot 5\\ 3\cdot(-1)+(-2)\cdot 2+1\cdot 1 & 3\cdot 2+(-2)\cdot 0+1\cdot 5\end{bmatrix}$$

$$\therefore\quad AC=\begin{bmatrix}9 & -38\\ -6 & 11\end{bmatrix}\qquad \therefore\quad AB-AC=\begin{bmatrix}33 & 39\\ -5 & 1\end{bmatrix}-\begin{bmatrix}9 & -38\\ -6 & 11\end{bmatrix}=\begin{bmatrix}24 & 77\\ 1 & -10\end{bmatrix}$$

一方，

$$B-C=\begin{bmatrix}0 & 3\\ 1 & 4\\ -3 & 0\end{bmatrix}-\begin{bmatrix}-1 & 2\\ 2 & 0\\ 1 & 5\end{bmatrix}=\begin{bmatrix}1 & 1\\ -1 & 4\\ -4 & -5\end{bmatrix}$$

$$\therefore\quad A(B-C)=\begin{bmatrix}1 & 9 & -8\\ 3 & -2 & 1\end{bmatrix}\begin{bmatrix}1 & 1\\ -1 & 4\\ -4 & -5\end{bmatrix}=\begin{bmatrix}1\cdot 1+9\cdot(-1)+(-8)\cdot(-4) & 1\cdot 1+9\cdot 4+(-8)\cdot(-5)\\ 3\cdot 1+(-2)\cdot(-1)+1\cdot(-4) & 3\cdot 1+(-2)\cdot 4+1\cdot(-5)\end{bmatrix}$$

$$\therefore\quad A(B-C)=\begin{bmatrix}24 & 77\\ 1 & -10\end{bmatrix}$$

$\therefore\quad AB-AC$ と $A(B-C)$ とは等しい．

（ii） $A(5B)-(3A)C=A(5B)-A(3C)=A(5B-3C)$

$$5B-3C=5\begin{bmatrix}0 & 3\\ 1 & 4\\ -3 & 0\end{bmatrix}-3\begin{bmatrix}-1 & 2\\ 2 & 0\\ 1 & 5\end{bmatrix}=\begin{bmatrix}0 & 15\\ 5 & 20\\ -15 & 0\end{bmatrix}-\begin{bmatrix}-3 & 6\\ 6 & 0\\ 3 & 15\end{bmatrix}=\begin{bmatrix}3 & 9\\ -1 & 20\\ -18 & -15\end{bmatrix}$$

$$\therefore\quad A(5B)-(3A)C=\begin{bmatrix}1 & 9 & -8\\ 3 & -2 & 1\end{bmatrix}\begin{bmatrix}3 & 9\\ -1 & 20\\ -18 & -15\end{bmatrix}=\begin{bmatrix}138 & 309\\ -7 & -28\end{bmatrix}$$

例題 2 （行列の分割乗法）

行列 A, B を点線のように分割するとき，積 AB を2通りの方法で求めよ．

$$A=\left[\begin{array}{cc|c}1&3&0\\2&1&-2\\\hline -2&0&1\end{array}\right],\quad B=\left[\begin{array}{cc|c}1&9&1\\-8&3&2\\\hline -1&-2&3\end{array}\right]=\left[\begin{array}{c|cc}1&9&1\\-8&3&2\\\hline -1&-2&3\end{array}\right]$$

〖ポイント〗 $\begin{bmatrix}A_{11}&A_{12}\\A_{21}&A_{22}\end{bmatrix}\begin{bmatrix}B_{11}&B_{12}\\B_{21}&B_{22}\end{bmatrix}=\begin{bmatrix}A_{11}B_{11}+A_{12}B_{21}&A_{11}B_{12}+A_{12}B_{22}\\A_{21}B_{11}+A_{22}B_{21}&A_{21}B_{12}+A_{22}B_{22}\end{bmatrix}$

【解答】

(i) $$AB=\left[\begin{array}{cc|c}1&3&0\\2&1&-2\\\hline -2&0&1\end{array}\right]\left[\begin{array}{cc|c}1&9&1\\-8&3&2\\\hline -1&-2&3\end{array}\right]$$

$$=\begin{bmatrix}\begin{bmatrix}1&3\\2&1\end{bmatrix}\begin{bmatrix}1&9\\-8&3\end{bmatrix}+\begin{bmatrix}0\\-2\end{bmatrix}[-1\ \ -2] & \begin{bmatrix}1&3\\2&1\end{bmatrix}\begin{bmatrix}1\\2\end{bmatrix}+\begin{bmatrix}0\\-2\end{bmatrix}[\,3\,]\\[-2\ \ 0]\begin{bmatrix}1&9\\-8&3\end{bmatrix}+[\,1\,][-1\ \ -2] & [-2\ \ 0]\begin{bmatrix}1\\2\end{bmatrix}+[\,1\,][\,3\,]\end{bmatrix}$$

$$=\begin{bmatrix}\begin{bmatrix}-23&18\\-6&21\end{bmatrix}+\begin{bmatrix}0&0\\2&4\end{bmatrix} & \begin{bmatrix}7\\4\end{bmatrix}+\begin{bmatrix}0\\-6\end{bmatrix}\\[-2\ \ -18]+[-1\ \ -2] & [-2]+[\,3\,]\end{bmatrix}=\begin{bmatrix}-23&18&7\\-4&25&-2\\-3&-20&1\end{bmatrix}$$

(ii) $$AB=\left[\begin{array}{cc|c}1&3&0\\2&1&-2\\\hline -2&0&1\end{array}\right]\left[\begin{array}{c|cc}1&9&1\\-8&3&2\\\hline -1&-2&3\end{array}\right]$$

$$=\begin{bmatrix}\begin{bmatrix}1&3\\2&1\end{bmatrix}\begin{bmatrix}1\\-8\end{bmatrix}+\begin{bmatrix}0\\-2\end{bmatrix}[-1] & \begin{bmatrix}1&3\\2&1\end{bmatrix}\begin{bmatrix}9&1\\3&2\end{bmatrix}+\begin{bmatrix}0\\-2\end{bmatrix}[-2\ \ 3]\\[-2\ \ 0]\begin{bmatrix}1\\-8\end{bmatrix}+[\,1\,][-1] & [-2\ \ 0]\begin{bmatrix}9&1\\3&2\end{bmatrix}+[\,1\,][-2\ \ 3]\end{bmatrix}$$

$$=\begin{bmatrix}\begin{bmatrix}-23\\-6\end{bmatrix}+\begin{bmatrix}0\\2\end{bmatrix} & \begin{bmatrix}18&7\\21&4\end{bmatrix}+\begin{bmatrix}0&0\\4&-6\end{bmatrix}\\[-2]+[-1] & [-18\ \ -2]+[-2\ \ 3]\end{bmatrix}=\begin{bmatrix}-23&18&7\\-4&25&-2\\-3&-20&1\end{bmatrix}$$

類題

$$\left[\begin{array}{cc|cc}2&-1&3&0\\5&2&1&3\\\hline -1&0&2&4\\0&3&1&-1\end{array}\right]\left[\begin{array}{cc|c}1&0&2\\0&-1&-3\\\hline 2&3&0\\-1&0&1\end{array}\right]$$ を分割行列の積として計算せよ．

例題 3 **(可換な行列)**

任意の 3 次正方行列と可換な 3 次正方行列は

$$A = \begin{bmatrix} a & 0 & 0 \\ 0 & a & 0 \\ 0 & 0 & a \end{bmatrix} \ (= aE)$$

の形に限ることを示せ.

〘**ポイント**〙 A, B が可換 $\Longleftrightarrow AB = BA$

【**解答**】 $A = \begin{bmatrix} a_{11} & a_{12} & a_{13} \\ a_{21} & a_{22} & a_{23} \\ a_{31} & a_{32} & a_{33} \end{bmatrix}$ とおき，任意の 3 次正方行列 X に対して，$AX = XA$ とする.

$$X = \begin{bmatrix} 1 & 0 & 0 \\ 0 & 0 & 0 \\ 0 & 0 & 0 \end{bmatrix} \text{ とすると，} AX = \begin{bmatrix} a_{11} & 0 & 0 \\ a_{21} & 0 & 0 \\ a_{31} & 0 & 0 \end{bmatrix},\ XA = \begin{bmatrix} a_{11} & a_{12} & a_{13} \\ 0 & 0 & 0 \\ 0 & 0 & 0 \end{bmatrix}.$$

$$\therefore \quad AX = XA \text{ より} \quad a_{12} = a_{13} = a_{21} = a_{31} = 0$$

$$X = \begin{bmatrix} 0 & 0 & 0 \\ 0 & 1 & 0 \\ 0 & 0 & 0 \end{bmatrix} \text{ とすると，} AX = \begin{bmatrix} 0 & 0 & 0 \\ 0 & a_{22} & 0 \\ 0 & a_{32} & 0 \end{bmatrix},\ XA = \begin{bmatrix} 0 & 0 & 0 \\ 0 & a_{22} & a_{23} \\ 0 & 0 & 0 \end{bmatrix}.$$

$$\therefore \quad AX = XA \text{ より} \quad a_{23} = a_{32} = 0$$

$$X = \begin{bmatrix} 1 & 1 & 1 \\ 0 & 0 & 0 \\ 0 & 0 & 0 \end{bmatrix} \text{ とすると，} AX = \begin{bmatrix} a_{11} & a_{11} & a_{11} \\ 0 & 0 & 0 \\ 0 & 0 & 0 \end{bmatrix},\ XA = \begin{bmatrix} a_{11} & a_{22} & a_{33} \\ 0 & 0 & 0 \\ 0 & 0 & 0 \end{bmatrix}.$$

$$\therefore \quad AX = XA \text{ より} \quad a_{11} = a_{22} = a_{33}$$

よって，$A = \begin{bmatrix} a_{11} & 0 & 0 \\ 0 & a_{11} & 0 \\ 0 & 0 & a_{11} \end{bmatrix} = a_{11}E$ の形が得られた.

逆に，$A = aE$ とすれば，任意の 3 次正方行列 X に対して

$$AX = (aE)X = a(EX) = a(XE) = X(aE) = XA$$

類題

任意の 2 次正方行列と可換な 2 次正方行列は

$$A = \begin{bmatrix} a & 0 \\ 0 & a \end{bmatrix} = aE$$

の形に限ることを示せ.

例題 4 （特別な行列と可換な行列）

(i) n 次正方行列 A と可換な行列 B は任意のスカラー a に対し $A-aE$ とも可換であり，逆に，$A-aE$ と可換な行列は A とも可換であることを示せ．

(ii) $A=\begin{bmatrix} a & 1 & 0 \\ 0 & a & 1 \\ 0 & 0 & a \end{bmatrix}$ と可換な3次正方行列を求めよ．

【解答】 (i) $AB=BA$ とする．

このとき，左分配法則と右分配法則によって

$$\begin{aligned}(A-aE)B &= AB-(aE)B \\ &= BA-aB = B(A-aE)\end{aligned}$$

ゆえに，B は $A-aE$ とも可換である．

逆に，$(A-aE)B=B(A-aE)$ ならば，分配法則によって

$$AB-aB=BA-aB$$

$$\therefore \quad AB=BA$$

(ii) $A=\begin{bmatrix} a & 1 & 0 \\ 0 & a & 1 \\ 0 & 0 & a \end{bmatrix}=\begin{bmatrix} a & 0 & 0 \\ 0 & a & 0 \\ 0 & 0 & a \end{bmatrix}+\begin{bmatrix} 0 & 1 & 0 \\ 0 & 0 & 1 \\ 0 & 0 & 0 \end{bmatrix}=aE+N$ とおく．

$N=A-aE$ だから，(i) によって

$$A \text{ と可換} \iff N \text{ と可換}$$

ゆえに，N と可換な行列 X を求めればよい．

$x=\begin{bmatrix} x_{11} & x_{12} & x_{13} \\ x_{21} & x_{22} & x_{23} \\ x_{31} & x_{32} & x_{33} \end{bmatrix}$ とおけば，

$$NX=\begin{bmatrix} 0 & 1 & 0 \\ 0 & 0 & 1 \\ 0 & 0 & 0 \end{bmatrix}\begin{bmatrix} x_{11} & x_{12} & x_{13} \\ x_{21} & x_{22} & x_{23} \\ x_{31} & x_{32} & x_{33} \end{bmatrix}=\begin{bmatrix} x_{21} & x_{22} & x_{23} \\ x_{31} & x_{32} & x_{33} \\ 0 & 0 & 0 \end{bmatrix}$$

$$XN=\begin{bmatrix} x_{11} & x_{12} & x_{13} \\ x_{21} & x_{22} & x_{23} \\ x_{31} & x_{32} & x_{33} \end{bmatrix}\begin{bmatrix} 0 & 1 & 0 \\ 0 & 0 & 1 \\ 0 & 0 & 0 \end{bmatrix}=\begin{bmatrix} 0 & x_{11} & x_{12} \\ 0 & x_{21} & x_{22} \\ 0 & x_{31} & x_{32} \end{bmatrix}$$

$\therefore \quad NX=XN$ より　$x_{11}=x_{22}=x_{33}$，$x_{12}=x_{23}$，$x_{21}=x_{31}=x_{32}=0$

$\therefore \quad A$ と可換な行列は $X=\begin{bmatrix} x_{11} & x_{12} & x_{13} \\ 0 & x_{11} & x_{12} \\ 0 & 0 & x_{11} \end{bmatrix}$ (x_{11}, x_{12}, x_{13}は任意)．

問題 2.1　A

1．次の計算をせよ．

(1) $\begin{bmatrix} 2 & -1 \\ 1 & 0 \end{bmatrix}\begin{bmatrix} -1 & 4 & 0 \\ 3 & 2 & 1 \end{bmatrix}$　(2) $\begin{bmatrix} 0 & 1 \\ 1 & 0 \end{bmatrix}\begin{bmatrix} 1 & 2 \\ 3 & 4 \end{bmatrix} - \begin{bmatrix} 1 & 2 \\ 3 & 4 \end{bmatrix}\begin{bmatrix} 0 & 1 \\ 1 & 0 \end{bmatrix}$

(3) $2\begin{bmatrix} 1 & 3 \\ 0 & 5 \\ 7 & 2 \end{bmatrix}\begin{bmatrix} -2 \\ 1 \end{bmatrix} + 3\begin{bmatrix} -2 & 1 \\ 4 & 0 \\ 3 & 5 \end{bmatrix}\begin{bmatrix} -2 \\ 1 \end{bmatrix}$　(4) $\begin{bmatrix} 4 & -1 & 2 \end{bmatrix}\begin{bmatrix} 1 & 7 \\ 3 & 2 \\ 5 & -1 \end{bmatrix}$

(5) $\begin{bmatrix} 1 \\ 2 \\ 3 \end{bmatrix}\begin{bmatrix} 1 & -2 & 0 & 3 \end{bmatrix} - \begin{bmatrix} 1 & 0 & 1 & 0 \\ 0 & 1 & 0 & 1 \\ 1 & 0 & 0 & -1 \end{bmatrix}$　(6) $\begin{bmatrix} 3 & 2 \\ -6 & -4 \end{bmatrix}\begin{bmatrix} -2 & 4 \\ 3 & -6 \end{bmatrix}$

2．$A = \begin{bmatrix} 1 & 9 & 8 \\ -2 & 0 & 3 \\ 5 & 1 & 4 \end{bmatrix}$, $B = \begin{bmatrix} 1 & 1 & 0 \\ 0 & 1 & 1 \\ 1 & 0 & 1 \end{bmatrix}$, $C = \begin{bmatrix} 1 & 0 & -1 \\ 3 & 2 & -3 \\ 0 & 1 & 0 \end{bmatrix}$ のとき，次を求めよ．

(1) $(A+B)(A-B)$

(2) $A(-2B) + ACB$

(3) $AB - BA$

3．$A = \begin{bmatrix} 3 & 1 & 2 \\ -1 & 4 & 1 \\ 2 & -1 & 3 \end{bmatrix}$, $B = \begin{bmatrix} -3 & 1 \\ 8 & -10 \\ -7 & 9 \end{bmatrix}$ とするとき，$AX = B$ をみたす行列 X を求めよ．

4．$I = \begin{bmatrix} 0 & 1 \\ -1 & 0 \end{bmatrix}$, $J = \begin{bmatrix} 0 & i \\ i & 0 \end{bmatrix}$, $K = \begin{bmatrix} i & 0 \\ 0 & -i \end{bmatrix}$ とするとき，次の式を証明せよ．

(1) $I^2 = J^2 = K^2 = -E$

(2) $JK = -KJ = I, \quad KI = -IK = J, \quad IJ = -JI = K$

5．$A = \left[\begin{array}{cc:cc} 2 & 3 & 0 & 0 \\ 4 & 1 & 0 & 0 \\ \hdashline 0 & 0 & -2 & 0 \\ 0 & 0 & 0 & -1 \end{array}\right]$, $B = \left[\begin{array}{cc:cc} 1 & 0 & 0 & 0 \\ 0 & 1 & 0 & 0 \\ \hdashline 1 & -3 & 1 & 0 \\ 2 & 4 & 0 & 1 \end{array}\right]$ のように分割するとき，積 AB, BA を求めよ．

6．$A(\theta) = \begin{bmatrix} \cos\theta & -\sin\theta \\ \sin\theta & \cos\theta \end{bmatrix}$ とおくとき，$A(\theta_1)A(\theta_2) = A(\theta_2)A(\theta_1) = A(\theta_1 + \theta_2)$ を示せ．

7．正方行列 A, B に対して，$[A, B] = AB - BA$ とおくとき，次の等式を示せ．

(1) $[A, BC] = [A, B]C + B[A, C]$

(2) $[A, [B, C]] = [[A, B], C] + [B, [A, C]]$

問題 2.1 B

1. 次の行列 A と可換な行列はそれらどうしで可換であることを示せ．

(1) $\begin{bmatrix} 1 & 1 \\ 1 & 0 \end{bmatrix}$ (2) $\begin{bmatrix} -1 & 1 & 0 \\ 0 & -1 & 1 \\ 0 & 0 & -1 \end{bmatrix}$

2. 次の条件をみたす 2 次正方行列 A をすべて求めよ．

(1) $A^2 = A$ (2) $A^2 + A + E = O$

3. 正または 0 の成分からなる n 次正方行列 A は，この行列の各行の成分の和が 1 に等しいとき**確率行列**と呼ばれる．また，確率行列の各列の成分の和も 1 に等しいとき**2 重確率行列**と呼ばれる．

(1) A, B が確率行列ならば，積 AB も確率行列であることを示せ．

(2) A, B が 2 重確率行列ならば，積 AB も 2 重確率行列であることを示せ．

4. 任意の n 次正方行列と可換な n 次正方行列 A は $A = aE$ の形に限ることを示せ．

ヒントと解答

問題 2.1 A

1. (1) 与式 $= \begin{bmatrix} 2\cdot(-1)+(-1)\cdot 3 & 2\cdot 4+(-1)\cdot 2 & 2\cdot 0+(-1)\cdot 1 \\ 1\cdot(-1)+0\cdot 3 & 1\cdot 4+0\cdot 2 & 1\cdot 0+0\cdot 1 \end{bmatrix} = \begin{bmatrix} -5 & 6 & -1 \\ -1 & 4 & 0 \end{bmatrix}$

(2) $\begin{bmatrix} 3 & 4 \\ 1 & 2 \end{bmatrix} - \begin{bmatrix} 2 & 1 \\ 4 & 3 \end{bmatrix} = \begin{bmatrix} 1 & 3 \\ -3 & -1 \end{bmatrix}$

(3) $2\begin{bmatrix} 1 \\ 5 \\ -12 \end{bmatrix} + 3\begin{bmatrix} 5 \\ -8 \\ -1 \end{bmatrix} = \begin{bmatrix} 2 \\ 10 \\ -24 \end{bmatrix} + \begin{bmatrix} 15 \\ -24 \\ -3 \end{bmatrix} = \begin{bmatrix} 17 \\ -14 \\ -27 \end{bmatrix}$ (4) $[\,11 \quad 24\,]$

(5) $\begin{bmatrix} 1\cdot 1 & 1\cdot(-2) & 1\cdot 0 & 1\cdot 3 \\ 2\cdot 1 & 2\cdot(-2) & 2\cdot 0 & 2\cdot 3 \\ 3\cdot 1 & 3\cdot(-2) & 3\cdot 0 & 3\cdot 3 \end{bmatrix} - \begin{bmatrix} 1 & 0 & 1 & 0 \\ 0 & 1 & 0 & 1 \\ 1 & 0 & 0 & -1 \end{bmatrix} = \begin{bmatrix} 0 & -2 & -1 & 3 \\ 2 & -5 & 0 & 5 \\ 2 & -6 & 0 & 10 \end{bmatrix}$ (6) $\begin{bmatrix} 0 & 0 \\ 0 & 0 \end{bmatrix}$

2. (1) $\begin{bmatrix} 12 & 14 & 60 \\ 14 & -13 & -2 \\ 18 & 52 & 65 \end{bmatrix}$

(2) $A(-2E + C)B$ として計算；$\begin{bmatrix} -18 & 34 & -36 \\ -2 & 5 & -1 \\ -18 & 2 & -12 \end{bmatrix}$

(3) $\begin{bmatrix} 10 & 1 & 6 \\ -2 & -3 & -4 \\ 3 & -4 & -7 \end{bmatrix}$

3. A は 3 次正方行列で B は (3, 2) 行列だから X は (3, 2) 行列である．

$$\begin{bmatrix} 3 & 1 & 2 \\ -1 & 4 & 1 \\ 2 & -1 & 3 \end{bmatrix} \begin{bmatrix} x_{11} & x_{12} \\ x_{21} & x_{22} \\ x_{31} & x_{32} \end{bmatrix} = \begin{bmatrix} -3 & 1 \\ 8 & -10 \\ -7 & 9 \end{bmatrix}$$ より

$$\begin{cases} 3x_{11} + x_{21} + 2x_{31} = -3 \\ -x_{11} + 4x_{21} + x_{31} = 8 \\ 2x_{11} - x_{21} + 3x_{31} = -7 \end{cases}, \quad \begin{cases} 3x_{12} + x_{22} + 2x_{32} = 1 \\ -x_{12} + 4x_{22} + x_{32} = -10 \\ 2x_{12} - x_{22} + 3x_{32} = 9 \end{cases}$$

これらの連立 1 次方程式を解いて，$X = \begin{bmatrix} -1 & 0 \\ 2 & -3 \\ -1 & 2 \end{bmatrix}$ を得る．

4. 行列の積をていねいに計算する．

5. $AB = \begin{bmatrix} 2 & 3 & 0 & 0 \\ 4 & 1 & 0 & 0 \\ -2 & 6 & -2 & 0 \\ -2 & -4 & 0 & -1 \end{bmatrix}$, $\quad BA = \begin{bmatrix} 2 & 3 & 0 & 0 \\ 4 & 1 & 0 & 0 \\ -10 & 0 & -2 & 0 \\ 20 & 10 & 0 & -1 \end{bmatrix}$

6. 3 角関数の加法定理：$\sin(\alpha+\beta) = \sin\alpha\cos\beta + \sin\beta\cos\alpha$, $\cos(\alpha+\beta) = \cos\alpha\cos\beta - \sin\alpha\sin\beta$ を用いる．

7. (1)

$$\begin{aligned} [A, BC] &= A(BC) - (BC)A = (ABC - BAC) + (BAC - BCA) \\ &= (AB - BA)C + B(AC - CA) = [A, B]C + B[A, C] \end{aligned}$$

(2)

$$\begin{aligned} [A, [B, C]] &= [A, BC - CB] = A(BC - CB) - (BC - CB)A \\ &= ABC - ACB - BCA + CBA \\ &= ABC - BAC - CAB + CBA + BAC - BCA - ACB + CAB \\ &= [[A, B], C] + [B, [C, A]] \end{aligned}$$

問題 2.1　B

1. A と $X = \begin{bmatrix} x_{11} & x_{12} \\ x_{21} & x_{22} \end{bmatrix}$ とが可換とする．$AX = XA$ より $X = \begin{bmatrix} x_{11} & x_{12} \\ x_{12} & x_{11} - x_{12} \end{bmatrix}$ を得る．

$$\begin{aligned} &\begin{bmatrix} x_{11} & x_{12} \\ x_{12} & x_{11} - x_{12} \end{bmatrix} \begin{bmatrix} x'_{11} & x'_{12} \\ x'_{12} & x'_{11} - x'_{12} \end{bmatrix} \\ &= \begin{bmatrix} x_{11}x'_{11} + x_{12}x'_{12} & x_{11}x'_{12} + x'_{11}x_{12} - x_{12}x'_{12} \\ x'_{11}x_{12} + x_{11}x'_{12} - x_{12}x'_{12} & x_{11}x'_{11} - (x_{11}x'_{12} + x'_{11}x_{12}) + x_{12}x'_{12} \end{bmatrix} \\ &= \begin{bmatrix} x'_{11} & x'_{12} \\ x'_{12} & x'_{11} - x'_{12} \end{bmatrix} \begin{bmatrix} x_{11} & x_{12} \\ x_{12} & x_{11} - x_{12} \end{bmatrix} \end{aligned}$$

2. (1) $A=\begin{bmatrix} a & b \\ c & d \end{bmatrix}$ とおくと $A^2=A$ より

$$a^2+bc=a,\quad b(a+d)=b,\quad c(a+d)=c,\quad bc+d^2=d$$

$b=0$ のとき，$a^2=a,\ d^2=d,\ c(a+d-1)=0$. これらから

$$\begin{bmatrix} 0 & 0 \\ 0 & 0 \end{bmatrix},\quad \begin{bmatrix} 1 & 0 \\ 0 & 0 \end{bmatrix},\quad \begin{bmatrix} 0 & 0 \\ 0 & 1 \end{bmatrix},\quad \begin{bmatrix} 1 & 0 \\ 0 & 1 \end{bmatrix},\quad \begin{bmatrix} 0 & 0 \\ c & 1 \end{bmatrix},\quad \begin{bmatrix} 1 & 0 \\ c & 0 \end{bmatrix}$$

$b\neq 0$ のとき，$a+d=1\qquad \therefore\quad d=1-a\qquad \therefore\quad c=a(1-a)/b$

$$\therefore\quad \begin{bmatrix} a & b \\ a(1-a)/b & 1-a \end{bmatrix}$$

以上をまとめると，

$$\begin{bmatrix} 0 & 0 \\ 0 & 0 \end{bmatrix},\quad \begin{bmatrix} 1 & 0 \\ 0 & 1 \end{bmatrix},\quad \begin{bmatrix} 1 & 0 \\ \lambda & 0 \end{bmatrix},\quad \begin{bmatrix} 0 & 0 \\ \lambda & 1 \end{bmatrix},\quad \begin{bmatrix} \lambda & \mu \\ \lambda(1-\lambda)/\mu & 1-\lambda \end{bmatrix}$$; $\lambda,\ \mu\ (\neq 0)$ は任意

(2) (1) と同様にして，

$$bc+a^2+a+1=0,\ b(a+d+1)=0,\ c(a+d+1)=0,\ bc+d^2+d+1=0$$

$b=0$ のとき，$a^2+a+1=0,\ c(a+d+1)=0,\ d^2+d+1=0$. $\omega^3=1\ (\omega\neq 1)$ とすると $\omega^2+\omega+1=0$ より

$$\begin{bmatrix} \omega & 0 \\ 0 & \omega \end{bmatrix},\quad \begin{bmatrix} \omega & 0 \\ 0 & -1-\omega \end{bmatrix},\quad \begin{bmatrix} \omega & 0 \\ c & -1-\omega \end{bmatrix}$$

$b\neq 0$ のとき，$a+d+1=0\qquad \therefore\quad d=-1-a.\qquad \therefore\quad c=-(a^2+a+1)/b.$

以上をまとめると，

$$\begin{bmatrix} \omega & 0 \\ 0 & \omega \end{bmatrix},\quad \begin{bmatrix} \omega & 0 \\ \lambda & -1-\omega \end{bmatrix},\quad \begin{bmatrix} \lambda & \mu \\ -(\lambda^2+\lambda+1)/\mu & -1-\lambda \end{bmatrix}$$; $\lambda,\ \mu\ (\neq 0)$ は任意

3. $A=(a_{ij}),\ B=(b_{ij})$ とする.

(1) A, B は確率行列だから，

$$\sum_{j=1}^{n} a_{ij}=1\ (i=1,\ 2,\ \cdots,\ n),\quad \sum_{j=1}^{n} b_{ij}=1\ (i=1,\ 2,\ \cdots,\ n)$$

AB の第 i 行の和 $=\sum_{j=1}^{n}\left(\sum_{k=1}^{n} a_{ik}b_{kj}\right)=\sum_{k=1}^{n} a_{ik}\left(\sum_{j=1}^{n} b_{kj}\right)=\sum_{k=1}^{n} a_{ik}=1\ (i=1,\ 2,\ \cdots,\ n).$

よって，AB は確率行列である.

(2) (1) の条件の他に，列について

$$\sum_{i=1}^{n} a_{ij}=1\ (j=1,\ 2,\ \cdots,\ n),\quad \sum_{i=1}^{n} b_{ij}=1\ (j=1,\ 2,\ \cdots,\ n)$$

AB の第 j 列の和 $=\sum_{i=1}^{n}\left(\sum_{k=1}^{n} a_{ik}b_{kj}\right)=\sum_{k=1}^{n}\left(\sum_{i=1}^{n} a_{ik}\right)b_{kj}=\sum_{k=1}^{n} b_{ik}=1\ (j=1,\ 2,\ \cdots,\ n).$

よって，AB は 2 重確率行列である．

4．$n=2,3$ については例題 3 とその類題より成り立っているから数学的帰納法を用いて証明する．

$(n-1)$ 次正方行列のとき正しいとする．

n 次正方行列 A を $A=\begin{bmatrix} a & \boldsymbol{b} \\ \boldsymbol{c} & D \end{bmatrix}$ と分割する．ここで $\boldsymbol{b}$：$(1, n-1)$ 行列，$\boldsymbol{c}$：$(n-1, 1)$ 行列，D：$(n-1)$ 次正方行列．

任意の n 次行列 X に対して，$AX=XA$ とする．

$X=\begin{bmatrix} 1 & \boldsymbol{o} \\ \boldsymbol{o} & O \end{bmatrix}$ とすると，$AX=\begin{bmatrix} a & \boldsymbol{o} \\ \boldsymbol{c} & O \end{bmatrix}$，$XA=\begin{bmatrix} a & \boldsymbol{b} \\ \boldsymbol{o} & O \end{bmatrix}$　　$\therefore$　$\boldsymbol{b}=\boldsymbol{o}$，$\boldsymbol{c}=\boldsymbol{o}$.

よって $A=\begin{bmatrix} a & \boldsymbol{o} \\ \boldsymbol{o} & D \end{bmatrix}$ の形である．

また，$X=\begin{bmatrix} 1 & \boldsymbol{o} \\ \boldsymbol{o} & Y \end{bmatrix}$ とすると，$AX=\begin{bmatrix} a & \boldsymbol{o} \\ \boldsymbol{o} & DY \end{bmatrix}$，$XA=\begin{bmatrix} a & \boldsymbol{o} \\ \boldsymbol{o} & YD \end{bmatrix}$．ゆえに，任意の $(n-1)$ 次正方行列 Y に対して，$DY=YD$．したがって，数学的帰納法の仮定から，

$$D=\begin{bmatrix} b & & & O \\ & b & & \\ & & \ddots & \\ O & & & b \end{bmatrix} (=bE_{n-1}) \qquad \therefore \quad A=\begin{bmatrix} a & \boldsymbol{o} \\ \boldsymbol{o} & bE_n \end{bmatrix} \text{の形.}$$

いま，$X=\left[\begin{array}{cc:c} 1 & 1 & \boldsymbol{o} \\ \hdashline \multicolumn{2}{c:}{O} & O \end{array}\right]$ とすると，$AX=\left[\begin{array}{cc:c} a & a & \boldsymbol{o} \\ \hdashline \multicolumn{2}{c:}{O} & O \end{array}\right]$，$XA=\left[\begin{array}{cc:c} a & b & \boldsymbol{o} \\ \hdashline \multicolumn{2}{c:}{O} & O \end{array}\right]$

$\therefore$　$a=b$.　以上より，$A=\begin{bmatrix} a & & & O \\ & a & & \\ & & \ddots & \\ O & & & a \end{bmatrix}=aE$ の形であり，aE は任意の n 次正方行列と可換．

2.2 行列の転置と複素共役

転置行列 ▶ (m, n) 行列 A の行と列を入れかえてできる (m, n) 行列を A の**転置行列**と呼び ${}^tA$ と表す.

$$A = \begin{bmatrix} a_{11} & a_{12} & \cdots & a_{1n} \\ a_{21} & a_{22} & \cdots & a_{2n} \\ & \cdots\cdots & & \\ a_{m1} & a_{m2} & \cdots & a_{mn} \end{bmatrix} \quad \text{ならば} \quad {}^tA = \begin{bmatrix} a_{11} & a_{21} & \cdots & a_{m1} \\ a_{12} & a_{22} & \cdots & a_{m2} \\ & \cdots\cdots & & \\ a_{1n} & a_{2n} & \cdots & a_{mn} \end{bmatrix}$$

定理 6

(i) ${}^t({}^tA) = A$

(ii) ${}^t(A+B) = {}^tA + {}^tB$

(iii) ${}^t(kA) = k\,{}^tA$

(iv) ${}^t(AB) = {}^tB\,{}^tA$

複素共役行列 ▶ 行列 $A = (a_{ij})$ の各成分 a_{ij} を共役複素数 $\overline{a_{ij}}$ でおきかえた行列 $(\overline{a_{ij}})$ を A の**複素共役行列**と呼び $\overline{A}$ で表す.

定理 7

(i) $\overline{\overline{A}} = A$

(ii) $\overline{A+B} = \overline{A} + \overline{B}$

(iii) $\overline{kA} = \overline{k}\,\overline{A}$

(iv) $\overline{AB} = \overline{A}\,\overline{B}$

(v) $\overline{{}^tA} = {}^t(\overline{A})$

エルミート共役 ▶ 行列 A に対して，その複素共役行列の転置行列 ${}^t(\overline{A})$ を A の**エルミート共役**と呼び A^* で表す.

定理 8

(i) $(A^*)^* = A$

(ii) $(A+B)^* = A^* + B^*$

(iii) $(kA)^* = \overline{k}A^*$

(iv) $(AB)^* = B^*A^*$

例題 5　**(対称行列・交代行列)**

(i)　n 次正方行列 A に対して

$$^t(A + {}^tA) = A + {}^tA, \quad {}^t(A - {}^tA) = -(A - {}^tA)$$

が成り立つことを示せ.

(ii)　$A = \begin{bmatrix} 3 & 5 & -1 \\ 2 & 1 & 4 \\ -2 & 0 & 5 \end{bmatrix}$ とするとき，A を $A + {}^tA$ と $A - {}^tA$ とを用いて表せ.

【解答】　(i)　$^t(A + {}^tA) = {}^tA + {}^t({}^tA) = {}^tA + A = A + {}^tA,$

$^t(A - {}^tA) = {}^tA - {}^t({}^tA) = {}^tA - A = -(A - {}^tA)$

(ii)　$(A + {}^tA) + (A - {}^tA) = 2A$

$$\therefore \quad A = \frac{1}{2}(A + {}^tA) + \frac{1}{2}(A - {}^tA)$$

$$A + {}^tA = \begin{bmatrix} 3 & 5 & -1 \\ 2 & 1 & 4 \\ -2 & 0 & 5 \end{bmatrix} + \begin{bmatrix} 3 & 2 & -2 \\ 5 & 1 & 0 \\ -1 & 4 & 5 \end{bmatrix} = \begin{bmatrix} 6 & 7 & -3 \\ 7 & 2 & 4 \\ -3 & 4 & 10 \end{bmatrix}$$

$$A - {}^tA = \begin{bmatrix} 3 & 5 & -1 \\ 2 & 1 & 4 \\ -2 & 0 & 5 \end{bmatrix} - \begin{bmatrix} 3 & 2 & -2 \\ 5 & 1 & 0 \\ -1 & 4 & 5 \end{bmatrix} = \begin{bmatrix} 0 & 3 & 1 \\ -3 & 0 & 4 \\ -1 & -4 & 0 \end{bmatrix}$$

$$\therefore \quad A = \frac{1}{2}\begin{bmatrix} 6 & 7 & -3 \\ 7 & 2 & 4 \\ -3 & 4 & 10 \end{bmatrix} + \frac{1}{2}\begin{bmatrix} 0 & 3 & 1 \\ -3 & 0 & 4 \\ -1 & -4 & 0 \end{bmatrix}$$

〚**注意**〛　n 次正方行列 A について，${}^tA = A$ をみたす行列を**対称行列**といい，${}^tA = -A$ をみたす行列を**交代行列**という．上の例題では，任意の n 次正方行列 A に対して，$A + {}^tA$ が対称行列，$A - {}^tA$ が交代行列であることを示している．

一般に，n 次正方行列は対称行列と交代行列の和として表される．

類題

$A = \begin{bmatrix} 1 & 8 & -7 & 2 \\ 3 & -5 & 6 & 1 \\ 2 & 0 & 5 & -1 \\ 4 & 6 & -2 & 3 \end{bmatrix}$ を対称行列と交代行列の和として表せ.

例題 6 （エルミート共役）

(i) $A=\begin{bmatrix} i & 1+i & -2 \\ 1-i & -i & 3i \end{bmatrix}$ とするとき，${}^tA$, $\overline{A}$, $((1+i)A)^*$, AA^* を求めよ.

(ii) 任意の (m, n) 行列 A に対して，$AA^*=B$ とおくとき

（イ） $B^*=B$ を示せ.

（ロ） B の対角成分は正または 0 であることを示せ.

【解答】 (i) ${}^tA=\begin{bmatrix} i & 1-i \\ 1+i & -i \\ -2 & 3i \end{bmatrix}$, $\overline{A}=\begin{bmatrix} -i & 1-i & -2 \\ 1+i & i & -3i \end{bmatrix}$

$$((1+i)A)^*=(A+iA)^*=A^*+(-i)A^*$$

$$=\begin{bmatrix} -i & 1+i \\ 1-i & i \\ -2 & -3i \end{bmatrix}+\begin{bmatrix} -1 & 1-i \\ -1-i & 1 \\ 2i & -3 \end{bmatrix}$$

$$\therefore \quad ((1+i)A)^*=\begin{bmatrix} -1-i & 2 \\ -2i & 1+i \\ -2+2i & -3-3i \end{bmatrix}$$

$$AA^*=\begin{bmatrix} i & 1+i & -2 \\ 1-i & -i & 3i \end{bmatrix}\begin{bmatrix} -i & 1+i \\ 1-i & i \\ -2 & -3i \end{bmatrix}$$

$$=\begin{bmatrix} 7 & -2+8i \\ -2-8i & 12 \end{bmatrix} \qquad \therefore \quad AA^*=\begin{bmatrix} 7 & -2+8i \\ -2-8i & 12 \end{bmatrix}$$

(ii) （イ） $B^*=(AA^*)^*=(A^*)^*A^*=AA^*=B$

（ロ） $A=\begin{bmatrix} a_{11} & a_{12} & \cdots & a_{1n} \\ a_{21} & a_{22} & \cdots & a_{2n} \\ & \cdots\cdots & & \\ a_{m1} & a_{m2} & \cdots & a_{mn} \end{bmatrix}$ とおけば $A^*=\begin{bmatrix} \overline{a_{11}} & \overline{a_{12}} & \cdots & \overline{a_{m1}} \\ \overline{a_{21}} & \overline{a_{22}} & \cdots & \overline{a_{m2}} \\ & \cdots\cdots & & \\ \overline{a_{1n}} & \overline{a_{2n}} & \cdots & \overline{a_{mn}} \end{bmatrix}$

AA^* の (i, i) 成分は，A の第 i 行 $a_{i1}, a_{i2}, \cdots, a_{in}$ と A^* の第 i 列 $\overline{a_{i1}}, \overline{a_{i2}}, \cdots, \overline{a_{in}}$ との積和である.

$$\therefore \quad AA^* \text{の} (i, i) \text{成分} = a_{i1}\overline{a_{i1}}+a_{i2}\overline{a_{i2}}+\cdots+a_{in}\overline{a_{in}}$$

$$=|a_{i1}|^2+|a_{i2}|^2+\cdots+|a_{in}|^2 \geqq 0$$

ゆえに，B の対角成分は正または 0 である.

問題 2.2 A

1. $A = \begin{bmatrix} 2+3i & 3-i \\ 1+5i & 2+6i \\ i & -i \end{bmatrix}$, $B = \begin{bmatrix} 1-i & 1+i \\ 3 & i \end{bmatrix}$ とするとき，

(1) ${}^t(AB)$, ${}^tB{}^tA$ を求めて比較せよ．

(2) $(AB)^*$, B^*A^* を求めて比較せよ．

2. $A = \begin{bmatrix} 2 & 1 & 1 \\ 1 & 2 & 1 \\ 1 & 1 & 2 \end{bmatrix}$, $\boldsymbol{x} = \begin{bmatrix} x \\ y \\ z \end{bmatrix}$ とするとき，${}^t\boldsymbol{x}A\boldsymbol{x}$ を求めよ．

3. $A = \begin{bmatrix} 2 & 3 & 8 \\ 6 & 1 & 7 \\ 9 & 4 & 5 \end{bmatrix}$ とするとき，$A + {}^tA$, $A - {}^tA$ を求めよ．

4. $A = \begin{bmatrix} 1-i & i & 3 \\ -i & 0 & i \\ 2 & -i & 1+i \end{bmatrix}$ とするとき，$A + A^*$, $A - A^*$ を求めよ．

5. $A(\theta) = \begin{bmatrix} \cos\theta & -\sin\theta \\ \sin\theta & \cos\theta \end{bmatrix}$ とするとき，${}^t(A(\theta)) = A(-\theta)$ を示せ．

問題 2.2 B

1. $A = \dfrac{1}{\sqrt{6}}\begin{bmatrix} \sqrt{3} & \alpha & \beta \\ \sqrt{3} & -\sqrt{2} & \gamma \\ 0 & \sqrt{2} & \delta \end{bmatrix}$ が，$A{}^tA = {}^tAA = E$ をみたすように，$\alpha, \beta, \gamma, \delta$ を定めよ．

2. $\boldsymbol{x} = \begin{bmatrix} x \\ y \\ z \end{bmatrix}$ とするとき，$2x^2+xy-y^2+3xz+2yz+5z^2 = {}^t\boldsymbol{x}A\boldsymbol{x}$, および,${}^tA = A$ をみたす行列 A を求めよ．

3. 分割行列について，${}^t\left[\begin{bmatrix} A_{11} & A_{12} \\ A_{21} & A_{22} \end{bmatrix}\begin{bmatrix} B_{11} & B_{12} \\ B_{21} & B_{22} \end{bmatrix}\right] = \begin{bmatrix} {}^tB_{11} & {}^tB_{21} \\ {}^tB_{12} & {}^tB_{22} \end{bmatrix}\begin{bmatrix} {}^tA_{11} & {}^tA_{21} \\ {}^tA_{12} & {}^tA_{22} \end{bmatrix}$ の成り立つことを示せ．

4. (1) n 次正方行列 A に対して，次式が成り立つことを示せ．

$$(A+A^*)^* = A + A^*, \quad (A-A^*)^* = -(A-A^*)$$

(2) $A = \begin{bmatrix} i & 1+i & -i \\ 2 & -i & 3 \\ 0 & 1-i & -1 \end{bmatrix}$ とするとき，A を $A+A^*$, $A-A^*$ を用いて表せ．

ヒントと解答

問題 2.2 A

1. (1) $AB = \begin{bmatrix} 14-i & 8i \\ 12+22i & -10+8i \\ 1-2i & i \end{bmatrix}$ $\therefore$ ${}^t(AB) = \begin{bmatrix} 14-i & 12+22i & 1-2i \\ 8i & -10+8i & i \end{bmatrix}$

${}^tB{}^tA = \begin{bmatrix} 1-i & 3 \\ 1+i & i \end{bmatrix}\begin{bmatrix} 2+3i & 1+5i & i \\ 3-i & 2+6i & -i \end{bmatrix} = \begin{bmatrix} 14-i & 12+22i & 1-2i \\ 8i & -10+8i & i \end{bmatrix}$ $\therefore$ ${}^t(AB) = {}^tB{}^tA$

(2) $(AB)^* = {}^t(\overline{AB}) = \begin{bmatrix} 14+i & 12-22i & 1+2i \\ -8i & -10-8i & -i \end{bmatrix}$, $B^*A^* = {}^t(\overline{B})\,{}^t(\overline{A})$

$= \begin{bmatrix} 1+i & 3 \\ 1-i & -i \end{bmatrix}\begin{bmatrix} 2-3i & 1-5i & -i \\ 3+i & 2-6i & -i \end{bmatrix} = \begin{bmatrix} 14+i & 12-22i & 1+2i \\ -8i & -10-8i & -i \end{bmatrix}$ $\therefore$ $(AB)^* = B^*A^*$

2. ${}^t\boldsymbol{x}A\boldsymbol{x} = 2(x^2+y^2+z^2+xy+yz+zx)$

3. $A + {}^tA = \begin{bmatrix} 4 & 9 & 17 \\ 9 & 2 & 11 \\ 17 & 11 & 10 \end{bmatrix}$, $A - {}^tA = \begin{bmatrix} 0 & -3 & -1 \\ 3 & 0 & 3 \\ 1 & -3 & 0 \end{bmatrix}$

4. $A + A^* = \begin{bmatrix} 2 & 2i & 5 \\ -2i & 0 & 2i \\ 5 & -2i & 2 \end{bmatrix}$, $A - A^* = \begin{bmatrix} -2i & 0 & 1 \\ 0 & 0 & 0 \\ -1 & 0 & 2i \end{bmatrix}$

5. $\sin(-\theta) = -\sin\theta$, $\cos(-\theta) = \cos\theta$

問題 2.2 B

1. $A{}^tA = {}^tAA = E$ より $\alpha^2+\beta^2=3$, $\sqrt{2}\alpha-\beta\gamma=3$, $\sqrt{2}\alpha+\beta\delta=0$, $\gamma^2=1$, $\gamma\delta=2$, $\delta^2=4$. だから γ, δ は同符号.

$\therefore$ $\gamma=1, \delta=2$ なら $\beta=-1, \alpha=\sqrt{2}$; $\gamma=-1, \delta=-2$ なら $\beta=1, \alpha=\sqrt{2}$

2. 与式と ${}^tA = A$ より $A = \begin{bmatrix} 2 & 1/2 & 3/2 \\ 1/2 & -1 & 1 \\ 3/2 & 1 & 5 \end{bmatrix}$

3. ${}^t\begin{bmatrix} A_{11} & A_{12} \\ A_{21} & A_{22} \end{bmatrix} = \begin{bmatrix} {}^tA_{11} & {}^tA_{21} \\ {}^tA_{12} & {}^tA_{22} \end{bmatrix}$ だから.

4. (1) $(A+A^*)^* = A^* + (A^*)^* = A^* + A = A + A^*$,

$(A-A^*)^* = A^* - (A^*)^* = A^* - A = -(A-A^*)$

(2) $A + A^* = \begin{bmatrix} 0 & 3+i & -i \\ 3-i & 0 & 4+i \\ i & 4-i & -2 \end{bmatrix}$, $A - A^* = \begin{bmatrix} 2i & -1+i & -i \\ 1+i & -2i & 2-i \\ -i & -2-i & 0 \end{bmatrix}$ を $A = \dfrac{1}{2}(A+A^*) + \dfrac{1}{2}(A-A^*)$ に代入する.

2.3　正則行列と逆行列

正則行列と逆行列　▶　n 次正方行列 A に対して

$$AX = XA = E$$

をみたす n 次正方行列 X が存在するとき，A は**正則行列**であるという．

定理 9

n 次正方行列が正則行列であれば，

$$AX = XA = E$$

をみたす n 次正方行列 X はただ 1 つである．

正則行列 A に対して，このような X を A の**逆行列**といって A^{-1} で表す．

$$AA^{-1} = A^{-1}A = E$$

定理 10

次のいずれか一方がみたされていれば，n 次正方行列 A は正則行列である．

(i)　$AX = E$ をみたす n 次正方行列 X が存在する．

(ii)　$XA = E$ をみたす n 次正方行列 X が存在する．

このとき，$X = A^{-1}$ となる．

一般に，n 次正方行列は正則行列であるとは限らない．n 次正方行列が正則行列であるための必要十分条件や，A^{-1} の具体的な求め方については第 3 章定理 12，第 4 章定理 7 を参照しなさい．

定理 11

行列 A, B は正則行列とする．このとき，

(i)　逆行列 A^{-1} も正則行列であって $(A^{-1})^{-1} = A$

(ii)　積 AB も正則行列であって $(AB)^{-1} = B^{-1}A^{-1}$

(iii)　転置行列も正則行列であって $({}^tA)^{-1} = {}^t(A^{-1})$

定理 12

正方行列 A の分割を $\begin{bmatrix} A_{11} & A_{12} \\ O & A_{22} \end{bmatrix}$ とする．ここで，A_{11}, A_{22} は正方行列とする．このとき，A_{11}, A_{22} がともに正則行列ならば，A も正則行列であって，

$$A^{-1} = \begin{bmatrix} A_{11}^{-1} & -A_{11}^{-1}A_{12}A_{22}^{-1} \\ O & A_{22}^{-1} \end{bmatrix}$$

例題 7 **(2 次正方行列と逆行列)**

2 次正方行列 $\begin{bmatrix} a & b \\ c & d \end{bmatrix}$ について

(i) A が正則行列であるための必要十分条件は

$$ad-bc \neq 0$$

であることを証明せよ.

(ii) A が正則行列であれば, $A^{-1}=\dfrac{1}{ad-bc}\begin{bmatrix} d & -b \\ -c & a \end{bmatrix}$ を示せ.

〖**ポイント**〗 定理 10 によって, $AX=E$ をみたす X についての条件を調べる.

【解答】 $X=\begin{bmatrix} x & y \\ z & w \end{bmatrix}$ とおく.

$$AX=\begin{bmatrix} a & b \\ c & d \end{bmatrix}\begin{bmatrix} x & y \\ z & w \end{bmatrix}=\begin{bmatrix} ax+bz & ay+bw \\ cx+dz & cy+dw \end{bmatrix}$$

$AX=E$ より

$$\begin{cases} ax+bz=1 \\ cx+dz=0 \end{cases}, \quad \begin{cases} ay+bw=0 \\ cy+dw=1 \end{cases}$$

これらは, 連立方程式の加減法によって, 次の形に変形される.

$$\begin{cases} (ad-bc)x = d \\ (ad-bc)y = -b \\ (ad-bc)z = -c \\ (ad-bc)w = a \end{cases}$$

(イ) $ad-bc \neq 0$ ならば

$$x=\frac{d}{ad-bc}, \quad y=\frac{-b}{ad-bc}, \quad z=\frac{-c}{ad-bc}, \quad w=\frac{a}{ad-bc}$$

$$\therefore \quad \text{逆行列は存在し}, X=A^{-1}=\frac{1}{ad-bc}\begin{bmatrix} d & -b \\ -c & a \end{bmatrix}.$$

(ロ) $ad-bc=0$ ならば

$$a=b=c=d=0$$

しかし, $ax+bz=1, cy+dw=1$ に反するから, x, y, z, w の解は存在しない.
(イ), (ロ) によって, $ad-bc \neq 0$ の場合に限り, 逆行列は存在し, その逆行列は

$$A^{-1}=\frac{1}{ad-bc}\begin{bmatrix} d & -b \\ -c & a \end{bmatrix}$$

例題 8　（複素数と行列）

複素数 $z = a + bi$ （a, b；実数）に対して，$A(z) = \begin{bmatrix} a & b \\ -b & a \end{bmatrix}$ とおくとき，

(i)　$A(z_1 + z_2) = A(z_1) + A(z_2)$

(ii)　$A(z_1 z_2) = A(z_1)A(z_2)$

(iii)　$A(\overline{z}) = {}^tA(z)$

(iv)　$z \neq 0$ のとき，$A(z)$ は正則行列で，$A(z^{-1}) = A(z)^{-1}$

が成り立つことを証明せよ．

【解答】　$z_1 = a_1 + b_1 i,\ z_2 = a_2 + b_2 i$ とおくと，

$$z_1 + z_2 = (a_1 + a_2) + (b_1 + b_2)i, \quad z_1 z_2 = (a_1 a_2 - b_1 b_2) + (a_1 b_2 + a_2 b_1)i$$

(i)　$A(z_1 + z_2) = \begin{bmatrix} a_1 + a_2 & b_1 + b_2 \\ -(b_1 + b_2) & a_1 + a_2 \end{bmatrix} = \begin{bmatrix} a_1 & b_1 \\ -b_1 & a_1 \end{bmatrix} + \begin{bmatrix} a_2 & b_2 \\ -b_2 & a_2 \end{bmatrix}$

$= A(z_1) + A(z_2)$

(ii)　$A(z_1 z_2) = \begin{bmatrix} a_1 a_2 - b_1 b_2 & a_1 b_2 + a_2 b_1 \\ -(a_1 b_2 + a_2 b_1) & a_1 a_2 - b_1 b_2 \end{bmatrix}$

$$A(z_1)A(z_2) = \begin{bmatrix} a_1 & b_1 \\ -b_1 & a_1 \end{bmatrix}\begin{bmatrix} a_2 & b_2 \\ -b_2 & a_2 \end{bmatrix} = \begin{bmatrix} a_1 a_2 - b_1 b_2 & a_1 b_2 + a_2 b_1 \\ -a_2 b_1 - a_1 b_2 & -b_1 b_2 + a_1 a_2 \end{bmatrix}$$

$$\therefore \quad A(z_1 z_2) = A(z_1)A(z_2)$$

(iii)　$z = a + bi$ とおけば $\overline{z} = a - bi$．

$$\therefore \quad A(\overline{z}) = \begin{bmatrix} a & -b \\ b & a \end{bmatrix} = {}^t\begin{bmatrix} a & b \\ -b & a \end{bmatrix} = {}^tA(z)$$

(iv)　$z = a + bi$ とおけば

$$z \neq 0 \Longleftrightarrow a \neq 0,\ b \neq 0$$
$$\Longleftrightarrow a^2 + b^2 \neq 0$$

$$\therefore \quad z \neq 0 \text{ のとき } A(z) \text{ は逆行列をもつ．}$$

(ii) によって

$$A(z) \cdot A(z^{-1}) = A(z \cdot z^{-1}) = A(1) = \begin{bmatrix} 1 & 0 \\ 0 & 1 \end{bmatrix} = E$$
$$\therefore \quad A(z^{-1}) = A(z)^{-1}$$

類題

(1)　$A(z\overline{z})$ は aE の形の行列となることを示せ．

(2)　$A(2 + 3i)^{-1}$ を求めよ．

例題 9 （分割行列の逆行列）

(i)　A, B が正則行列ならば，$P = \begin{bmatrix} A & C \\ O & B \end{bmatrix}$ も正則行列であって

$$P^{-1} = \begin{bmatrix} A^{-1} & -A^{-1}CB^{-1} \\ O & B^{-1} \end{bmatrix}$$

であることを示せ．

(ii)　$\begin{bmatrix} 7 & 5 & 3 \\ 3 & 2 & 1 \\ 0 & 0 & 6 \end{bmatrix}^{-1}$ を求めよ．

【解答】　(i)　A, B をそれぞれ p 次，q 次の正則行列とする．

S, V をそれぞれ p 次，q 次の正方行列として，$(p+q)$ 次正方行列 $X = \begin{bmatrix} S & T \\ U & V \end{bmatrix}$ で

$$PX = \begin{bmatrix} A & C \\ O & B \end{bmatrix}\begin{bmatrix} S & T \\ U & V \end{bmatrix} = \begin{bmatrix} E_p & O \\ O & E_q \end{bmatrix} = E$$

をみたすものが存在すれば P は正則行列である．

上の式から

$$AS + CU = E_p \qquad AT + CV = O$$
$$BU = O \qquad BV = E_q$$

B は正則行列だから，$BU = O$ より $U = O$

$$BV = E_q \quad より \quad V = B^{-1}$$

これらを，$AS + CU = E_p$，$AT + CV = O$ に代入すると，

$$AS = E_p, \quad AT + CB^{-1} = O$$

A は正則行列だから，$S = A^{-1}$，$T = -A^{-1}CB^{-1}$ を得る．

$$\therefore \quad P \text{ は正則行列であって } P^{-1} = \begin{bmatrix} A^{-1} & -A^{-1}CB^{-1} \\ O & B^{-1} \end{bmatrix}.$$

(ii)　$P = \left[\begin{array}{cc:c} 7 & 5 & 3 \\ 3 & 2 & 1 \\ \hdashline 0 & 0 & 6 \end{array}\right] = \begin{bmatrix} A & \boldsymbol{c} \\ \boldsymbol{o} & B \end{bmatrix}$ と分割すれば，A, B は正則行列であり，

$$A^{-1} = \begin{bmatrix} 7 & 5 \\ 3 & 2 \end{bmatrix}^{-1} = \begin{bmatrix} -2 & 5 \\ 3 & -7 \end{bmatrix}, \quad B^{-1} = [\,6\,]^{-1} = \frac{1}{6}$$

$$\therefore \quad P^{-1} = \begin{bmatrix} 7 & 5 & 3 \\ 3 & 2 & 1 \\ 0 & 0 & 6 \end{bmatrix}^{-1} = \begin{bmatrix} -2 & 5 & 1/6 \\ 3 & -7 & -2/6 \\ 0 & 0 & 1/6 \end{bmatrix}$$

問題 2.3　A

1．次の 2 次正方行列の逆行列があれば求めよ．

(1) $\begin{bmatrix} 1 & 3 \\ 2 & 4 \end{bmatrix}$　(2) $\begin{bmatrix} 2 & 3 \\ 6 & 9 \end{bmatrix}$　(3) $\begin{bmatrix} 7 & 5 \\ 4 & 3 \end{bmatrix}$　(4) $\begin{bmatrix} a-1 & 2 \\ 3 & a \end{bmatrix}$

2．$A = \begin{bmatrix} 3 & 7 & 0 & 1 \\ 2 & 5 & 1 & 0 \\ 0 & 0 & 7 & 5 \\ 0 & 0 & 4 & 3 \end{bmatrix}$ の逆行列 A^{-1} を求めよ．

3．上 3 角行列 $A = \begin{bmatrix} a_{11} & a_{12} & \cdots & a_{1n} \\ & a_{22} & \cdots & a_{2n} \\ & O & \ddots & \vdots \\ & & & a_{nn} \end{bmatrix}$ が正則行列であるためには，すべての対角成分が $a_{ii} \neq 0$ であることが必要十分であることを示せ．

4．正則な上 3 角行列の逆行列はまた上 3 角行列であることを示せ．

5．正方行列 A が $A^2 - A + E = O$ をみたしているとき，

(1)　A は正則行列であることを示せ．

(2)　A の逆行列を求めよ．

6．$A(\theta) = \begin{bmatrix} \cos\theta & -\sin\theta \\ \sin\theta & \cos\theta \end{bmatrix}$ とするとき，$A(\theta)^{-1} = A(-\theta)$ を示せ．

7．次の n 次正方行列の逆行列を求めよ．ただし，$a_1 a_2 \cdots a_n \neq 0$ とする．

(1) $\begin{bmatrix} a_1 & & & O \\ & a_2 & & \\ & & \ddots & \\ O & & & a_n \end{bmatrix}$　(2) $\begin{bmatrix} O & & & a_1 \\ & & a_2 & \\ & \cdot^{\cdot^{\cdot}} & & \\ a_n & & & O \end{bmatrix}$

問題 2.3　B

1．$E + A$ が正則行列であるような行列 A に対して，$B = (E - A)(E + A)^{-1}$ とおくとき，

(1)　$E + B$ は正則行列であることを示せ．

(2)　$A = (E - B)(E + B)^{-1}$ を示せ．

2．A が正則な確率行列なら

(1)　A^{-1} も確率行列であることを示せ．

(2)　A が 2 重確率行列なら A^{-1} も 2 重確率行列であることを示せ．

3．正方行列 A の分割を $A = \begin{bmatrix} A_{11} & A_{12} \\ A_{21} & O \end{bmatrix}$ とする．A_{12}, A_{21} が正則行列ならば，A も

正則行列であって，$A^{-1}=\begin{bmatrix} O & A_{21}^{-1} \\ A_{12}^{-1} & -A_{12}^{-1}A_{11}A_{21}^{-1} \end{bmatrix}$ と表されることを示せ.

――ヒントと解答――

問題 2.3　A

1. 例題7を用いる.

(1) $\dfrac{-1}{2}\begin{bmatrix} 4 & -3 \\ -2 & 1 \end{bmatrix}$　(2) 正則でない　(3) $\begin{bmatrix} 3 & -5 \\ -4 & 7 \end{bmatrix}$

(4) $a \neq 3, -2$ のときのみ $\dfrac{1}{a^2-a-6}\begin{bmatrix} a & -2 \\ -3 & a-1 \end{bmatrix}$

2. $A=\begin{bmatrix} A_{11} & A_{12} \\ O & A_{22} \end{bmatrix}$ とおくと，

$$A_{11}^{-1}=\begin{bmatrix} 5 & -7 \\ -2 & 3 \end{bmatrix},\quad A_{22}^{-1}=\begin{bmatrix} 3 & -5 \\ -4 & 7 \end{bmatrix},\quad -A_{11}^{-1}A_{12}A_{22}^{-1}=\begin{bmatrix} 41 & -70 \\ -17 & 29 \end{bmatrix}$$

これらを定理12に適用する.

3. n 次正方行列 $X=(x_{ij})$ に対して，$XA=E$ をみたす X が存在するためには，次の連立1次方程式が解をもてばよい.

$$\begin{cases} a_{11}x_{11}=1 \\ a_{12}x_{11}+a_{22}x_{12}=0 \\ \quad\cdots\cdots \\ a_{1n}x_{11}+a_{2n}x_{12}+\cdots+a_{nn}x_{1n}=0 \end{cases},\quad \begin{cases} a_{11}x_{21}=0 \\ a_{12}x_{21}+a_{22}x_{22}=1 \\ \quad\cdots\cdots \\ a_{1n}x_{21}+a_{2n}x_{22}+\cdots+a_{nn}x_{2n}=0 \end{cases},\quad\cdots$$

これは，$a_{11}\neq 0,\ a_{22}\neq 0,\ \cdots,\ a_{nn}\neq 0$ のときに限り解をもつ.

4. 問題3の連立1次方程式を解けば，$i>j$ のとき $x_{ij}=0$ となる.

5. (1) $A(E-A)=E$ より A は正則行列.

(2) $A^{-1}=E-A$

6. 問題2.1A，6より $A(\theta_1)A(\theta_2)=A(\theta_1+\theta_2)$

$$\therefore\quad A(\theta)A(-\theta)=A(0)=E$$

$$\therefore\quad A(\theta)^{-1}=A(-\theta)$$

7. (1) $\begin{bmatrix} a_1^{-1} & & & O \\ & a_2^{-1} & & \\ & & \ddots & \\ O & & & a_n^{-1} \end{bmatrix}$　(2) $\begin{bmatrix} O & & & a_n^{-1} \\ & & \cdot^{\cdot^{\cdot}} & \\ & a_2^{-1} & & \\ a_1^{-1} & & & O \end{bmatrix}$

問題 2.3　B

1. (1)　$B(E+A)=E-A$. 両辺に $E+A$ を加えると $(B+E)(E+A)=2E$.

(2)　$B(E+A)=E-A$　　$\therefore$　$B+BA=E-A$　　$\therefore$　$(B+E)A=E-B$

$\therefore$　$A=(E-B)(E+B)^{-1}$

2. $A=(a_{ij})$, $A^{-1}=(x_{ij})$ とする.

(1)　$A^{-1}A=E$ の第 i 行の成分を加えて両辺を比較する.

$$\sum_{j=1}^{n}\left(\sum_{k=1}^{n}x_{ik}a_{kj}\right)=\sum_{k=1}^{n}x_{ik}\left(\sum_{j=1}^{n}a_{kj}\right)=\sum_{k=1}^{n}x_{ik}=1$$

(2)　$AA^{-1}=E$ の第 j 列の成分の和を比較する.

3. A の分割の応じて，分割行列 $X=\begin{bmatrix} S & T \\ U & V \end{bmatrix}$ をつくり，$AX=E$ が成り立つように，S, T, U, V の条件を求める.（例題 9 を参照しなさい.）

すなわち，$AX=\begin{bmatrix} A_{11}S+A_{12}U & A_{11}T+A_{12}V \\ A_{21}S & A_{21}T \end{bmatrix}=E$ より，

$$\begin{aligned} A_{11}S+A_{12}U=E \qquad & A_{11}T+A_{12}V=O \\ A_{21}S=O \qquad & A_{21}T=E \end{aligned}$$

A_{21} は正則行列だから，$S=O$, $T=A_{21}^{-1}$.

$$\therefore\quad A_{12}U=E,\quad A_{11}A_{21}^{-1}+A_{12}V=O$$

A_{12} も正則行列だから，$U=A_{12}^{-1}$,　$V=-A_{12}^{-1}A_{11}A_{21}^{-1}$.

$$\therefore\quad A^{-1}=\begin{bmatrix} O & A_{21}^{-1} \\ A_{12}^{-1} & -A_{12}^{-1}A_{11}A_{21}^{-1} \end{bmatrix}$$

2.4 いろいろな正方行列

n 次正方行列の全体のつくる集合では，和，差，積の演算がつねに可能であり，それらの演算の結果はまた n 次正方行列である．したがって，n 次正方行列の集合は固有の重要な性質や，固有の重要な行列をもっている．

正方行列のべき ▶ n 次正方行列 A に対して，A のべきを

$$A^0 = E, \quad A^r = AA\cdots A \quad (A\text{ の }r\text{ 個の積})$$

と定める．

定理 13

(i) $A^rA^s = A^sA^r = A^{r+s}$

(ii) $(A^r)^s = (A^s)^r = A^{rs}$

定理 14

n 次正方行列 A, B が可換ならば

(i) $(AB)^r = A^rB^r$

(ii) $(A+B)^r = A^r + \binom{r}{1}A^{r-1}B + \binom{r}{2}A^{r-2}B^2 + \cdots + B^r$

（**2 項定理**）

正則行列 A と正の整数 r に対して

$$A^{-r} = (A^{-1})^r$$

と定めれば，負のべきもつくられて，負の整数についても定理 13 (i), (ii)，定理 14 (i) が成り立っている．

正方行列と多項式 ▶ n 次正方行列 A と，r 次多項式

$$f(x) = a_0x^r + a_1x^{r-1} + \cdots + a_{r-1}x + a_r \quad (a_i\text{: 実数})$$

に対して，

$$f(A) = a_0A^r + a_1A^{r-1} + \cdots + a_{r-1}A + a_rE$$

と定める．

定理 15

多項式 $f(x)$, $g(x)$ と n 次正方行列 A に対して，

(i) $h(x) = f(x) + g(x)$ ならば $h(A) = f(A) + g(A)$

(ii) $h(x) = f(x)g(x)$ ならば $h(A) = f(A)g(A)$

(iii) P が n 次正則行列ならば $f(P^{-1}AP) = P^{-1}f(A)P$

行列の多項式についての詳しい性質は，第 7 章 7.1 で扱われる．

いろいろな正方行列 ▶

1. 対角行列 ············ 対角成分以外の成分がすべて 0 である行列
スカラー行列 ········ 対角成分がすべて同じ数からなる対角行列
上 **3** 角行列 ·········· 対角成分より下の成分がすべて 0 である行列
下 **3** 角行列 ·········· 対角成分より上の成分がすべて 0 である行列
(上 3 角行列，下 3 角行列は単に **3 角行列**と総称される.)

$$\begin{bmatrix} a_1 & & & O \\ & a_2 & & \\ & & \ddots & \\ O & & & a_n \end{bmatrix}, \quad \begin{bmatrix} a & & & O \\ & a & & \\ & & \ddots & \\ O & & & a \end{bmatrix}, \quad \begin{bmatrix} a_{11} & a_{12} & \cdots & a_{1n} \\ & a_{22} & \cdots & a_{2n} \\ & & \ddots & \vdots \\ O & & & a_{nn} \end{bmatrix}$$

対角行列　スカラー行列　上 **3** 角行列

2. 対称行列 ············ ${}^tA = A$ をみたす行列
交代行列 ············ ${}^tA = -A$ をみたす行列

$$\begin{bmatrix} a_{11} & a_{12} & \cdots & a_{1n} \\ a_{12} & a_{22} & \cdots & a_{2n} \\ \vdots & \vdots & \ddots & \vdots \\ a_{1n} & a_{2n} & \cdots & a_{nn} \end{bmatrix}, \quad \begin{bmatrix} 0 & a_{12} & \cdots & a_{1n} \\ -a_{12} & 0 & \cdots & a_{2n} \\ \vdots & \vdots & \ddots & \vdots \\ -a_{1n} & -a_{2n} & \cdots & 0 \end{bmatrix}$$

対称行列　交代行列

3. 正規行列 ············ $AA^* = A^*A$ をみたす行列
ユニタリ行列 ········ $AA^* = A^*A = E$ をみたす行列
エルミート行列 ······ $A^* = A$ をみたす行列
歪エルミート行列 ···· $A^* = -A$ をみたす行列
※ A がユニタリ行列であるためには次のどちらか一方がみたされればよい.
(イ)　$AA^* = E$　　(ロ)　$A^*A = E$

4. 直交行列 ············ $A\,{}^tA = {}^tAA = E$ をみたす実行列　(＝**実ユニタリ行列**)
※ A が直交行列であるためには次のどちらか一方がみたされればよい.
(イ)　$A\,{}^tA = E$　　(ロ)　${}^tAA = E$

5. べき等行列 ·········· $A^2 = A$ をみたす行列
べき零行列 ·········· ある自然数 m に対して，$A^m = O$ となる行列

例題 10　　**（2 項定理）**

（i）　n 次正方行列 A, B が可換ならば，行列における 2 項定理

$$(A+B)^m = A^m + \binom{m}{1}A^{m-1}B + \binom{m}{2}A^{m-2}B^2 + \cdots + B^m$$

が成り立つことを証明せよ．

（ii）　$J_\lambda = \begin{bmatrix} \lambda & 1 & 0 \\ 0 & \lambda & 1 \\ 0 & 0 & \lambda \end{bmatrix}$ とおくとき，${J_\lambda}^m$ を求めよ．

〖**ポイント**〗（i）　A, B は可換だから，数式の場合の 2 項定理と同様である．

（ii）　$J_\lambda = \lambda E + N$ と分解し 2 項定理を用いる．

【**解答**】（i）　$(A+B)^m = (A+B)(A+B)\cdots(A+B)$　（m 個の積）

これを展開したときの各項は，右辺の m 個の因数 $A+B$ から A または B をとりだしてその順に積をつくったものである．たとえば $BAABA\cdots AB$．

この積で A が $m-r$ 個，B が r 個であれば，A と B は可換だから $A^{m-r}B^r$ と整理される．

このような項 $A^{m-r}B^r$ の個数は，m 個の因数 $A+B$ から B をとりだす r 個の因数の選び方だけある．すなわち $\binom{m}{r}$ 個つくられる．

$(A+B)^m$ はこのような項の和であるから

$$(A+B)^m = A^m + \binom{m}{1}A^{m-1}B + \binom{m}{2}A^{m-2}B^2 + \cdots + B^m$$

（ii）　$J_\lambda = \begin{bmatrix} \lambda & 1 & 0 \\ 0 & \lambda & 1 \\ 0 & 0 & \lambda \end{bmatrix} = \begin{bmatrix} \lambda & 0 & 0 \\ 0 & \lambda & 0 \\ 0 & 0 & \lambda \end{bmatrix} + \begin{bmatrix} 0 & 1 & 0 \\ 0 & 0 & 1 \\ 0 & 0 & 0 \end{bmatrix} = \lambda E + N$ とおく．

λE は任意の 3 次行列と可換であるから N とも可換である．したがって，2 項定理より

$${J_\lambda}^m = (\lambda E + N)^m = (\lambda E)^m + \binom{m}{1}(\lambda E)^{m-1}N + \binom{m}{2}(\lambda E)^{m-2}N^2 + \cdots + N^m$$

一方，$N^2 = \begin{bmatrix} 0 & 0 & 1 \\ 0 & 0 & 0 \\ 0 & 0 & 0 \end{bmatrix}$，$N^3 = \begin{bmatrix} 0 & 0 & 0 \\ 0 & 0 & 0 \\ 0 & 0 & 0 \end{bmatrix} = N^4 = \cdots = N^m$．

$$\therefore \quad {J_\lambda}^m = \lambda^m E + m\lambda^{m-1}N + \frac{m(m-1)}{2}\lambda^{m-2}N^2$$

$$= \begin{bmatrix} \lambda^m & m\lambda^{m-1} & m(m-1)\lambda^{m-2}/2 \\ 0 & \lambda^m & m\lambda^{m-1} \\ 0 & 0 & \lambda^m \end{bmatrix}$$

例題 11 （ハミルトン・ケーリーの定理）

（i） 2次正方行列 $\begin{bmatrix} a & b \\ c & d \end{bmatrix}$ は $f(x) = x^2 - (a+d)x + ad - bc$ とおくとき，

$$f(A) = O$$

をみたすことを示せ．

（ii） $A = \begin{bmatrix} 2 & -1 \\ 1 & 3 \end{bmatrix}$ のとき，$g(A) = 2A^3 - 9A^2 + 10A + 8E$ を求めよ．

〖**ポイント**〗（ii） $g(x) = f(x)h(x) + r(x)$, $f(\alpha) = 0$ なら $g(\alpha) = r(\alpha)$.

【**解答**】（i）

$$\begin{aligned} f(A) &= A^2 - (a+d)A + (ad-bc)E \\ &= A(A - (a+d)E) + (ad-bc)E \\ &= \begin{bmatrix} a & b \\ c & d \end{bmatrix}\begin{bmatrix} -d & b \\ c & -a \end{bmatrix} + \begin{bmatrix} ad-bc & 0 \\ 0 & ad-bc \end{bmatrix} \\ &= \begin{bmatrix} -ad+bc & ab-ab \\ -cd+cd & bc-ad \end{bmatrix} + \begin{bmatrix} ad-bc & 0 \\ 0 & ad-bc \end{bmatrix} \\ &= \begin{bmatrix} 0 & 0 \\ 0 & 0 \end{bmatrix} \end{aligned}$$

（ii） （i）によって，$f(x) = x^2 - 5x + 7$ とおけば，$f(A) = A^2 - 5A + 7E = O$. $g(x) = 2x^3 - 9x^2 + 10x + 8$ とおくと，

$$\begin{aligned} g(x) &= (x^2 - 5x + 7)(2x + 1) + x + 1 \\ \therefore \quad g(A) &= (A^2 - 5A + 7E)(2A + E) + A + E \\ &= A + E \\ &= \begin{bmatrix} 2 & -1 \\ 1 & 3 \end{bmatrix} + \begin{bmatrix} 1 & 0 \\ 0 & 1 \end{bmatrix} \\ &= \begin{bmatrix} 3 & -1 \\ 1 & 4 \end{bmatrix} \end{aligned}$$

〖**注意**〗 一般の n 次正方行列 A に対して，$f(A) = O$ をみたす多項式 $f(x)$ については第7章7.1，定理2（ハミルトン・ケーリー）をみなさい．

類題

$A = \begin{bmatrix} 2 & 4 \\ 3 & 5 \end{bmatrix}$ のとき，

(1) $f(A) = O$ をみたす多項式 $f(x)$ を1つ求めよ．

(2) $g(x) = x^5 - 7x^4 - 4x^3 + 15x^2 + 5x + 1$ とするとき，$g(A)$ を求めよ．

例題 12 (べき零行列の指数関数)

(i) A, B がともにべき零行列でしかも可換ならば，$A+B$, AB もべき零行列となることを示せ．

(ii) $A^m = O$ なるべき零行列 A に対して，

$$\exp A = E + A + \frac{1}{2!}A^2 + \cdots + \frac{1}{(m-1)!}A^{m-1}$$

とおく．このとき，A, B がともにべき零行列でしかも可換ならば，

$$\exp(A+B) = \exp A \cdot \exp B \qquad \text{（指数法則）}$$

が成り立つことを示せ．

【解答】 (i) A, B はべき零行列だから $A^r = O$, $B^s = O$ とする．

A, B は可換であるから 2 項定理より，

$$(A+B)^m = A^m + \binom{m}{1}A^{m-1}B + \binom{m}{2}A^{m-2}B^2 + \cdots + B^m$$

$m = r + s - 1$ とおけば，$A^{m-i}B^i$ について

$$i \geqq s \text{ なら } B^i = O \qquad \therefore \quad A^{m-i}B^i = O$$

$$i < s \text{ なら } m - i \geqq r \qquad \therefore \quad A^{m-i} = O \qquad \therefore \quad A^{m-i}B^i = O$$

したがって $(A+B)^m$ の各項は O． $\therefore \quad (A+B)^m = O$．

また，$(AB)^r = A^rB^r = OB = O$．

(ii) $\exp A \cdot \exp B = \left(E + A + \frac{1}{2!}A^2 + \cdots + \frac{1}{(r-1)!}A^{r-1}\right)\left(E + B + \frac{1}{2!}B^2 + \cdots\right.$
$\left. + \frac{1}{(s-1)!}B^{s-1}\right) = E + (A+B) + \left(\frac{1}{2!}A^2 + AB + \frac{1}{2!}B^2\right) + \left(\frac{1}{3!}A^3 + \frac{1}{2!}A^2B + \frac{1}{2!}AB^2\right.$
$\left. + \frac{1}{3!}B^3\right) + \cdots + \left(\frac{1}{k!}A^k + \frac{1}{(k-1)!}A^{k-1}B + \frac{1}{(k-2)!2!}A^{k-2}B^2 + \cdots + \frac{1}{k!}B^k\right) + \cdots$
$+ \left(\frac{1}{(m-1)!}A^{m-1} + \frac{1}{(m-2)!}A^{m-2}B + \frac{1}{(m-3)!2!}A^{m-3}B^2 + \cdots + \frac{1}{(m-1)!}B^{m-1}\right)$

ただし，$m = r + s - 1$ であって，必要に応じて，$A^p = O$ $(r \leqq p \leqq m-1)$，$B^q = O$ $(s \leqq q \leqq m-1)$ を補っている．

$$\therefore \quad \exp A \cdot \exp B = E + (A+B) + \frac{1}{2!}(A+B)^2 + \cdots + \frac{1}{(m-1)!}(A+B)^{m-1}$$

$$= \exp(A+B)$$

〚注意〛 実は任意の正方行列 A に対して，

$$\exp A = E + A + \frac{1}{2!}A^2 + \cdots + \frac{1}{m!}A^m + \cdots$$

と定めることができる．このとき，A, B が可換なら指数法則も成り立っている．

例題 13　（行列と 1 次分数関数）

2 次正方行列 $A=\begin{bmatrix} a & b \\ c & d \end{bmatrix}$ $(ad-bc\neq 0)$ に 1 次分数関数 $f_A(x)=\dfrac{ax+b}{cx+d}$ を対応させるとき，

（i）$f_A(x)=f_B(x)$ ならば，定数 k $(\neq 0)$ があって $B=kA$ となることを示せ．

（ii）合成関数 $f_A(f_B(x))$ と $f_{AB}(x)$ は同じ 1 次分数関数であることを示せ．

（iii）$f_A(x)$ の逆関数を $f_A^{-1}(x)$ とするとき，$f_A^{-1}(x)=f_{A^{-1}}(x)$ を示せ．

【解答】（i）$A=\begin{bmatrix} a & b \\ c & d \end{bmatrix}$, $B=\begin{bmatrix} a' & b' \\ c' & d' \end{bmatrix}$ に対して $f_A(x)=f_B(x)$ とすると，

$$\frac{ax+b}{cx+d}=\frac{a'x+b'}{c'x+d'}$$

したがって，ある定数 k $(\neq 0)$ があって

$$a'x+b'=k(ax+b),\quad c'x+d'=k(cx+d)$$
$$\therefore\quad a'=ka,\quad b'=kb,\quad c'=kc,\quad d'=kd \qquad \therefore\quad B=kA$$

（ii）$A=\begin{bmatrix} a & b \\ c & d \end{bmatrix}$, $B=\begin{bmatrix} a' & b' \\ c' & d' \end{bmatrix}$ とするとき，

$$f_A(f_B(x))=\frac{a\cdot\dfrac{a'x+b'}{c'x+d'}+b}{c\cdot\dfrac{a'x+b'}{c'x+d'}+d}=\frac{a(a'x+b')+b(c'x+d')}{c(a'x+b')+d(c'x+d')}$$
$$=\frac{(aa'+bc')x+(ab'+bd')}{(ca'+dc')x+(cb'+dd')}=f_{AB}(x)$$

（iii）$y=f_A(x)=\dfrac{ax+b}{cx+d}$ の逆関数 $f_A^{-1}(x)$ は，$x=\dfrac{dy-b}{-cy+a}$ だから

$$f_A^{-1}(x)=\frac{dx-b}{-cx+a}$$

ゆえに，$B=\begin{bmatrix} d & -b \\ -c & a \end{bmatrix}$ とおけば，$f_A^{-1}(x)=f_B(x)$.

一方，$A^{-1}=\dfrac{1}{ad-bc}\begin{bmatrix} d & -b \\ -c & a \end{bmatrix}=\dfrac{1}{ad-bc}B$ とかけるから（i）によって，$f_{A^{-1}}(x)=f_B(x)$.

$$\therefore\quad f_A^{-1}(x)=f_{A^{-1}}(x)$$

問題 2.4 A

1. 次の正方行列 A の m 乗 A^m を求めよ．

(1) $\begin{bmatrix} 1 & 0 \\ 1 & 1 \end{bmatrix}$ (2) $\begin{bmatrix} a & b \\ 0 & 1 \end{bmatrix}$ (3) $\begin{bmatrix} 0 & 0 & a_1 \\ 0 & a_2 & 0 \\ a_3 & 0 & 0 \end{bmatrix}$ (4) $\begin{bmatrix} 0 & 1 & 0 \\ 0 & 0 & 1 \\ 0 & 0 & 0 \end{bmatrix}$

2. 次の n 次正方行列 A の m 乗 A^m を求めよ．

(1) $\begin{bmatrix} 0 & a & & & \\ & 0 & a & & \\ & & \ddots & \ddots & \\ & & & 0 & a \\ & & & & 0 \end{bmatrix}$ (2) $\begin{bmatrix} 1 & 1 & & & \\ & 1 & 1 & & \\ & & \ddots & \ddots & \\ & & & 1 & 1 \\ & & & & 1 \end{bmatrix}$ (3) $\begin{bmatrix} 0 & 1 & & & \\ & 0 & 1 & & \\ & & \ddots & \ddots & \\ & & & 0 & 1 \\ 1 & & & & 0 \end{bmatrix}$

3. 行列 A, B が可換ならば A^r, B^s も可換であることを示せ．

4. n 次正方行列 $A = (a_{ij})$ の対角成分の和 $a_{11} + a_{22} + \cdots + a_{nn}$ を A の**トレース**といい，$\mathrm{tr}\,A$ で表す．このとき，次の等式を示せ．

(1) $\mathrm{tr}\,(A+B) = \mathrm{tr}\,A + \mathrm{tr}\,B$

(2) $\mathrm{tr}\,(kA) = k\mathrm{tr}\,A$

(3) $\mathrm{tr}\,(AB) = \mathrm{tr}\,(BA)$

(4) 正則行列 P に対して，$\mathrm{tr}\,(P^{-1}AP) = \mathrm{tr}\,A$

5. $A = \begin{bmatrix} 1 & -1 & 2 \\ 2 & 3 & 1 \\ 5 & 4 & 2 \end{bmatrix}$ を対称行列と交代行列の和として表せ．

6. (1) エルミート行列 A は $A = B + iC$（B は実対称行列，C は実交代行列）と表されることを示せ．

(2) 歪エルミート行列 A は $A = B + iC$（B は実交代行列，C は実対称行列）と表されることを示せ．

7. $A(\theta) = \begin{bmatrix} \cos\theta & -\sin\theta \\ \sin\theta & \cos\theta \end{bmatrix}$ は2次直交行列であることを示せ．

8. A がべき零行列のとき，次の等式を証明せよ．

(1) $(\exp A)^{-1} = \exp(-A)$

(2) $\exp(P^{-1}AP) = P^{-1}(\exp A)P$

9. 次の行列 U がユニタリ行列となるように，$\alpha, \beta, \gamma, \delta$ を定めよ．

$$\begin{bmatrix} 1/\sqrt{2} & \beta & \gamma \\ \alpha & i/\sqrt{2} & \delta \\ -1/\sqrt{2} & 1/2 & 1/2 \end{bmatrix}$$

問題 2.4　B

1. 正方行列 A が，$f(x) = x^n + a_1x^{n-1} + \cdots + a_n$ $(a_n \neq 0)$ に対して $f(A) = 0$ をみたすとき，A は正則行列であることを示せ．

2. A がべき零行列 $(A^m = O)$ のとき $E - A$ は正則行列となることを示せ．また，このとき，$(E - A)^{-1} = E + A + \cdots + A^{m-1}$ となることを示せ．

3. 2つの n 次正方行列 A, B に対して，$P^{-1}AP = B$ となる正則行列 P が存在するとき，A と B とは**相似**であるといい，$A \sim B$ で表す．このとき，次を示せ．

(1)　$A \sim A$　（反射律）

(2)　$A \sim B$ ならば $B \sim A$　（対称律）

(3)　$A \sim B, B \sim C$ ならば $A \sim C$　（推移律）

(4)　$A \sim B$ ならば，任意の自然数 m に対して $A^m \sim B^m$

(5)　$A \sim B$ ならば，任意の多項式 $f(x)$ に対して $f(A) \sim f(B)$

4. n 次正方行列 A, B がユニタリ行列（または直交行列）ならば，AB もユニタリ行列（または直交行列）であることを示せ．

5. 直交行列 A に対して，$E + A$ が正則行列となっていれば，$B = (E - A)(E + A)^{-1}$ は交代行列であることを示せ．

ヒントと解答

問題 2.4　A

1. (1) $\begin{bmatrix} 1 & 0 \\ m & 1 \end{bmatrix}$　(2) $\begin{bmatrix} a^m & (a^{m-1} + a^{m-2} + \cdots + 1)b \\ 0 & 1 \end{bmatrix}$　(3) $m = 2k$ のとき，

$\begin{bmatrix} {a_1}^k {a_3}^k & 0 & 0 \\ 0 & {a_2}^{2k} & 0 \\ 0 & 0 & {a_1}^k {a_3}^k \end{bmatrix}$．$m = 2k+1$ のとき，$\begin{bmatrix} 0 & 0 & {a_1}^{k+1} {a_3}^k \\ 0 & {a_2}^{2k+1} & 0 \\ {a_1}^k {a_3}^{k+1} & 0 & 0 \end{bmatrix}$．

(4)　$A^2 = \begin{bmatrix} 0 & 0 & 1 \\ 0 & 0 & 0 \\ 0 & 0 & 0 \end{bmatrix}$，　$A^m = O$　$(m \geqq 3)$

2. (1)　$A^2 = \begin{bmatrix} 0 & 0 & a^2 & \cdots & 0 \\ & \ddots & \ddots & \ddots & \vdots \\ & & & & a^2 \\ & & & \ddots & 0 \\ & O & & & 0 \end{bmatrix}$，　$A^3 = \begin{bmatrix} 0 & 0 & 0 & a^3 & \cdots & 0 \\ & \ddots & \ddots & \ddots & \ddots & \vdots \\ & & & & & a^3 \\ & & & & \ddots & 0 \\ & & & & & 0 \\ & O & & & & 0 \end{bmatrix}$，

$$\cdots,\quad A^{n-1}=\begin{bmatrix} 0 & \cdots & 0 & a^{n-1} \\ & \ddots & & 0 \\ & & \ddots & \vdots \\ O & & & 0 \end{bmatrix},\quad A^n=O$$

(2) $A=\begin{bmatrix} 1 & & O \\ & 1 & \\ & & \ddots \\ O & & & 1 \end{bmatrix}+\begin{bmatrix} 0 & 1 & \cdots\cdots & 0 \\ & 0 & 1 & \vdots \\ & & \ddots \ \ddots & 1 \\ O & & & 0 \end{bmatrix}=E+N$ とおけば $N^n=O$.

2項定理によって $A^m=(E+N)^m=E^m+\binom{m}{1}N+\binom{m}{2}N^2+\cdots+N^m$

$$=\begin{bmatrix} 1 & \binom{m}{1} & \binom{m}{2} & \cdots & \binom{m}{n} \\ & \ddots & \ddots & \ddots & \vdots \\ & & \ddots & \ddots & \binom{m}{2} \\ & & & \ddots & \binom{m}{1} \\ O & & & & 1 \end{bmatrix}$$

. ただし，$m<n$ のとき $\binom{m}{n}=0$ とする.

(3) $A^2=\left[\begin{array}{cc|ccc} & & 1 & & \\ & O & & \ddots & \\ & & & & 1 \\ \hline 1 & 0 & & & \\ 0 & 1 & & O & \end{array}\right]$, $A^3=\left[\begin{array}{ccc|ccc} & & & 1 & & \\ & O & & & \ddots & \\ & & & & & 1 \\ \hline 1 & & & & & \\ & 1 & & & O & \\ & & 1 & & & \end{array}\right]$,

$$\cdots,\quad A^n=\begin{bmatrix} 1 & & O \\ & 1 & \\ & & \ddots \\ O & & & 1 \end{bmatrix},\quad \cdots$$

よって，$m>n$ に対して $m=nq+r\ (0\leqq r<m)$ とすれば $A^m=A^r$.

3. $A^rB^s=A\cdots AB\cdots B$ において $AB=BA$ を順次いれかえる.

4. (1), (2) は定義より明らか.

(3) $A=(a_{ij})$, $B=(b_{ij})$ とすると AB の (i,i) 成分 $=\sum_{k=1}^{n}a_{ik}b_{ki}$

$\therefore \quad \mathrm{tr}\,(AB) = \sum_{i=1}^{n}\left(\sum_{k=1}^{n} a_{ik}b_{ki}\right) = \sum_{k=1}^{n}\left(\sum_{i=1}^{n} a_{ik}b_{ki}\right) = \sum_{k=1}^{n}\left(\sum_{i=1}^{n} b_{ki}a_{ik}\right) = \mathrm{tr}\,(BA)$

(4) $\mathrm{tr}\,(P^{-1}AP) = \mathrm{tr}\,(APP^{-1}) = \mathrm{tr}\,A$

5. 例題 5 と同様. $\begin{bmatrix} 1 & -1 & 2 \\ 2 & 3 & 1 \\ 5 & 4 & 2 \end{bmatrix} = \frac{1}{2}\begin{bmatrix} 2 & 1 & 7 \\ 1 & 6 & 5 \\ 7 & 5 & 4 \end{bmatrix} + \frac{1}{2}\begin{bmatrix} 0 & -3 & -3 \\ 3 & 0 & -3 \\ 3 & 3 & 0 \end{bmatrix}.$

6. $A = (a_{pq}) = (b_{pq} + c_{pq}i)$ とする．ここで b_{pq}, c_{pq} は実数．$B = (b_{pq})$, $C = (c_{pq})$ とおくと $A = B + iC$.

(1) A はエルミート行列だから $A^* = A$. $\quad \therefore \quad B^* + (-i)C^* = B + iC$

$\therefore \quad {}^tB = B,\ {}^tC = -C.$

(2) A は歪エルミート行列だから $A^* = -A$. $\quad \therefore \quad B^* + (-i)C^* = -B - iC$

$\therefore \quad {}^tB = -B,\ {}^tC = -C.$

7. $A(\theta)^tA(\theta) = E$

8. (1) A はべき零行列だから $-A$ もべき零行列である．A と $-A$ は可換だから

$$E = \exp\,(A + (-A)) = \exp\,A \cdot \exp\,(-A) \qquad \therefore \quad (\exp\,A)^{-1} = \exp\,(-A)$$

(2) $P^{-1}A^mP = (P^{-1}AP)^m$ を用いる．

9. $U^*U = E$ の条件から $\alpha = 0,\ \beta = \gamma = 1/2,\ \delta = -i/\sqrt{2}$.

問題 2.4 B

1. $f(A) = A^n + a_1A^{n-1} + \cdots + a_nE = O$

$$\therefore \quad A(A^{n-1} + a_1A^{n-2} + \cdots + a_{n-1}E) = -a_nE \qquad \therefore \quad \text{正則}$$

2. $(E - A)(E + A + \cdots + A^{m-1}) = E$

3. (1) $A = E^{-1}AE$

(2) $P^{-1}AP = B \Longrightarrow A = (P^{-1})^{-1}BP^{-1}$

(3) $P^{-1}AP = B,\ \mathrm{Q}^{-1}B\mathrm{Q} = C \Longrightarrow (P\mathrm{Q})^{-1}A(P\mathrm{Q}) = C$

(4) $(P^{-1}AP)^m = P^{-1}A^mP = B^m$

(5) $P^{-1}f(A)P = f(P^{-1}AP) = f(B)$

4. $(AB)^*(AB) = B^*A^*AB = B^*B = E$

5. ${}^tB = {}^t((E + A)^{-1})^t(E - A) = ({}^t(E + A))^{-1}(E - {}^tA) = (E + {}^tA)^{-1}(E - {}^tA)$
$\therefore \quad (E + {}^tA)^tB = E - {}^tA \qquad \therefore \quad A(E + {}^tA)^tB = A - A^tA$. A は直交行列だから，$(A + E)^tB = A - E \qquad \therefore \quad {}^tB = -(E + A)^{-1}(E - A)$. ところが，$E + A$ と $E - A$ は可換だから，${}^tB = -(E - A)(E + A)^{-1} = -B$.

3 行　列　式

3.1 置換とその符号

置　換 ▶ 集合 $M=\{1, 2, \cdots, n\}$ から M 自身への 1 対 1 写像 σ のことを M 上の**置換**または **n 文字の置換**といい，$\sigma(1)=i_1$，$\sigma(2)=i_2$，$\cdots$，$\sigma(n)=i_n$ となっていれば，σ を

$$\sigma=\begin{pmatrix} 1 & 2 & \cdots & n \\ i_1 & i_2 & \cdots & i_n \end{pmatrix}$$

で表す．$i_1, i_2 \cdots, i_n$ は $1, 2, \cdots, n$ の順列だから n 文字の置換は全部で $n!$ 個ある．

2 つの置換 σ, τ に対して，その合成写像を**置換の積**といい $\tau\sigma$ で表す．

$$(\tau\sigma)(k)=\tau(\sigma(k)), \qquad k=1, 2, \cdots, n$$

M 内の 2 つの文字 i, j のみを交換し，他の文字は動かさない置換 σ をとくに**互換**といって $\sigma=(i, j)$ で表す．

定理 1

任意の置換はいくつかの互換の積として表される．このとき，互換の積としての表し方は一意的ではないが，互換の個数が偶数であるか奇数であるかは，はじめに与えられた置換によって一意的に定まる．

置換 σ が偶数個の互換の積として表されるとき σ を**偶置換**，奇数個の互換の積として表されるとき σ を**奇置換**という．

定理 2

$n \geqq 2$ ならば，偶置換と奇置換はそれぞれ $n!/2$ 個ずつある．

置換の符号 ▶ 置換 σ に対して符号 ±1 を対応させる符号関数 sgn を

$$\operatorname{sgn}(\sigma)=\begin{cases} +1 & (\sigma：偶置換) \\ -1 & (\sigma：奇置換) \end{cases}$$

と定め，これを**置換 $\boldsymbol{\sigma}$ の符号**という．

定理 3

置換 σ が p 個の互換の積として表されていれば

$$\operatorname{sgn}(\sigma)=(-1)^p$$

例題 1 **(3 文字の置換)**

(i) 3 文字の置換をすべて求め，互換の積として表せ．

(ii) 3 文字の置換の集合は積に関して閉じていることを示せ．

【解答】 3 文字の置換は $1, 2, 3$ の順列 i_1, i_2, i_3 を考えればよいから $3! = 6$ 個ある．

(i) $\sigma_1 = \begin{pmatrix} 1 & 2 & 3 \\ 1 & 2 & 3 \end{pmatrix} = (1,\ 2)(1,\ 2), \quad \sigma_2 = \begin{pmatrix} 1 & 2 & 3 \\ 1 & 3 & 2 \end{pmatrix} = (2,\ 3)$

$\sigma_3 = \begin{pmatrix} 1 & 2 & 3 \\ 2 & 1 & 3 \end{pmatrix} = (1,\ 2), \quad \sigma_4 = \begin{pmatrix} 1 & 2 & 3 \\ 2 & 3 & 1 \end{pmatrix} = (1,\ 2)(2,\ 3)$

$\sigma_5 = \begin{pmatrix} 1 & 2 & 3 \\ 3 & 1 & 2 \end{pmatrix} = (1,\ 3)(2,\ 3), \quad \sigma_6 = \begin{pmatrix} 1 & 2 & 3 \\ 3 & 2 & 1 \end{pmatrix} = (1,\ 3)$

(ii) 3 文字の置換の集合から，任意の 2 個の置換 σ, τ を

$$\sigma = \begin{pmatrix} 1 & 2 & 3 \\ i_1 & i_2 & i_3 \end{pmatrix}, \quad \tau = \begin{pmatrix} 1 & 2 & 3 \\ j_1 & j_2 & j_3 \end{pmatrix}$$

をとる．

このとき，i_1, i_2, i_3 ： j_1, j_2, j_3 は 1, 2, 3 の順列だから，τ は

$$\tau = \begin{pmatrix} 1 & 2 & 3 \\ j_1 & j_2 & j_3 \end{pmatrix} = \begin{pmatrix} i_1 & i_2 & i_3 \\ k_1 & k_2 & k_3 \end{pmatrix}$$

と表しても同じ置換となっている．ここで，k_1, k_2, k_3 は 1, 2, 3 の順列である．

$$\therefore \quad \tau\sigma = \begin{pmatrix} i_1 & i_2 & i_3 \\ k_1 & k_2 & k_3 \end{pmatrix}\begin{pmatrix} 1 & 2 & 3 \\ i_1 & i_2 & i_3 \end{pmatrix} = \begin{pmatrix} 1 & 2 & 3 \\ k_1 & k_2 & k_3 \end{pmatrix}$$

よって，3 文字の置換の集合は積について閉じている．

〖**注意**〗 3 文字の置換の乗法表をつくれば，次のようになる．

$\sigma \backslash \tau$	σ_1	σ_2	σ_3	σ_4	σ_5	σ_6
σ_1	σ_1	σ_2	σ_3	σ_4	σ_5	σ_6
σ_2	σ_2	σ_1	σ_4	σ_3	σ_6	σ_5
σ_3	σ_3	σ_5	σ_1	σ_6	σ_2	σ_4
σ_4	σ_4	σ_6	σ_2	σ_5	σ_1	σ_3
σ_5	σ_5	σ_3	σ_6	σ_1	σ_4	σ_2
σ_6	σ_6	σ_4	σ_5	σ_2	σ_3	σ_1

この表は $\sigma\tau$ を表したものである．

たとえば，$\sigma_2\sigma_4 = \sigma_3$，$\sigma_4\sigma_2 = \sigma_6$．

このことから，置換の積については交換法則は必ずしも成り立たないことがわかる．

例題 2 （置換の符号）

(i) 置換 σ, τ に対して，$\mathrm{sgn}\,(\sigma\tau) = \mathrm{sgn}\,(\sigma)\mathrm{sgn}\,(\tau)$ を示せ．

(ii) $\sigma = \begin{pmatrix} 1\,2\,3\,4\,5\,6 \\ 3\,4\,1\,5\,6\,2 \end{pmatrix}$, $\tau = \begin{pmatrix} 1\,2\,3\,4\,5\,6 \\ 6\,5\,4\,3\,2\,1 \end{pmatrix}$ とするとき，$\sigma, \tau, \sigma\tau, \tau\sigma\tau$ の符号を求めよ．

(iii) $\mathrm{sgn} \begin{pmatrix} 1 & 2 & \cdots & n \\ n & n-1 & \cdots & 1 \end{pmatrix}$ を求めよ．

【解答】 (i) 任意の置換は互換の積として表されるから，いま，σ が p 個の互換，τ が q 個の互換の積として表されたとする．このとき，$\sigma\tau$ は $(p+q)$ 個の互換の積として表せる．

$$\therefore \quad \mathrm{sgn}\,(\sigma\tau) = (-1)^{p+q} = (-1)^p(-1)^q = \mathrm{sgn}\,(\sigma)\mathrm{sgn}\,(\tau)$$

(ii) σ, τ は次のような互換の積として表すことができる．

$$\sigma = \begin{pmatrix} 1\,2\,3\,4\,5\,6 \\ 3\,4\,1\,5\,6\,2 \end{pmatrix} = (1,\,3)(5,\,6)(4,\,6)(2,\,6)$$

$$\tau = \begin{pmatrix} 1\,2\,3\,4\,5\,6 \\ 6\,5\,4\,3\,2\,1 \end{pmatrix} = (1,\,6)(2,\,5)(3,\,4)$$

$$\therefore \quad \begin{cases} \mathrm{sgn}\,(\sigma) = (-1)^4 = 1 \\ \mathrm{sgn}\,(\tau) = (-1)^3 = -1 \\ \mathrm{sgn}\,(\sigma\tau) = \mathrm{sgn}\,(\sigma)\mathrm{sgn}\,(\tau) = -1 \\ \mathrm{sgn}\,(\tau\sigma\tau) = \mathrm{sgn}\,(\tau)\mathrm{sgn}\,(\sigma)\mathrm{sgn}\,(\tau) = 1 \end{cases}$$

(iii) $\begin{pmatrix} 1 & 2 & \cdots & n \\ n & n-1 & \cdots & 1 \end{pmatrix}$ を互換の積に表すとき，n が偶数か奇数かによって中央に数があるときとないときの2通りの場合が生じる．

$n = 2k$（偶数）のとき，

$$\begin{pmatrix} 1 & 2 & \cdots & k & k+1 & \cdots & n \\ n & n-1 & \cdots & k+1 & k & \cdots & 1 \end{pmatrix} = (1,\,n)(2,\,n-1)\cdots(k,\,k+1)$$

$$\therefore \quad \mathrm{sgn} \begin{pmatrix} 1 & 2 & \cdots & n \\ n & n-1 & \cdots & 1 \end{pmatrix} = (-1)^k = (-1)^{n/2}$$

$n = 2k+1$（奇数）のとき，

$$\begin{pmatrix} 1 & 2 & \cdots & k & k+1 & \cdots & n \\ n & n-1 & \cdots & k+2 & k+1 & \cdots & 1 \end{pmatrix} = (1,\,n)(2,\,n-1)\cdots(k,\,k+2)$$

$$\therefore \quad \mathrm{sgn} \begin{pmatrix} 1 & 2 & \cdots & n \\ n & n-1 & \cdots & 1 \end{pmatrix} = (-1)^k = (-1)^{(n-1)/2}$$

問題 3.1　A

1.　$\sigma = \begin{pmatrix} 1\,2\,3\,4 \\ 3\,1\,4\,2 \end{pmatrix}$, $\tau = \begin{pmatrix} 1\,2\,3\,4 \\ 2\,4\,1\,3 \end{pmatrix}$ に対して $\sigma\rho = \tau$ をみたす置換 ρ を求めよ．

2.　$\sigma = \begin{pmatrix} 1\,2\,3\,4\,5 \\ 3\,4\,2\,5\,1 \end{pmatrix}$, $\tau = \begin{pmatrix} 1\,2\,3\,4\,5 \\ 2\,3\,4\,5\,1 \end{pmatrix}$ とするとき，

(1)　σ, τ を互換の積として表せ．

(2)　$\sigma\tau, \tau\sigma, \tau^2, \tau^3, \tau^4, \tau^5$ を求めよ．

(3)　$\mathrm{sgn}\,(\sigma)$, $\mathrm{sgn}\,(\tau)$, $\mathrm{sgn}\,(\sigma\tau)$, $\mathrm{sgn}\,(\tau\sigma)$ を求めよ．

3.　置換 σ の逆写像を σ の**逆置換**といい，σ^{-1} で表し，どの文字も動かさない置換を**恒等置換**といい，e で表す．

(1)　$\sigma = \begin{pmatrix} 1\,2\,3 \\ 2\,3\,1 \end{pmatrix}$ のとき，σ^{-1} を求めよ．

(2)　$\sigma = \begin{pmatrix} 1\,2\,3\,4 \\ 3\,4\,1\,2 \end{pmatrix}$ のとき，σ^{-1} を求めよ．

(3)　任意の置換 σ に対して，$\sigma\sigma^{-1} = \sigma^{-1}\sigma = e$ を示し，これを利用して，

$$\mathrm{sgn}\,(\sigma) = \mathrm{sgn}\,(\sigma^{-1})$$

を示せ．

問題 3.1　B

1.　n 文字の置換全体の集合を S_n とするとき，次を証明せよ．

(1)　σ が S_n 全体を重複なく動くとき，σ^{-1} も S_n 全体を重複なく動く．

(2)　$\tau \in S_n$ に対して，σ が S_n 全体を重複なく動くとき，$\sigma\tau$ も $\tau\sigma$ も S_n 全体を重複なく動く．

2.　$$\varDelta(x_1, x_2, \cdots, x_n) = \prod_{1 \leqq i < j \leqq n} (x_i - x_j)$$
$$= (x_1-x_2)(x_1-x_3)\cdots(x_1-x_n)(x_2-x_3)\cdots(x_2-x_n)\cdots(x_{n-1}-x_n)$$

を変数 $x_1, x_2, \cdots, x_n$ の**差積**という．

差積 $\varDelta(x_1, x_2, \cdots, x_n)$ と n 文字の置換 σ とに対して，多項式 $\sigma\varDelta$ を

$$\sigma\varDelta(x_1, x_2, \cdots, x_n) = \varDelta(x_{\sigma(1)}, x_{\sigma(2)}, \cdots, x_{\sigma(n)})$$

によって定める．これを利用して，任意の置換を互換の積として表すとき，互換の個数の偶奇ははじめに与えられた置換によって定まることを証明せよ．

3.　n 文字の置換は，互換 $(1, 2)$, $(1, 3)$, $\cdots$, $(1, n)$ のいくつかの互換の積として表されることを証明せよ．

ヒントと解答

問題 3.1 A

1. $\rho = \begin{pmatrix} 1\,2\,3\,4 \\ 4\,3\,2\,1 \end{pmatrix}$

2. (1) $\sigma = (1, 3)(2, 3)(2, 4)(4, 5), \quad \tau = (1, 2)(2, 3)(3, 4)(4, 5)$

(2) $\sigma\tau = \begin{pmatrix} 1\,2\,3\,4\,5 \\ 4\,2\,5\,1\,3 \end{pmatrix}, \quad \tau\sigma = \begin{pmatrix} 1\,2\,3\,4\,5 \\ 4\,5\,3\,1\,2 \end{pmatrix}, \quad \tau^2 = \begin{pmatrix} 1\,2\,3\,4\,5 \\ 3\,4\,5\,1\,2 \end{pmatrix},$

$\tau^3 = \begin{pmatrix} 1\,2\,3\,4\,5 \\ 4\,5\,1\,2\,3 \end{pmatrix}, \quad \tau^4 = \begin{pmatrix} 1\,2\,3\,4\,5 \\ 5\,1\,2\,3\,4 \end{pmatrix}, \quad \tau^5 = \begin{pmatrix} 1\,2\,3\,4\,5 \\ 1\,2\,3\,4\,5 \end{pmatrix}$

(3) $\mathrm{sgn}\,(\sigma) = 1, \quad \mathrm{sgn}\,(\tau) = 1, \quad \mathrm{sgn}\,(\sigma\tau) = \mathrm{sgn}\,(\tau\sigma) = 1$

3. (1) $\sigma^{-1} = \begin{pmatrix} 1\,2\,3 \\ 3\,1\,2 \end{pmatrix}$ (2) $\sigma^{-1} = \begin{pmatrix} 1\,2\,3\,4 \\ 3\,4\,1\,2 \end{pmatrix}$

(3) $\sigma = \begin{pmatrix} 1 & 2 & \cdots & n \\ i_1 & i_2 & \cdots & i_n \end{pmatrix}$ ならば $\sigma^{-1} = \begin{pmatrix} i_1 & i_2 & \cdots & i_n \\ 1 & 2 & \cdots & n \end{pmatrix}$ であるから $\sigma\sigma^{-1} = \sigma^{-1}\sigma = e$.

例題2によって $1 = \mathrm{sgn}\,(e) = \mathrm{sgn}\,(\sigma\sigma^{-1}) = \mathrm{sgn}\,(\sigma)\mathrm{sgn}\,(\sigma^{-1})$.

$$\therefore \quad \mathrm{sgn}\,(\sigma) = \mathrm{sgn}\,(\sigma^{-1})$$

問題 3.1 B

1. (1) $\sigma_1 \neq \sigma_2$ ならば ${\sigma_1}^{-1} \neq {\sigma_2}^{-1}$ より，σ が S_n を重複なく動くなら σ^{-1} も重複なく動く.

(2) $\sigma_1 \neq \sigma_2$ ならば $\tau\sigma_1 \neq \tau\sigma_2$ だから $\tau\sigma$ は重複なく動く.

2. σ を任意の置換とする．σ が互換の積として2通り

$$\sigma = \tau_1\tau_2\cdots\tau_p = \rho_1\rho_2\cdots\rho_q$$

と表されているとする.

差積 $\mathit{\Delta}(x_1, x_2, \cdots, x_n)$ に互換 τ を施せば,

$$(\tau\mathit{\Delta})(x_1, x_2, \cdots, x_n) = -\mathit{\Delta}(x_1, x_2, \cdots, x_n)$$

である.

よって，σ を $\mathit{\Delta}(x_1, x_2, \cdots, x_n)$ に施すと

$$\begin{aligned}(\sigma\mathit{\Delta})(x_1, x_2, \cdots, x_n) &= (-1)^p\mathit{\Delta}(x_1, x_2, \cdots, x_n) \\ &= (-1)^q\mathit{\Delta}(x_1, x_2, \cdots, x_n)\end{aligned}$$

$\therefore \quad (-1)^p = (-1)^q$，すなわち, p と q の偶奇性は一致する.

3. 任意の互換 (i, j) が $(1, 2), (1, 3), \cdots, (1, n)$ のいくつかの積として表されることを示す.

$$(i, j) = (1, i)(1, j)(1, i)$$

3.2　行列式の定義

行列式の定義 ▶　n 次正方行列 $A=(a_{ij})$ の各行から1つずつ，しかも同じ列からは重複しないように n 個の成分 $a_{1i_1}, a_{2i_2}, \cdots, a_{ni_n}$ をとるとき，その添字から1つの置換

$$\sigma=\begin{pmatrix} 1 & 2 & \cdots & n \\ i_1 & i_2 & \cdots & i_n \end{pmatrix}$$

が生じる．逆に，任意の n 文字の置換 σ に対して，上のような成分をとることができる．

この n 個の成分 $a_{1i_1}, a_{2i_2}, \cdots, a_{ni_n}$ の積に，置換 $\sigma=\begin{pmatrix} 1 & 2 & \cdots & n \\ i_1 & i_2 & \cdots & i_n \end{pmatrix}$ の符号 $\mathrm{sgn}\,(\sigma)$ をかけたものの総和

$$\sum_{\sigma} \mathrm{sgn}\,(\sigma) a_{1i_1} a_{2i_2} \cdots a_{ni_n}$$

を A の**行列式**または $\boldsymbol{n}$ **次行列式**といって

$$\begin{vmatrix} a_{11} & a_{12} & \cdots & a_{1n} \\ a_{21} & a_{22} & \cdots & a_{2n} \\ & \cdots\cdots & & \\ a_{n1} & a_{n2} & \cdots & a_{nn} \end{vmatrix}, \quad |\,A\,|, \quad \det(a_{ij}), \quad \det A$$

などで表す．

行列 A の第 i 行，第 j 列，(i, j) 成分をそれぞれ A の行列式 $|A|$ の第 i 行，第 j 列，(i, j) 成分ともいう．

2 次行列式，3 次行列式，3 角行列の行列式 ▶

$$\begin{vmatrix} a_{11} & a_{12} \\ a_{21} & a_{22} \end{vmatrix} = a_{11}a_{22}-a_{12}a_{21}$$

$$\begin{vmatrix} a_{11} & a_{12} & a_{13} \\ a_{21} & a_{22} & a_{23} \\ a_{31} & a_{32} & a_{33} \end{vmatrix} = a_{11}a_{22}a_{33}+a_{12}a_{23}a_{31}+a_{13}a_{21}a_{32}-a_{11}a_{23}a_{32}-a_{12}a_{21}a_{33}-a_{13}a_{22}a_{31}$$

$$\begin{vmatrix} a_{11} & a_{12} & \cdots & a_{1n} \\ & a_{22} & \cdots & a_{2n} \\ & & \ddots & \vdots \\ O & & & a_{nn} \end{vmatrix} = \begin{vmatrix} a_{11} & & & O \\ a_{21} & a_{22} & & \\ \vdots & \vdots & \ddots & \\ a_{n1} & a_{n2} & \cdots & a_{nn} \end{vmatrix} = \begin{vmatrix} a_{11} & & & O \\ & a_{22} & & \\ & & \ddots & \\ O & & & a_{nn} \end{vmatrix} = a_{11}a_{22}\cdots a_{nn}$$

例題 3　（2次，3次行列式）

次の行列式の値を求めよ．

(i) $\begin{vmatrix} -3 & 2 \\ 5 & 1 \end{vmatrix}$　　(ii) $\begin{vmatrix} 1 & 8 & 9 \\ -3 & 2 & 1 \\ 4 & 1 & 5 \end{vmatrix}$

〚**ポイント**〛 2次行列式と3次行列式に限り下図のように図式的に覚えると便利である．

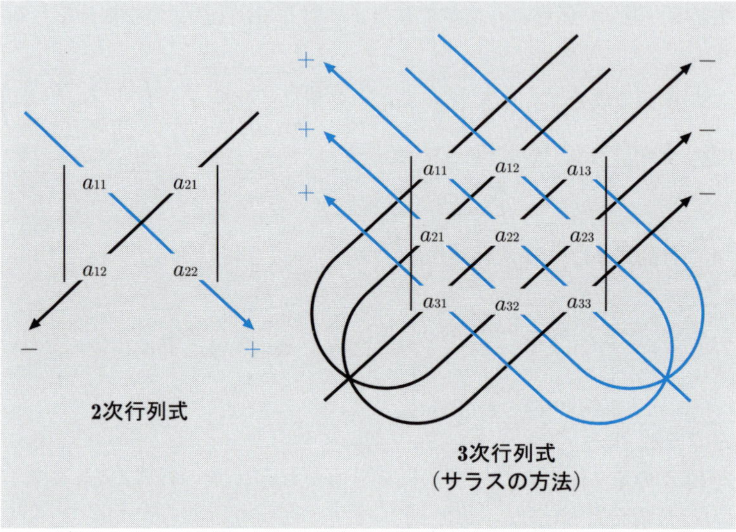

【**解答**】 (i) $\begin{vmatrix} -3 & 2 \\ 5 & 1 \end{vmatrix} = (-3)\cdot 1 - 2\cdot 5 = -13$

(ii) $\begin{vmatrix} 1 & 8 & 9 \\ -3 & 2 & 1 \\ 4 & 1 & 5 \end{vmatrix} = 1\cdot 2\cdot 5 + 8\cdot 1\cdot 4 + 9\cdot(-3)\cdot 1 - 1\cdot 1\cdot 1 - 8\cdot(-3)\cdot 5 - 9\cdot 2\cdot 4$

$= 62$

〚**注意**〛 上の図式は2次行列式，3次行列式に限る．4次以上の行列式については，図式的な表示はない．この場合，次節以降の行列式の性質，行列式の展開によって計算される．

例題 4 （行列式の定義による計算）

定義にもとづいて次の n 次行列式を求めよ．

(i) $\begin{vmatrix} 0 & 1 & 0 & \cdots & \cdots & 0 \\ \vdots & 0 & 1 & 0 & & \vdots \\ \vdots & \vdots & \ddots & \ddots & \ddots & \vdots \\ \vdots & \vdots & & \ddots & \ddots & 0 \\ 0 & \vdots & & & \ddots & 1 \\ 1 & 0 & \cdots & \cdots & \cdots & 0 \end{vmatrix}$ (ii) $\begin{vmatrix} & O & & a_{1n} \\ & & a_{2n-1} & a_{2n} \\ & \cdot^{\cdot^{\cdot}} & \vdots & \vdots \\ a_{n1} & \cdots & a_{nn-1} & a_{nn} \end{vmatrix}$

〚**ポイント**〛 n 次行列式の定義は

$$\begin{vmatrix} a_{11} & a_{12} & \cdots & a_{1n} \\ a_{21} & a_{22} & \cdots & a_{2n} \\ & \cdots\cdots & & \\ a_{n1} & a_{n2} & \cdots & a_{nn} \end{vmatrix} = \sum \operatorname{sgn}\begin{pmatrix} 1 & 2 & \cdots & n \\ i_1 & i_2 & \cdots & i_n \end{pmatrix} a_{1i_1}a_{2i_2}\cdots a_{ni_n}$$

【解答】 (i) 第 1 行からは (1, 2) 成分，第 2 行からは (2, 3) 成分，…，第 $(n-1)$ 行からは $(n-1, n)$ 成分，第 n 行から $(n, 1)$ 成分をとり出す以外はすべて 0 であるから

$$\begin{vmatrix} 0 & 1 & 0 & \cdots & 0 \\ \vdots & 0 & 1 & \ddots & \vdots \\ \vdots & \vdots & \ddots & \ddots & 0 \\ 0 & \vdots & & \ddots & 1 \\ 1 & 0 & \cdots & \cdots & 0 \end{vmatrix} = \operatorname{sgn}\begin{pmatrix} 1 & 2 & \cdots & n-1 & n \\ 2 & 3 & \cdots & n & 1 \end{pmatrix} 1\cdot 1\cdot\cdots\cdot 1 = \operatorname{sgn}\begin{pmatrix} 1 & 2 & \cdots & n-1 & n \\ 2 & 3 & \cdots & n & 1 \end{pmatrix}$$

ところが，$\begin{pmatrix} 1 & 2 & \cdots & n-1 & n \\ 2 & 3 & \cdots & n & 1 \end{pmatrix} = (1,\ 2)(2,\ 3)\cdots(n-1,\ n)$

$$\therefore\quad \operatorname{sgn}\begin{pmatrix} 1 & 2 & \cdots & n-1 & n \\ 2 & 3 & \cdots & n & 1 \end{pmatrix} = (-1)^{n-1}$$

(ii) 第 1 行からは $(1, n)$ 成分，第 2 行からは $(2, n-1)$ 成分，…，第 n 行から $(n, 1)$ 成分をとり出す以外は 0 をとることになるから，

$$\begin{vmatrix} & O & & a_{1n} \\ & & a_{2n-1} & a_{2n} \\ & \cdot^{\cdot^{\cdot}} & \vdots & \vdots \\ a_{n1} & \cdots & a_{nn-1} & a_{nn} \end{vmatrix} = \operatorname{sgn}\begin{pmatrix} 1 & 2 & \cdots & n \\ n & n-1 & \cdots & 1 \end{pmatrix} a_{1n}a_{2n-1}\cdots a_{n1}$$

$$= \begin{cases} (-1)^{n/2}a_{1n}a_{2n}\cdots a_{n1} & (n：偶数) \\ (-1)^{(n-1)/2}a_{1n}a_{2n-1}\cdots a_{n1} & (n：奇数) \end{cases}$$

〚**注意**〛 $\operatorname{sgn}\begin{pmatrix} 1 & 2 & \cdots & n \\ n & n-1 & \cdots & 1 \end{pmatrix}$ は例題 2 に示してある．

問題 3.2 A

1. 次の行列式を計算せよ.

(1) $\begin{vmatrix} 3 & 4 \\ 2 & 1 \end{vmatrix}$ (2) $\begin{vmatrix} -2 & 1 \\ 5 & 6 \end{vmatrix}$ (3) $\begin{vmatrix} 1 & 2 & 3 \\ 4 & 5 & 6 \\ 7 & 8 & 9 \end{vmatrix}$ (4) $\begin{vmatrix} 1 & 0 & 1 \\ 0 & 1 & 1 \\ 1 & 1 & 0 \end{vmatrix}$ (5) $\begin{vmatrix} 5 & 7 & 0 \\ 9 & 8 & 0 \\ -7 & 6 & 5 \end{vmatrix}$

2. 5 次行列式の各項のうち，積 $a_{15}a_{34}$ を補ってこの行列式に含まれる

(1) 正の符号をもつ項

(2) 負の符号をもつ項

をそれぞれつくれ.

3. 定義にもとづいて次の n 次行列式を計算せよ.

(1) $\begin{vmatrix} 1 & & & & O \\ -1 & 1 & & & \\ & -1 & \ddots & & \\ & & \ddots & \ddots & \\ O & & & -1 & 1 \end{vmatrix}$ (2) $\begin{vmatrix} 0 & \cdots & \cdots & 0 & 1 \\ 1 & 0 & \cdots & \cdots & 0 \\ 0 & 1 & \ddots & & \vdots \\ \vdots & \ddots & \ddots & \ddots & \vdots \\ 0 & \cdots & 0 & 1 & 0 \end{vmatrix}$ (3) $\begin{vmatrix} 0 & \cdots & 0 & 1 & 0 \\ \vdots & & 1 & 0 & \vdots \\ 0 & \iddots & \iddots & & \vdots \\ 1 & \iddots & & & 0 \\ 0 & \cdots & \cdots & 0 & 1 \end{vmatrix}$

4. $\begin{vmatrix} ka_{11} & ka_{12} & \cdots & ka_{1n} \\ ka_{21} & ka_{22} & \cdots & ka_{2n} \\ & \cdots\cdots & & \\ ka_{n1} & ka_{n2} & \cdots & ka_{nn} \end{vmatrix} = k^n \begin{vmatrix} a_{11} & a_{12} & \cdots & a_{1n} \\ a_{21} & a_{22} & \cdots & a_{2n} \\ & \cdots\cdots & & \\ a_{n1} & a_{n2} & \cdots & a_{nn} \end{vmatrix}$ を証明せよ.

問題 3.2 B

1. 定義にもとづいて次の行列式を計算せよ.

(1) $\begin{vmatrix} 0 & 0 & 1 & 2 \\ 0 & 0 & 2 & 3 \\ 1 & 2 & 3 & 4 \\ 2 & 3 & 4 & 1 \end{vmatrix}$ (2) $\begin{vmatrix} 1 & 2 & 3 & 4 \\ 2 & 3 & 4 & 0 \\ 3 & 4 & 0 & 0 \\ 4 & 0 & 0 & 0 \end{vmatrix}$ (3) $\begin{vmatrix} 1 & -1 & 0 & 0 \\ -1 & 1 & -1 & 0 \\ 0 & -1 & 1 & -1 \\ 0 & 0 & -1 & 1 \end{vmatrix}$

2. $\begin{vmatrix} a_{11} & 0 & 0 & 0 \\ a_{21} & a_{22} & a_{23} & a_{24} \\ a_{31} & a_{32} & a_{33} & a_{34} \\ a_{41} & a_{42} & a_{43} & a_{44} \end{vmatrix} = a_{11} \begin{vmatrix} a_{22} & a_{23} & a_{24} \\ a_{32} & a_{33} & a_{34} \\ a_{42} & a_{43} & a_{44} \end{vmatrix}$ を証明せよ.

3. $\begin{vmatrix} x & 0 & \cdots & 0 & a_1 \\ a_2 & x & 0 & \cdots & 0 \\ 0 & a_3 & \ddots & \ddots & \vdots \\ \vdots & \ddots & \ddots & \ddots & 0 \\ 0 & \cdots & 0 & a_n & x \end{vmatrix}$ を x の多項式として表せ.

ヒントと解答

問題 3.2　A

1.　(1)　-5　(2)　-17　(3)　0　(4)　-2　(5)　-115

2.　$a_{15}a_{2\alpha}a_{34}a_{4\beta}a_{5\gamma}$ とすると，α, β, γ は 1, 2, 3 の順列を動き，そのときの項の符号は置換 $\begin{pmatrix} 1 & 2 & 3 & 4 & 5 \\ 5 & \alpha & 4 & \beta & \gamma \end{pmatrix}$ で定まる．

(1)　$a_{15}a_{21}a_{34}a_{42}a_{53}$,　$a_{15}a_{22}a_{34}a_{43}a_{41}$,　$a_{15}a_{23}a_{34}a_{41}a_{52}$

(2)　$-a_{15}a_{21}a_{34}a_{43}a_{52}$,　$-a_{15}a_{22}a_{34}a_{41}a_{53}$,　$-a_{15}a_{23}a_{34}a_{42}a_{51}$

3.　例題 4 と同様である．

(1)　1　(2)　$(-1)^{n-1}$　(3)　$(-1)^{(n-1)/2}$ (n：奇数)，$(-1)^{(n-2)/2}$ (n：偶数)

4.

$$\text{左辺} = \sum \operatorname{sgn}\begin{pmatrix} 1 & 2 & \cdots & n \\ i_1 & i_2 & \cdots & i_n \end{pmatrix}(ka_{1i_1})(ka_{2i_2})\cdots(ka_{ni_n})$$

$$= k^n \sum \operatorname{sgn}\begin{pmatrix} 1 & 2 & \cdots & n \\ i_1 & i_2 & \cdots & i_n \end{pmatrix} a_{1i_1}a_{2i_2}\cdots a_{ni_n} = \text{右辺}$$

問題 3.2　B

1.　(1)

$$\operatorname{sgn}\begin{pmatrix} 1 & 2 & 3 & 4 \\ 3 & 4 & 1 & 2 \end{pmatrix}\cdot 1\cdot 3\cdot 1\cdot 3 + \operatorname{sgn}\begin{pmatrix} 1 & 2 & 3 & 4 \\ 3 & 4 & 2 & 1 \end{pmatrix}\cdot 1\cdot 3\cdot 2\cdot 2$$

$$+ \operatorname{sgn}\begin{pmatrix} 1 & 2 & 3 & 4 \\ 4 & 3 & 1 & 2 \end{pmatrix}\cdot 2\cdot 2\cdot 1\cdot 3 + \operatorname{sgn}\begin{pmatrix} 1 & 2 & 3 & 4 \\ 4 & 3 & 2 & 1 \end{pmatrix}\cdot 2\cdot 2\cdot 2\cdot 2 = 1$$

(2)

$$\operatorname{sgn}\begin{pmatrix} 1 & 2 & 3 & 4 \\ 4 & 3 & 2 & 1 \end{pmatrix}\cdot 4\cdot 4\cdot 4\cdot 4 = 256$$

(3)

$$\operatorname{sgn}\begin{pmatrix} 1 & 2 & 3 & 4 \\ 1 & 2 & 3 & 4 \end{pmatrix} + \operatorname{sgn}\begin{pmatrix} 1 & 2 & 3 & 4 \\ 1 & 2 & 4 & 3 \end{pmatrix} + \operatorname{sgn}\begin{pmatrix} 1 & 2 & 3 & 4 \\ 1 & 3 & 2 & 4 \end{pmatrix} + \operatorname{sgn}\begin{pmatrix} 1 & 2 & 3 & 4 \\ 2 & 1 & 3 & 4 \end{pmatrix} + \operatorname{sgn}\begin{pmatrix} 1 & 2 & 3 & 4 \\ 2 & 1 & 4 & 3 \end{pmatrix}$$

$$= -1$$

2.

$$\text{左辺} = \sum \operatorname{sgn}\begin{pmatrix} 1 & 2 & 3 & 4 \\ i_1 & i_2 & i_3 & i_4 \end{pmatrix} a_{1i_1}a_{2i_2}a_{3i_3}a_{4i_4}$$

$$= \sum \operatorname{sgn}\begin{pmatrix} 1 & 2 & 3 & 4 \\ 1 & i_2 & i_3 & i_4 \end{pmatrix} a_{11}a_{2i_2}a_{3i_3}a_{4i_4}$$

$$= a_{11} \sum \operatorname{sgn}\begin{pmatrix} 2 & 3 & 4 \\ i_2 & i_3 & i_4 \end{pmatrix} a_{2i_2}a_{3i_3}a_{4i_4} = \text{右辺}$$

3.

$$\operatorname{sgn}\begin{pmatrix} 1 & 2 & \cdots & n \\ 1 & 2 & \cdots & n \end{pmatrix} x^n + \operatorname{sgn}\begin{pmatrix} 1 & 2 & \cdots & n \\ n & 1 & \cdots & n-1 \end{pmatrix} a_1a_2\cdots a_n = x^n + (-1)^{n-1}a_1a_2\cdots a_n$$

3.3 行列式の性質

行列式の基本的性質 ▶

定理 4

行列式の行と列を交換しても行列式の値は変わらない.

$$\begin{vmatrix} a_{11} & a_{12} & \cdots & a_{1n} \\ a_{21} & a_{22} & \cdots & a_{2n} \\ & \cdots\cdots & & \\ a_{n1} & a_{n2} & \cdots & a_{nn} \end{vmatrix} = \begin{vmatrix} a_{11} & a_{21} & \cdots & a_{n1} \\ a_{12} & a_{22} & \cdots & a_{n2} \\ & \cdots\cdots & & \\ a_{1n} & a_{2n} & \cdots & a_{nn} \end{vmatrix}$$

このことから，行列式の行（または列）に関する性質は列（または行）に移行できることがわかる.

定理 5

(i) 行列式のある列（または行）が2つの数の和となっていれば，その行列式の和の各項を列（または行）としてできる行列式の和に等しい.

$$\begin{vmatrix} a_{11} \cdots a_{1j}+a'_{1j} \cdots a_{1n} \\ \cdots\cdots \\ a_{n1} \cdots a_{nj}+a'_{nj} \cdots a_{nn} \end{vmatrix} = \begin{vmatrix} a_{11} \cdots a_{1j} \cdots a_{1n} \\ \cdots\cdots \\ a_{n1} \cdots a_{nj} \cdots a_{nn} \end{vmatrix} + \begin{vmatrix} a_{11} \cdots a'_{1j} \cdots a_{1n} \\ \cdots\cdots \\ a_{n1} \cdots a'_{nj} \cdots a_{nn} \end{vmatrix}$$

(ii) 行列式のある列（または行）を k 倍すると行列式の値は k 倍される.

$$\begin{vmatrix} a_{11} \cdots ka_{1j} \cdots a_{1n} \\ \cdots\cdots \\ a_{n1} \cdots ka_{nj} \cdots a_{nn} \end{vmatrix} = k \begin{vmatrix} a_{11} \cdots a_{1j} \cdots a_{1n} \\ \cdots\cdots \\ a_{n1} \cdots a_{nj} \cdots a_{nn} \end{vmatrix}$$

定理5の(i), (ii)を行列式の列（または行）に関する**多重線形性**という.

性質　(i)または(ii)の系として，ある列（または行）の成分がすべて0であれば，行列式の値は0となる．すなわち，

$$\begin{vmatrix} a_{11} & \cdots & 0 & \cdots & a_{1n} \\ & & \cdots\cdots & & \\ a_{n1} & \cdots & 0 & \cdots & a_{nn} \end{vmatrix} = 0$$

定理 6

行列式の 2 つの列（または行）を入れかえると行列式の値の符号が変わる．

$$\begin{vmatrix} a_{11} \cdots a_{1i} \cdots a_{1j} \cdots a_{1n} \\ \cdots\cdots \\ a_{n1} \cdots a_{ni} \cdots a_{nj} \cdots a_{nn} \end{vmatrix} = -\begin{vmatrix} a_{11} \cdots a_{1j} \cdots a_{1i} \cdots a_{1n} \\ \cdots\cdots \\ a_{n1} \cdots a_{nj} \cdots a_{ni} \cdots a_{nn} \end{vmatrix}$$

定理 6 の性質を行列式の列（または行）に関する**交代性**という．

この定理の系として，2 つの列（または行）が一致する行列式の値は 0 となる．すなわち，

$$\begin{vmatrix} a_{11} \cdots a_{1} \cdots a_{1} \cdots a_{1n} \\ \cdots\cdots \\ a_{n1} \cdots a_{n} \cdots a_{n} \cdots a_{nn} \end{vmatrix} = 0$$

このことと定理 5（i）から行列式を計算するときに重要な次の定理が得られる．

定理 7

行列式のある列（または行）を k 倍して他の列（または行）に加えても行列式は変わらない．

$$\begin{vmatrix} a_{11} \cdots a_{1i} \cdots a_{1j} \cdots a_{1n} \\ \cdots\cdots \\ a_{n1} \cdots a_{ni} \cdots a_{nj} \cdots a_{nn} \end{vmatrix} = \begin{vmatrix} a_{11} \cdots a_{1i} + ka_{1j} \cdots a_{1j} \cdots a_{1n} \\ \cdots\cdots \\ a_{n1} \cdots a_{ni} + ka_{nj} \cdots a_{nj} \cdots a_{nn} \end{vmatrix}$$

行列式の特徴づけ ▶　n 次正方行列 A に対して複素数 $|A|$ を対応させるとき，写像 $|\ \ |$ が行列の列（または行）について定理 5，定理 6 の性質，すなわち

1)　列（または行）に関する多重線形性
2)　列（または行）に関する交代性
3)　n 次単位行列 E_n に対しては $|E_n| = 1$

をみたすならば，$|A|$ は A の行列式である．

行列式の積 ▶

定理 8

n 次正方行列 A, B に対して，積 AB の行列式は A の行列式と B の行列式の積に等しい．

$$|AB| = |A|\,|B|$$

例題 5 （ヴァンデルモンドの行列式）

$$\begin{vmatrix} 1 & 1 & 1 & 1 \\ x & y & z & w \\ x^2 & y^2 & z^2 & w^2 \\ x^3 & y^3 & z^3 & w^3 \end{vmatrix} = (x-y)(x-z)(x-w)(y-z)(y-w)(z-w) \text{ を示せ.}$$

〖**ポイント**〗 左辺の行列式は行列式の定義から x, y, z, w に関する多項式となっている．この多項式に次の因数定理を利用して右辺の各因数をみつける．

"$f(x)$ を x の多項式とするとき，$f(a)=0$ ならば，$f(x)$ は $(x-a)$ で割切れる."

【解答】

$$V = \begin{vmatrix} 1 & 1 & 1 & 1 \\ x & y & z & w \\ x^2 & y^2 & z^2 & w^2 \\ x^3 & y^3 & z^3 & w^3 \end{vmatrix}$$

を x の多項式とみるとき，行列式の性質（定理6の系）によって，$x=y$ としても，$x=z$ としても，また $x=w$ としても V の2列が等しくなることから $V=0$ である．

$$\therefore \quad V \text{ は } x-y,\ x-z,\ x-w \text{ で割切れる.}$$

また，V を y の多項式としてみれば，$y=z$ としても，また $y=w$ としても $V=0$ となる．次に，V を z の多項式とみても，$z=w$ とすれば $V=0$ となる．

$$\therefore \quad V \text{ は } y-z,\ y-w,\ z-w \text{ で割切れる.}$$

したがって，V はそれらの積

$$(x-y)(x-z)(x-w)(y-z)(y-w)(z-w)$$

で割切れる．

行列式の定義から，V は x, y, z, w の多項式とみて6次の多項式である．

$$\therefore \quad V = K(x-y)(x-z)(x-w)(y-z)(y-w)(z-w)$$

ただし，K は x, y, z, w に無関係な定数である．

定数 K を定めるために，両辺の yz^2w^3 の項を比較すると

$$yz^2w^3 = K(-y)(-z)^2(-w)^3$$

$$\therefore \quad K=1$$

$$\therefore \quad V = (x-y)(x-z)(x-w)(y-z)(y-w)(z-w)$$

〖**注意**〗 上の例題の解答として，多項式の因数定理を利用したが，次のように，直接計算してもよい．次ページに別解を示そう．

【別解】

$$V=\begin{vmatrix} 1 & 1 & 1 & 1 \\ x & y & z & w \\ x^2 & y^2 & z^2 & w^2 \\ x^3 & y^3 & z^3 & w^3 \end{vmatrix}=\begin{vmatrix} 1 & 0 & 0 & 0 \\ x & y-x & z-x & w-x \\ x^2 & y^2-x^2 & z^2-x^2 & w^2-x^2 \\ x^3 & y^3-x^3 & z^3-x^3 & w^3-x^3 \end{vmatrix} \quad (\because \quad \text{定理 7})$$

$$=\begin{vmatrix} y-x & z-x & w-x \\ y^2-x^2 & z^2-x^2 & w^2-x^2 \\ y^3-x^3 & z^3-x^3 & w^3-x^3 \end{vmatrix} \quad (\because \quad \text{問題 3.2B, 2})$$

$$=\begin{vmatrix} y-x & z-x & w-x \\ y^2-xy & z^2-xz & w^2-xw \\ y^3-xy^2 & z^3-xz^2 & w^3-xw^2 \end{vmatrix} \quad \left(\because \quad \begin{matrix} 2\,\text{行}+1\,\text{行}\times(-x), \\ 3\,\text{行}+2\,\text{行}\times(-x) \end{matrix}\right)$$

$$=(y-x)(z-x)(w-x)\begin{vmatrix} 1 & 1 & 1 \\ y & z & w \\ y^2 & z^2 & w^2 \end{vmatrix} \quad (\because \quad \text{定理 5 (ii)})$$

一方，V の計算とまったく同様に，

$$\begin{vmatrix} 1 & 1 & 1 \\ y & z & w \\ y^2 & z^2 & w^2 \end{vmatrix}=\begin{vmatrix} 1 & 0 & 0 \\ y & z-y & w-y \\ y^2 & z^2-y^2 & w^2-y^2 \end{vmatrix}=\begin{vmatrix} z-y & w-y \\ z^2-y^2 & w^2-y^2 \end{vmatrix}=\begin{vmatrix} z-y & w-y \\ z^2-yz & w^2-yw \end{vmatrix}$$

$$=(z-y)(w-y)\begin{vmatrix} 1 & 1 \\ z & w \end{vmatrix}=(z-y)(w-y)(w-z)$$

$$\begin{aligned} \therefore \quad V &= (y-x)(z-x)(w-x)(z-y)(w-y)(w-z) \\ &= (x-y)(x-z)(x-w)(y-z)(y-w)(z-w) \end{aligned}$$

〚**注意**〛　一般に，n 次行列式

$$V=\begin{vmatrix} 1 & 1 & \cdots & 1 \\ x_1 & x_2 & \cdots & x_n \\ {x_1}^2 & {x_2}^2 & \cdots & {x_n}^2 \\ & \cdots\cdots & & \\ {x_1}^{n-1} & {x_2}^{n-1} & \cdots & {x_n}^{n-1} \end{vmatrix}$$

を**ヴァンデルモンドの行列式**という．

問題 3.3A，3 を参照しなさい．

例題 6 （行列式の因数分解）

次の行列式を因数分解せよ．

(i) $\begin{vmatrix} a & b & c \\ d & e & d \\ c & b & a \end{vmatrix}$ (ii) $\begin{vmatrix} x & a & a & a \\ a & x & a & a \\ a & a & x & a \\ a & a & a & x \end{vmatrix}$

〖**ポイント**〗 行列式の基本的な性質を用いて因数をとり出す．その場合，行列式によっては定石のような変形もある．

【解答】 (i)

$$\begin{vmatrix} a & b & c \\ d & e & d \\ c & b & a \end{vmatrix} = \underset{(1\text{行}+3\text{行})}{\begin{vmatrix} a+c & 2b & a+c \\ d & e & d \\ c & b & a \end{vmatrix}} = \underset{(3\text{列}-1\text{列})}{\begin{vmatrix} a+c & 2b & 0 \\ d & e & 0 \\ c & b & a-c \end{vmatrix}} = (a-c)\{(a+c)e-2bd\}$$

(ii)

$$\begin{vmatrix} x & a & a & a \\ a & x & a & a \\ a & a & x & a \\ a & a & a & x \end{vmatrix} = \begin{vmatrix} x+3a & a & a & a \\ x+3a & x & a & a \\ x+3a & a & x & a \\ x+3a & a & a & x \end{vmatrix}$$

：第1列に第2, 3, 4列を加える．

$$= (x+3a)\begin{vmatrix} 1 & a & a & a \\ 1 & x & a & a \\ 1 & a & x & a \\ 1 & a & a & x \end{vmatrix}$$

：第1列の共通因数をとり出す．

$$= (x+3a)\begin{vmatrix} 1 & a & a & a \\ 0 & x-a & 0 & 0 \\ 0 & 0 & x-a & 0 \\ 0 & 0 & 0 & x-a \end{vmatrix}$$

：第2, 3, 4行から第1行をひく．

$$= (x+3a)(x-a)^3$$

類題

$\begin{vmatrix} 0 & 1 & 1 & 1 & 1 \\ 1 & 0 & 1 & 1 & 1 \\ 1 & 1 & 0 & 1 & 1 \\ 1 & 1 & 1 & 0 & 1 \\ 1 & 1 & 1 & 1 & 0 \end{vmatrix}$ を計算せよ．(ヒント：例題6 (ii) の方法を用いよ．)

例題 7 **（等式の証明）**

$$\begin{vmatrix} a & b & c \\ c & a & b \\ b & c & a \end{vmatrix} = (a+b+c)(a+b\omega+c\omega^2)(a+b\omega^2+c\omega)$$

の成り立つことを証明せよ．ただし，$\omega^3=1$ $(\omega \neq 1)$ とする．

〘**ポイント**〙 行列式の行または列に注目すると，どの行にも，どの列にも a, b, c があるから，例題 6 (ii) の方法を利用しても証明できる．

しかし，$|AB|=|A|\,|B|$ の関係を用いると簡単である．すなわち，

$$A=\begin{bmatrix} a & b & c \\ c & a & b \\ b & c & a \end{bmatrix}, \quad B=\begin{bmatrix} 1 & 1 & 1 \\ 1 & \omega & \omega^2 \\ 1 & \omega^2 & \omega \end{bmatrix}$$

とおくのである．

【解答】 次の行列式の積をつくる．

$$\begin{vmatrix} a & b & c \\ c & a & b \\ b & c & a \end{vmatrix}\begin{vmatrix} 1 & 1 & 1 \\ 1 & \omega & \omega^2 \\ 1 & \omega^2 & \omega \end{vmatrix} = \begin{vmatrix} a+b+c & a+b\omega+c\omega^2 & a+b\omega^2+c\omega \\ c+a+b & c+a\omega+b\omega^2 & c+a\omega^2+b\omega \\ b+c+a & b+c\omega+a\omega^2 & b+c\omega^2+a\omega \end{vmatrix}$$

$$= \begin{vmatrix} a+b+c & a+b\omega+c\omega^2 & a+b\omega^2+c\omega \\ a+b+c & \omega(a+b\omega+c\omega^2) & \omega^2(a+b\omega^2+c\omega) \\ a+b+c & \omega^2(a+b\omega+c\omega^2) & \omega(a+b\omega^2+c\omega) \end{vmatrix} \quad (\because \quad \omega^3=1)$$

$$=(a+b+c)(a+b\omega+c\omega^2)(a+b\omega^2+c\omega)\begin{vmatrix} 1 & 1 & 1 \\ 1 & \omega & \omega^2 \\ 1 & \omega^2 & \omega \end{vmatrix}$$

ここで，ヴァンデルモンドの行列式（例題 5）より

$$\begin{vmatrix} 1 & 1 & 1 \\ 1 & \omega & \omega^2 \\ 1 & \omega^2 & \omega \end{vmatrix} = \begin{vmatrix} 1 & 1 & 1 \\ 1 & \omega & \omega^2 \\ 1^2 & \omega^2 & \omega^4 \end{vmatrix} = (\omega-1)(\omega^2-1)(\omega^2-\omega) \neq 0$$

したがって，両辺を $\begin{vmatrix} 1 & 1 & 1 \\ 1 & \omega & \omega^2 \\ 1 & \omega^2 & \omega \end{vmatrix}$ $(\neq 0)$ で割ると

$$\therefore \quad \begin{vmatrix} a & b & c \\ c & a & b \\ b & c & a \end{vmatrix} = (a+b+c)(a+b\omega+c\omega^2)(a+b\omega^2+c\omega)$$

例題 8 **(2次直交行列)**

2次直交行列は $\begin{bmatrix} \cos\theta & -\sin\theta \\ \sin\theta & \cos\theta \end{bmatrix}$ または $\begin{bmatrix} \cos\theta & \sin\theta \\ \sin\theta & -\cos\theta \end{bmatrix}$ の形に限ることを示せ.

〖**ポイント**〗 実行列 A が直交行列 $\Longleftrightarrow {}^tAA = E \Longleftrightarrow A^{-1} = {}^tA$

${}^tAA = E$ から，行列式の積の公式を用いると $|A| = \pm 1$.

【解答】 実行列 $A = \begin{bmatrix} a & b \\ c & d \end{bmatrix}$ が直交行列 $\Longleftrightarrow \begin{bmatrix} a & c \\ b & d \end{bmatrix}\begin{bmatrix} a & b \\ c & d \end{bmatrix} = \begin{bmatrix} 1 & 0 \\ 0 & 1 \end{bmatrix}$

$$\Longleftrightarrow \begin{cases} a^2 + c^2 = 1 \\ ab + cd = 0 \\ b^2 + d^2 = 1 \end{cases}$$

また，両辺の行列式をつくれば，

$$\begin{vmatrix} a & c \\ b & d \end{vmatrix}\begin{vmatrix} a & b \\ c & d \end{vmatrix} = \begin{vmatrix} a & b \\ c & d \end{vmatrix}^2 = (ad - bc)^2 = 1 = \begin{vmatrix} 1 & 0 \\ 0 & 1 \end{vmatrix}$$

$$\therefore \quad ad - bc = \pm 1$$

したがって，A が直交行列ならば，

$${}^tA = A^{-1} = \begin{bmatrix} a & b \\ c & d \end{bmatrix}^{-1} = \pm \begin{bmatrix} d & -b \\ -c & a \end{bmatrix}$$

（イ） $ad - bc = 1$ のとき，

$$\begin{bmatrix} a & c \\ b & d \end{bmatrix} = {}^tA = A^{-1} = \begin{bmatrix} d & -b \\ -c & a \end{bmatrix}$$

$$\therefore \quad a = d, \quad b = -c$$

（ロ） $ad - bc = -1$ のとき，

$$\begin{bmatrix} a & c \\ b & d \end{bmatrix} = {}^tA = A^{-1} = -\begin{bmatrix} d & -b \\ -c & a \end{bmatrix}$$

$$\therefore \quad a = -d, \quad b = c$$

一方，$a^2 + c^2 = 1$ であるから，$a = \cos\theta$, $c = \sin\theta$ となる θ が存在する.

ゆえに，（イ），（ロ）の場合に代入すると，

$$A = \begin{bmatrix} \cos\theta & -\sin\theta \\ \sin\theta & \cos\theta \end{bmatrix}, \ \begin{bmatrix} \cos\theta & \sin\theta \\ \sin\theta & -\cos\theta \end{bmatrix}$$

を得る.

問題 3.3　A

1.　次の行列式を計算せよ．

(1) $\begin{vmatrix} x_1y_1 & x_1y_2 & x_1y_3 & x_1y_4 \\ x_2y_1 & x_2y_2 & x_2y_3 & x_2y_4 \\ x_3y_1 & x_3y_2 & x_3y_3 & x_3y_4 \\ x_4y_1 & x_4y_2 & x_4y_3 & x_4y_4 \end{vmatrix}$　(2) $\begin{vmatrix} 1+a_1b_1 & a_1b_2 & a_1b_3 & a_1b_4 \\ a_2b_1 & 1+a_2b_2 & a_2b_3 & a_2b_4 \\ a_3b_1 & a_3b_2 & 1+a_3b_3 & a_3b_4 \\ a_4b_1 & a_4b_2 & a_4b_3 & 1+a_4b_4 \end{vmatrix}$

(3) $\begin{vmatrix} a+b & a & a & a \\ a & a+b & a & a \\ a & a & a+b & a \\ a & a & a & a+b \end{vmatrix}$　(4) $\begin{vmatrix} x & x & x & a \\ x & x & a & x \\ x & a & x & x \\ a & x & x & x \end{vmatrix}$

2.　$\begin{vmatrix} a & a^2 & b+c \\ b & b^2 & c+a \\ c & c^2 & a+b \end{vmatrix}$ を因数分解せよ．

3.　$\begin{vmatrix} 1 & 1 & \cdots & 1 \\ x_1 & x_2 & \cdots & x_n \\ {x_1}^2 & {x_2}^2 & \cdots & {x_n}^2 \\ & \cdots\cdots & & \\ {x_1}^{n-1} & {x_2}^{n-1} & \cdots & {x_n}^{n-1} \end{vmatrix} = (-1)^{n(n-1)/2} \prod_{1 \leqq i<j \leqq n} (x_i - x_j)$ を示せ．

4.　直交行列の行列式は 1 または -1 であることを示せ．

5.　次の各等式を証明せよ．

(1) $\begin{vmatrix} 1 & a & bc \\ 1 & b & ca \\ 1 & c & ab \end{vmatrix} = (b-c)(c-a)(a-b)$

(2) $\begin{vmatrix} 1+a & 1 & 1 & 1 \\ 1 & 1+b & 1 & 1 \\ 1 & 1 & 1+c & 1 \\ 1 & 1 & 1 & 1+d \end{vmatrix} = abcd + bcd + acd + abd + abc$

6.　$\begin{vmatrix} b & c & 0 \\ a & 0 & c \\ 0 & a & b \end{vmatrix} = -2abc$ を用いて $\begin{vmatrix} b^2+c^2 & ab & ca \\ ab & c^2+a^2 & bc \\ ca & bc & a^2+b^2 \end{vmatrix} = 4a^2b^2c^2$ を示せ．

7.　$\begin{vmatrix} 0 & a & b & c \\ c & 0 & a & b \\ b & c & 0 & a \\ a & b & c & 0 \end{vmatrix} = (a+b+c)(-a+b-c)(ai-b-ci)(-a-b+ci)$ を示せ．

ただし，$i^2 = -1$ とする．

問題 3.3 B

1. 次の等式を示せ.

$$\begin{vmatrix} a_{11} & a_{12} & \cdots & a_{1n} \\ a_{21} & a_{22} & \cdots & a_{2n} \\ & \cdots\cdots & & \\ a_{n1} & a_{n2} & \cdots & a_{nn} \end{vmatrix} = \begin{vmatrix} a_{nn} & a_{n-1n} & \cdots & a_{1n} \\ a_{nn-1} & a_{n-1n-1} & \cdots & a_{1n-1} \\ & \cdots\cdots & & \\ a_{n1} & a_{n-11} & \cdots & a_{11} \end{vmatrix}$$

2. (1) n 次正方行列 A に対して，A の複素共役行列 $\overline{A}$ の行列式 $|\overline{A}|$ は A の行列式 $|A|$ の複素共役 $\overline{|A|}$ に等しいことを示せ.

(2) ユニタリ行列の行列式は絶対値が 1 であることを示せ.

3. n 次正方行列 $A=(a_{ij})$ について，すべての i,j に対して $a_{ij}=\overline{a_{ji}}$ をみたすならば A の行列式 $|A|$ は実数であることを示せ.

4. $$\begin{vmatrix} a_0 & a_1 & a_2 & \cdots & a_{n-1} \\ a_{n-1} & a_0 & a_1 & \cdots & a_{n-2} \\ & \cdots\cdots & & & \\ a_1 & a_2 & a_3 & \cdots & a_0 \end{vmatrix} = \prod_{k=0}^{n-1}(a_0+a_1\omega^k+a_2\omega^{2k}+\cdots+a_{n-1}\omega^{(n-1)k})$$

の成り立つことを示せ．ただし，$\omega=\cos(2\pi/n)+i\sin(2\pi/n)$ とする.（この行列式を **n 次巡回行列式**という.）

ヒントと解答

1. (1) 第 1 行，第 2 行の共通因子 x_1, x_2 をとり出すと，行列式は第 1 行と第 2 行が等しくなる.　　$\therefore$　与式 $=0$.

(2) 行列式を D とすると，定理 5 (i) によって，

$$D=\begin{vmatrix} 1 & a_1b_2 & a_1b_3 & a_1b_4 \\ 0 & 1+a_2b_2 & a_2b_3 & a_2b_4 \\ 0 & a_3b_2 & 1+a_3b_3 & a_3b_4 \\ 0 & a_4b_2 & a_4b_3 & 1+a_4b_4 \end{vmatrix} + b_1\begin{vmatrix} a_1 & a_1b_2 & a_1b_3 & a_1b_4 \\ a_2 & 1+a_2b_2 & a_2b_3 & a_2b_4 \\ a_3 & a_3b_2 & 1+a_3b_3 & a_3b_4 \\ a_4 & a_4b_2 & a_4b_3 & 1+a_4b_4 \end{vmatrix}$$

$$=\begin{vmatrix} 1 & 0 & a_1b_3 & a_1b_4 \\ 0 & 1 & a_2b_3 & a_2b_4 \\ 0 & 0 & 1+a_3b_3 & a_3b_4 \\ 0 & 0 & a_4b_3 & 1+a_4b_4 \end{vmatrix} + b_2\begin{vmatrix} 1 & a_1 & a_1b_3 & a_1b_4 \\ 0 & a_2 & a_2b_3 & a_2b_4 \\ 0 & a_3 & 1+a_3b_3 & a_3b_4 \\ 0 & a_4 & a_4b_3 & 1+a_4b_4 \end{vmatrix} + b_1\begin{vmatrix} a_1 & 0 & a_1b_3 & a_1b_4 \\ a_2 & 1 & a_2b_3 & a_2b_4 \\ a_3 & 0 & 1+a_3b_3 & a_3b_4 \\ a_4 & 0 & a_4b_3 & 1+a_4b_4 \end{vmatrix}$$

$$+b_1b_2\begin{vmatrix} a_1 & a_1 & \\ a_2 & a_2 & \\ a_3 & a_3 & * \\ a_4 & a_4 & \end{vmatrix}$$

$$=\cdots=1+a_1b_1+a_2b_2+a_3b_3+a_4b_4$$

(3) 行列式を D とする．第 1 列に第 2, 3, 4 列を加えると，

$$D=(4a+b)\begin{vmatrix}1 & a & a & a\\ 1 & a+b & a & a\\ 1 & a & a+b & a\\ 1 & a & a & a+b\end{vmatrix}=(4a+b)\begin{vmatrix}1 & a & a & a\\ 0 & b & 0 & 0\\ 0 & 0 & b & 0\\ 0 & 0 & 0 & b\end{vmatrix}=(4a+b)b^3$$

(4) (3) と同様にして，$(3x+a)(x-a)^3$.

2. 与式 $=\begin{vmatrix}a & a^2 & a+b+c\\ b & b^2 & a+b+c\\ c & c^2 & a+b+c\end{vmatrix}=(a+b+c)\begin{vmatrix}a & a^2 & 1\\ b & b^2 & 1\\ c & c^2 & 1\end{vmatrix}=(a+b+c)\begin{vmatrix}1 & a & a^2\\ 1 & b & b^2\\ 1 & c & c^2\end{vmatrix}$

（第 3 列 + 第 1 列）　$=(a+b+c)(a-b)(b-c)(c-a)$

（∵　ヴァンデルモンドの行列式）

3. $x_1=x_2,\ x_1=x_3,\ \cdots,\ x_{n-1}=x_n$ を順次代入すると行列式は 0 である．ゆえに，行列式は $\prod_{1\leqq i<j\leqq n}(x_i-x_j)$ で割切れる．多項式としての次数はともに $1+2+\cdots+(n-1)=n(n-1)/2$ であるから，行列式 $=K\Pi(x_i-x_j)$（K：定数）. $x_2{x_3}^2\cdots{x_n}^{n-1}$ の項を比較して $K=(-1)^{n(n-1)/2}$.

4. A：直交行列 $\Longleftrightarrow {}^tAA=E$　　$\therefore$　$|A|^2=|{}^tA|\,|A|=|{}^tAA|=|E|=1$　　$\therefore$　$|A|=\pm1$

5. (1) 左辺 $=\begin{vmatrix}1 & a & bc\\ 0 & b-a & c(a-b)\\ 0 & c-a & b(a-c)\end{vmatrix}=(a-b)(c-a)\begin{vmatrix}-1 & c\\ 1 & -b\end{vmatrix}$

$=(a-b)(c-a)(b-c)$

(2) 左辺 $=\begin{vmatrix}1+a & 1 & 1 & 1\\ -a & b & 0 & 0\\ -a & 0 & c & 0\\ -a & 0 & 0 & d\end{vmatrix}=-\begin{vmatrix}-a & b & 0\\ -a & 0 & c\\ -a & 0 & 0\end{vmatrix}+d\begin{vmatrix}1+a & 1 & 1\\ -a & b & 0\\ -a & 0 & c\end{vmatrix}$

$=abc+d(abc+bc+ab+ac)=$ 右辺

6. $\begin{vmatrix}b^2+c^2 & ab & ca\\ ab & c^2+a^2 & bc\\ ca & bc & a^2+b^2\end{vmatrix}=\begin{vmatrix}b & c & 0\\ a & 0 & c\\ 0 & a & b\end{vmatrix}\begin{vmatrix}b & a & 0\\ c & 0 & a\\ 0 & c & b\end{vmatrix}$

$=(-2abc)(-2abc)=4a^2b^2c^2$

7. $\begin{vmatrix}0 & a & b & c\\ c & 0 & a & b\\ b & c & 0 & a\\ a & b & c & 0\end{vmatrix}\begin{vmatrix}1 & 1 & 1 & 1\\ 1 & -1 & i & -i\\ 1 & 1 & -1 & 1\\ 1 & -1 & -i & i\end{vmatrix}=\begin{vmatrix}a+b+c & -a+b-c & ai-b-ci & -ai+b+ci\\ a+b+c & a-b+c & -a-bi+c & a+bi+c\\ a+b+c & -a+b-c & -ai+b+ci & ai+b-ci\\ a+b+c & a-b+c & a+bi-c & a-bi+c\end{vmatrix}$

$$=(a+b+c)(-a+b-c)(ai-b-ci)(-ai+b+ci)\begin{vmatrix} 1 & 1 & 1 & 1 \\ 1 & -1 & i & -i \\ 1 & 1 & -1 & 1 \\ 1 & -1 & -i & i \end{vmatrix}$$

右辺の行列式はヴァンデルモンドの行列式だから 0 でない．よって，両辺から消去すれば問題の等式を得る．

問題 3.3 B

1. 左辺 $=(-1)^{1+2+\cdots+(n-1)}\begin{vmatrix} a_{1n} & a_{1n-1} & \cdots & a_{11} \\ a_{2n} & a_{2n-1} & \cdots & a_{21} \\ & \cdots\cdots & & \\ a_{nn} & a_{nn-1} & \cdots & a_{n1} \end{vmatrix}$

$$=(-1)^{n(n-1)/2}\cdot(-1)^{n(n-1)/2}\begin{vmatrix} a_{nn} & a_{nn-1} & \cdots & a_{n1} \\ a_{n-1n} & a_{n-1n-1} & \cdots & a_{n-11} \\ & \cdots\cdots & & \\ a_{1n} & a_{1n-1} & \cdots & a_{11} \end{vmatrix}=\text{右辺}$$

2. (1) $A=(a_{ij})$ とすると $\overline{A}=(\overline{a_{ij}})$

$\therefore\quad |\overline{A}|=\sum \mathrm{sgn}(\sigma)\overline{a}_{1i_1}\overline{a}_{2i_2}\cdots\overline{a_{ni_n}}=\overline{\sum \mathrm{sgn}(\sigma)a_{1i_1}a_{2i_2}\cdots a_{ni_n}}=\overline{|A|}$

(2) A：ユニタリ行列 $\Longleftrightarrow AA^*=E.\qquad\therefore\quad 1=|E|=|AA^*|=|A|\,|{}^t\overline{A}|=|A||\overline{A}|$

3. $\overline{|A|}=|\overline{A}|=\begin{vmatrix} \overline{a_{11}} & \overline{a_{12}} & \cdots & \overline{a_{1n}} \\ \overline{a_{21}} & \overline{a_{22}} & \ddots & \\ \vdots & \ddots & \ddots & \overline{a_{n-1n}} \\ \overline{a_{n1}} & \cdots & \overline{a_{nn-1}} & \overline{a_{nn}} \end{vmatrix}=\begin{vmatrix} a_{11} & a_{21} & \cdots & a_{n1} \\ a_{12} & a_{22} & \ddots & \vdots \\ \vdots & \ddots & \ddots & a_{nn-1} \\ a_{1n} & \cdots & a_{n-1n} & a_{nn} \end{vmatrix}=|{}^tA|=|A|$

$\therefore\quad \overline{|A|}=|A|$ より $|A|$ は実数.

4. 例題 7，問題 3.3A，7 の一般化である．$1,\omega,\omega^2,\cdots,\omega^{n-1}$ は相異なるから，

$$\begin{vmatrix} 1 & 1 & 1 & \cdots & 1 \\ 1 & \omega & \omega^2 & \cdots & \omega^{n-1} \\ 1 & \omega^2 & (\omega^2)^2 & \cdots & (\omega^{n-1})^2 \\ & & \cdots\cdots\cdots & & \\ 1 & \omega^{n-1} & (\omega^2)^{n-1} & \cdots & (\omega^{n-1})^{n-1} \end{vmatrix}=(-1)^{n(n-1)/2}(1-\omega)(1-\omega^2)\cdots(\omega^{n-2}-\omega^{n-1})\neq 0$$

（ヴァンデルモンドの行列式）

を左辺の行列式にかければ，例題 7，問題 3.3A，7 とまったく同様である．

3.4　行列式の展開

余因子 ▶　n 次行列式 $|A| = |(a_{ij})|$ から第 i 行と第 j 列をとり除いて得られる $(n-1)$ 次小行列式に $(-1)^{i+j}$ をかけたものを，行列式 $|A|$ の (i, j) 成分の**余因子**または**余因数**といい，A_{ij} で表す．すなわち，

$$A_{ij} = (-1)^{i+j} \begin{vmatrix} a_{11} & \cdots & a_{1j-1} & a_{1j+1} & \cdots & a_{1n} \\ & & \cdots\cdots & & & \\ a_{i-11} & \cdots & a_{i-1j-1} & a_{i-1j+1} & \cdots & a_{i-1n} \\ a_{i+11} & \cdots & a_{i+1j-1} & a_{i+1j+1} & \cdots & a_{i+1n} \\ & & \cdots\cdots & & & \\ a_{n1} & \cdots & a_{nj-1} & a_{nj+1} & \cdots & a_{nn} \end{vmatrix}$$

行列式の余因子展開 ▶

定理 9

$|A| = a_{i1}A_{i1} + a_{i2}A_{i2} + \cdots + a_{in}A_{in}$　（$|A|$ の第 i 行による展開）

$|A| = a_{1j}A_{1j} + a_{2j}A_{2j} + \cdots + a_{nj}A_{nj}$　（$|A|$ の第 j 列による展開）

定理 9 によって，n 次行列式は $(n-1)$ 次行列式の場合に帰着されることがわかる．したがって，n 次行列式を計算するとき，このことを繰返し用いて行列式の次数を順次低くすることによって行列式の値を求めることができる．その場合，行列式の基本的性質を用いて，行または列に 0 をできるだけ多くつくると都合がよい．

定理 10

$k \neq i$ ならば　$a_{k1}A_{i1} + a_{k2}A_{i2} + \cdots + a_{kn}A_{in} = 0$

$l \neq j$ ならば　$a_{1l}A_{1j} + a_{2l}A_{2j} + \cdots + a_{nl}A_{nj} = 0$

定理 11

A を m 次正方行列，B を n 次正方行列とするとき，分割行列の行列式について，

$$\begin{vmatrix} A & C \\ O & B \end{vmatrix} = \begin{vmatrix} A & O \\ C & B \end{vmatrix} = |A|\,|B|$$

例題 9 （行列式の展開）

行列式 $\begin{vmatrix} 3 & -1 & 2 & -1 \\ 2 & 1 & 4 & 1 \\ -4 & 2 & 1 & 3 \\ -1 & 1 & 2 & -2 \end{vmatrix}$, $\begin{vmatrix} 3 & 5 & -2 & 4 \\ 5 & 6 & -3 & 2 \\ 4 & 3 & 2 & -5 \\ -5 & 7 & 4 & 3 \end{vmatrix}$ を計算せよ．

〚**ポイント**〛 4次以上の行列式は，一般に項数が $4! = 24$ 以上であり，2次，3次行列式のような図式的に展開する方法はない．したがって，行または列による行列式の展開（定理9）によって次数を順次低くさせ，最終的には3次行列式または2次行列式に帰着させることが基本となる．その場合，行列式の基本的性質を用いて，展開しようとする行または列にできるだけたくさんの0をつくると計算に都合がよい．

〚**ヒント**〛 (2, 2) 成分が1であることに注目すると0がつくりやすい．2番目の行列式には1がないから，たとえば第2行から第1行をひくと (2, 2) 成分が1となる．

【解答】

$$\begin{vmatrix} 3 & -1 & 2 & -1 \\ 2 & 1 & 4 & 1 \\ -4 & 2 & 1 & 3 \\ -1 & 1 & 2 & -2 \end{vmatrix} = \begin{vmatrix} 5 & 0 & 6 & 0 \\ 2 & 1 & 4 & 1 \\ -8 & 0 & -7 & 1 \\ -3 & 0 & -2 & -3 \end{vmatrix}$$

：第1行＋第2行

：第3行＋第2行 × (−2)

：第4行＋第2行 × (−1)

$$= (-1)^{2+2} \cdot 1 \cdot \begin{vmatrix} 5 & 6 & 0 \\ -8 & -7 & 1 \\ -3 & -2 & -3 \end{vmatrix}$$ ：第2列で展開

$$= \begin{vmatrix} 5 & 6 & 0 \\ -8 & -7 & 1 \\ -27 & -23 & 0 \end{vmatrix}$$ ：第3行＋第2行 × 3

$$= (-1)^{2+3} \cdot 1 \cdot \begin{vmatrix} 5 & 6 \\ -27 & -23 \end{vmatrix}$$ ：第3列で展開

$$= -\{5 \cdot (-23) - 6(-27)\} = -47$$

$$\begin{vmatrix} 3 & 5 & -2 & 4 \\ 5 & 6 & -3 & 2 \\ 4 & 3 & 2 & -5 \\ -5 & 7 & 4 & 3 \end{vmatrix} = \begin{vmatrix} 3 & 5 & -2 & 4 \\ 2 & 1 & -1 & -2 \\ 4 & 3 & 2 & -5 \\ -5 & 7 & 4 & 3 \end{vmatrix} = \begin{vmatrix} -7 & 5 & 3 & 14 \\ 0 & 1 & 0 & 0 \\ -2 & 3 & 5 & 1 \\ -19 & 7 & 11 & 17 \end{vmatrix} = (-1)^{2+2} \begin{vmatrix} -7 & 3 & 14 \\ -2 & 5 & 1 \\ -19 & 11 & 17 \end{vmatrix}$$

$$= \begin{vmatrix} 21 & -67 & 14 \\ 0 & 0 & 1 \\ 15 & -74 & 17 \end{vmatrix} = (-1)^{2+3} \begin{vmatrix} 21 & -67 \\ 15 & -74 \end{vmatrix} = 549$$

例題 10　（分割行列の行列式）

（i）
$$\begin{vmatrix} 0 & 0 & 0 & a_{11} & a_{12} \\ 0 & 0 & 0 & a_{21} & a_{22} \\ b_{11} & b_{12} & b_{13} & c_{11} & c_{12} \\ b_{21} & b_{22} & b_{23} & c_{21} & c_{22} \\ b_{31} & b_{32} & b_{33} & c_{31} & c_{32} \end{vmatrix} = \begin{vmatrix} a_{11} & a_{12} \\ a_{21} & a_{22} \end{vmatrix} \begin{vmatrix} b_{11} & b_{12} & b_{13} \\ b_{21} & b_{22} & b_{23} \\ b_{31} & b_{32} & b_{33} \end{vmatrix}$$
の成り立つことを示せ．

（ii）A を m 次正方行列，B を n 次正方行列とするとき，
$$\begin{vmatrix} O & A \\ B & C \end{vmatrix} = \begin{vmatrix} C & A \\ B & O \end{vmatrix} = (-1)^{mn}|A|\,|B|$$
の成り立つことを示せ．

〖**ポイント**〗 行列式の基本的性質を用いて，定理 11 が利用できるように変形する．

【**解答**】（i）

$$\begin{vmatrix} 0 & 0 & 0 & a_{11} & a_{12} \\ 0 & 0 & 0 & a_{21} & a_{22} \\ b_{11} & b_{12} & b_{13} & c_{11} & c_{12} \\ b_{21} & b_{22} & b_{23} & c_{21} & c_{22} \\ b_{31} & b_{32} & b_{33} & c_{31} & c_{32} \end{vmatrix} = (-1)^3 \begin{vmatrix} 0 & 0 & 0 & a_{11} & a_{12} \\ b_{11} & b_{12} & b_{13} & c_{11} & c_{12} \\ b_{21} & b_{22} & b_{23} & c_{21} & c_{22} \\ b_{31} & b_{32} & b_{33} & c_{31} & c_{32} \\ 0 & 0 & 0 & a_{21} & a_{22} \end{vmatrix}$$
：第 2 行と第 3, 4, 5 行を入れかえる．

$$= (-1)^3(-1)^3 \begin{vmatrix} b_{11} & b_{12} & b_{13} & c_{11} & c_{12} \\ b_{21} & b_{22} & b_{23} & c_{21} & c_{22} \\ b_{31} & b_{32} & b_{33} & c_{31} & c_{32} \\ 0 & 0 & 0 & a_{11} & a_{12} \\ 0 & 0 & 0 & a_{21} & a_{22} \end{vmatrix}$$
：第 1 行と第 2, 3, 4 行を入れかえる．

$$= \begin{vmatrix} b_{11} & b_{12} & b_{13} \\ b_{21} & b_{22} & b_{23} \\ b_{31} & b_{32} & b_{33} \end{vmatrix} \begin{vmatrix} a_{11} & a_{12} \\ a_{21} & a_{22} \end{vmatrix}$$

（ii）A の行を含む行と B の行を含む行を順次入れかえると，
$$\begin{vmatrix} O & A \\ B & C \end{vmatrix} = \underbrace{(-1)^m \cdots (-1)^m}_{n\text{ 個}} \begin{vmatrix} B & C \\ O & A \end{vmatrix} = (-1)^{mn}|A|\,|B|$$
A の列を含む列と B の列を含む列を順次入れかえると，
$$\begin{vmatrix} C & A \\ B & O \end{vmatrix} = (-1)^{mn} \begin{vmatrix} A & C \\ O & B \end{vmatrix} = (-1)^{mn}|A||B|$$

例題 11 （交代行列の行列式）

(i) $\begin{vmatrix} 0 & a & b \\ -a & 0 & c \\ -b & -c & 0 \end{vmatrix}$ を求めよ．

(ii) $\begin{vmatrix} 0 & a & b & c \\ -a & 0 & d & e \\ -b & -d & 0 & f \\ -c & -e & -f & 0 \end{vmatrix} = (af-be+cd)^2$ の成り立つことを示せ．

【解答】 (i)

$$\begin{vmatrix} 0 & a & b \\ -a & 0 & c \\ -b & -c & 0 \end{vmatrix} = (-1)^3 \begin{vmatrix} 0 & -a & -b \\ a & 0 & -c \\ b & c & 0 \end{vmatrix} = - \begin{vmatrix} 0 & a & b \\ -a & 0 & c \\ -b & -c & 0 \end{vmatrix} \qquad \therefore \begin{vmatrix} 0 & a & b \\ -a & 0 & c \\ -b & -c & 0 \end{vmatrix} = 0$$

（各行から (-1) をくくりだす）（定理 4）

(ii) $a=0$ の場合は例題 10 (ii) によって明らか．

$a \neq 0$ の場合，

$$\begin{vmatrix} 0 & a & b & c \\ -a & 0 & d & e \\ -b & -d & 0 & f \\ -c & -e & -f & 0 \end{vmatrix} = \begin{vmatrix} 0 & a & 0 & 0 \\ -a & 0 & d & e \\ -b & -d & bd/a & f+cd/a \\ -c & -e & -f+be/a & ce/a \end{vmatrix} : \begin{matrix} \text{第 3 列} + \text{第 2 列} \times (-b/a) \\ \text{第 4 列} + \text{第 2 列} \times (-c/a) \end{matrix}$$

$$= \begin{vmatrix} 0 & a & 0 & 0 \\ -a & 0 & 0 & 0 \\ -b & -d & 0 & (af-be+cd)/a \\ -c & -e & -(af-be+cd)/a & 0 \end{vmatrix} : \begin{matrix} \text{第 3 列} + \text{第 1 列} \times d/a \\ \text{第 4 列} + \text{第 1 列} \times e/a \end{matrix}$$

$$= \begin{vmatrix} 0 & a \\ -a & 0 \end{vmatrix} \begin{vmatrix} 0 & (af-be+cd)/a \\ -(af-be+cd)/a & 0 \end{vmatrix} : \text{定理 11}$$

$$= a^2 \cdot (af-be+cd)^2/a^2$$

$$= (af-be+cd)^2$$

〖注意〗 一般に，(i)，(ii) の証明とまったく同様にして，

(1) 奇数次の交代行列の行列式は 0，

(2) 偶数次の交代行列の行列式は，その成分からつくられる多項式の完全平方式となることがわかる．

問題 3.4　A

1. $\begin{vmatrix} 0 & 3 & 7 & -2 \\ 5 & 4 & -1 & 0 \\ 3 & 2 & 0 & 1 \\ -1 & 0 & 4 & 3 \end{vmatrix}$ の (2, 3) 成分および (4, 2) 成分の余因子を求めよ．

2. 次の行列式の値を求めよ．

(1) $\begin{vmatrix} 2 & 0 & 0 & -1 \\ 3 & 6 & 2 & 1 \\ -2 & 3 & 5 & 4 \\ 6 & -1 & 2 & 3 \end{vmatrix}$　(2) $\begin{vmatrix} 3 & -1 & 2 & 4 \\ 0 & 2 & 4 & 3 \\ 5 & -3 & 2 & 8 \\ 1 & 2 & 4 & 3 \end{vmatrix}$　(3) $\begin{vmatrix} 4 & 1 & 2 & 8 \\ 0 & -6 & 6 & 5 \\ -8 & 0 & 8 & 3 \\ 0 & 6 & -6 & 5 \end{vmatrix}$

(4) $\begin{vmatrix} 0 & -2 & 6 & 4 \\ 0 & 5 & -8 & 8 \\ 7 & 4 & 8 & 6 \\ 4 & 3 & 2 & -5 \end{vmatrix}$　(5) $\begin{vmatrix} 991 & 992 & 993 & 994 \\ 995 & 996 & 997 & 998 \\ 999 & 1000 & 1001 & 1002 \\ 1003 & 1004 & 1005 & 1006 \end{vmatrix}$　(6) $\begin{vmatrix} 1 & 2 & 0 & 0 \\ 3 & 1 & 2 & 0 \\ 0 & 3 & 1 & 2 \\ 0 & 0 & 3 & 1 \end{vmatrix}$

(7) $\begin{vmatrix} 2 & 1 & 6 & 3 \\ 9 & 1 & 0 & 9 \\ 4 & 2 & 3 & 3 \\ 4 & -1 & 3 & 8 \end{vmatrix}$　(8) $\begin{vmatrix} 1 & 2 & 0 & 0 & 0 \\ 2 & 1 & 2 & 0 & 0 \\ 0 & 2 & 1 & 2 & 0 \\ 0 & 0 & 2 & 1 & 2 \\ 0 & 0 & 0 & 2 & 1 \end{vmatrix}$　(9) $\begin{vmatrix} -1 & 2 & 0 & 3 & 0 \\ 2 & 1 & 4 & 1 & -1 \\ 3 & 7 & 0 & 2 & 1 \\ 0 & 1 & -1 & 3 & 2 \\ 2 & 1 & 4 & -6 & 1 \end{vmatrix}$

(10) $\begin{vmatrix} 0 & 0 & 3 & 2 & 1 \\ 0 & 0 & 2 & -1 & 5 \\ 2 & 1 & 4 & 2 & 0 \\ 3 & -2 & 1 & 1 & -1 \\ 1 & 5 & 0 & -1 & 2 \end{vmatrix}$

3. $\begin{vmatrix} a_0 & -1 & 0 & 0 & 0 \\ a_1 & x & -1 & 0 & 0 \\ a_2 & 0 & x & -1 & 0 \\ a_3 & 0 & 0 & x & -1 \\ a_4 & 0 & 0 & 0 & x \end{vmatrix} = a_0x^4 + a_1x^3 + a_2x^2 + a_3x + a_4$ を示せ．

4. A, B を n 次正方行列とするとき，

$$\begin{vmatrix} A & B \\ B & A \end{vmatrix} = |A+B|\,|A-B|$$

が成り立つことを示せ．

5. A, B を n 次正方行列とするとき，次の等式を証明せよ．

(1) $\begin{vmatrix} A & -A \\ B & B \end{vmatrix} = 2^n|A|\,|B|$

(2) $\begin{vmatrix} A & -B \\ B & A \end{vmatrix} = |A+iB|\,|A-iB|$

問題 3.4 B

1. 次の n 次行列式 D_n を求めよ．

(1) $\begin{vmatrix} 2 & 1 & & & O \\ 1 & 2 & 1 & & \\ & \ddots & \ddots & \ddots & \\ & & 1 & 2 & 1 \\ O & & & 1 & 2 \end{vmatrix}$　(2) $\begin{vmatrix} 1+x^2 & x & & & O \\ x & 1+x^2 & x & & \\ & \ddots & \ddots & \ddots & \\ & & x & 1+x^2 & x \\ O & & & x & 1+x^2 \end{vmatrix}$

2. n 次行列式 $|A| = |(a_{ij})|\ (\neq 0)$ に対して次の等式を示せ．

(1) $\begin{vmatrix} A_{11} & A_{12} & \cdots & A_{1n} \\ A_{21} & A_{22} & \cdots & A_{2n} \\ & \cdots\cdots & & \\ A_{n1} & A_{n2} & \cdots & A_{nn} \end{vmatrix} = |A|^{n-1}$

(2) $\begin{vmatrix} A_{11} & A_{12} & \cdots & A_{1n-1} \\ A_{21} & A_{22} & \cdots & A_{2n-1} \\ & \cdots\cdots & & \\ A_{n-11} & A_{n-22} & \cdots & A_{n-1n-1} \end{vmatrix} = a_{nn}|A|^{n-2}$

3. $\boldsymbol{a} = (a_1, a_2, a_3),\ \boldsymbol{b} = (b_1, b_2, b_3)$ に対して

$$\begin{vmatrix} (\boldsymbol{a}, \boldsymbol{a}) & (\boldsymbol{a}, \boldsymbol{b}) \\ (\boldsymbol{b}, \boldsymbol{a}) & (\boldsymbol{b}, \boldsymbol{b}) \end{vmatrix} = \begin{vmatrix} a_1 & a_2 \\ b_1 & b_2 \end{vmatrix}^2 + \begin{vmatrix} a_1 & a_3 \\ b_1 & b_3 \end{vmatrix}^2 + \begin{vmatrix} a_2 & a_3 \\ b_2 & b_3 \end{vmatrix}^2$$

の成り立つことを示せ．

ヒントと解答

問題 3.4 A

1. $A_{23} = (-1)^{2+3}\begin{vmatrix} 0 & 3 & -2 \\ 3 & 2 & 1 \\ -1 & 0 & 3 \end{vmatrix} = 34,\quad A_{42} = (-1)^{4+2}\begin{vmatrix} 0 & 7 & -2 \\ 5 & -1 & 0 \\ 3 & 0 & 1 \end{vmatrix} = -41$

2. (1) 259　(2) 12　(3) −3360　(4) 578　(5) 0
(6) 19　(7) 72　(8) 33　(9) 870　(10) 268

3. $$左辺 = a_0\begin{vmatrix} x & -1 & 0 & 0 \\ 0 & x & -1 & 0 \\ 0 & 0 & x & -1 \\ 0 & 0 & 0 & x \end{vmatrix} + (-1)(-1)\begin{vmatrix} a_1 & -1 & 0 & 0 \\ a_2 & x & -1 & 0 \\ a_3 & 0 & x & -1 \\ a_4 & 0 & 0 & x \end{vmatrix}$$

$$= a_0x^4 + a_1\begin{vmatrix} x & -1 & 0 \\ 0 & x & -1 \\ 0 & 0 & x \end{vmatrix} + (-1)(-1)\begin{vmatrix} a_2 & -1 & 0 \\ a_3 & x & -1 \\ a_4 & 0 & x \end{vmatrix}$$

$$= a_0x^4 + a_1x^3 + a_2\begin{vmatrix} x & -1 \\ 0 & x \end{vmatrix} + (-1)(-1)\begin{vmatrix} a_3 & -1 \\ a_4 & x \end{vmatrix}$$

$$= a_0x^4 + a_1x^3 + a_2x^2 + a_3x + a_4$$

4. $$\begin{vmatrix} A & B \\ B & A \end{vmatrix} = \begin{vmatrix} A+B & A+B \\ B & A \end{vmatrix} = \begin{vmatrix} A+B & O \\ B & A-B \end{vmatrix} = |A+B|\,|A-B|$$

5. (1) $$\begin{vmatrix} A & -A \\ B & B \end{vmatrix} = \begin{vmatrix} A & O \\ B & 2B \end{vmatrix} = 2^n\begin{vmatrix} A & O \\ B & B \end{vmatrix} = 2^n|A|\,|B|$$

(2) $$\begin{vmatrix} A & -B \\ B & A \end{vmatrix} = \begin{vmatrix} A+iB & -B+iA \\ B & A \end{vmatrix} = \begin{vmatrix} A+iB & O \\ B & A-iB \end{vmatrix} = |A+iB|\,|A-iB|$$

問題 3.4 B

1. (1) 第 1 行による展開を考えると，漸化式 $D_n = 2D_{n-1} - D_{n-2}$ を得る．

$$\therefore \quad D_n - D_{n-1} = D_{n-1} - D_{n-2} = \cdots = D_3 - D_2 = 4 - 3 = 1 \qquad \therefore \quad D_n = n+1$$

(2) 第 1 行による展開を考えると，漸化式 $D_n = (1+x^2)D_{n-1} - x^2D_{n-2}$ を得る．

$$\therefore \quad D_n - D_{n-1} = x^2(D_{n-1} - D_{n-2}) = \cdots = x^{2(n-3)}(D_3 - D_2) = x^{2n}$$

$$\therefore \quad D_n = 1 + x^2 + x^4 + \cdots + x^{2n}$$

2. (1) $$\begin{bmatrix} a_{11} & a_{12} & \cdots & a_{1n} \\ a_{21} & a_{22} & \cdots & a_{2n} \\ & \cdots\cdots & & \\ a_{n1} & a_{n2} & \cdots & a_{nn} \end{bmatrix}\begin{bmatrix} A_{11} & A_{21} & \cdots & A_{n1} \\ A_{12} & A_{22} & \cdots & A_{n2} \\ & \cdots\cdots & & \\ A_{1n} & A_{2n} & \cdots & A_{nn} \end{bmatrix} = \begin{bmatrix} |A| & & & O \\ & |A| & & \\ & & \ddots & \\ O & & & |A| \end{bmatrix}$$

$$\therefore \quad |A|\begin{vmatrix} A_{11} & A_{21} & \cdots & A_{n1} \\ A_{12} & A_{22} & \cdots & A_{n2} \\ & \cdots\cdots & & \\ A_{1n} & A_{2n} & \cdots & A_{nn} \end{vmatrix} = |A|^n$$

転置行列の行列式はもとの行列式と等しいから，両辺を $|A|$ で割ると与式を得る．

(2)
$$\begin{bmatrix} a_{11} & a_{12} & \cdots & a_{1n} \\ a_{21} & a_{22} & \cdots & a_{2n} \\ & \cdots\cdots & & \\ a_{n1} & a_{n2} & \cdots & a_{nn} \end{bmatrix} \begin{bmatrix} A_{11} & \cdots & A_{n-11} & 0 \\ & \cdots\cdots & & \\ A_{1n-1} & \cdots & A_{n-1n-1} & 0 \\ A_{1n} & \cdots & A_{n-1n} & 1 \end{bmatrix} = \begin{bmatrix} |A| & & O & a_{1n} \\ & \ddots & & \vdots \\ & & |A| & a_{n-1n} \\ O & & & a_{nn} \end{bmatrix}$$

$$\therefore \quad |A| \begin{vmatrix} A_{11} & \cdots & A_{n-11} \\ & \cdots\cdots & \\ A_{1n-1} & \cdots & A_{n-1n-1} \end{vmatrix} = a_{nn}|A|^{n-1}$$

よって，(1) と同じ理由で与式を得る．

3. 左辺 $= \begin{vmatrix} a_1{}^2+a_2{}^2+a_3{}^2 & a_1b_1+a_2b_2+a_3b_3 \\ a_1b_1+a_2b_2+a_3b_3 & b_1{}^2+b_2{}^2+b_3{}^2 \end{vmatrix}$

$$= \begin{vmatrix} a_1{}^2 & a_1b_1 \\ a_1b_1 & b_1{}^2 \end{vmatrix} + \begin{vmatrix} a_1{}^2 & a_2b_2 \\ a_1b_1 & b_2{}^2 \end{vmatrix} + \begin{vmatrix} a_1{}^2 & a_3b_3 \\ a_1b_1 & b_3{}^2 \end{vmatrix} + \cdots + \begin{vmatrix} a_3{}^2 & a_3b_3 \\ a_3b_3 & b_3{}^2 \end{vmatrix}$$

$$= a_1b_2 \begin{vmatrix} a_1 & a_2 \\ b_1 & b_2 \end{vmatrix} + a_2b_1 \begin{vmatrix} a_2 & a_1 \\ b_2 & b_1 \end{vmatrix} + a_1b_3 \begin{vmatrix} a_1 & a_3 \\ b_1 & b_3 \end{vmatrix} + a_3b_1 \begin{vmatrix} a_3 & a_1 \\ b_3 & b_1 \end{vmatrix}$$

$$+ a_2b_3 \begin{vmatrix} a_2 & a_3 \\ b_2 & b_3 \end{vmatrix} + a_3b_2 \begin{vmatrix} a_3 & a_2 \\ b_3 & b_2 \end{vmatrix}$$

$$= \begin{vmatrix} a_1 & a_2 \\ b_1 & b_2 \end{vmatrix}^2 + \begin{vmatrix} a_1 & a_3 \\ b_1 & b_3 \end{vmatrix}^2 + \begin{vmatrix} a_2 & a_3 \\ b_2 & b_3 \end{vmatrix}^2$$

= 右辺

3.5　行列式の応用

逆行列の公式 ▶　n 次行列 A の行列式を $|A|$ とする．$|A|$ の $(i,\ j)$ 成分の余因子 A_{ij} を $(j,\ i)$ 成分とする行列

$$\begin{bmatrix} A_{11} & A_{21} & \cdots & A_{n1} \\ A_{12} & A_{22} & \cdots & A_{n2} \\ & \cdots\cdots & & \\ A_{1n} & A_{2n} & \cdots & A_{nn} \end{bmatrix} \quad \text{（成分の配列に注意）}$$

を A の**余因子行列**といい，$\operatorname{adj} A$ で表す．

定理 12

n 次正方行列 A が正則行列であるための必要十分条件は

$$|A| \neq 0$$

である．このとき，A の逆行列 A^{-1} は

$$A^{-1} = \frac{1}{|A|}\operatorname{adj} A$$

で与えられる．

クラーメルの公式 ▶

定理 13

未知数の個数と方程式の個数とが等しい連立 1 次方程式

$$\begin{cases} a_{11}x_1 + a_{12}x_2 + \cdots + a_{1n}x_n = b_1 \\ a_{21}x_1 + a_{22}x_2 + \cdots + a_{2n}x_n = b_2 \\ \qquad\cdots\cdots \\ a_{n1}x_1 + a_{n2}x_2 + \cdots + a_{nn}x_n = b_n \end{cases}$$

は，係数行列 $A = (a_{ij})$ の行列式 $|A|$ が 0 でないならば，ただ 1 組の解

$$x_i = \frac{1}{|A|}\begin{vmatrix} a_{11} & \cdots & b_1 & \cdots & a_{1n} \\ a_{21} & \cdots & b_2 & \cdots & a_{2n} \\ & & \cdots\cdots & & \\ a_{n1} & \cdots & b_n & \cdots & a_{nn} \end{vmatrix}, \quad i = 1,\ 2,\ \cdots,\ n$$

（i 列）

をもつ．

この公式を**クラーメルの公式**という．

例題 12 （逆行列の公式）

次の行列の逆行列があれば，その逆行列を求めよ．

(i) $\begin{bmatrix} 3 & 7 & 5 \\ 2 & -1 & 3 \\ 7 & 5 & 11 \end{bmatrix}$ 　　(ii) $\begin{bmatrix} 1 & 2 & -4 \\ -1 & 3 & 2 \\ 0 & 1 & 1 \end{bmatrix}$

〖**ポイント**〗 A が逆行列をもつ $\Longleftrightarrow |A| \neq 0$ （定理 12）

$$A^{-1} = \frac{1}{|A|}\begin{bmatrix} A_{11} & A_{21} & A_{31} \\ A_{12} & A_{22} & A_{32} \\ A_{13} & A_{23} & A_{33} \end{bmatrix}$$

【解答】 (i) $\begin{vmatrix} 3 & 7 & 5 \\ 2 & -1 & 3 \\ 7 & 5 & 11 \end{vmatrix} = \begin{vmatrix} 17 & 7 & 26 \\ 0 & -1 & 0 \\ 17 & 5 & 26 \end{vmatrix} = (-1)\begin{vmatrix} 17 & 26 \\ 17 & 26 \end{vmatrix} = 0$

$\therefore$　逆行列をもたない．

(ii) $\begin{vmatrix} 1 & 2 & -4 \\ -1 & 3 & 2 \\ 0 & 1 & 1 \end{vmatrix} = \begin{vmatrix} 1 & 2 & -4 \\ 0 & 5 & -2 \\ 0 & 1 & 1 \end{vmatrix} = \begin{vmatrix} 5 & -2 \\ 1 & 1 \end{vmatrix} = 7\ (\neq 0)$

$\therefore$　逆行列をもつ．

$A_{11} = \begin{vmatrix} 3 & 2 \\ 1 & 1 \end{vmatrix} = 1$　　$A_{21} = -\begin{vmatrix} 2 & -4 \\ 1 & 1 \end{vmatrix} = -6$　　$A_{31} = \begin{vmatrix} 2 & -4 \\ 3 & 2 \end{vmatrix} = 16$

$A_{12} = -\begin{vmatrix} -1 & 2 \\ 0 & 1 \end{vmatrix} = 1$　　$A_{22} = \begin{vmatrix} 1 & -4 \\ 0 & 1 \end{vmatrix} = 1$　　$A_{32} = -\begin{vmatrix} 1 & -4 \\ -1 & 2 \end{vmatrix} = 2$

$A_{13} = \begin{vmatrix} -1 & 3 \\ 0 & 1 \end{vmatrix} = -1$　　$A_{23} = -\begin{vmatrix} 1 & 2 \\ 0 & 1 \end{vmatrix} = -1$　　$A_{33} = \begin{vmatrix} 1 & 2 \\ -1 & 3 \end{vmatrix} = 5$

$$\therefore \begin{bmatrix} 1 & 2 & -4 \\ -1 & 3 & 2 \\ 0 & 1 & 1 \end{bmatrix}^{-1} = \frac{1}{7}\begin{bmatrix} 1 & -6 & 16 \\ 1 & 1 & 2 \\ -1 & -1 & 5 \end{bmatrix}$$

〖**注意**〗 逆行列の公式は任意の正則行列の逆行列を余因子を用いて書き表せるというところに意義がある．3 次正則行列については例題のように逆行列を簡単に計算できるが，4 次以上の正則行列については非常に面倒である．4 次以上の正則行列については，第 4 章における行列の基本変形を用いる方法（4.2）が実用に適する．

例題 13　（クラーメルの公式）

次の連立 1 次方程式をクラーメルの公式を用いて解け．

$$\begin{cases} 2x+\ \ y-3z=-12 \\ -x+2y+\ \ z=7 \\ 3x-\ \ y+2z=-1 \end{cases}$$

〚**ポイント**〛 クラーメルの公式が使えるのは係数行列

$$A=\begin{bmatrix} 2 & 1 & -3 \\ -1 & 2 & 1 \\ 3 & -1 & 2 \end{bmatrix}$$

が正則行列，すなわち，$|A|\neq 0$ のときである．

【**解答**】 係数行列 A の行列式は

$$|A|=\begin{vmatrix} 2 & 1 & -3 \\ -1 & 2 & 1 \\ 3 & -1 & 2 \end{vmatrix}=\begin{vmatrix} 0 & 1 & 0 \\ -5 & 2 & 7 \\ 5 & -1 & -1 \end{vmatrix}=-\begin{vmatrix} -5 & 7 \\ 5 & -1 \end{vmatrix}=30\ (\neq 0)$$

したがって，クラーメルの公式によって，

$$x=\frac{1}{30}\begin{vmatrix} -12 & 1 & -3 \\ 7 & 2 & 1 \\ -1 & -1 & 2 \end{vmatrix}=\frac{-60}{30}=-2,\quad y=\frac{1}{30}\begin{vmatrix} 2 & -12 & -3 \\ -1 & 7 & 1 \\ 3 & -1 & 2 \end{vmatrix}=\frac{30}{30}=1,$$

$$z=\frac{1}{30}\begin{vmatrix} 2 & 1 & -12 \\ -1 & 2 & 7 \\ 3 & -1 & -1 \end{vmatrix}=\frac{90}{30}=3$$

$$\therefore\quad x=-2,\quad y=1,\quad z=3$$

【**別解**】 クラーメルの公式は逆行列を用いた次の解法と同値である．

連立 1 次方程式は係数行列を用いて，

$$\begin{bmatrix} 2 & 1 & -3 \\ -1 & 2 & 1 \\ 3 & -1 & 2 \end{bmatrix}\begin{bmatrix} x \\ y \\ z \end{bmatrix}=\begin{bmatrix} -12 \\ 7 \\ -1 \end{bmatrix}$$

と表される．係数行列 A は正則行列だから，この両辺の左から A^{-1} をかけると

$$\begin{bmatrix} x \\ y \\ z \end{bmatrix}=\begin{bmatrix} 2 & 1 & -3 \\ -1 & 2 & 1 \\ 3 & -1 & 2 \end{bmatrix}^{-1}\begin{bmatrix} -12 \\ 7 \\ -1 \end{bmatrix}=\frac{1}{30}\begin{bmatrix} 5 & 1 & 7 \\ 5 & 13 & 1 \\ -5 & 5 & 5 \end{bmatrix}\begin{bmatrix} -12 \\ 7 \\ -1 \end{bmatrix}=\frac{1}{30}\begin{bmatrix} -60 \\ 30 \\ 90 \end{bmatrix}=\begin{bmatrix} -2 \\ 1 \\ 3 \end{bmatrix}$$

$$\therefore\quad x=-2,\quad y=1,\quad z=3$$

例題 14 （行列式の導関数）

微分可能な関数 $f_{ij}(x)$ $(i,\ j=1,\ 2,\ 3)$ を成分とする3次行列式

$$F(x)=\begin{vmatrix} f_{11}(x) & f_{12}(x) & f_{13}(x) \\ f_{21}(x) & f_{22}(x) & f_{23}(x) \\ f_{31}(x) & f_{32}(x) & f_{33}(x) \end{vmatrix}$$

の導関数は

$$F'(x)=\begin{vmatrix} f'_{11}(x) & f'_{12}(x) & f'_{13}(x) \\ f_{21}(x) & f_{22}(x) & f_{23}(x) \\ f_{31}(x) & f_{32}(x) & f_{33}(x) \end{vmatrix}+\begin{vmatrix} f_{11}(x) & f_{12}(x) & f_{13}(x) \\ f'_{21}(x) & f'_{22}(x) & f'_{23}(x) \\ f_{31}(x) & f_{32}(x) & f_{33}(x) \end{vmatrix}+\begin{vmatrix} f_{11}(x) & f_{12}(x) & f_{13}(x) \\ f_{21}(x) & f_{22}(x) & f_{23}(x) \\ f'_{31}(x) & f'_{32}(x) & f'_{33}(x) \end{vmatrix}$$

となることを示せ.

〚**ヒント**〛 関数の積の導関数

$$\{f(x)g(x)\}'=f'(x)g(x)+f(x)g'(x)$$

を用いる.

【**解答**】 行列式の定義は

$$F(x)=\sum_{\sigma}\mathrm{sgn}(\sigma)f_{1i_1}(x)f_{2i_2}(x)f_{3i_3}(x), \quad \text{ここで,} \quad \sigma=\begin{pmatrix} 1 & 2 & 3 \\ i_1 & i_2 & i_3 \end{pmatrix}$$

したがって，関数の積の導関数より

$$\begin{aligned} F'(x)&=\sum_{\sigma}\mathrm{sgn}(\sigma)(f_{1i_1}(x)f_{2i_2}(x)f_{3i_3}(x))' \\ &=\sum_{\sigma}\mathrm{sgn}(\sigma)(f'_{1i_1}(x)f_{2i_2}(x)f_{3i_3}(x)+f_{1i_1}(x)f'_{2i_2}(x)f_{3i_3}(x)+f_{1i_1}(x)f_{2i_2}(x)f'_{3i_3}(x)) \\ &=\sum_{\sigma}\mathrm{sgn}(\sigma)f'_{1i_1}(x)f_{2i_2}(x)f_{3i_3}(x)+\sum_{\sigma}\mathrm{sgn}(\sigma)f_{1i_1}(x)f'_{2i_2}(x)f_{3i_3}(x) \\ &\quad +\sum_{\sigma}\mathrm{sgn}(\sigma)f_{1i_1}(x)f_{2i_2}(x)f'_{3i_3}(x) \\ &=\begin{vmatrix} f'_{11}(x) & f'_{12}(x) & f'_{13}(x) \\ f_{21}(x) & f_{22}(x) & f_{23}(x) \\ f_{31}(x) & f_{32}(x) & f_{33}(x) \end{vmatrix}+\begin{vmatrix} f_{11}(x) & f_{12}(x) & f_{13}(x) \\ f'_{21}(x) & f'_{22}(x) & f'_{23}(x) \\ f_{31}(x) & f_{32}(x) & f_{33}(x) \end{vmatrix}+\begin{vmatrix} f_{11}(x) & f_{12}(x) & f_{13}(x) \\ f_{21}(x) & f_{22}(x) & f_{23}(x) \\ f'_{31}(x) & f'_{32}(x) & f'_{33}(x) \end{vmatrix} \end{aligned}$$

〚**注意**〛 例題の解答とまったく同様にして，n 次行列式の場合にも

$$F'(x)=\begin{vmatrix} f_{11}(x) & f_{12}(x) & \cdots & f_{1n}(x) \\ f_{21}(x) & f_{22}(x) & \cdots & f_{2n}(x) \\ & \cdots\cdots & & \\ f_{n1}(x) & f_{n2}(x) & \cdots & f_{nn}(x) \end{vmatrix}'=\sum_{k=1}^{n}\begin{vmatrix} f_{11}(x) & f_{12}(x) & \cdots & f_{1n}(x) \\ & \cdots\cdots & & \\ f'_{k1}(x) & f'_{k2}(x) & \cdots & f'_{kn}(x) \\ & \cdots\cdots & & \\ f_{n1}(x) & f_{n2}(x) & \cdots & f_{nn}(x) \end{vmatrix} \text{：第}\,k\,\text{行}$$

が成り立つ.

例題 15 （関数行列式）

(i) $\begin{cases} x = r\cos\theta \\ y = r\sin\theta \end{cases}$ のとき，関数行列式 $\dfrac{\partial(x,\,y)}{\partial(r,\,\theta)}$ を求めよ．

(ii) $f:\begin{cases} u = u(x,\,y) \\ v = v(x,\,y) \end{cases}$ および，$g:\begin{cases} s = s(u,\,v) \\ t = t(u,\,v) \end{cases}$

は，それぞれ，xy–平面上の領域 D_1 を uv–平面上の領域 D_2 に，D_2 を st–平面上の領域 D_3 に写す C^1 級の写像であるとき，すなわち，偏導関数が連続であるとき

$$\frac{\partial(s,\,t)}{\partial(x,\,y)} = \frac{\partial(s,\,t)}{\partial(u,\,v)}\cdot\frac{\partial(u,\,v)}{\partial(x,\,y)}$$

の成り立つことを示せ．

〖**ポイント**〗 $y_i = f_i(x_1,\,x_2)$ $(i = 1,\,2)$ が C^1 級であるとき，その偏導関数からつくられる行列式

$$\begin{vmatrix} \dfrac{\partial y_1}{\partial x_1} & \dfrac{\partial y_1}{\partial x_2} \\[2ex] \dfrac{\partial y_2}{\partial x_1} & \dfrac{\partial y_2}{\partial x_2} \end{vmatrix}$$

を $y_1,\,y_2$ の $x_1,\,x_2$ に関する**関数行列式**または**ヤコビアン**といい，$\dfrac{\partial(y_1,\,y_2)}{\partial(x_1,\,x_2)}$ で表す．

【解答】 (i) $\dfrac{\partial(x,\,y)}{\partial(r,\,\theta)} = \begin{vmatrix} \cos\theta & -r\sin\theta \\ \sin\theta & r\cos\theta \end{vmatrix} = r$

(ii) 合成写像 $g\circ f$ を h とすると，

$$h:\begin{cases} s = s(u(x,\,y),\ v(x,\,y)) \\ t = t(u(x,\,y),\ v(x,\,y)) \end{cases}$$

よって，その偏導関数は

$$\frac{\partial s}{\partial x} = \frac{\partial s}{\partial u}\frac{\partial u}{\partial x} + \frac{\partial s}{\partial v}\frac{\partial v}{\partial x}, \quad \frac{\partial s}{\partial y} = \frac{\partial s}{\partial u}\frac{\partial u}{\partial y} + \frac{\partial s}{\partial v}\frac{\partial v}{\partial y}$$

$$\frac{\partial t}{\partial x} = \frac{\partial t}{\partial u}\frac{\partial u}{\partial x} + \frac{\partial t}{\partial v}\frac{\partial v}{\partial x}, \quad \frac{\partial t}{\partial y} = \frac{\partial t}{\partial u}\frac{\partial u}{\partial y} + \frac{\partial t}{\partial v}\frac{\partial v}{\partial y}$$

行列式の積の公式（定理 8）より

$$\frac{\partial(s,\,t)}{\partial(x,\,y)} = \begin{vmatrix} \dfrac{\partial s}{\partial u} & \dfrac{\partial s}{\partial v} \\[2ex] \dfrac{\partial t}{\partial u} & \dfrac{\partial t}{\partial v} \end{vmatrix} \begin{vmatrix} \dfrac{\partial u}{\partial x} & \dfrac{\partial u}{\partial y} \\[2ex] \dfrac{\partial v}{\partial x} & \dfrac{\partial v}{\partial y} \end{vmatrix} = \frac{\partial(s,\,t)}{\partial(u,\,v)}\cdot\frac{\partial(u,\,v)}{\partial(x,\,y)}$$

問題 3.5 A

1. 次の行列の逆行列を求めよ．

(1) $\begin{bmatrix} 3 & 7 \\ 2 & 5 \end{bmatrix}$　(2) $\begin{bmatrix} 2 & 1 & 2 \\ 1 & 3 & 1 \\ 2 & 1 & 4 \end{bmatrix}$　(3) $\begin{bmatrix} i & -1 & i \\ -1 & 1 & -1 \\ -i & -1 & i \end{bmatrix}$　(4) $\begin{bmatrix} 3 & 1 & 2 \\ 1 & -4 & -2 \\ -1 & 2 & 1 \end{bmatrix}$

2. 3次正方行列 $A = \begin{bmatrix} 1 & 0 & 1 \\ 0 & 1 & 1 \\ 1 & 1 & 0 \end{bmatrix}$ の余因子行列 $\mathrm{adj}\,A$ とその行列式を求めよ．

3. 次の連立1次方程式をクラーメルの公式を用いて解け．

(1) $\begin{cases} 2x + 3y = 4 \\ 5x + 7y = 9 \end{cases}$　(2) $\begin{cases} x + y + z = 1 \\ 3x + 2y + 4z = 5 \\ 9x + 4y + 16z = 25 \end{cases}$

(3) $\begin{cases} 3x + y + 2z = 5 \\ x - 4y - 2z = 7 \\ -x + 2y + z = 9 \end{cases}$　(4) $\begin{cases} x + z = 2 \\ y + z = 4 \\ x + y = 6 \end{cases}$

4. 次の連立1次方程式を係数行列の逆行列を求めて解け．

(1) $\begin{cases} 5x - 3y = 7 \\ 6x + 2y = 5 \end{cases}$　(2) $\begin{cases} x + 2y + z = 2 \\ 2x - y + z = 1 \\ x + 2y + 3z = 3 \end{cases}$

5. $f(x) = \begin{vmatrix} 1 & 2 & 3 & 4 \\ x^2 & 2 & 3 & 4 \\ 1 & 2 & -x & 4 \\ 1 & x & 3 & 0 \end{vmatrix}$ の導関数を求めよ．

6. $a,\ b,\ c,\ d$ が定数であるとき，

$$\begin{cases} x = au + bv \\ y = cu + dv \end{cases}$$

の関数行列式を求めよ．

7. $f_i(x)$ $(i = 1, 2, 3, 4)$ を4次以下の多項式とするとき

$$F(x) = \begin{vmatrix} f_1(x) & f_2(x) & f_3(x) & f_4(x) \\ f_1'(x) & f_2'(x) & f_3'(x) & f_4'(x) \\ f_1''(x) & f_2''(x) & f_3''(x) & f_4''(x) \\ f_1'''(x) & f_2'''(x) & f_3'''(x) & f_4'''(x) \end{vmatrix}$$

はまた4次以下の多項式となることを示せ．

8. $\begin{cases} x = r\sin\theta\cos\varphi \\ y = r\sin\theta\sin\varphi \\ z = r\cos\theta \end{cases}$ とするとき，関数行列式 $\dfrac{\partial(x,\ y,\ z)}{\partial(r,\ \theta,\ \varphi)}$ を求めよ．

問題 3.5 B

1. 成分がすべて整数である正方行列を**整数行列**という．整数行列 A が正則行列であって，その逆行列 A^{-1} がまた整数行列となるための必要十分条件は $|A| = \pm 1$ であることを示せ．

2. $f(x)$, $g(x)$, $h(x)$ が閉区間 $[a, b]$ において連続な導関数をもつならば，

$$\begin{vmatrix} f(a) & g(a) & h(a) \\ f(b) & g(b) & h(b) \\ f'(c) & g'(c) & h'(c) \end{vmatrix} = 0$$

をみたす c が a と b の間に存在することを示せ．

3. 微分可能な関数 $a_{ij}(t)$ $(1 \leqq i, j \leqq n)$ に対して，行列 $A(t) = (a_{ij}(t))$ の導関数 $A'(t)$ を $A'(t) = (a'_{ij}(t))$ と定める．このとき，次を示せ．

(1) $(A(t)B(t))' = A'(t)B(t) + A(t)B'(t)$

(2) $A(t)$ が n 次正則行列ならば，$A(t)^{-1}$ も微分可能で

$$(A(t)^{-1})' = -A(t)^{-1}A'(t)A(t)^{-1}$$

ヒントと解答

問題 3.5 A

1. (1) $\begin{bmatrix} 5 & -7 \\ -2 & 3 \end{bmatrix}$ (2) $\dfrac{1}{10}\begin{bmatrix} 11 & -2 & -5 \\ -2 & 4 & 0 \\ -5 & 0 & 5 \end{bmatrix}$ (3) $-\dfrac{1}{2+2i}\begin{bmatrix} -1+i & 0 & 1-i \\ 2i & -2 & 0 \\ 1+i & 2i & -1+i \end{bmatrix}$

(4) $-\dfrac{1}{3}\begin{bmatrix} 0 & 3 & 6 \\ 1 & 5 & 8 \\ -2 & -7 & -13 \end{bmatrix}$

2. $\operatorname{adj} A = \begin{bmatrix} \begin{vmatrix} 1 & 1 \\ 1 & 0 \end{vmatrix} & -\begin{vmatrix} 0 & 1 \\ 1 & 0 \end{vmatrix} & \begin{vmatrix} 0 & 1 \\ 1 & 1 \end{vmatrix} \\ -\begin{vmatrix} 0 & 1 \\ 1 & 0 \end{vmatrix} & \begin{vmatrix} 1 & 1 \\ 1 & 0 \end{vmatrix} & -\begin{vmatrix} 1 & 1 \\ 0 & 1 \end{vmatrix} \\ \begin{vmatrix} 0 & 1 \\ 1 & 1 \end{vmatrix} & -\begin{vmatrix} 1 & 0 \\ 1 & 1 \end{vmatrix} & \begin{vmatrix} 1 & 0 \\ 0 & 1 \end{vmatrix} \end{bmatrix} = \begin{bmatrix} -1 & 1 & -1 \\ 1 & -1 & -1 \\ -1 & -1 & 1 \end{bmatrix}$

$|\operatorname{adj} A| = 4$

（注：問題 3.4B，2 により $|\operatorname{adj} A| = |A|^{n-1}$）

3. (1) $\begin{cases} x = -1 \\ y = 2 \end{cases}$

(2) $\begin{vmatrix} 1 & 1 & 1 \\ 3 & 2 & 4 \\ 9 & 4 & 16 \end{vmatrix} = -2 \qquad \therefore \quad x = -\dfrac{1}{2}\begin{vmatrix} 1 & 1 & 1 \\ 5 & 2 & 4 \\ 25 & 4 & 16 \end{vmatrix} = -3,$

$y = -\dfrac{1}{2}\begin{vmatrix} 1 & 1 & 1 \\ 3 & 5 & 4 \\ 9 & 25 & 16 \end{vmatrix} = 1, \quad z = -\dfrac{1}{2}\begin{vmatrix} 1 & 1 & 1 \\ 3 & 2 & 5 \\ 9 & 4 & 25 \end{vmatrix} = 3$

(3) $\begin{vmatrix} 3 & 1 & 2 \\ 1 & -4 & -2 \\ -1 & 2 & 1 \end{vmatrix} = -3 \qquad \therefore \quad x = -\dfrac{1}{3}\begin{vmatrix} 5 & 1 & 2 \\ 7 & -4 & -2 \\ 9 & 2 & 1 \end{vmatrix} = -25,$

$y = -\dfrac{1}{3}\begin{vmatrix} 3 & 5 & 2 \\ 1 & 7 & -2 \\ -1 & 9 & 1 \end{vmatrix} = -\dfrac{112}{3}, \quad z = -\dfrac{1}{3}\begin{vmatrix} 3 & 1 & 5 \\ 1 & -4 & 7 \\ -1 & 2 & 9 \end{vmatrix} = \dfrac{176}{3}$

(4) $\begin{vmatrix} 1 & 0 & 1 \\ 0 & 1 & 1 \\ 1 & 1 & 0 \end{vmatrix} = -2 \qquad \therefore \quad x = -\dfrac{1}{2}\begin{vmatrix} 2 & 0 & 1 \\ 4 & 1 & 1 \\ 6 & 1 & 0 \end{vmatrix} = 2, \quad y = -\dfrac{1}{2}\begin{vmatrix} 1 & 2 & 1 \\ 0 & 4 & 1 \\ 1 & 6 & 0 \end{vmatrix} = 4,$

$z = -\dfrac{1}{2}\begin{vmatrix} 1 & 0 & 2 \\ 0 & 1 & 4 \\ 1 & 1 & 6 \end{vmatrix} = 0$

4. (1) $\begin{cases} x = 29/28 \\ y = -17/28 \end{cases}$

(2) $\begin{bmatrix} 1 & 2 & 1 \\ 2 & -1 & 1 \\ 1 & 2 & 3 \end{bmatrix}^{-1} = -\dfrac{1}{10}\begin{bmatrix} -5 & -4 & 3 \\ -5 & 2 & 1 \\ 5 & 0 & -5 \end{bmatrix}$

$$\therefore \quad \begin{bmatrix} x \\ y \\ z \end{bmatrix} = -\frac{1}{10}\begin{bmatrix} -5 & -4 & 3 \\ -5 & 2 & 1 \\ 5 & 0 & -5 \end{bmatrix}\begin{bmatrix} 2 \\ 1 \\ 3 \end{bmatrix} = \begin{bmatrix} 1/2 \\ 1/2 \\ 1/2 \end{bmatrix}$$

5. 例題 14 〖**注意**〗 によって

$$f'(x) = \begin{vmatrix} 1 & 2 & 3 & 4 \\ 2x & 0 & 0 & 0 \\ 1 & 2 & -x & 4 \\ 1 & x & 3 & 0 \end{vmatrix} + \begin{vmatrix} 1 & 2 & 3 & 4 \\ x^2 & 2 & 3 & 4 \\ 0 & 0 & -1 & 0 \\ 1 & x & 3 & 0 \end{vmatrix} + \begin{vmatrix} 1 & 2 & 3 & 4 \\ x^2 & 2 & 3 & 4 \\ 1 & 2 & -x & 4 \\ 0 & 1 & 0 & 0 \end{vmatrix}$$

6. $\dfrac{\partial(x,\, y)}{\partial(u,\, v)} = \begin{vmatrix} a & b \\ c & d \end{vmatrix} = ad - bc$

7.　$F'(x)=\begin{vmatrix} f_1(x) & \cdots \\ f_1'(x) & \cdots \\ f_1''(x) & \cdots \\ f_1^{(4)}(x) & \cdots \end{vmatrix}$,　$F''(x)=\begin{vmatrix} f_1(x) & \cdots \\ f_1'(x) & \cdots \\ f_1'''(x) & \cdots \\ f_1^{(4)}(x) & \cdots \end{vmatrix}$,　$F'''(x)=\begin{vmatrix} f_1(x) & \cdots \\ f_1''(x) & \cdots \\ f_1'''(x) & \cdots \\ f_1^{(4)}(x) & \cdots \end{vmatrix}$,

$F^{(4)}(x)=\begin{vmatrix} f_1'(x) & \cdots \\ f_1''(x) & \cdots \\ f_1'''(x) & \cdots \\ f_1^{(4)}(x) & \cdots \end{vmatrix}$　　$\therefore\quad F^{(5)}(x)=0$

8.　$$\frac{\partial(x,\,y,\,z)}{\partial(r,\,\theta,\,\varphi)}=\begin{vmatrix} \dfrac{\partial x}{\partial r} & \dfrac{\partial x}{\partial \theta} & \dfrac{\partial x}{\partial \varphi} \\ \dfrac{\partial y}{\partial r} & \dfrac{\partial y}{\partial \theta} & \dfrac{\partial y}{\partial \varphi} \\ \dfrac{\partial z}{\partial r} & \dfrac{\partial z}{\partial \theta} & \dfrac{\partial z}{\partial \varphi} \end{vmatrix}=\begin{vmatrix} \sin\theta\cos\varphi & r\cos\theta\cos\varphi & -r\sin\theta\sin\varphi \\ \sin\theta\sin\varphi & r\cos\theta\sin\varphi & r\sin\theta\cos\varphi \\ \cos\theta & -r\sin\theta & 0 \end{vmatrix}=r^2\sin\theta$$

問題 3.5　B

1.　$|AA^{-1}|=|A|\,|A^{-1}|=1$．$A,\,A^{-1}$ が整数行列なら $|A|,\ |A^{-1}|$ は整数　　$\therefore\quad |A|=\pm 1$．逆に，$|A|=\pm 1$ ならば，$A^{-1}=1/|A|\cdot\mathrm{adj}\,A=\pm\mathrm{adj}\,A$．余因子は整数だから $\mathrm{adj}\,A$ は整数行列．

2.　$F(x)=\begin{vmatrix} f(a) & g(a) & h(a) \\ f(b) & g(b) & h(b) \\ f(x) & g(x) & h(x) \end{vmatrix}$ とおくと，$F(a)=F(b)=0$．平均値の定理によって，$F'(c)=0$ をみたす c が a と b の間に存在する．ここで，$F'(x)=\begin{vmatrix} f(a) & g(a) & h(a) \\ f(b) & g(b) & h(b) \\ f'(x) & g'(x) & h'(x) \end{vmatrix}$．

3.　(1)　$$\begin{aligned}(A(t)B(t))' &= \left(\sum a_{ik}(t)b_{kj}(t)\right)' \\ &= \left(\sum (a_{ik}'(t)b_{kj}(t)+a_{ik}(t)b_{kj}'(t))\right) \\ &= A'(t)B(t)+A(t)B'(t)\end{aligned}$$

(2)　$A(t)^{-1}=\dfrac{1}{|A(t)|}\mathrm{adj}\,A(t)$. $|A(t)|$ および $\mathrm{adj}\,A(t)$ の成分は $a_{ij}(t)$ の多項式だから，微分可能．$A(t)A(t)^{-1}=E$ の両辺の導関数をつくると，

$$A'(t)A(t)^{-1}+A(t)(A(t)^{-1})'=O$$
$$\therefore\quad (A(t)^{-1})'=-A(t)^{-1}A'(t)A(t)^{-1}$$

4 行列の基本変形

4.1 基本変形と基本行列

基本変形 ▶ 行列に施される次の変形を**基本変形**という.

(L1) ある行に 0 でない定数をかける.

(L2) 2 つの行を入れかえる.

(L3) ある行の定数倍を他の行に加える.

(R1) ある列に 0 でない定数をかける.

(R2) 2 つの列を入れかえる.

(R3) ある列の定数倍を他の列に加える.

変形 (L1), (L2), (L3) を**行基本変形**, 変形 (R1), (R2), (R3) を**列基本変形**という.

行列 A に対して有限回の基本変形を施して行列 B が得られるとき, それを,

$$A \to B$$

によって表す.

基本行列 ▶ n 次単位行列 E に対して基本変形を 1 回だけ施して得られる行列を, その基本変形の**基本行列**という. 基本行列は次の形をしている.

$$\text{(L1) または (R1) の基本行列：} E_n(i\,;c) = \begin{bmatrix} 1 & & & \vdots & & & \\ & \ddots & & \vdots & & & \\ & & 1 & \vdots & & & \\ \cdots & \cdots & \cdots & c & \cdots & \cdots & \cdots \\ & & & \vdots & 1 & & \\ & & & \vdots & & \ddots & \\ & & & \vdots & & & 1 \end{bmatrix} \begin{matrix} \\ \\ \\ \text{第 } i \text{ 行} \\ \\ \\ \\ \end{matrix} \quad (c \neq 0)$$

第 i 列

$$\text{(L2) または (R2) の基本行列：} E_n(i,\,j) = \begin{bmatrix} 1 & \vdots & & \vdots & \\ \ddots & \vdots & & \vdots & \\ \cdots & 0 & \cdots & 1 & \cdots \\ & \vdots & \ddots & \vdots & \\ \cdots & 1 & \cdots & 0 & \cdots \\ & \vdots & & \vdots & \ddots \\ & \vdots & & \vdots & 1 \end{bmatrix} \begin{matrix} \\ \\ \text{第 } i \text{ 行} \\ \\ \text{第 } j \text{ 行} \\ \\ \\ \end{matrix}$$

第 i 列第 j 行

(L3) または (R3) の基本行列：$E_n(i,\, j\,;\, k) = \begin{bmatrix} 1 & & & \vdots & & \\ & \ddots & & \vdots & & \\ & \cdots & 1 & \cdots\ k\ \cdots & & \\ & & & \ddots\ \vdots & & \\ & & & 1 & & \\ & & & \vdots & \ddots & \\ & & & \vdots & & 1 \end{bmatrix}$ 第 i 行

第 j 列

定理 1

基本行列は正則行列であって，その逆行列も基本行列である．

(i)　$E_n(i\,;\, c)^{-1} = E_n(i\,;\, c^{-1})$　$(c \neq 0)$

(ii)　$E_n(i,\, j)^{-1} = E_n(i,\, j)$

$E_n(i,\, j\,;\, k)^{-1} = E_n(i,\, j\,;\, -k)$

定理 2

$(m,\, n)$ 行列 A に行基本変形または列基本変形を施すことと，それに対応する基本行列を A の左または右からかけることとは同値である．すなわち

(L1)：A の第 i 行を $c\ (\neq 0)$ 倍する

$= E_m(i\,;\, c)A$

(L2)：A の第 i 行と第 j 行を入れかえる

$= E_m(i,\, j)A$

(L3)：A の第 j 行を k 倍して第 i 行に加える

$= E_m(i,\, j\,;\, k)A$

(R1)：A の第 i 列を $c\ (\neq 0)$ 倍する

$= AE_n(i\,;\, c)$

(R2)：A の第 i 列と第 j 列を入れかえる

$= AE_n(i,\, j)$

(R3)：A の第 i 列を k 倍して第 j 列に加える

$= AE_n(i,\, j\,;\, k)$

定理 3

$(m,\, n)$ 行列 A に有限回の基本変形を施して行列 B が得られるとき，適当な m 次正則行列 P，n 次正則行列 Q をとれば，

$$B = PAQ$$

と表される．ここで，$P,\, Q$ は基本行列の積としてとれる．

掃き出し法 ► 行列 A の $(i,\ j)$ 成分 a_{ij} が 0 でないとき，A に対して次の基本変形を順次施す；

(1) 第 i 行を $1/a_{ij}$ 倍する．

(2) $k \neq i$ に対し，第 k 行から第 i 行の a_{kj} 倍をひく．

(3) $l \neq j$ に対し，第 l 列から第 j 列の $(i,\ l)$ 成分倍をひく．

このとき，A は

$$A \xrightarrow{(1),(2)} \begin{bmatrix} & 0 & \\ * & \vdots & * \\ & 0 & \\ * & 1 & * \\ & 0 & \\ * & \vdots & * \\ & 0 & \end{bmatrix} \xrightarrow{(3)} \begin{bmatrix} & 0 & \\ * & \vdots & * \\ & 0 & \\ 0 \cdots & 1 \cdots & 0 \\ & 0 & \\ * & \vdots & * \\ & 0 & \end{bmatrix}$$

と順次変形される．この変形を $(i,\ j)$ 成分をかなめとして第 j 列，第 i 行を**掃き出す**という．

例題 1　**（行列の基本変形）**

行列 $A = \begin{bmatrix} -2 & 1 & 0 & 4 \\ 1 & 3 & 2 & 2 \\ 5 & 1 & 2 & -6 \end{bmatrix}$ に，次の基本変形を番号順に施せ．

① 1 行 + 2 行 × 2
② 3 行 + 2 行 × (−5)
③ 1 行と 2 行を入れかえる
④ 3 行 + 2 行 × 2
⑤ 2 列 + 1 列 × (−3)
⑥ 3 列 + 1 列 × (−2)
⑦ 4 列 + 1 列 × (−2)
⑧ 2 列 × 1/7
⑨ 3 列 + 2 列 × (−4)
⑩ 4 列 + 2 列 × (−8)

【解答】

$$A = \begin{bmatrix} -2 & 1 & 0 & 4 \\ 1 & 3 & 2 & 2 \\ 5 & 1 & 2 & -6 \end{bmatrix} \xrightarrow{①} \begin{bmatrix} 0 & 7 & 4 & 8 \\ 1 & 3 & 2 & 2 \\ 5 & 1 & 2 & -6 \end{bmatrix} \xrightarrow{②} \begin{bmatrix} 0 & 7 & 4 & 8 \\ 1 & 3 & 2 & 2 \\ 0 & -14 & -8 & -16 \end{bmatrix}$$

$$\xrightarrow{③} \begin{bmatrix} 1 & 3 & 2 & 2 \\ 0 & 7 & 4 & 8 \\ 0 & -14 & -8 & -16 \end{bmatrix} \xrightarrow{④} \begin{bmatrix} 1 & 3 & 2 & 2 \\ 0 & 7 & 4 & 8 \\ 0 & 0 & 0 & 0 \end{bmatrix} \xrightarrow{⑤} \begin{bmatrix} 1 & 0 & 2 & 2 \\ 0 & 7 & 4 & 8 \\ 0 & 0 & 0 & 0 \end{bmatrix} \xrightarrow{⑥} \begin{bmatrix} 1 & 0 & 0 & 2 \\ 0 & 7 & 4 & 8 \\ 0 & 0 & 0 & 0 \end{bmatrix}$$

$$\xrightarrow{⑦} \begin{bmatrix} 1 & 0 & 0 & 0 \\ 0 & 7 & 4 & 8 \\ 0 & 0 & 0 & 0 \end{bmatrix} \xrightarrow{⑧} \begin{bmatrix} 1 & 0 & 0 & 0 \\ 0 & 1 & 4 & 8 \\ 0 & 0 & 0 & 0 \end{bmatrix} \xrightarrow{⑨} \begin{bmatrix} 1 & 0 & 0 & 0 \\ 0 & 1 & 0 & 8 \\ 0 & 0 & 0 & 0 \end{bmatrix} \xrightarrow{⑩} \begin{bmatrix} 1 & 0 & 0 & 0 \\ 0 & 1 & 0 & 0 \\ 0 & 0 & 0 & 0 \end{bmatrix}$$

〚**注意**〛 この例題のように，行列に基本変形を施すと簡単な行列に変形される（第 4 章 4.2，定理 4 をみなさい）．このような変形をする場合，①, ②；⑤, ⑥, ⑦；⑨, ⑩をまとめて計算すれば，変形が長くならないですむ．すなわち，

$$A \xrightarrow{①,②} \begin{bmatrix} 0 & 7 & 4 & 8 \\ 1 & 3 & 2 & 2 \\ 0 & -14 & -8 & -16 \end{bmatrix} \xrightarrow{③} \begin{bmatrix} 1 & 3 & 2 & 2 \\ 0 & 7 & 4 & 8 \\ 0 & -14 & -8 & -16 \end{bmatrix} \xrightarrow{④} \begin{bmatrix} 1 & 3 & 2 & 2 \\ 0 & 7 & 4 & 8 \\ 0 & 0 & 0 & 0 \end{bmatrix}$$

$$\xrightarrow{⑤,⑥,⑦} \begin{bmatrix} 1 & 0 & 0 & 0 \\ 0 & 7 & 4 & 8 \\ 0 & 0 & 0 & 0 \end{bmatrix} \xrightarrow{⑧} \begin{bmatrix} 1 & 0 & 0 & 0 \\ 0 & 1 & 4 & 8 \\ 0 & 0 & 0 & 0 \end{bmatrix} \xrightarrow{⑨,⑩} \begin{bmatrix} 1 & 0 & 0 & 0 \\ 0 & 1 & 0 & 0 \\ 0 & 0 & 0 & 0 \end{bmatrix}$$

例題 2 （基本行列）

行列 $A=\begin{bmatrix} 2 & 1 & -3 & 4 & -1 \\ 0 & 2 & 1 & 2 & 5 \\ 3 & 7 & -2 & 1 & 4 \\ 6 & -3 & 4 & 2 & 1 \end{bmatrix}$ に対して，

(i)　$E_4(2, 3)E_4(3, 2\,;\,-1)AE_5(2\,;\,2)E_5(5, 1\,;\,-3)=B$ を求めよ．

(ii)　行列 A に，次の基本変形を番号順に施すとき，それぞれの基本行列を求めよ．

①　4 列 + 1 列 × (−2)

②　2 列 + 3 列 × (−2)

③　3 行 × (−2)

④　2 行と 3 行を入れかえる．

【解答】　(i)　たとえば，行列の積の結合法則を用いて $((E_4(2, 3)(E_4(3, 2\,;\,-1)A)E_5(2\,;\,2))E_5(5, 1\,;\,-3)=B$ と考えれば，

$$A\to\begin{bmatrix} 2 & 1 & -3 & 4 & -1 \\ 0 & 2 & 1 & 2 & 5 \\ 3 & 5 & -3 & -1 & -1 \\ 6 & -3 & 4 & 2 & 1 \end{bmatrix}\to\begin{bmatrix} 2 & 1 & -3 & 4 & -1 \\ 3 & 5 & -3 & -1 & -1 \\ 0 & 2 & 1 & 2 & 5 \\ 6 & -3 & 4 & 2 & 1 \end{bmatrix}\to\begin{bmatrix} 2 & 2 & -3 & 4 & -1 \\ 3 & 10 & -3 & -1 & -1 \\ 0 & 4 & 1 & 2 & 5 \\ 6 & -6 & 4 & 2 & 1 \end{bmatrix}$$

$$\to\begin{bmatrix} 5 & 2 & -3 & 4 & -1 \\ 6 & 10 & -3 & -1 & -1 \\ -15 & 4 & 1 & 2 & 5 \\ 3 & -6 & 4 & 2 & 1 \end{bmatrix}=B$$

(ii)　行基本変形は基本行列を左から，列基本変形は基本行列を右からかけて得られるから，①, ②の基本行列は 5 次，③, ④の基本行列は 4 次正方行列である．

$$E_5\xrightarrow{①}E_5(1, 4\,;\,-2)=\begin{bmatrix} 1 & 0 & 0 & -2 & 0 \\ 0 & 1 & 0 & 0 & 0 \\ 0 & 0 & 1 & 0 & 0 \\ 0 & 0 & 0 & 1 & 0 \\ 0 & 0 & 0 & 0 & 1 \end{bmatrix},\quad E_5\xrightarrow{②}E_5(3, 2\,;\,-2)=\begin{bmatrix} 1 & 0 & 0 & 0 & 0 \\ 0 & 1 & 0 & 0 & 0 \\ 0 & -2 & 1 & 0 & 0 \\ 0 & 0 & 0 & 1 & 0 \\ 0 & 0 & 0 & 0 & 1 \end{bmatrix}$$

$$E_4\xrightarrow{③}E_4(3\,;\,-2)=\begin{bmatrix} 1 & 0 & 0 & 0 \\ 0 & 1 & 0 & 0 \\ 0 & 0 & -2 & 0 \\ 0 & 0 & 0 & 1 \end{bmatrix},\quad E_4\xrightarrow{④}E_4(2, 3)=\begin{bmatrix} 1 & 0 & 0 & 0 \\ 0 & 0 & 1 & 0 \\ 0 & 1 & 0 & 0 \\ 0 & 0 & 0 & 1 \end{bmatrix}$$

問題 4.1 A

1. 行列 $A=\begin{bmatrix} 2 & 5 \\ 3 & 7 \end{bmatrix}$ に，次の 2 通りの方法で，基本変形 ①, ②, ③, ④を番号順に施してできる行列を比較せよ．

(1) ①：1 行 × 1/2　　②：2 行 + 1 行 × (−3)
　③：1 行 + 2 行 × 5　　④：2 行 × (−2)

(2) ①：2 行 + 1 行 × (−1)　　②：2 列 + 1 列 × (−2)
　③：1 列 + 2 列 × (−2)　　④：1 列と 2 列の入れかえ．

2. 問題 1 の基本変形の基本行列を求めよ．

3. $A=\begin{bmatrix} 2 & 1 & 3 & 4 \\ -1 & 0 & 2 & 1 \\ 3 & 2 & -1 & -2 \end{bmatrix}$ に対して，次の行列を求めよ．

(1) $E_3(3, 2\,;3)E_3(1, 2\,;2)AE_4(2, 3\,;-7)E_4(2, 4\,;-6)$

(2) $E_3(3, 2\,;2)AE_4(1, 2)E_4(1, 3\,;-3)E_4(1, 4\,;-4)E_4(1\,;-1)$

4. $A=\begin{bmatrix} 3 & -1 & 2 & 4 \\ 2 & 3 & 1 & 5 \\ 4 & 1 & -3 & 2 \end{bmatrix}$ の (2, 3) 成分をかなめとして第 2 行，第 3 列を掃き出せ．

5. (1) $A=\begin{bmatrix} 1 & 3 & 0 & 4 & 5 \\ -2 & 0 & 1 & 3 & -2 \\ -1 & 3 & 1 & 7 & 3 \\ -3 & 3 & 2 & 10 & 1 \end{bmatrix}$ に，次の基本変形を番号順に施せ．

①：2 列 × 1/3　　②：3 行 + 1 行 × (−1)
③：4 行 + 1 行 × (−1)　　④：1 列と 2 列の入れかえ

(2) 基本変形①, ②, ③, ④の基本行列 P_1, P_2, P_3, P_4 を求めよ．

(3) (1) で求めた行列 B を，A, P_1, P_2, P_3, P_4 で表せ．

問題 4.1 B

1. 行列 $A=\begin{bmatrix} 1 & 1 & 0 \\ 1 & 0 & 1 \\ 0 & 1 & 1 \end{bmatrix}$ に適当な基本変形を施せば $E=\begin{bmatrix} 1 & 0 & 0 \\ 0 & 1 & 0 \\ 0 & 0 & 1 \end{bmatrix}$ となることを示せ．

2. 問題 1 を用いて，A を基本行列の積として表せ．

3. 行列 A に基本変形を施して行列 B が得られるとき，$A \sim B$ と表せば，

(1) $A \sim A$　　(2) $A \sim B$ ならば $B \sim A$　　(3) $A \sim B$, $B \sim C$ ならば $A \sim C$

が成り立つことを示せ．

ヒントと解答

問題 4.1　A

1. (1), (2) ともに単位行列 $\begin{bmatrix} 1 & 0 \\ 0 & 1 \end{bmatrix}$ に変形される.

2. (1)　① $\begin{bmatrix} 1/2 & 0 \\ 0 & 1 \end{bmatrix}$,　② $\begin{bmatrix} 1 & 0 \\ -3 & 1 \end{bmatrix}$,　③ $\begin{bmatrix} 1 & 5 \\ 0 & 1 \end{bmatrix}$,　④ $\begin{bmatrix} 1 & 0 \\ 0 & -2 \end{bmatrix}$

(2)　① $\begin{bmatrix} 1 & 0 \\ -1 & 1 \end{bmatrix}$,　② $\begin{bmatrix} 1 & -2 \\ 0 & 1 \end{bmatrix}$,　③ $\begin{bmatrix} 1 & 0 \\ -2 & 1 \end{bmatrix}$,　④ $\begin{bmatrix} 0 & 1 \\ 1 & 0 \end{bmatrix}$

3. (1)　$\begin{bmatrix} 0 & 1 & 0 & 0 \\ -1 & 0 & 2 & 1 \\ 0 & 2 & -9 & -11 \end{bmatrix}$　　(2)　$\begin{bmatrix} -1 & -2 & 0 & 0 \\ 0 & -1 & 2 & 1 \\ -2 & 1 & -3 & -8 \end{bmatrix}$

4. $A \to \begin{bmatrix} -1 & -7 & 0 & -6 \\ 2 & 3 & 1 & 5 \\ 10 & 10 & 0 & 17 \end{bmatrix} \to \begin{bmatrix} -1 & -7 & 0 & -6 \\ 0 & 0 & 1 & 0 \\ 10 & 10 & 0 & 17 \end{bmatrix}$

5. (1)　$\begin{bmatrix} 1 & 1 & 0 & 4 & 5 \\ 0 & -2 & 1 & 3 & -2 \\ 0 & -2 & 1 & 3 & -2 \\ 0 & -4 & 2 & 6 & -4 \end{bmatrix}$　　(2)　$P_1 = E_5(2\,;\,1/3)$,　$P_2 = E_4(3,1\,;\,-1)$,

$P_3 = E_4(4,1\,;\,-1)$,　$P_4 = E_5(1,2)$　　(3)　$B = P_3P_2AP_1P_4$

問題 4.1　B

1. たとえば, $A \to \begin{bmatrix} 1 & 1 & 0 \\ 0 & -1 & 1 \\ 0 & 1 & 1 \end{bmatrix} \to \begin{bmatrix} 1 & 0 & 1 \\ 0 & -1 & 1 \\ 0 & 0 & 2 \end{bmatrix} \to \begin{bmatrix} 1 & 0 & 1 \\ 0 & 1 & 1 \\ 0 & 0 & 1 \end{bmatrix} \to \begin{bmatrix} 1 & 0 & 0 \\ 0 & 1 & 0 \\ 0 & 0 & 1 \end{bmatrix}$

2行 − 1行　　1行 + 2行　　2列 × (−1)　　1行 − 3行

　　　　　　3行 + 2行　　3行 × (1/2)　　2行 − 3行

2. 問題1の変形を用いると,

$E = E_3(2,3\,;-1)E_3(1,3\,;-1)E_3(3\,;1/2)E_3(3,2\,;1)E_3(1,2\,;1)E_3(2,1\,;-1)AE_3(2\,;-1)$

$\therefore\quad A = E_3(2,1\,;-1)^{-1}E_3(1,2\,;1)^{-1}E_3(3,2\,;1)^{-1}E_3(3\,;1/2)^{-1}E_3(1,3\,;-1)^{-1}E_3(2,3\,;\,-1)^{-1}E_3(2\,;\,-1)^{-1} = E_3(2,1\,;1)E_3(1,2\,;\,-1)E_3(3,2\,;\,-1)E_3(3\,;2)E_3(1,3\,;1)E_3(2,3\,;1)E_3(2\,;\,-1)$

3. $A \sim B \Longleftrightarrow B = PAQ$ をみたす正則行列 P, Q が存在する.

(1)　$A = EAE$　　(2)　$B = PAQ \Longrightarrow A = P^{-1}BQ^{-1}$

(3)　$B = P_1AQ_1,\ C = P_2BQ_2 \Longrightarrow C = P_2P_1AQ_1Q_2$

4.2 行列の階数

行列の階数 ▶

定理 4

行列 A は，有限回の基本変形を施すことによって，**標準形**

$$\begin{bmatrix} E_r & O \\ O & O \end{bmatrix} = \left[\begin{array}{cccc:c} 1 & & & & \\ & 1 & & & \\ & & \ddots & & O \\ & & & 1 & \\ \hdashline & & O & & O \end{array}\right] \quad (\text{対角線上の } 1 \text{ の個数が } r)$$

に変形される．ここで，標準形の対角線上にならぶ 1 の個数 r は基本変形の仕方によらないで定まる整数である．

この定理における 1 の個数 r を行列 A の**階数**（ランク）といい

$$\operatorname{rank} A = r$$

と表す．零行列の階数は 0 と定める．

階数と小行列式 ▶ (m, n) 行列 A から k 個の行と k 個の列をとり出してつくる k 次行列式を A の k **次小行列式**という．

定理 5

次の (i), (ii), (iii) は同値である．

(i) $\operatorname{rank} A = r$

(ii) A の r 次小行列式の中には 0 でないものがあり，$(r+1)$ 次以上の小行列式はすべて 0 である．

(iii) A の r 次小行列式の中には 0 でないものがあり，それを A_r とする．このとき，A_r を含む $(r+1)$ 次小行列式はすべて 0 である．

定理 6

n 次正方行列 A に対して次の (i), (ii), (iii) は同値である．

(i) A は正則行列である．

(ii) $|A| \neq 0$

(iii) $\operatorname{rank} A = n$

逆行列の計算 ▶

定理 7

n 次正則行列 A に対して $(n,\,2n)$ 行列 $[A\ E]$ をつくれば，有限回の行基本変形を施すことによって

$$[A\ E] \to [E\ A^{-1}]$$

と変形できる．

この定理の方法は，余因子を用いて逆行列を求める公式 (第3章3.5，定理12) よりも実用的な計算法である．

定理 8

任意の正則行列はいくつかの基本行列の積である．

階数の性質 ▶

定理 9

(i)　$(m,\,n)$ 行列 A に対して，$0 \leqq \operatorname{rank} A \leqq \min\{m,\,n\}$．

(ii)　$\operatorname{rank} {}^t\!A = \operatorname{rank} A$

(iii)　$\operatorname{rank}(A+B) \leqq \operatorname{rank} A + \operatorname{rank} B$

(iv)　$\operatorname{rank} AB \leqq \operatorname{rank} A,\ \operatorname{rank} B$

定理 10

$(m,\,n)$ 行列 $A,\,B$ に対して，次は同値である．

(i)　$\operatorname{rank} A = \operatorname{rank} B$

(ii)　m 次正則行列 P，n 次正則行列 Q によって $B = PAQ$ と表される．

〖**注意**〗 階数を求めるだけの計算ならば，第4章4.1の掃き出し法における (1), (2) および行の交換を行うことによって，r 階の**階段行列**

$$A \to \begin{bmatrix} 1 \ \cdots & & & * \\ & 1 \ \cdots & & \\ & & \cdots \ \cdots & \\ O & & & 1 \ \cdots \end{bmatrix}$$

をつくれば，$\operatorname{rank} A = r$ である．

例題 3　（基本変形と標準形）

行列 $A = \begin{bmatrix} -1 & 2 & 1 & 2 \\ -1 & 1 & 0 & 2 \\ 0 & -2 & -2 & 0 \end{bmatrix}$ に対して，

（i）　A に基本変形を施して標準形 B に変形せよ．

（ii）　$B = PAQ$ となる正方行列 P, Q の 1 組を求めよ．

【解答】（i）

$$A \xrightarrow{①} \begin{bmatrix} -1 & 2 & 1 & 2 \\ 0 & -1 & -1 & 0 \\ 0 & -2 & -2 & 0 \end{bmatrix} \xrightarrow{②} \begin{bmatrix} -1 & 2 & 1 & 2 \\ 0 & -1 & -1 & 0 \\ 0 & 0 & 0 & 0 \end{bmatrix} \xrightarrow{③} \begin{bmatrix} 1 & -2 & -1 & -2 \\ 0 & 1 & 1 & 0 \\ 0 & 0 & 0 & 0 \end{bmatrix}$$

$$\xrightarrow{④} \begin{bmatrix} 1 & 0 & 0 & 0 \\ 0 & 1 & 1 & 0 \\ 0 & 0 & 0 & 0 \end{bmatrix} \xrightarrow{⑤} \begin{bmatrix} 1 & 0 & 0 & 0 \\ 0 & 1 & 0 & 0 \\ 0 & 0 & 0 & 0 \end{bmatrix} = B$$

ここで，①：2 行 + 1 行 × (−1)，②：3 行 + 2 行 × (−2)，③：1 行と 2 行に (−1) をかける，④：2 列 + 1 列 × 2，3 列 + 1 列，4 列 + 1 列 × 2，⑤：3 列 + 2 列 × (−1)．

（ii）　基本変形①〜⑤に対応する基本行列を用いて B を表せば，
$B = E_3(2\,;-1)E_3(1\,;-1)E_3(3,2\,;-2)E_3(2,1\,;-1)AE_4(1,2\,;2)E_4(1,3\,;1)E_4(1,4\,;2)$ $E_4(2,3\,;-1)$．したがって，P, Q の 1 組として

$$P = E_3(2\,;-1)E_3(1\,;-1)E_3(3,2\,;-2)E_3(2,1\,;-1)$$

$$= \begin{bmatrix} 1 & 0 & 0 \\ 0 & -1 & 0 \\ 0 & 0 & 1 \end{bmatrix} \begin{bmatrix} -1 & 0 & 0 \\ 0 & 1 & 0 \\ 0 & 0 & 1 \end{bmatrix} \begin{bmatrix} 1 & 0 & 0 \\ 0 & 1 & 0 \\ 0 & -2 & 1 \end{bmatrix} \begin{bmatrix} 1 & 0 & 0 \\ -1 & 1 & 0 \\ 0 & 0 & 1 \end{bmatrix} = \begin{bmatrix} -1 & 0 & 0 \\ 1 & -1 & 0 \\ 2 & -2 & 1 \end{bmatrix}$$

$$Q = E_4(1,2\,;2)E_4(1,3\,;1)E_4(1,4\,;2)E_4(2,3\,;-1)$$

$$= \begin{bmatrix} 1 & 2 & 0 & 0 \\ 0 & 1 & 0 & 0 \\ 0 & 0 & 1 & 0 \\ 0 & 0 & 0 & 0 \end{bmatrix} \begin{bmatrix} 1 & 0 & 1 & 0 \\ 0 & 1 & 0 & 0 \\ 0 & 0 & 1 & 0 \\ 0 & 0 & 0 & 1 \end{bmatrix} \begin{bmatrix} 1 & 0 & 0 & 2 \\ 0 & 1 & 0 & 0 \\ 0 & 0 & 1 & 0 \\ 0 & 0 & 0 & 1 \end{bmatrix} \begin{bmatrix} 1 & 0 & 0 & 0 \\ 0 & 1 & -1 & 0 \\ 0 & 0 & 1 & 0 \\ 0 & 0 & 0 & 1 \end{bmatrix} = \begin{bmatrix} 1 & 2 & -1 & 2 \\ 0 & 1 & -1 & 0 \\ 0 & 0 & 1 & 0 \\ 0 & 0 & 0 & 1 \end{bmatrix}$$

$$\therefore \quad P = \begin{bmatrix} -1 & 0 & 0 \\ 1 & -1 & 0 \\ 2 & -2 & 1 \end{bmatrix}, \quad Q = \begin{bmatrix} 1 & 2 & -1 & 2 \\ 0 & 1 & -1 & 0 \\ 0 & 0 & 1 & 0 \\ 0 & 0 & 0 & 1 \end{bmatrix}$$

例題 4 （行列の階数）

$$A=\begin{bmatrix} 0 & 3 & -1 & 4 & 5 \\ 1 & -1 & 2 & 0 & 3 \\ 2 & -1 & 3 & 4 & 11 \\ -1 & 4 & -3 & 4 & 2 \end{bmatrix}$$ の階数を求めよ．

〚**ポイント**〛 階段行列または標準形を目標に変形する．

【**解答**】 $$A \xrightarrow{①} \begin{bmatrix} 1 & -1 & 2 & 0 & 3 \\ 0 & 3 & -1 & 4 & 5 \\ 2 & -1 & 3 & 4 & 11 \\ -1 & 4 & -3 & 4 & 2 \end{bmatrix} \xrightarrow{②} \begin{bmatrix} 1 & -1 & 2 & 0 & 3 \\ 0 & 3 & -1 & 4 & 5 \\ 0 & 1 & -1 & 4 & 5 \\ 0 & 3 & -1 & 4 & 5 \end{bmatrix}$$

$$\xrightarrow{③} \begin{bmatrix} 1 & -1 & 2 & 0 & 3 \\ 0 & 1 & -1 & 4 & 5 \\ 0 & 3 & -1 & 4 & 5 \\ 0 & 3 & -1 & 4 & 5 \end{bmatrix} \xrightarrow{④} \begin{bmatrix} 1 & -1 & 2 & 0 & 3 \\ 0 & 1 & -1 & 4 & 5 \\ 0 & 3 & -1 & 4 & 5 \\ 0 & 0 & 0 & 0 & 0 \end{bmatrix} \xrightarrow{⑤} \begin{bmatrix} 1 & -1 & 2 & 0 & 3 \\ 0 & 1 & -1 & 4 & 5 \\ 0 & 0 & 2 & -8 & -10 \\ 0 & 0 & 0 & 0 & 0 \end{bmatrix}$$

$$\therefore \quad \operatorname{rank} A = 3$$

ここで，①～⑤の基本変形は次のとおりである．

①：1 行と 2 行を入れかえる

②：3 行 + 1 行 × (−2)，　4 行 + 1 行

③：2 行と 3 行を入れかえる

④：4 行 + 3 行 × (−1)

⑤：3 行 + 2 行 × (−3)

〚**注意**〛 これから標準形までの変形の 1 つは，

$$\to \begin{bmatrix} 1 & 0 & 0 & 0 & 0 \\ 0 & 1 & -1 & 4 & 5 \\ 0 & 0 & 2 & -8 & -10 \\ 0 & 0 & 0 & 0 & 0 \end{bmatrix} \to \begin{bmatrix} 1 & 0 & 0 & 0 & 0 \\ 0 & 1 & 0 & 0 & 0 \\ 0 & 0 & 2 & -8 & -10 \\ 0 & 0 & 0 & 0 & 0 \end{bmatrix} \to \begin{bmatrix} 1 & 0 & 0 & 0 & 0 \\ 0 & 1 & 0 & 0 & 0 \\ 0 & 0 & 1 & -4 & -5 \\ 0 & 0 & 0 & 0 & 0 \end{bmatrix}$$

$$\to \begin{bmatrix} 1 & 0 & 0 & 0 & 0 \\ 0 & 1 & 0 & 0 & 0 \\ 0 & 0 & 1 & 0 & 0 \\ 0 & 0 & 0 & 0 & 0 \end{bmatrix}$$ （標準形）

例題 5 （文字を含む行列の階数）

$A=\begin{bmatrix} a & b & c \\ b & c & a \\ c & a & b \end{bmatrix}$ の階数を求めよ．

〘**ポイント**〙 文字を含む行列に対して，階数と小行列式の間の関係 (定理 5) が有効となる場合が多い．

【**解答**】 $A \xrightarrow{①} \begin{bmatrix} a+b+c & b & c \\ a+b+c & c & a \\ a+b+c & a & b \end{bmatrix} \xrightarrow{②} \begin{bmatrix} a+b+c & b & c \\ 0 & c-b & a-c \\ 0 & a-b & b-c \end{bmatrix} = B$ とおく．

$$|B| = (a+b+c)\begin{vmatrix} c-b & a-c \\ a-b & b-c \end{vmatrix}$$

$$= -\frac{1}{2}(a+b+c)\{(a-b)^2+(b-c)^2+(c-a)^2\}$$

(i) $a+b+c \neq 0$, $a=b=c$ でないならば，$|B| \neq 0$.

$$\therefore \quad \mathrm{rank}\, A = 3$$

(ii) $a+b+c \neq 0$, $a=b=c$ ならば，

$$B \xrightarrow{③} \begin{bmatrix} 1 & b & c \\ 0 & 0 & 0 \\ 0 & 0 & 0 \end{bmatrix} \qquad \therefore \quad \mathrm{rank}\, A = 1$$

(iii) $a+b+c=0$, $a=b=c$ でないならば，$|B|=0$. しかも，

$$\begin{vmatrix} c-b & a-c \\ a-b & b-c \end{vmatrix} = -\frac{1}{2}\{(a-b)^2+(b-c)^2+(c-a)^2\} \neq 0$$

$$\therefore \quad \mathrm{rank}\, A = 2$$

(iv) $a+b+c=0$, $a=b=c$ ならば，$a=b=c=0$ だから

$$\therefore \quad \mathrm{rank}\, A = 0$$

ここで，①, ②, ③の基本変形は次のとおりである．

①：1 列 + (2 列 + 3 列)

②：2 行 − 1 行, 3 行 − 1 行

③：1 列 × $\dfrac{1}{a+b+c}$

例題 6　（逆行列の計算）

次の正方行列 A は正則行列であるか，正則行列でないかを判定せよ．正則行列ならば，その逆行列を求めよ．

$$\text{(i)}\ \begin{bmatrix} 0 & 1 & 2 \\ 3 & -1 & 1 \\ 3 & 1 & 5 \end{bmatrix} \qquad \text{(ii)}\ \begin{bmatrix} 1 & 1 & 0 \\ 1 & 0 & 1 \\ 0 & 1 & 1 \end{bmatrix} \qquad \text{(iii)}\ \begin{bmatrix} 1 & 2 & 0 & 1 \\ 3 & 7 & -1 & 6 \\ -2 & -4 & 1 & -3 \\ 4 & 9 & -1 & 8 \end{bmatrix}$$

〚**ポイント**〛 n 次正方行列 A：正則行列 $\Longleftrightarrow \operatorname{rank} A = n \Longleftrightarrow |A| \neq 0$.

単に正則行列か否かを判定するだけであれば，上の同値な条件：階数または行列式を調べればよい．

正則行列ならばその逆行列を求めたいときには，定理7を利用する．すなわち，$(n, 2n)$ 行列 $[A\ E]$ をつくり，行基本変形だけで $[E\ A^{-1}]$ に変形できるからである．

また，この変形が途中で行詰まり，$[E\ B]$ の形にならなければ，もともと A は正則行列ではない．したがって，この方法は，正則性の判定も同時に調べられる有力な方法である．

【解答】　(i)

$$[A\ E] = \left[\begin{array}{ccc|ccc} 0 & 1 & 2 & 1 & 0 & 0 \\ 3 & -1 & 1 & 0 & 1 & 0 \\ 3 & 1 & 5 & 0 & 0 & 1 \end{array}\right] \xrightarrow{①} \left[\begin{array}{ccc|ccc} 3 & -1 & 1 & 0 & 1 & 0 \\ 0 & 1 & 2 & 1 & 0 & 0 \\ 3 & 1 & 5 & 0 & 0 & 1 \end{array}\right]$$

$$\xrightarrow{②} \left[\begin{array}{ccc|ccc} 3 & -1 & 1 & 0 & 1 & 0 \\ 0 & 1 & 2 & 1 & 0 & 0 \\ 0 & 2 & 4 & 0 & -1 & 1 \end{array}\right] \xrightarrow{③} \left[\begin{array}{ccc|ccc} 3 & -1 & 1 & 0 & 1 & 0 \\ 0 & 1 & 2 & 1 & 0 & 0 \\ 0 & 0 & 0 & -2 & -1 & 1 \end{array}\right]$$

これは，$[E\ B]$ の形にならないから，正則行列ではない．

ここで，①, ②, ③の変形は次のとおりである．

①：1行と2行を入れかえる．

②：3行 + 1行 × (−1)

③：3行 + 2行 × (−2)

〚**注意**〛 A の部分だけに注目すれば階段は2となっているから，$\operatorname{rank} A = 2$.

また，$|A| = \begin{vmatrix} 0 & 1 & 2 \\ 3 & -1 & 1 \\ 3 & 1 & 5 \end{vmatrix} = 0$ だから，正則性だけならば，このどちらか一方から A は正則行列でないことがわかる．

(ii)

$$[A\ E] = \begin{bmatrix} 1 & 1 & 0 & 1 & 0 & 0 \\ 1 & 0 & 1 & 0 & 1 & 0 \\ 0 & 1 & 1 & 0 & 0 & 1 \end{bmatrix} \xrightarrow{①} \begin{bmatrix} 1 & 1 & 0 & 1 & 0 & 0 \\ 0 & -1 & 1 & -1 & 1 & 0 \\ 0 & 1 & 1 & 0 & 0 & 1 \end{bmatrix} \xrightarrow{②} \begin{bmatrix} 1 & 1 & 0 & 1 & 0 & 0 \\ 0 & 1 & -1 & 1 & -1 & 0 \\ 0 & 1 & 1 & 0 & 0 & 1 \end{bmatrix}$$

$$\xrightarrow{③}\begin{bmatrix}1&0&1&0&1&0\\0&1&-1&1&-1&0\\0&0&2&-1&1&1\end{bmatrix}\xrightarrow{④}\begin{bmatrix}1&0&1&0&1&0\\0&1&-1&1&-1&0\\0&0&1&-\frac{1}{2}&\frac{1}{2}&\frac{1}{2}\end{bmatrix}\xrightarrow{⑤}\begin{bmatrix}1&0&0&\frac{1}{2}&\frac{1}{2}&-\frac{1}{2}\\0&1&0&\frac{1}{2}&-\frac{1}{2}&\frac{1}{2}\\0&0&1&-\frac{1}{2}&\frac{1}{2}&\frac{1}{2}\end{bmatrix}$$

$$\therefore\quad A\text{は正則行列であって，}\quad A^{-1}=\begin{bmatrix}\frac{1}{2}&\frac{1}{2}&-\frac{1}{2}\\\frac{1}{2}&-\frac{1}{2}&\frac{1}{2}\\-\frac{1}{2}&\frac{1}{2}&\frac{1}{2}\end{bmatrix}.$$

ここで，①~⑤の変形は次のとおりである．

①：2 行 $+$ 1 行 $\times(-1)$

②：2 行 $\times(-1)$

③：1 行 $+$ 2 行 $\times(-1)$，　3 行 $+$ 2 行 $\times(-1)$

④：3 行 $\times\dfrac{1}{2}$

⑤：1 行 $+$ 3 行 $\times(-1)$，　2 行 $+$ 3 行

(iii)　$$[A\ E]=\begin{bmatrix}1&2&0&1&1&0&0&0\\3&7&-1&6&0&1&0&0\\-2&-4&1&-3&0&0&1&0\\4&9&-1&8&0&0&0&1\end{bmatrix}\xrightarrow{①}\begin{bmatrix}1&2&0&1&1&0&0&0\\0&1&-1&3&-3&1&0&0\\0&0&1&-1&2&0&1&0\\0&1&-1&4&-4&0&0&1\end{bmatrix}$$

$$\xrightarrow{②}\begin{bmatrix}1&0&2&-5&7&-2&0&0\\0&1&-1&3&-3&1&0&0\\0&0&1&-1&2&0&1&0\\0&0&0&1&-1&-1&0&1\end{bmatrix}\xrightarrow{③}\begin{bmatrix}1&0&0&-3&3&-2&-2&0\\0&1&0&2&-1&1&1&0\\0&0&1&-1&2&0&1&0\\0&0&0&1&-1&-1&0&1\end{bmatrix}\xrightarrow{④}\begin{bmatrix}1&0&0&0&0&-5&-2&3\\0&1&0&0&1&3&1&-2\\0&0&1&0&1&-1&1&1\\0&0&0&1&-1&-1&0&1\end{bmatrix}$$

$$\therefore\quad A\text{は正則行列であって，}\quad A^{-1}=\begin{bmatrix}0&-5&-2&3\\1&3&1&-2\\1&-1&1&1\\-1&-1&0&1\end{bmatrix}.$$

ここで，①~④の変形は次のとおりである．

①：2 行 $+$ 1 行 $\times(-3)$，　3 行 $+$ 1 行 $\times 2$，　4 行 $+$ 1 行 $\times(-4)$

②：1 行 $+$ 2 行 $\times(-2)$，　4 行 $+$ 1 行 $\times(-1)$

③：1 行 $+$ 3 行 $\times(-2)$，　2 行 $+$ 3 行

④：1 行 $+$ 4 行 $\times 3$，　2 行 $+$ 4 行 $\times(-2)$，　3 行 $+$ 4 行

問題 4.2　A

1.　次の行列の階数を求めよ．

(1) $\begin{bmatrix} 2 & 1 & 3 & 7 \\ 4 & 2 & 6 & -3 \end{bmatrix}$　(2) $\begin{bmatrix} -2 & 5 & 1 \\ 3 & 6 & 2 \\ 1 & 2 & -3 \end{bmatrix}$　(3) $\begin{bmatrix} -1 & 3 & 2 & 4 & 5 \\ 3 & -2 & 1 & -2 & -3 \\ 2 & 8 & 10 & 2 & 2 \end{bmatrix}$

(4) $\begin{bmatrix} 3 & 1 & 3 \\ 4 & 5 & 7 \\ -1 & -4 & -4 \\ 6 & 2 & 6 \end{bmatrix}$　(5) $\begin{bmatrix} 1 & 2 & 3 & 4 \\ 2 & 3 & 4 & 1 \\ 3 & 4 & 1 & 2 \\ 4 & 1 & 2 & 3 \end{bmatrix}$

(6) $\begin{bmatrix} 2 & 0 & 5 & 11 & -8 & -1 \\ 3 & -1 & 2 & 4 & -5 & -2 \\ -4 & 2 & 1 & 3 & 2 & 3 \\ -5 & 3 & 4 & 10 & -1 & 4 \end{bmatrix}$　(7) $\begin{bmatrix} 0 & -1 & 2 & 4 \\ 1 & 0 & 5 & -2 \\ 2 & -5 & 0 & 1 \\ 4 & -2 & -1 & 0 \end{bmatrix}$

(8) $\begin{bmatrix} 1 & 2 & 3 & 4 \\ 2 & 5 & 6 & 7 \\ 3 & 6 & 8 & 9 \\ 4 & 7 & 9 & 10 \end{bmatrix}$　(9) $\begin{bmatrix} i & 1-i & 3 & -i \\ 1+i & i & -i & 2-i \\ 1-i & -2+3i & -6-i & 2+i \\ 2+i & -1+3i & -3-2i & 4-i \end{bmatrix}$

2.　行列

$$A = \begin{bmatrix} 1 & -3 & 3 & 2 & 2 \\ 2 & 1 & 3 & 4 & 1 \\ -3 & 5 & 1 & -6 & 4 \\ 5 & 4 & 8 & 10 & 3 \\ 4 & 7 & 11 & 8 & 7 \end{bmatrix}$$

の階数と次数が等しく，値が 0 でない小行列式を 1 つ求めよ．

3.　次の行列の階数を求めよ．

(1) $\begin{bmatrix} 1 & a & a^2 \\ 1 & b & b^2 \\ 1 & c & c^2 \end{bmatrix}$　(2) $\begin{bmatrix} a_1b_1 & a_1b_2 & a_1b_3 \\ a_2b_1 & a_2b_2 & a_2b_3 \\ a_3b_1 & a_3b_2 & a_3b_3 \end{bmatrix}$　(3) $\begin{bmatrix} a & 1 & 1 & 1 \\ 1 & a & 1 & 1 \\ 1 & 1 & a & 1 \\ 1 & 1 & 1 & a \end{bmatrix}$

(4) $\begin{bmatrix} a & a & a & b \\ a & a & b & a \\ a & b & a & a \\ b & a & a & a \end{bmatrix}$　(5) $\begin{bmatrix} a & a & a & a \\ a & a & a & b \\ a & a & b & b \\ a & b & b & b \end{bmatrix}$　(6) $\begin{bmatrix} 1 & a & a^2 & bcd \\ 1 & b & b^2 & acd \\ 1 & c & c^2 & abd \\ 1 & d & d^2 & abc \end{bmatrix}$

4. 次の行列の正則性を判定し，正則行列ならば，その逆行列を求めよ．

(1) $\begin{bmatrix} 1 & 4 \\ 7 & 2 \end{bmatrix}$ (2) $\begin{bmatrix} 1 & 2 & 3 \\ 2 & -1 & 1 \\ 4 & 3 & 7 \end{bmatrix}$ (3) $\begin{bmatrix} 1 & 1 & 1 \\ 1 & \omega & \omega^2 \\ 1 & \omega^2 & \omega \end{bmatrix}$ $(\omega^3 = 1,\ \omega \neq 1)$

(4) $\begin{bmatrix} -1 & 1 & 1 & 1 \\ 1 & -1 & 1 & 1 \\ 1 & 1 & -1 & 1 \\ 1 & 1 & 1 & -1 \end{bmatrix}$ (5) $\begin{bmatrix} 1 & 1 & 0 & 1 \\ 0 & 1 & 1 & 1 \\ 1 & 1 & 1 & 0 \\ 1 & 0 & 1 & 1 \end{bmatrix}$ (6) $\begin{bmatrix} -2 & -3 & 4 & 6 \\ -3 & -4 & 6 & 8 \\ 4 & 6 & -6 & -9 \\ 6 & 8 & -9 & -12 \end{bmatrix}$

5. 行列 $A = \begin{bmatrix} 0 & 0 & a & 1 \\ 0 & b & 1 & 0 \\ c & 1 & 0 & 0 \\ 1 & 0 & 0 & 0 \end{bmatrix}$ の逆行列を求めよ．

6. 行列 $A = \begin{bmatrix} 3 & 7 & 1 \\ -2 & -5 & 2 \\ 0 & 1 & 4 \end{bmatrix}$ を基本行列の積として表せ．

7. $A_1 = \begin{bmatrix} 1 & 2 & 3 \\ 4 & 5 & 6 \\ 7 & 8 & 9 \end{bmatrix}$, $A_2 = \begin{bmatrix} 10 & 11 & 12 & 13 \\ 14 & 15 & 16 & 17 \\ 18 & 19 & 20 & 21 \end{bmatrix}$

とするとき，行列 $A = \begin{bmatrix} A_1 & O \\ O & A_2 \end{bmatrix}$ の階数を求めよ．

問題 4.2 B

1. 行列 $A = \begin{bmatrix} -2 & 3 & a & 1 \\ a-1 & 1 & -3 & 2 \\ -1 & a+3 & a+1 & 4 \end{bmatrix}$ の階数を求めよ．

2. n 次正方行列 $A = \begin{bmatrix} 1 & x & x & \cdots & x \\ x & 1 & x & \cdots & x \\ & & \cdots\cdots & & \\ x & x & x & \cdots & 1 \end{bmatrix}$ の階数を求めよ．ただし，$n \geqq 2$.

3. 行列 $A = \begin{bmatrix} A_1 & O \\ O & A_2 \end{bmatrix}$ の階数は小行列 A_1 と A_2 との階数の和に等しいことを示せ．

4. $\operatorname{rank} AB \leqq \operatorname{rank} A,\ \operatorname{rank} B$ を証明せよ．

ヒントと解答

問題 4.2 A

1. (1) 2 (2) 3 (3) 3 (4) 2 (5) 4 (6) 2 (7) 4 (8) 4 (9) 2

2. 行および列の入れかえを行わないで $A \to \begin{bmatrix} E_3 & O \\ O & O \end{bmatrix}$ とできるから，$\mathrm{rank}\, A = 3$ であり，$\begin{vmatrix} 1 & -3 & 3 \\ 2 & 1 & 3 \\ -3 & 5 & 1 \end{vmatrix} \neq 0.$

3. (1) $\begin{vmatrix} 1 & a & a^2 \\ 1 & b & b^2 \\ 1 & c & c^2 \end{vmatrix} = -(a-b)(a-c)(b-c)$ だから，a, b, c が相異なるとき $\mathrm{rank}\, A = 3$.

$a = b,\ a = c,\ b = c$ の1組だけが成り立てば $\mathrm{rank}\, A = 2$.

$a = b = c$ ならば，$\mathrm{rank}\, A = 1$.

(2) $a_ib_j = 0$ $(i = 1, 2, 3\,;\, j = 1, 2, 3)$ ならば，$\mathrm{rank}\, A = 0$. a_ib_j のうち少なくとも1つが0でなければ，$\mathrm{rank}\, A = 1$.

(3) $A \to \begin{bmatrix} a+3 & 1 & 1 & 1 \\ a+3 & a & 1 & 1 \\ a+3 & 1 & a & 1 \\ a+3 & 1 & 1 & a \end{bmatrix} \to \begin{bmatrix} a+3 & 1 & 1 & 1 \\ 0 & a-1 & 0 & 0 \\ 0 & 0 & a-1 & 0 \\ 0 & 0 & 0 & a-1 \end{bmatrix}$ $\therefore$ $a \neq -3,\ a \neq 1$ のとき $\mathrm{rank}\, A = 4$. $a = -3$ のとき $\mathrm{rank}\, A = 3$. $a = 1$ のとき $\mathrm{rank}\, A = 1$.

(4) (3) と同様にして $\begin{cases} 3a + b \neq 0,\ a \neq b \text{ のとき } \mathrm{rank}\, A = 4 \\ 3a + b = 0,\ a \neq b \text{ のとき } \mathrm{rank}\, A = 3 \\ 3a + b \neq 0,\ a = b \text{ のとき } \mathrm{rank}\, A = 1 \\ 3a + b = 0,\ a = b \text{ すなわち，} \quad a = b = 0 \text{ のとき } \mathrm{rank}\, A = 0 \end{cases}$

(5) $a \neq 0,\ a \neq b$ のとき $\mathrm{rank}\, A = 4$，$a \neq 0,\ a = b$ のとき $\mathrm{rank}\, A = 1$，
$a = 0,\ a \neq b$ のとき $\mathrm{rank}\, A = 3$，$a = b = 0$ のとき $\mathrm{rank}\, A = 0$

(6) $\begin{vmatrix} 1 & a & a^2 & bcd \\ 1 & b & b^2 & acd \\ 1 & c & c^2 & abd \\ 1 & d & d^2 & abc \end{vmatrix} = -(a-b)(a-c)(a-d)(b-c)(b-d)(c-d)$

$\therefore \begin{cases} a, b, c, d \text{ が相異なるとき, } \mathrm{rank}\, A = 4 \\ a, b, c, d \text{ のうち等しいものが 1 組だけあるとき, } \mathrm{rank}\, A = 3 \\ a, b, c, d \text{ のうち等しいものが 2 組あるとき, } \mathrm{rank}\, A = 2 \\ a, b, c, d \text{ のうち, 1 つだけ異なるとき, } \mathrm{rank}\, A = 2 \\ a = b = c = d \text{ のとき, } \mathrm{rank}\, A = 1 \end{cases}$

4. (1) $\begin{bmatrix} 1 & 4 & 1 & 0 \\ 7 & 2 & 0 & 1 \end{bmatrix} \to \begin{bmatrix} 1 & 4 & 1 & 0 \\ 0 & -26 & -7 & 1 \end{bmatrix} \to \begin{bmatrix} 1 & 4 & 1 & 0 \\ 0 & 1 & 7/26 & -1/26 \end{bmatrix}$

$$\to \begin{bmatrix} 1 & 0 & -2/26 & 4/26 \\ 0 & 1 & 7/26 & -1/26 \end{bmatrix}$$

$$\therefore \quad A^{-1} = \frac{1}{26}\begin{bmatrix} -2 & 4 \\ 7 & -1 \end{bmatrix}$$

(2) $\begin{bmatrix} 1 & 2 & 3 & 1 & 0 & 0 \\ 2 & -1 & 1 & 0 & 1 & 0 \\ 4 & 3 & 7 & 0 & 0 & 1 \end{bmatrix} \to \begin{bmatrix} 1 & 2 & 3 & 1 & 0 & 0 \\ 0 & -5 & -5 & -2 & 1 & 0 \\ 0 & -5 & -5 & -4 & 0 & 1 \end{bmatrix} \to \begin{bmatrix} 1 & 2 & 3 & 1 & 0 & 0 \\ 0 & -5 & -5 & -2 & 1 & 0 \\ 0 & 0 & 0 & -2 & -1 & 1 \end{bmatrix}$

$\therefore$ 正則でない.

(3) $1/\omega = \omega^2,\ (\omega+1)/\omega = 1+\omega^2 = -\omega$ を利用する.

$$\begin{bmatrix} 1 & 1 & 1 & 1 & 0 & 0 \\ 1 & \omega & \omega^2 & 0 & 1 & 0 \\ 1 & \omega^2 & \omega & 0 & 0 & 1 \end{bmatrix} \to \begin{bmatrix} 1 & 1 & 1 & 1 & 0 & 0 \\ 0 & \omega-1 & \omega^2-1 & -1 & 1 & 0 \\ 0 & \omega^2-1 & \omega-1 & -1 & 0 & 1 \end{bmatrix}$$

$$\to \begin{bmatrix} 1 & 1 & 1 & 1 & 0 & 0 \\ 0 & 1 & \omega+1 & -1/(\omega-1) & 1/(\omega-1) & 0 \\ 0 & 1 & 1/(\omega+1) & -1/(\omega^2-1) & 0 & 1/(\omega^2-1) \end{bmatrix}$$

$$\to \begin{bmatrix} 1 & 0 & -\omega & \omega/(\omega-1) & -1/(\omega-1) & 0 \\ 0 & 1 & \omega+1 & -1/(\omega-1) & 1/(\omega-1) & 0 \\ 0 & 0 & (1-\omega)/(\omega+1) & \omega/(\omega^2-1) & -1/(\omega-1) & 1/(\omega^2-1) \end{bmatrix}$$

$$\to \begin{bmatrix} 1 & 0 & -\omega & \omega/(\omega-1) & -1/(\omega-1) & 0 \\ 0 & 1 & \omega+1 & -1/(\omega-1) & 1/(\omega-1) & 0 \\ 0 & 0 & 1 & 1/3 & \omega/3 & \omega^2/3 \end{bmatrix}$$

$$\to \begin{bmatrix} 1 & 0 & 0 & 1/3 & 1/3 & 1/3 \\ 0 & 1 & 0 & 1/3 & \omega^2/3 & \omega/3 \\ 0 & 0 & 1 & 1/3 & \omega/3 & \omega^2/3 \end{bmatrix}$$

$$\therefore \quad A^{-1} = \frac{1}{3}\begin{bmatrix} 1 & 1 & 1 \\ 1 & \omega^2 & \omega \\ 1 & \omega & \omega^2 \end{bmatrix}$$

(4)
$$\begin{bmatrix} -1 & 1 & 1 & 1 & 1 & 0 & 0 & 0 \\ 1 & -1 & 1 & 1 & 0 & 1 & 0 & 0 \\ 1 & 1 & -1 & 1 & 0 & 0 & 1 & 0 \\ 1 & 1 & 1 & -1 & 0 & 0 & 0 & 1 \end{bmatrix} \to \begin{bmatrix} -1 & 1 & 1 & 1 & 1 & 0 & 0 & 0 \\ 0 & 0 & 2 & 2 & 1 & 1 & 0 & 0 \\ 0 & 2 & 0 & 2 & 1 & 0 & 1 & 0 \\ 0 & 2 & 2 & 0 & 1 & 0 & 0 & 1 \end{bmatrix}$$

$$\to \begin{bmatrix} 1 & -1 & -1 & -1 & -1 & 0 & 0 & 0 \\ 0 & 1 & 0 & 1 & 1/2 & 0 & 1/2 & 0 \\ 0 & 0 & 1 & 1 & 1/2 & 1/2 & 0 & 0 \\ 0 & 1 & 1 & 0 & 1/2 & 0 & 0 & 1/2 \end{bmatrix} \to \begin{bmatrix} 1 & 0 & -1 & 0 & -1/2 & 0 & 1/2 & 0 \\ 0 & 1 & 0 & 1 & 1/2 & 0 & 1/2 & 0 \\ 0 & 0 & 1 & 1 & 1/2 & 1/2 & 0 & 0 \\ 0 & 0 & 1 & -1 & 0 & 0 & -1/2 & 1/2 \end{bmatrix}$$

$$\to \begin{bmatrix} 1 & 0 & 0 & 1 & 0 & 1/2 & 1/2 & 0 \\ 0 & 1 & 0 & 1 & 1/2 & 0 & 1/2 & 0 \\ 0 & 0 & 1 & 1 & 1/2 & 1/2 & 0 & 0 \\ 0 & 0 & 0 & -2 & -1/2 & -1/2 & -1/2 & 1/2 \end{bmatrix} \to \begin{bmatrix} 1 & 0 & 0 & 1 & 0 & 1/2 & 1/2 & 0 \\ 0 & 1 & 0 & 1 & 1/2 & 0 & 1/2 & 0 \\ 0 & 0 & 1 & 1 & 1/2 & 1/2 & 0 & 0 \\ 0 & 0 & 0 & 1 & 1/4 & 1/4 & 1/4 & -1/4 \end{bmatrix}$$

$$\to \begin{bmatrix} 1 & 0 & 0 & 0 & -1/4 & 1/4 & 1/4 & 1/4 \\ 0 & 1 & 0 & 0 & 1/4 & -1/4 & 1/4 & 1/4 \\ 0 & 0 & 1 & 0 & 1/4 & 1/4 & -1/4 & 1/4 \\ 0 & 0 & 0 & 1 & 1/4 & 1/4 & 1/4 & -1/4 \end{bmatrix} \qquad \therefore \quad A^{-1} = \frac{1}{4}\begin{bmatrix} -1 & 1 & 1 & 1 \\ 1 & -1 & 1 & 1 \\ 1 & 1 & -1 & 1 \\ 1 & 1 & 1 & -1 \end{bmatrix}$$

(5)
$$\begin{bmatrix} 1 & 1 & 0 & 1 & 1 & 0 & 0 & 0 \\ 0 & 1 & 1 & 1 & 0 & 1 & 0 & 0 \\ 1 & 1 & 1 & 0 & 0 & 0 & 1 & 0 \\ 1 & 0 & 1 & 1 & 0 & 0 & 0 & 1 \end{bmatrix} \to \begin{bmatrix} 1 & 1 & 0 & 1 & 1 & 0 & 0 & 0 \\ 0 & 1 & 1 & 1 & 0 & 1 & 0 & 0 \\ 0 & 0 & 1 & -1 & -1 & 0 & 1 & 0 \\ 0 & -1 & 1 & 0 & -1 & 0 & 0 & 1 \end{bmatrix}$$

$$\to \begin{bmatrix} 1 & 0 & -1 & 0 & 1 & -1 & 0 & 0 \\ 0 & 1 & 1 & 1 & 0 & 1 & 0 & 0 \\ 0 & 0 & 1 & -1 & -1 & 0 & 1 & 0 \\ 0 & 0 & 2 & 1 & -1 & 1 & 0 & 0 \end{bmatrix} \to \begin{bmatrix} 1 & 0 & 0 & -1 & 0 & -1 & 1 & 0 \\ 0 & 1 & 0 & 2 & 1 & 1 & -1 & 0 \\ 0 & 0 & 1 & -1 & -1 & 0 & 1 & 0 \\ 0 & 0 & 0 & 3 & 1 & 1 & -2 & 1 \end{bmatrix}$$

$$\to \begin{bmatrix} 1 & 0 & 0 & -1 & 0 & -1 & 1 & 0 \\ 0 & 1 & 0 & 2 & 1 & 1 & -1 & 0 \\ 0 & 0 & 1 & -1 & -1 & 0 & 1 & 0 \\ 0 & 0 & 0 & 1 & 1/3 & 1/3 & -2/3 & 1/3 \end{bmatrix} \to \begin{bmatrix} 1 & 0 & 0 & 0 & 1/3 & -2/3 & 1/3 & 1/3 \\ 0 & 1 & 0 & 0 & 1/3 & 1/3 & 1/3 & -2/3 \\ 0 & 0 & 1 & 0 & -2/3 & 1/3 & 1/3 & 1/3 \\ 0 & 0 & 0 & 1 & 1/3 & 1/3 & -2/3 & 1/3 \end{bmatrix}$$

$$\therefore \quad A^{-1} = \frac{1}{3}\begin{bmatrix} 1 & -2 & 1 & 1 \\ 1 & 1 & 1 & -2 \\ -2 & 1 & 1 & 1 \\ 1 & 1 & -2 & 1 \end{bmatrix}$$

(6)
$$\left[\begin{array}{cccccccc} -2 & -3 & 4 & 6 & 1 & 0 & 0 & 0 \\ -3 & -4 & 6 & 8 & 0 & 1 & 0 & 0 \\ 4 & 6 & -6 & -9 & 0 & 0 & 1 & 0 \\ 6 & 8 & -9 & -12 & 0 & 0 & 0 & 1 \end{array}\right] \to \left[\begin{array}{cccccccc} 1 & 1 & -2 & -2 & 1 & -1 & 0 & 0 \\ -3 & -4 & 6 & 8 & 0 & 1 & 0 & 0 \\ 4 & 6 & -6 & -9 & 0 & 0 & 1 & 0 \\ 6 & 8 & -9 & -12 & 0 & 0 & 0 & 1 \end{array}\right]$$

$$\to \left[\begin{array}{cccccccc} 1 & 1 & -2 & -2 & 1 & -1 & 0 & 0 \\ 0 & -1 & 0 & 2 & 3 & -2 & 0 & 0 \\ 0 & 2 & 2 & -1 & -4 & 4 & 1 & 0 \\ 0 & 2 & 3 & 0 & -6 & 6 & 0 & 1 \end{array}\right] \to \left[\begin{array}{cccccccc} 1 & 0 & -2 & 0 & 4 & -3 & 0 & 0 \\ 0 & 1 & 0 & -2 & -3 & 2 & 0 & 0 \\ 0 & 0 & 2 & 3 & 2 & 0 & 1 & 0 \\ 0 & 0 & 3 & 4 & 0 & 2 & 0 & 1 \end{array}\right]$$

$$\to \left[\begin{array}{cccccccc} 1 & 0 & 0 & 3 & 6 & -3 & 1 & 0 \\ 0 & 1 & 0 & -2 & -3 & 2 & 0 & 0 \\ 0 & 0 & 1 & 3/2 & 1 & 0 & 1/2 & 0 \\ 0 & 0 & 0 & -1/2 & -3 & 2 & -3/2 & 1 \end{array}\right] \to \left[\begin{array}{cccccccc} 1 & 0 & 0 & 3 & 6 & -3 & 1 & 0 \\ 0 & 1 & 0 & -2 & -3 & 2 & 0 & 0 \\ 0 & 0 & 1 & 3/2 & 1 & 0 & 1/2 & 0 \\ 0 & 0 & 0 & 1 & 6 & -4 & 3 & -2 \end{array}\right]$$

$$\to \left[\begin{array}{cccccccc} 1 & 0 & 0 & 0 & -12 & 9 & -8 & 6 \\ 0 & 1 & 0 & 0 & 9 & -6 & 6 & -4 \\ 0 & 0 & 1 & 0 & -8 & 6 & -4 & 3 \\ 0 & 0 & 0 & 1 & 6 & -4 & 3 & -2 \end{array}\right] \qquad \therefore \quad A^{-1} = \left[\begin{array}{cccc} -12 & 9 & -8 & 6 \\ 9 & -6 & 6 & -4 \\ -8 & 6 & -4 & 3 \\ 6 & -4 & 3 & -2 \end{array}\right]$$

5.
$$\left[\begin{array}{cccccccc} 0 & 0 & a & 1 & 1 & 0 & 0 & 0 \\ 0 & b & 1 & 0 & 0 & 1 & 0 & 0 \\ c & 1 & 0 & 0 & 0 & 0 & 1 & 0 \\ 1 & 0 & 0 & 0 & 0 & 0 & 0 & 1 \end{array}\right] \to \left[\begin{array}{cccccccc} 0 & 0 & 0 & 1 & 1 & -a & ab & -abc \\ 0 & 0 & 1 & 0 & 0 & 1 & -b & bc \\ 0 & 1 & 0 & 0 & 0 & 0 & 1 & -c \\ 1 & 0 & 0 & 0 & 0 & 0 & 0 & 1 \end{array}\right]$$

$$\to \left[\begin{array}{cccccccc} 1 & 0 & 0 & 0 & 0 & 0 & 0 & 1 \\ 0 & 1 & 0 & 0 & 0 & 0 & 1 & -c \\ 0 & 0 & 1 & 0 & 0 & 1 & -b & bc \\ 0 & 0 & 0 & 1 & 1 & -a & ab & -abc \end{array}\right] \qquad \therefore \quad A^{-1} = \left[\begin{array}{cccc} 0 & 0 & 0 & 1 \\ 0 & 0 & 1 & -c \\ 0 & 1 & -b & bc \\ 1 & -a & ab & -abc \end{array}\right]$$

6.
$$\left[\begin{array}{ccc} 3 & 7 & 1 \\ -2 & -5 & 2 \\ 0 & 1 & 4 \end{array}\right] \to \left[\begin{array}{ccc} 1 & 2 & 3 \\ -2 & -5 & 2 \\ 0 & 1 & 4 \end{array}\right] \to \left[\begin{array}{ccc} 1 & 2 & 3 \\ 0 & -1 & 8 \\ 0 & 1 & 4 \end{array}\right] \to \left[\begin{array}{ccc} 1 & 0 & 19 \\ 0 & 1 & -8 \\ 0 & 0 & 12 \end{array}\right] \to \left[\begin{array}{ccc} 1 & 0 & 0 \\ 0 & 1 & 0 \\ 0 & 0 & 1 \end{array}\right]$$

1 行 + 2 行　　2 行 + 1 行 × 2　　1 行 + 2 行 × 2　　3 行 × 1/12
3 行 + 2 行　　1 行 + 3 行 × (−19)
2 行 × (−1)　　2 行 + 3 行 × 8

$\therefore \quad E_3(2, 3\,;8)E_3(1, 3\,;-19)E_3(3\,;1/12)E_3(2\,;-1)E_3(3, 2\,;1)E_3(1, 2\,;2)E_3(2, 1\,;2)$
$E_3(1, 2\,;1)A = E$

$\therefore \quad A = E_3(1, 2\,;\,-1)E_3(2, 1\,;\,-2)E_3(1, 2\,;\,-2)E_3(3, 2\,;\,-1)E_3(2\,;\,-1)E_3(3\,;12)$
$E_3(1, 3\,;19)E_3(2, 3\,;\,-8)$

7. A の階数は0でない小行列式の最大次数（定理5）である．

$\operatorname{rank} A_1 = 2$, $\operatorname{rank} A_2 = 2$ だから，A_1, A_2 の2次小行列式で0でないものがある．それらの2次小行列を D_1, D_2 とすれば

$$\begin{vmatrix} D_1 & O \\ O & D_2 \end{vmatrix} = |D_1|\,|D_2| \neq 0$$

$$\therefore \quad \operatorname{rank} A = 4 \quad \text{（問題 4.2B，3 をみなさい.）}$$

問題 4.2　B

1. $$A \to \begin{bmatrix} 1 & -2 & 3 & a \\ 2 & a-1 & 1 & -3 \\ 4 & -1 & a+3 & a+1 \end{bmatrix} \to \begin{bmatrix} 1 & -2 & 3 & a \\ 0 & a+3 & -5 & -2a-3 \\ 0 & 7 & a-9 & -3a+1 \end{bmatrix}$$

$$\to \begin{bmatrix} 1 & -2 & 3 & a \\ 0 & 7 & a-9 & -3a+1 \\ 0 & a+3 & -5 & -2a-3 \end{bmatrix} \to \begin{bmatrix} 1 & -2 & 3 & a \\ 0 & 7 & a-9 & -3a+1 \\ 0 & 0 & -(a-2)(a-4) & 3(a+2)(a-4) \end{bmatrix}$$

$$\therefore \quad \begin{cases} a = 4 \text{ のとき } \operatorname{rank} A = 2 \\ a \neq 4 \text{ のとき } \operatorname{rank} A = 3 \end{cases}$$

2. $$A \to \begin{bmatrix} (n-1)x+1 & x & x & \cdots & x \\ (n-1)x+1 & 1 & x & \cdots & x \\ & & \cdots\cdots & & \\ (n-1)x+1 & x & x & \cdots & 1 \end{bmatrix} \to \begin{bmatrix} (n-1)x+1 & x & x & \cdots & x \\ 0 & 1-x & 0 & \cdots & 0 \\ & & \cdots\cdots & & \\ 0 & 0 & 0 & \cdots & 1-x \end{bmatrix}$$

1列 + (2列 + $\cdots$ + n 列)，　i 行 − 1 行 ($i \geqq 2$)

$$\therefore \quad \begin{cases} x \neq -1/(n-1) \text{ かつ } x \neq 1 \text{ のとき } \operatorname{rank} A = n \\ x = -1/(n-1) \text{ のとき } \operatorname{rank} A = n-1 \\ x = 1 \text{ のとき } \operatorname{rank} A = 1 \end{cases}$$

3. 行列の階数は0でない小行列式の最大次数である．$\operatorname{rank} A_1 = r$, $\operatorname{rank} A_2 = s$ とするとき，A_1, A_2 には，それぞれ，r 次，s 次正方行列 D_1, D_2 がとれて，$|D_1| \neq 0$, $|D_2| \neq 0$.
このとき，$(r+s)$ 次正方行列

$$\begin{bmatrix} D_1 & O \\ O & D_2 \end{bmatrix}$$

の行列式は0でないから，A の階数は，$r+s$ である．

4. $\operatorname{rank} A = r$ とする．このとき，正則行列 P, Q があって，

$$PAQ = \begin{bmatrix} E_r & O \\ O & O \end{bmatrix} \text{（}E_r\text{：}r\text{ 次単位行列）}$$

$$\therefore \quad PA = \begin{bmatrix} E_r & O \\ O & O \end{bmatrix} Q^{-1}$$

$$\therefore \quad PAB = \begin{bmatrix} E_r & O \\ O & O \end{bmatrix} Q^{-1}B$$

$Q^{-1}B = \begin{bmatrix} B_{11} & B_{12} \\ B_{21} & B_{22} \end{bmatrix}$（ただし，$B_{11}$ は r 次小行列）とおけば，

$$PAB = \begin{bmatrix} E_r & O \\ O & O \end{bmatrix} \begin{bmatrix} B_{11} & B_{12} \\ B_{21} & B_{22} \end{bmatrix} = \begin{bmatrix} B_{11} & B_{12} \\ O & O \end{bmatrix}$$

$$\therefore \quad \mathrm{rank}\, PAB = \mathrm{rank}\, [B_{11} B_{12}] \leqq r$$

P は正則行列であるから，

$$\therefore \quad \mathrm{rank}\, AB \leqq r = \mathrm{rank}\, A$$

まったく同様にして，$\mathrm{rank}\, AB \leqq \mathrm{rank}\, B$.

$$\therefore \quad \mathrm{rank}\, AB \leqq \mathrm{rank}\, A,\ \mathrm{rank}\, B$$

〖**注意**〗 階数についての詳しい性質は，第 6 章 6.2 で扱われる．

4.3 連立 1 次方程式とその応用

連立 1 次方程式の解法 ▶　連立 1 次方程式

$$\begin{cases} a_{11}x_1 \ + a_{12}x_2 \ + \cdots + a_{1n}x_n \ = b_1 \\ a_{21}x_1 \ + a_{22}x_2 \ + \cdots + a_{2n}x_n \ = b_2 \\ \qquad\qquad \cdots\cdots \\ a_{m1}x_1 + a_{m2}x_2 + \cdots + a_{mn}x_n = b_m \end{cases}$$

は，$A = \begin{bmatrix} a_{11} & a_{12} & \cdots & a_{1n} \\ a_{21} & a_{22} & \cdots & a_{2n} \\ & \cdots\cdots & & \\ a_{m1} & a_{m2} & \cdots & a_{mn} \end{bmatrix}$，$\boldsymbol{x} = \begin{bmatrix} x_1 \\ x_2 \\ \vdots \\ x_n \end{bmatrix}$，$\boldsymbol{b} = \begin{bmatrix} b_1 \\ b_2 \\ \vdots \\ b_m \end{bmatrix}$ とおけば $A\boldsymbol{x} = \boldsymbol{b}$ と表される．この連立 1 次方程式を解くために消去法や加減法を行うことは，**拡大係数行列** $[A\ \boldsymbol{b}]$ に行基本変形を施すことであり，また，必要に応じて未知数を取りかえても，この連立 1 次方程式を解くことに対して本質的な影響はない．

定理 11

拡大係数行列 $[A\ \boldsymbol{b}]$ に行基本変形と，必要に応じて行列 A の列の入れかえを施せば，

$$[A\ \boldsymbol{b}] \to \left[\begin{array}{c|c|c} \left.\begin{matrix} 1 & & \\ & \ddots & \\ & & 1 \end{matrix}\right\} r & \begin{matrix} c_{1r+1} & \cdots & c_{1n} \\ & \cdots\cdots & \\ c_{rr+1} & \cdots & c_{rn} \end{matrix} & \begin{matrix} d_1 \\ \vdots \\ d_r \end{matrix} \\ \hline O & O & \begin{matrix} d_{r+1} \\ \vdots \\ d_m \end{matrix} \end{array}\right] = [B\ \boldsymbol{d}]$$

と変形される．ただし，$r = \operatorname{rank} A$．

定理 12

連立 1 次方程式 $A\boldsymbol{x} = \boldsymbol{b}$ において次の (i), (ii), (iii) は同値である．

(i)　$A\boldsymbol{x} = \boldsymbol{b}$ が解をもつ．

(ii)　$d_{r+1} = d_{r+2} = \cdots = d_m = 0$

(iii)　$\operatorname{rank}[A\ \boldsymbol{b}] = \operatorname{rank} A$

定理 13

A が正則行列ならば $A\boldsymbol{x} = \boldsymbol{b}$ はただ 1 組の解をもつ．

この定理は第3章3.5のクラーメルの公式と同じである．

$A\boldsymbol{x}=\boldsymbol{b}$ が解をもてば，その解は，

$$\begin{cases} x_1 \;\;= d_1 - c_{1r+1}\lambda_1 - \cdots - c_{1n}\lambda_{n-r} \\ x_2 \;\;= d_2 - c_{2r+1}\lambda_1 - \cdots - c_{2n}\lambda_{n-r} \\ \qquad\qquad\cdots\cdots \\ x_r \;\;= d_r - c_{rr+1}\lambda_1 - \cdots - c_{rr+1}\lambda_{n-r} \\ x_{r+1} = \lambda_1 \\ \qquad\qquad\cdots\cdots \\ x_n \;\;= \lambda_{n-r} \qquad\qquad (\lambda_1, \cdots, \lambda_{n-r}\text{は任意の数}) \end{cases}$$

と表される．ただし，未知数の順序は変形 $[A\ \boldsymbol{b}] \to [B\ \boldsymbol{d}]$ の列の交換に応じて入れかわっている．

解の自由度 ▶　連立1次方程式 $A\boldsymbol{x}=\boldsymbol{b}$ が解をもてば，$(n-r)$ 個の未知数に任意の数を代入することができる．この個数 $n-r$ を $A\boldsymbol{x}=\boldsymbol{b}$ の**解の自由度**という．

同次連立1次方程式の解 ▶　定数項がすべて0となっている連立1次方程式 $A\boldsymbol{x}=\boldsymbol{o}$ を**同次連立1次方程式**という．これは常に解：$x_1=x_2=\cdots=x_n=0$ をもっている．これを $A\boldsymbol{x}=\boldsymbol{o}$ の**自明な解**という．

定理 14

(m, n) 行列 A に対して，同次連立1次方程式 $A\boldsymbol{x}=\boldsymbol{o}$ が自明な解以外の解をもつための必要十分条件は $n > \operatorname{rank} A$ となることである．

定理 15

n 次正方行列 A に対して，同次連立1次方程式 $A\boldsymbol{x}=\boldsymbol{o}$ が自明な解以外の解をもつための必要十分条件は $|A|=0$ となることである．

図形への応用 ▶

定理 16

ベクトル $\boldsymbol{a}=\begin{bmatrix} a_1 \\ a_2 \\ a_3 \end{bmatrix}$, $\boldsymbol{b}=\begin{bmatrix} b_1 \\ b_2 \\ b_3 \end{bmatrix}$, $\boldsymbol{c}=\begin{bmatrix} c_1 \\ c_2 \\ c_3 \end{bmatrix}$ に対して，

$$\boldsymbol{a}, \boldsymbol{b}, \boldsymbol{c}\text{：線形従属} \iff \begin{vmatrix} a_1 & b_1 & c_1 \\ a_2 & b_2 & c_2 \\ a_3 & b_3 & c_3 \end{vmatrix} = 0$$

この定理は第5章，定理8の特別な場合である．

定理 17

同一直線上にない 3 点 $\mathrm{P}_i(a_i,\, b_i,\, c_i)$ $(i = 1, 2, 3)$ を通る平面の方程式は $\begin{vmatrix} x & y & z & 1 \\ a_1 & b_1 & c_1 & 1 \\ a_2 & b_2 & c_2 & 1 \\ a_3 & b_3 & c_3 & 1 \end{vmatrix} = 0$ と表される．

定理 18

同一直線上にない 3 点 $\mathrm{P}_i(a_i,\, b_i)$ $(i = 1, 2, 3)$ を通る円の方程式は $\begin{vmatrix} x^2+y^2 & x & y & 1 \\ a_1^2+b_1^2 & a_1 & b_1 & 1 \\ a_2^2+b_2^2 & a_2 & b_2 & 1 \\ a_3^2+b_3^2 & a_3 & b_3 & 1 \end{vmatrix} = 0$ と表される．

終結式と判別式　▶

定理 19

2 つの方程式

$$f(x) = a_0x^m + a_1x^{m-1} + \cdots + a_m = 0$$
$$g(x) = b_0x^n + b_1x^{n-1} + \cdots + b_n = 0$$

が共通根をもつための必要十分条件は

$$R(f,\, g) = \begin{vmatrix} a_0 & a_1 & \cdots & a_m & & & \\ & a_0 & a_1 & \cdots & a_m & & \\ & & \ddots & \ddots & & \ddots & \\ & & & a_0 & a_1 & \cdots & a_m \\ b_0 & b_1 & \cdots & b_n & & & \\ & b_0 & b_1 & \cdots & b_n & & \\ & & \ddots & \ddots & & \ddots & \\ & & & b_0 & b_1 & \cdots & b_n \end{vmatrix} = 0$$

となることである．

定理における $R(f,\, g)$ を $f(x)$ と $g(x)$ の**終結式**という．

多項式 $f(x) = a_0x^n + a_1x^{n-1} + \cdots + a_n = 0$ $(a_0 \neq 0)$ に対して

$$(-1)^{\frac{n(n-1)}{2}} a_0^{-1} R(f,\, f')$$

を $f(x)$ の**判別式**といい，$D(f)$ で表す．ここで，f' は $f(x)$ の導関数である．

例題 7　**（連立1次方程式と基本変形）**

$$\begin{cases} 2x_1 + x_2 - 5x_3 + x_4 = 2 \\ x_1 - x_2 - x_3 - 2x_4 = 1 \\ -x_1 + 2x_2 + 4x_4 = -1 \end{cases}$$ を解け.

【解答】　方程式の変形　　　拡大係数行列の変形

$$\begin{cases} 2x_1 + x_2 - 5x_3 + x_4 = 2 & \cdots\cdots(1) \\ x_1 - x_2 - x_3 - 2x_4 = 1 & \cdots\cdots(2) \\ -x_1 + 2x_2 + 4x_4 = -1 & \cdots\cdots(3) \end{cases} \qquad [A\ \boldsymbol{b}] = \begin{bmatrix} 2 & 1 & -5 & 1 & 2 \\ 1 & -1 & -1 & -2 & 1 \\ -1 & 2 & 0 & 4 & -1 \end{bmatrix}$$

$(1) - (2) \times 2$, $(3) + (2)$ より,　　1行 $+$ 2行 $\times (-2)$,　3行 $+$ 2行

$$\begin{cases} 3x_2 - 3x_3 + 5x_4 = 0 & \cdots\cdots(1') \\ x_1 - x_2 - x_3 - 2x_4 = 1 & \cdots\cdots(2') \\ x_2 - x_3 + 2x_4 = 0 & \cdots\cdots(3') \end{cases} \qquad \to \begin{bmatrix} 0 & 3 & -3 & 5 & 0 \\ 1 & -1 & -1 & -2 & 1 \\ 0 & 1 & -1 & 2 & 0 \end{bmatrix}$$

$(1') - (3') \times 3$, $(2') + (3')$ より,　　1行 $+$ 3行 $\times (-3)$,　2行 $+$ 3行

$$\begin{cases} -x_4 = 0 & \cdots\cdots(1'') \\ x_1 - 2x_3 = 1 & \cdots\cdots(2'') \\ x_2 - x_3 + 2x_4 = 0 & \cdots\cdots(3'') \end{cases} \qquad \to \begin{bmatrix} 0 & 0 & 0 & -1 & 0 \\ 1 & 0 & -2 & 0 & 1 \\ 0 & 1 & -1 & 2 & 0 \end{bmatrix}$$

$(3'') + (1'') \times 2$, $(1'') \times (-1)$ より,　　3行 $+$ 1行 $\times 2$,　1行 $\times (-1)$

$$\begin{cases} x_4 = 0 & \cdots\cdots(1''') \\ x_1 - 2x_3 = 1 & \cdots\cdots(2''') \\ x_2 - x_3 = 0 & \cdots\cdots(3''') \end{cases} \qquad \to \begin{bmatrix} 0 & 0 & 0 & 1 & 0 \\ 1 & 0 & -2 & 0 & 1 \\ 0 & 1 & -1 & 0 & 0 \end{bmatrix}$$

方程式の順序を入れかえると,　　1行と2行，次に2行と3行を入れかえる

$$\begin{cases} x_1 - 2x_3 = 1 & \cdots\cdots(2''') \\ x_2 - x_3 = 0 & \cdots\cdots(3''') \\ x_4 = 0 & \cdots\cdots(1''') \end{cases} \qquad \to \begin{bmatrix} 1 & 0 & -2 & 0 & 1 \\ 0 & 1 & -1 & 0 & 0 \\ 0 & 0 & 0 & 1 & 0 \end{bmatrix}$$

未知数の順序を入れかえると,　　3列と4列を入れかえる.

$$\begin{cases} x_1 - 2x_3 = 1 & \cdots\cdots(2''') \\ x_2 - x_3 = 0 & \cdots\cdots(3''') \\ x_4 = 0 & \cdots\cdots(1''') \end{cases} \qquad \to \left[\begin{array}{cc:c:c:c} 1 & 0 & 0 & -2 & 1 \\ 0 & 1 & 0 & -1 & 0 \\ 0 & 0 & 1 & 0 & 0 \end{array}\right] = [B\ \boldsymbol{d}]$$

したがって，$x_3 = t$（任意の数）とおけば,

$$\begin{cases} x_1 = 1 + 2t \\ x_2 = t \\ x_3 = t \\ x_4 = 0 \end{cases} \quad (t \text{ は任意の数})$$

例題 8 （解をもつ条件）

次の連立1次方程式が解をもつ条件を求めよ．またそのときの解を求めよ．

$$\begin{cases} x+2y+3z=a \\ 2x+3y+4z=b \\ 3x+4y+5z=c \end{cases}$$

〖**ポイント**〗 連立1次方程式 $A\boldsymbol{x}=\boldsymbol{b}$ が解をもつための必要十分条件は，定理12より $\mathrm{rank}\,[A\ \boldsymbol{b}]=\mathrm{rank}\,A$ である．

【**解答**】 $[A\ \boldsymbol{b}]=\begin{bmatrix}1&2&3&a\\2&3&4&b\\3&4&5&c\end{bmatrix}\to\begin{bmatrix}1&2&3&a\\0&-1&-2&b-2a\\0&-2&-4&c-3a\end{bmatrix}$

2行＋1行×(−2)，3行＋1行×(−3)

$$\to\begin{bmatrix}1&2&3&a\\0&-1&-2&b-2a\\0&0&0&c+a-2b\end{bmatrix}\to\begin{bmatrix}1&2&3&a\\0&1&2&2a-b\\0&0&0&c+a-2b\end{bmatrix}$$

3行＋2行×(−2)　　　2行×(−1)

$$\to\left[\begin{array}{cc:c:c}1&0&-1&2b-3a\\0&1&2&2a-b\\ \hdashline 0&0&0&c+a-2b\end{array}\right]=[B\ \boldsymbol{d}]$$

1行＋2行×(−2)

このことから，$\mathrm{rank}\,A=2$.

連立1次方程式 $A\boldsymbol{x}=\boldsymbol{b}$ が解をもつための必要十分条件は

$$\mathrm{rank}\,[A\ \boldsymbol{b}]=\mathrm{rank}\,A$$

左辺は，$c+a-2b=0$ のときに限り，$\mathrm{rank}\,[A\ \boldsymbol{b}]=\mathrm{rank}\,[B\ \boldsymbol{d}]=2$ となる．

$\therefore$ 解をもつための必要十分条件は $a-2b+c=0$.

このとき，解は，未知数の順序を入れかえてないから，$z=t$ とおけば，

$$\begin{cases} x=-3a+2b+t \\ y=2a-b-2t \qquad (t\text{ は任意の数}) \\ z=t \end{cases}$$

〖**注意**〗 解の自由度 $=3-2=1$

上の解を $\begin{bmatrix}x\\y\\z\end{bmatrix}=\begin{bmatrix}-3a+2b\\2a-b\\0\end{bmatrix}+t\begin{bmatrix}1\\-2\\1\end{bmatrix}$ と表すこともある．

例題 9　**（連立1次方程式の解法）**

$$\begin{cases} 3x_1 - \ \ 2x_2 + 4x_3 + \ \ \ x_4 + \ 6x_5 = 3 \\ 2x_1 + \ \ \ x_2 + 3x_3 - \ 2x_4 + \ \ \ x_5 = 4 \\ \ \ x_1 + \ 4x_2 + 2x_3 - \ 5x_4 - \ 4x_5 = 5 \\ \ \ x_1 - 10x_2 \qquad\quad + 11x_4 + 14x_5 = -7 \end{cases}$$ を解け．

【解答】

$$[A\ \boldsymbol{b}] = \begin{bmatrix} 3 & -2 & 4 & 1 & 6 & 3 \\ 2 & 1 & 3 & -2 & 1 & 4 \\ 1 & 4 & 2 & -5 & -4 & 5 \\ 1 & -10 & 0 & 11 & 14 & -7 \end{bmatrix} \to \begin{bmatrix} 0 & -14 & -2 & 16 & 18 & -12 \\ 0 & -7 & -1 & 8 & 9 & -6 \\ 1 & 4 & 2 & -5 & -4 & 5 \\ 0 & -14 & -2 & 16 & 18 & -12 \end{bmatrix} \to \begin{bmatrix} 0 & 0 & 0 & 0 & 0 & 0 \\ 0 & -7 & -1 & 8 & 9 & -6 \\ 1 & -10 & 0 & 11 & 14 & -7 \\ 0 & 0 & 0 & 0 & 0 & 0 \end{bmatrix}$$

1行 + 3行 × (−3)　　1行 + 2行 × (−2)
2行 + 3行 × (−2)　　3行 + 2行 × 2
4行 + 3行 × (−1)　　4行 + 2行 × (−2)

$$\to \begin{bmatrix} 0 & 0 & 0 & 0 & 0 & 0 \\ 0 & 7 & 1 & -8 & -9 & 6 \\ 1 & -10 & 0 & 11 & 14 & -7 \\ 0 & 0 & 0 & 0 & 0 & 0 \end{bmatrix} \to \begin{bmatrix} 1 & -10 & 0 & 11 & 14 & -7 \\ 0 & 7 & 1 & -8 & -9 & 6 \\ 0 & 0 & 0 & 0 & 0 & 0 \\ 0 & 0 & 0 & 0 & 0 & 0 \end{bmatrix} \to \left[\begin{array}{cc:ccc:c} 1 & 0 & -10 & 11 & 14 & -7 \\ 0 & 1 & 7 & -8 & -9 & 6 \\ \hdashline 0 & 0 & 0 & 0 & 0 & 0 \\ 0 & 0 & 0 & 0 & 0 & 0 \end{array}\right] = [B\ \boldsymbol{d}]$$

2行 × (−1)　　1行と3行の入れかえ　　2列と3列の入れかえ

2列と3列を入れかえているから，すなわち，未知数 x_2 と x_3 の順序を入れかえているので，$x_2 = s$, $x_4 = t$, $x_5 = u$ を任意の数とすれば，

$$\begin{cases} x_1 = -7 + 10s - 11t - 14u \\ x_2 = s \\ x_3 = 6 - 7s + 8t + 9u \\ x_4 = t \\ x_5 = u \end{cases} \qquad (s,\ t,\ u \text{ は任意の数})$$

〖**注意**〗 (1)　解の自由度 $= 5 - 2 = 3$.　(2)　上の解を次のように書くこともある．

$$\begin{bmatrix} x_1 \\ x_2 \\ x_3 \\ x_4 \\ x_5 \end{bmatrix} = \begin{bmatrix} -7 \\ 0 \\ 6 \\ 0 \\ 0 \end{bmatrix} + s \begin{bmatrix} 10 \\ 1 \\ -7 \\ 0 \\ 0 \end{bmatrix} + t \begin{bmatrix} -11 \\ 0 \\ 8 \\ 1 \\ 0 \end{bmatrix} + u \begin{bmatrix} -14 \\ 0 \\ 9 \\ 0 \\ 1 \end{bmatrix}$$

(3)　$s = t = u = 0$ とすれば，$x_1 = -7$, $x_2 = 0$, $x_3 = 6$, $x_4 = 0$, $x_5 = 0$ を得る．この解を連立1次方程式の**特別解**という．

例題 10　（同次連立 1 次方程式）

$$\begin{cases} 2x_1 - 3x_2 + x_3 - 6x_4 + x_5 = 0 \\ x_1 + 3x_2 - x_3 + 7x_4 + 2x_5 = 0 \\ 2x_1 - 21x_2 + 7x_3 + 10x_4 - 5x_5 = 0 \end{cases}$$ を解け

〖**ポイント**〗 同次連立 1 次方程式の場合，拡大係数行列 $[A\ \boldsymbol{b}]$ の $\boldsymbol{b}$ は零行列だから，係数行列 A だけに注目し，行基本変形と必要に応じて列の入れかえを施せばよい．

【**解答**】 $A = \begin{bmatrix} 2 & -3 & 1 & -6 & 1 \\ 1 & 3 & -1 & 7 & 2 \\ 2 & -21 & 7 & 10 & -5 \end{bmatrix} \xrightarrow{①} \begin{bmatrix} 1 & 3 & -1 & 7 & 2 \\ 2 & -3 & 1 & -6 & 1 \\ 2 & -21 & 7 & 10 & -5 \end{bmatrix} \xrightarrow{②} \begin{bmatrix} 1 & 3 & -1 & 7 & 2 \\ 0 & -9 & 3 & -20 & -3 \\ 0 & -27 & 9 & -4 & -9 \end{bmatrix}$

① 1 行と 2 行の入れかえ　② 2 行 + 1 行 × (−2)，3 行 + 1 行 × (−2)

$\xrightarrow{③} \begin{bmatrix} 1 & 3 & -1 & 7 & 2 \\ 0 & -9 & 3 & -20 & -3 \\ 0 & 0 & 0 & 56 & 0 \end{bmatrix} \xrightarrow{④} \begin{bmatrix} 1 & 3 & -1 & 7 & 2 \\ 0 & -3 & 1 & -20/3 & -1 \\ 0 & 0 & 0 & 1 & 0 \end{bmatrix} \xrightarrow{⑤} \begin{bmatrix} 1 & 3 & -1 & 0 & 2 \\ 0 & -3 & 1 & 0 & -1 \\ 0 & 0 & 0 & 1 & 0 \end{bmatrix}$

③ 3 行 + 2 行 × (−3)　④ 2 行 × 1/3，3 行 × 1/56　⑤ 1 行 + 3 行 × (−7)，2 行 + 3 行 × 20/3

$\xrightarrow{⑥} \begin{bmatrix} 1 & 0 & 0 & 0 & 1 \\ 0 & -3 & 1 & 0 & -1 \\ 0 & 0 & 0 & 1 & 0 \end{bmatrix} \xrightarrow{⑦} \begin{bmatrix} 1 & 0 & 0 & 0 & 1 \\ 0 & 1 & 0 & -3 & -1 \\ 0 & 0 & 1 & 0 & 0 \end{bmatrix} = B$

⑥ 1 行 + 2 行　⑦ 2 列と 3 列，3 列と 4 列の入れかえ

変形⑦において列の入れかえを施しているから，$x_2 = s$, $x_5 = t$ を任意の数とすると，

$$\begin{cases} x_1 = -t \\ x_2 = s \\ x_3 = 3s + t \quad (s,\ t \text{ は任意の数}) \\ x_4 = 0 \\ x_5 = t \end{cases}$$

〖**注意**〗 (1)　解の自由度 $= 5 - 3 = 2$.

(2)　上の解を次のように書くこともある．

$$\boldsymbol{e}_1 = \begin{bmatrix} -1 \\ 0 \\ 1 \\ 0 \\ 1 \end{bmatrix},\ \boldsymbol{e}_2 = \begin{bmatrix} 0 \\ 1 \\ 3 \\ 0 \\ 0 \end{bmatrix},\ \boldsymbol{x} = \begin{bmatrix} x_1 \\ x_2 \\ x_3 \\ x_4 \\ x_5 \end{bmatrix} \text{ とおくとき，} \quad \boldsymbol{x} = t\boldsymbol{e}_1 + s\boldsymbol{e}_2$$

この $\boldsymbol{e}_1$, $\boldsymbol{e}_2$ を同次連立 1 次方程式の**基本解**という．

例題 11　（ベクトルの線形独立性）

空間の３つのベクトル $\boldsymbol{a} = \begin{bmatrix} a_1 \\ a_2 \\ a_3 \end{bmatrix}$，$\boldsymbol{b} = \begin{bmatrix} b_1 \\ b_2 \\ b_3 \end{bmatrix}$，$\boldsymbol{c} = \begin{bmatrix} c_1 \\ c_2 \\ c_3 \end{bmatrix}$ が線形独立であるための必要十分条件は $\begin{vmatrix} a_1 & b_1 & c_1 \\ a_2 & b_2 & c_2 \\ a_3 & b_3 & c_3 \end{vmatrix} \neq 0$ となることである．これを証明せよ．

〖**ポイント**〗 ３つのベクトル $\boldsymbol{a}, \boldsymbol{b}, \boldsymbol{c}$ が線形独立 $\iff$ $x_1\boldsymbol{a} + x_2\boldsymbol{b} + x_3\boldsymbol{c} = \boldsymbol{o}$ をみたす x_1, x_2, x_3 は０に限る（第１章 1.2，定理 6）．

【**解答**】 線形関係式 $x_1 \begin{bmatrix} a_1 \\ a_2 \\ a_3 \end{bmatrix} + x_2 \begin{bmatrix} b_1 \\ b_2 \\ b_3 \end{bmatrix} + x_3 \begin{bmatrix} c_1 \\ c_2 \\ c_3 \end{bmatrix} = \begin{bmatrix} 0 \\ 0 \\ 0 \end{bmatrix}$ を考える．

成分の間の関係式は

$$\begin{cases} a_1x_1 + b_1x_2 + c_1x_3 = 0 \\ a_2x_1 + b_2x_2 + c_2x_3 = 0 \\ a_3x_1 + b_3x_2 + c_3x_3 = 0 \end{cases}$$

であって，これは同次連立１次方程式である．

$\therefore$　$\boldsymbol{a}, \boldsymbol{b}, \boldsymbol{c}$ が線形独立

$\iff$ 上の同次連立１次方程式が自明な解 $x_1 = x_2 = x_3 = 0$ だけをもつ．

$$\iff \begin{vmatrix} a_1 & b_1 & c_1 \\ a_2 & b_2 & c_2 \\ a_3 & b_3 & c_3 \end{vmatrix} \neq 0$$

〖**注意**〗 (1)　階数を用いて表すと，

$$\boldsymbol{a}, \boldsymbol{b}, \boldsymbol{c}\text{：線形独立} \iff \begin{vmatrix} a_1 & b_1 & c_1 \\ a_2 & b_2 & c_2 \\ a_3 & b_3 & c_3 \end{vmatrix} \neq 0 \iff \mathrm{rank} \begin{bmatrix} a_1 & b_1 & c_1 \\ a_2 & b_2 & c_2 \\ a_3 & b_3 & c_3 \end{bmatrix} = 3$$

(2)　(1) の対偶を考えると，

$$\boldsymbol{a}, \boldsymbol{b}, \boldsymbol{c}\text{：線形従属} \iff \begin{vmatrix} a_1 & b_1 & c_1 \\ a_2 & b_2 & c_2 \\ a_3 & b_3 & c_3 \end{vmatrix} = 0 \iff \mathrm{rank} \begin{bmatrix} a_1 & b_1 & c_1 \\ a_2 & b_2 & c_2 \\ a_3 & b_3 & c_3 \end{bmatrix} \neq 3$$

例題 12 **（解の自由度）**

空間における 3 つの平面

$$(\pi_1) : a_1x + b_1y + c_1z = d_1$$
$$(\pi_2) : a_2x + b_2y + c_2z = d_2$$
$$(\pi_3) : a_3x + b_3y + c_3z = d_3$$

について

（i）π_1, π_2, π_3 が 1 点で交わる条件を求めよ．

（ii）π_1, π_2, π_3 が 1 本の直線を共有する条件を求めよ．

〖**ポイント**〗 解の自由度 =（未知数の個数）−（係数行列の階数）

= 任意の数を代入できる未知数の個数

【**解答**】（i）π_1, π_2, π_3 が 1 点で交わる

$\Longleftrightarrow$ 連立 1 次方程式とみて，ただ 1 組の解をもつ $\Longleftrightarrow \operatorname{rank}\begin{bmatrix} a_1 & b_1 & c_1 \\ a_2 & b_2 & c_2 \\ a_3 & b_3 & c_3 \end{bmatrix} = 3$

（ii）空間における直線の方程式は，第 1 章 1.2，定理 9 によって，

$$\begin{cases} x = a + lt \\ y = b + mt \qquad (-\infty < t < \infty) \\ z = c + nt \end{cases}$$

と表される．

$\therefore$ π_1, π_2, π_3が 1 本の直線を共有する

$\Longleftrightarrow$ {(1) 連立 1 次方程式として解をもち，(2) その解の形は上のような直線の方程式}

$\Longleftrightarrow \begin{cases} (1) & \operatorname{rank}[A\ \boldsymbol{b}] = \operatorname{rank} A \\ (2) & \text{解の自由度} = 1 \end{cases}$

$$\therefore \quad \operatorname{rank}\begin{bmatrix} a_1 & b_1 & c_1 & d_1 \\ a_2 & b_2 & c_2 & d_2 \\ a_3 & b_3 & c_3 & d_3 \end{bmatrix} = \operatorname{rank}\begin{bmatrix} a_1 & b_1 & c_1 \\ a_2 & b_2 & c_2 \\ a_3 & b_3 & c_3 \end{bmatrix} = 2$$

〖**注意**〗 π_1, π_2, π_3 が 1 つの平面を表す

$$\Longleftrightarrow \operatorname{rank}\begin{bmatrix} a_1 & b_1 & c_1 & d_1 \\ a_2 & b_2 & c_2 & d_2 \\ a_3 & b_3 & c_3 & d_3 \end{bmatrix} = \operatorname{rank}\begin{bmatrix} a_1 & b_1 & c_1 \\ a_2 & b_2 & c_2 \\ a_3 & b_3 & c_3 \end{bmatrix} = 1$$

$$\Longleftrightarrow a_1 : b_1 : c_1 : d_1 = a_2 : b_2 : c_2 : d_2 = a_3 : b_3 : c_3 : d_3$$

例題 13　（円の方程式）

同一直線上にない相異なる3点 $(x_i,\ y_i)$ $(i=1,\ 2,\ 3)$ を通る円の方程式は

$$\begin{vmatrix} x^2+y^2 & x & y & 1 \\ {x_1}^2+{y_1}^2 & x_1 & y_1 & 1 \\ {x_2}^2+{y_2}^2 & x_2 & y_2 & 1 \\ {x_3}^2+{y_3}^2 & x_3 & y_3 & 1 \end{vmatrix} = 0$$

と表されることを示せ．

【解答】　円の方程式を

$$a(x^2+y^2)+bx+cy+d=0 \cdots\cdots\cdots (1)$$

とする．

3点 $(x_i,\ y_i)$ $(i=1,\ 2,\ 3)$ はこの円周上にあることから

$$a({x_1}^2+{y_1}^2)+bx_1+cy_1+d=0 \cdots\cdots\cdots (2)$$

$$a({x_2}^2+{y_2}^2)+bx_2+cy_2+d=0 \cdots\cdots\cdots (3)$$

$$a({x_3}^2+{y_3}^2)+bx_3+cy_3+d=0 \cdots\cdots\cdots (4)$$

が成り立つ．

(1)〜(4) を $a,\ b,\ c,\ d$ に関する同次連立1次方程式とみれば，自明でない解をもたなければならないから

$$\begin{vmatrix} x^2+y^2 & x & y & 1 \\ {x_1}^2+{y_1}^2 & x_1 & y_1 & 1 \\ {x_2}^2+{y_2}^2 & x_2 & y_2 & 1 \\ {x_3}^2+{y_3}^2 & x_3 & y_3 & 1 \end{vmatrix} = 0 \cdots\cdots\cdots (5)$$

一方，$(x_i,\ y_i)$ $(i=1,\ 2,\ 3)$ は同一直線上にないことより

$$\begin{vmatrix} x_1 & y_1 & 1 \\ x_2 & y_2 & 1 \\ x_3 & y_3 & 1 \end{vmatrix} \neq 0$$

したがって，行列式の性質から (5) は円の方程式を表していて，3点 $(x_i,\ y_i)$ $(i=1,\ 2,\ 3)$ を通る．

〘**注意**〙　3点 $(x_i,\ y_i)$ $(i=1,\ 2,\ 3)$ が同一直線：$ax+by+c=0$ 上にあるための必要十分条件は，$ax_1+by_1+c=0$，$ax_2+by_2+c=0$，$ax_3+by_3+c=0$ が自明でない解をもつ条件だから，定理15によって $\begin{vmatrix} x_1 & y_1 & 1 \\ x_2 & y_2 & 1 \\ x_3 & y_3 & 1 \end{vmatrix} = 0$ となることである．

例題 14　（終結式）

2 つの方程式

$$f(x) = a_0x^3 + a_1x^2 + a_2x + a_3 = 0 \quad (a_0 \neq 0)$$

$$g(x) = b_0x^2 + b_1x + b_2 = 0 \qquad (b_0 \neq 0)$$

が共通根をもつための必要十分条件は

$$R(f,\, g) = \begin{vmatrix} a_0 & a_1 & a_2 & a_3 & 0 \\ 0 & a_0 & a_1 & a_2 & a_3 \\ b_0 & b_1 & b_2 & 0 & 0 \\ 0 & b_0 & b_1 & b_2 & 0 \\ 0 & 0 & b_0 & b_1 & b_2 \end{vmatrix} = 0$$

となることである．これを証明せよ．

【解答】　(1)　必要条件　α を $f(x) = 0,\ g(x) = 0$ の共通根とすると，

$$\begin{cases} \alpha f(\alpha) = a_0\alpha^4 + a_1\alpha^3 + a_2\alpha^2 + a_3\alpha = 0 \\ f(\alpha) = a_0\alpha^3 + a_1\alpha^2 + a_2\alpha + a_3 = 0 \\ \alpha^2 g(\alpha) = b_0\alpha^4 + b_1\alpha^3 + b_2\alpha^2 = 0 \\ \alpha g(\alpha) = b_0\alpha^3 + b_1\alpha^2 + b_2\alpha = 0 \\ g(\alpha) = b_0\alpha^2 + b_1\alpha + b_2 = 0 \end{cases}$$

これは

$$\begin{bmatrix} a_0 & a_1 & a_2 & a_3 & 0 \\ 0 & a_0 & a_1 & a_2 & a_3 \\ b_0 & b_1 & b_2 & 0 & 0 \\ 0 & b_0 & b_1 & b_2 & 0 \\ 0 & 0 & b_0 & b_1 & b_2 \end{bmatrix}$$

を係数行列とする未知数 x_1, x_2, x_3, x_4, x_5 の同次連立 1 次方程式が，自明でない解

$$x_1 = \alpha^4, \quad x_2 = \alpha^3, \quad x_3 = \alpha^2, \quad x_4 = \alpha, \quad x_5 = 1$$

をもっていることを示している．

$$\therefore \quad \begin{vmatrix} a_0 & a_1 & a_2 & a_3 & 0 \\ 0 & a_0 & a_1 & a_2 & a_3 \\ b_0 & b_1 & b_2 & 0 & 0 \\ 0 & b_0 & b_1 & b_2 & 0 \\ 0 & 0 & b_0 & b_1 & b_2 \end{vmatrix} = 0$$

(2)　十分条件　$R(f,\,g) = \begin{vmatrix} a_0 & a_1 & a_2 & a_3 & 0 \\ 0 & a_0 & a_1 & a_2 & a_3 \\ b_0 & b_1 & b_2 & 0 & 0 \\ 0 & b_0 & b_1 & b_2 & 0 \\ 0 & 0 & b_0 & b_1 & b_2 \end{vmatrix} = 0$ ならば，$\begin{vmatrix} a_0 & 0 & b_0 & 0 & 0 \\ a_1 & a_0 & b_1 & b_0 & 0 \\ a_2 & a_1 & b_2 & b_1 & b_0 \\ a_3 & a_2 & 0 & b_2 & b_1 \\ 0 & a_3 & 0 & 0 & b_2 \end{vmatrix} = 0$ より，同次連立 1 次方程式

$$\begin{cases} a_0x_1 \qquad\qquad + b_0x_3 = 0 \\ a_1x_1 + a_0x_2 + b_1x_3 + b_0x_4 = 0 \\ a_2x_1 + a_1x_2 + b_2x_3 + b_1x_4 + b_0x_5 = 0 \\ a_3x_1 + a_2x_2 \qquad\qquad + b_2x_4 + b_1x_5 = 0 \\ \qquad a_3x_2 \qquad\qquad\qquad + b_2x_5 = 0 \end{cases}$$

は自明でない解

$$x_1 = c_1, \quad x_2 = c_2, \quad x_3 = c_3, \quad x_4 = c_4, \quad x_5 = c_5$$

をもつ．

$$\therefore \quad [c_1\ c_2\ c_3\ c_4\ c_5] \begin{bmatrix} a_0 & a_1 & a_2 & a_3 & 0 \\ 0 & a_0 & a_1 & a_2 & a_3 \\ b_0 & b_1 & b_2 & 0 & 0 \\ 0 & b_0 & b_1 & b_2 & 0 \\ 0 & 0 & b_0 & b_1 & b_2 \end{bmatrix} = [0\ 0\ 0\ 0\ 0]$$

$$\therefore \quad [c_1\ c_2\ c_3\ c_4\ c_5] \begin{bmatrix} a_0 & a_1 & a_2 & a_3 & 0 \\ 0 & a_0 & a_1 & a_2 & a_3 \\ b_0 & b_1 & b_2 & 0 & 0 \\ 0 & b_0 & b_1 & b_2 & 0 \\ 0 & 0 & b_0 & b_1 & b_2 \end{bmatrix} \begin{bmatrix} x^4 \\ x^3 \\ x^2 \\ x \\ 1 \end{bmatrix} = 0$$

$$\therefore \quad [c_1\ c_2\ c_3\ c_4\ c_5] \begin{bmatrix} xf(x) \\ f(x) \\ x^2g(x) \\ xg(x) \\ g(x) \end{bmatrix} = 0$$

$$\therefore \quad (c_1x + c_2)f(x) + (c_3x^2 + c_4x + c_5)g(x) = 0$$

$f(x) = 0$ の 3 つの解を $\alpha,\,\beta,\,\gamma$ とすれば，$c_3x^2 + c_4x + c_5$ は 2 次式だから，$\alpha,\,\beta,\,\gamma$ のうち少なくとも 1 つが $g(x) = 0$ の根となる．よって，共通根をもつ．

問題 4.3 A

1. 次の連立1次方程式を解け.

(1) $\begin{cases} x_1+2x_2-3x_3=2 \\ 2x_1+3x_2+5x_3=3 \end{cases}$

(2) $\begin{cases} 2x_1-5x_2+x_3-3x_4=4 \\ -3x_1+7x_2+6x_3+x_4=7 \end{cases}$

(3) $\begin{cases} x_1+2x_2+3x_3=0 \\ 2x_1+4x_2+5x_3=1 \\ 3x_1+5x_3+6x_3=0 \end{cases}$

(4) $\begin{cases} x_1-x_2+x_3+x_4=3 \\ -x_1+x_2+x_3+2x_4=2 \\ x_1+x_2-x_3+3x_4=1 \end{cases}$

(5) $\begin{cases} x_1-2x_2+3x_3=0 \\ 3x_1-5x_2+x_3=0 \\ 5x_1-9x_2+7x_3=0 \end{cases}$

(6) $\begin{cases} -x_1+3x_2-x_3+5x_4+3x_5=0 \\ 3x_1-x_2-x_3-2x_4+x_5=0 \\ -x_1-x_2+3x_3+4x_4+6x_5=0 \end{cases}$

2. $\begin{cases} ax+y+z=2a \\ x+ay+z=a+1 \\ x+y+az=3a-1 \end{cases}$ を解け.

3. 同次連立1次方程式

$$\begin{cases} mx+y-2z=0 \\ x+(m-3)y+z=0 \\ -2x+y+mz=0 \end{cases}$$

が自明でない解をもつように定数 m を定めよ. また, そのときの解を求めよ.

4. 次のベクトルの組は, 線形独立であるか, それとも線形従属か.

(1) $\begin{bmatrix} 1 \\ 2 \\ -1 \end{bmatrix}, \begin{bmatrix} -2 \\ 1 \\ 2 \end{bmatrix}, \begin{bmatrix} 1 \\ 3 \\ 5 \end{bmatrix}$

(2) $\begin{bmatrix} 2 \\ 1 \\ 3 \end{bmatrix}, \begin{bmatrix} 1 \\ 0 \\ 2 \end{bmatrix}, \begin{bmatrix} 7 \\ 2 \\ 12 \end{bmatrix}$

5. 3つのベクトル $\begin{bmatrix} -1 \\ 2 \\ x \end{bmatrix}, \begin{bmatrix} x \\ 0 \\ 1 \end{bmatrix}, \begin{bmatrix} 1 \\ 2 \\ 3 \end{bmatrix}$ が線形従属となるように x の値を求めよ.

6. 空間における4点 (x_i, y_i, z_i) $(i=1, 2, 3, 4)$ が同一平面上にある条件は

$$\begin{vmatrix} x_1 & y_1 & z_1 & 1 \\ x_2 & y_2 & z_2 & 1 \\ x_3 & y_3 & z_3 & 1 \\ x_4 & y_4 & z_4 & 1 \end{vmatrix} = 0$$

であることを示せ.

7. $f(x)=ax^2+bx+c$ $(a \neq 0)$ とするとき, $D(f)=b^2-4ac$ であることを示せ.

8. $f(x)=x^3+px+q$ の判別式を求めよ.

問題 4.3　B

1. $\begin{cases} x + \ \ y + \ \ z = 1 \\ ax + \ by + \ cz = d \\ a^2x + b^2y + c^2z = d^2 \end{cases}$ を解け.

2. n 次正方行列 A に対し，その余因子行列 $\operatorname{adj} A$ とするとき，

(1)　$\operatorname{rank} A = n$　ならば　$\operatorname{rank}(\operatorname{adj} A) = n$

(2)　$\operatorname{rank} A = n-1$　ならば　$\operatorname{rank}(\operatorname{adj} A) = 1$

(3)　$\operatorname{rank} A < n-1$　ならば　$\operatorname{rank}(\operatorname{adj} A) = 0$

を証明せよ.

3. $\boldsymbol{a}_1, \boldsymbol{a}_2, \boldsymbol{a}_3$ を線形独立な空間のベクトル，$\boldsymbol{b}_1, \boldsymbol{b}_2, \boldsymbol{b}_3$ を空間における任意のベクトルとする．十分小さい $\varepsilon > 0$ に対して，$|x| < \varepsilon$ とするとき，

$$\boldsymbol{a}_1 + x\boldsymbol{b}_1,\ \boldsymbol{a}_2 + x\boldsymbol{b}_2,\ \boldsymbol{a}_3 + x\boldsymbol{b}_3$$

も線形独立であることを示せ.

4. 平面上の 3 つの直線

$$(l_1)：a_1x + b_1y + c_1 = 0$$

$$(l_2)：a_2x + b_2y + c_2 = 0$$

$$(l_3)：a_3x + b_3y + c_3 = 0$$

が，互いに平行であるか，または同一点を通るための必要十分条件は

$$\begin{vmatrix} a_1 & b_1 & c_1 \\ a_2 & b_2 & c_2 \\ a_3 & b_3 & c_3 \end{vmatrix} = 0$$

となることである．これを証明せよ.

ヒントと解答

問題 4.3　A

1. (1) $\left[\begin{array}{ccc:c} 1 & 2 & -3 & 2 \\ 2 & 3 & 5 & 3 \end{array}\right] \to \left[\begin{array}{ccc:c} 1 & 0 & 19 & 0 \\ 0 & 1 & -11 & 1 \end{array}\right]$　$\therefore$　$\begin{bmatrix} x_1 \\ x_2 \\ x_3 \end{bmatrix} = \begin{bmatrix} 0 \\ 1 \\ 0 \end{bmatrix} + t\begin{bmatrix} -19 \\ 11 \\ 1 \end{bmatrix}$

(2) $\left[\begin{array}{cccc:c} 2 & -5 & 1 & -3 & 4 \\ -3 & 7 & 6 & 1 & 7 \end{array}\right] \to \left[\begin{array}{cccc:c} 1 & 0 & -37 & 16 & -63 \\ 0 & 1 & -15 & 7 & -26 \end{array}\right]$

$$\therefore \quad \begin{bmatrix} x_1 \\ x_2 \\ x_3 \\ x_4 \end{bmatrix} = \begin{bmatrix} -63 \\ -26 \\ 0 \\ 0 \end{bmatrix} + t \begin{bmatrix} 37 \\ 15 \\ 1 \\ 0 \end{bmatrix} + s \begin{bmatrix} -16 \\ -7 \\ 0 \\ 1 \end{bmatrix}$$

(3) $\left[\begin{array}{ccc:c} 1 & 2 & 3 & 0 \\ 2 & 4 & 5 & 1 \\ 3 & 5 & 6 & 0 \end{array}\right] \to \left[\begin{array}{ccc:c} 1 & 0 & 0 & -3 \\ 0 & 1 & 0 & 3 \\ 0 & 0 & 1 & -1 \end{array}\right] \quad \therefore \quad \begin{bmatrix} x_1 \\ x_2 \\ x_3 \end{bmatrix} = \begin{bmatrix} -3 \\ 3 \\ -1 \end{bmatrix}$

(4) $\left[\begin{array}{cccc:c} 1 & -1 & 1 & 1 & 3 \\ -1 & 1 & 1 & 2 & 2 \\ 1 & 1 & -1 & 3 & 1 \end{array}\right] \to \left[\begin{array}{cccc:c} 1 & 0 & 0 & 2 & 2 \\ 0 & 1 & 0 & 5/2 & 3/2 \\ 0 & 0 & 1 & 3/2 & 5/2 \end{array}\right]$

$$\therefore \quad \begin{bmatrix} x_1 \\ x_2 \\ x_3 \\ x_4 \end{bmatrix} = \begin{bmatrix} 2 \\ 3/2 \\ 5/2 \\ 0 \end{bmatrix} + t \begin{bmatrix} -2 \\ -5/2 \\ -3/2 \\ 1 \end{bmatrix}$$

(5) $\begin{bmatrix} 1 & -2 & 3 \\ 3 & -5 & 1 \\ 5 & -9 & 7 \end{bmatrix} \to \begin{bmatrix} 1 & 0 & -13 \\ 0 & 1 & -8 \\ 0 & 0 & 0 \end{bmatrix} \quad \therefore \quad \begin{bmatrix} x_1 \\ x_2 \\ x_3 \end{bmatrix} = t \begin{bmatrix} 13 \\ 8 \\ 1 \end{bmatrix}$

(6) $\begin{bmatrix} -1 & 3 & -1 & 5 & 3 \\ 3 & -1 & -1 & -2 & 1 \\ -1 & -1 & 3 & 4 & 6 \end{bmatrix} \to \begin{bmatrix} 1 & 0 & 0 & 5/4 & 11/4 \\ 0 & 1 & 0 & 3 & 13/4 \\ 0 & 0 & 1 & 11/4 & 4 \end{bmatrix}$

$$\therefore \quad \begin{bmatrix} x_1 \\ x_2 \\ x_3 \\ x_4 \\ x_5 \end{bmatrix} = t \begin{bmatrix} -5/4 \\ -3 \\ -11/4 \\ 1 \\ 0 \end{bmatrix} + s \begin{bmatrix} -11/4 \\ -13/4 \\ -4 \\ 0 \\ 1 \end{bmatrix}$$

2. $\left[\begin{array}{ccc:c} a & 1 & 1 & 2a \\ 1 & a & 1 & a+1 \\ 1 & 1 & a & 3a-1 \end{array}\right] \to \left[\begin{array}{ccc:c} 1 & a & 1 & a+1 \\ 1 & 1 & a & 3a-1 \\ a & 1 & 1 & 2a \end{array}\right] \to \left[\begin{array}{ccc:c} 1 & a & 1 & a+1 \\ 0 & 1-a & a-1 & 2a-2 \\ 0 & 1-a^2 & 1-a & a-a^2 \end{array}\right]$

（イ） $a=1$ のとき $\left[\begin{array}{ccc:c} 1 & 1 & 1 & 2 \\ 0 & 0 & 0 & 0 \\ 0 & 0 & 0 & 0 \end{array}\right] \quad \therefore \quad \begin{bmatrix} x \\ y \\ z \end{bmatrix} = \begin{bmatrix} 2 \\ 0 \\ 0 \end{bmatrix} + t \begin{bmatrix} -1 \\ 1 \\ 0 \end{bmatrix} + s \begin{bmatrix} -1 \\ 0 \\ 1 \end{bmatrix}$

（ロ） $a \neq 1$ のとき，$\to \left[\begin{array}{ccc:c} 1 & a & 1 & a+1 \\ 0 & -1 & 1 & 2 \\ 0 & 1+a & 1 & a \end{array}\right] \to \left[\begin{array}{ccc:c} 1 & a+1 & 0 & a-1 \\ 0 & -1 & 1 & 2 \\ 0 & a+2 & 0 & a-2 \end{array}\right]$

(i)　$a \neq -2$ のとき，

$$\to \left[\begin{array}{ccc:c} 1 & a+1 & 0 & a-1 \\ 0 & -1 & 1 & 2 \\ 0 & 1 & 0 & (a-2)/(a+2) \end{array}\right] \to \left[\begin{array}{ccc:c} 1 & 0 & 0 & 2a/(a+2) \\ 0 & 0 & 1 & (3a+2)/(a+2) \\ 0 & 1 & 0 & (a-2)/(a+2) \end{array}\right]$$

$$\therefore \quad \begin{bmatrix} x \\ y \\ z \end{bmatrix} = \frac{1}{a+2}\begin{bmatrix} 2a \\ a-2 \\ 3a+2 \end{bmatrix}$$

(ii)　$a = -2$ のとき，

$$\to \left[\begin{array}{ccc:c} 1 & -2 & 1 & -1 \\ 0 & 3 & -3 & -6 \\ 0 & -3 & 3 & -2 \end{array}\right] \to \left[\begin{array}{ccc:c} 1 & -2 & 1 & -1 \\ 0 & 1 & -1 & -2 \\ \hdashline 0 & 0 & 0 & -8 \end{array}\right] \quad \therefore \quad \text{解なし.}$$

3.　$\begin{vmatrix} m & 1 & -2 \\ 1 & m-3 & 1 \\ -2 & 1 & m \end{vmatrix} = 0$ より，$m = 1,\ 4,\ -2$.

(イ)　$m = 1$ のとき，$\begin{bmatrix} 1 & 1 & -2 \\ 1 & -2 & 1 \\ -2 & 1 & 1 \end{bmatrix} \to \begin{bmatrix} 1 & 0 & -1 \\ 0 & 1 & -1 \\ 0 & 0 & 0 \end{bmatrix} \quad \therefore \quad \begin{bmatrix} x \\ y \\ z \end{bmatrix} = t\begin{bmatrix} 1 \\ 1 \\ 1 \end{bmatrix}$

(ロ)　$m = 4$ のとき，$\begin{bmatrix} 4 & 1 & -2 \\ 1 & 1 & 1 \\ -2 & 1 & 4 \end{bmatrix} \to \begin{bmatrix} 1 & 0 & -1 \\ 0 & 1 & 2 \\ 0 & 0 & 0 \end{bmatrix} \quad \therefore \quad \begin{bmatrix} x \\ y \\ z \end{bmatrix} = t\begin{bmatrix} 1 \\ -2 \\ 1 \end{bmatrix}$

(ハ)　$m = -2$ のとき $\begin{bmatrix} -2 & 1 & -2 \\ 1 & -5 & 1 \\ -2 & 1 & -2 \end{bmatrix} \to \begin{bmatrix} 1 & 0 & 1 \\ 0 & 1 & 0 \\ 0 & 0 & 0 \end{bmatrix} \quad \therefore \quad \begin{bmatrix} x \\ y \\ z \end{bmatrix} = t\begin{bmatrix} -1 \\ 0 \\ 1 \end{bmatrix}$

4.　定理15を適用する.

5.　$\begin{vmatrix} -1 & x & 1 \\ 2 & 0 & 2 \\ x & 1 & 3 \end{vmatrix} = 0$ より，$x = 1,\ 2$.

6.　4点 $(x_i,\ y_i,\ z_i)$ $(i = 1,\ 2,\ 3,\ 4)$ が平面：$ax + by + cz + d = 0$ 上にあることは，

$$\begin{cases} ax_1 + by_1 + cz_1 + d = 0 \\ ax_2 + by_2 + cz_2 + d = 0 \\ ax_3 + by_3 + cz_3 + d = 0 \\ ax_4 + by_4 + cz_4 + d = 0 \end{cases}$$

が同時に成り立つことである.（例題13をみなさい.）

7. $D(f)=(-1)^{2(2-1)/2}a^{-1}R(f,\,f')=-a^{-1}\begin{vmatrix} a & b & c \\ 2a & b & 0 \\ 0 & 2a & b \end{vmatrix}=b^2-4ac$

8. $D(f)=-4p^3-27q^2$

問題 4.3 B

1. $\begin{vmatrix} 1 & 1 & 1 \\ a & b & c \\ a^2 & b^2 & c^2 \end{vmatrix}=-(a-b)(a-c)(b-c)$

（イ） a, b, c がすべて相異なるとき，クラーメルの公式が使える．

（ロ） a, b, c のうち 2 つが等しいとき，たとえば，$a=b,\ a\neq c$ とする．

$$\begin{bmatrix} 1 & 1 & 1 & 1 \\ a & a & c & d \\ a^2 & a^2 & c^2 & d^2 \end{bmatrix} \to \begin{bmatrix} 1 & 1 & 0 & (c-d)/(c-a) \\ 0 & 0 & 1 & (d-a)/(c-a) \\ 0 & 0 & 0 & (d-a)(d-c) \end{bmatrix}$$

ゆえに，$d=a$ または $d=c$ のときだけ解をもつ．

$$\therefore\quad \begin{bmatrix} x \\ y \\ z \end{bmatrix}=\frac{1}{c-a}\begin{bmatrix} c-d \\ 0 \\ d-a \end{bmatrix}+t\begin{bmatrix} -1 \\ 1 \\ 0 \end{bmatrix}$$

$a=c,\ a\neq b$ も同様.

（ハ） $a=b=c$ のとき，$\begin{bmatrix} 1 & 1 & 1 & 1 \\ a & a & a & d \\ a^2 & a^2 & a^2 & d^2 \end{bmatrix} \to \begin{bmatrix} 1 & 1 & 1 & 1 \\ 0 & 0 & 0 & d-a \\ 0 & 0 & 0 & d^2-a^2 \end{bmatrix}$

ゆえに，$a=b=c=d$ のときだけ解をもち，$\begin{bmatrix} x \\ y \\ z \end{bmatrix}=\begin{bmatrix} 1 \\ 0 \\ 0 \end{bmatrix}+t\begin{bmatrix} -1 \\ 1 \\ 0 \end{bmatrix}+s\begin{bmatrix} -1 \\ 0 \\ 1 \end{bmatrix}$.

2. (1) $A\cdot\operatorname{adj}A=|A|E \qquad \therefore\quad \operatorname{rank}(\operatorname{adj}A)=n$

(2) $\operatorname{rank}A=n-1$ ならば，同次連立 1 次方程式 $A\boldsymbol{x}=\boldsymbol{o}$ は解の自由度が 1 である．$\therefore\quad \boldsymbol{x}=t\boldsymbol{x}_0$. 一方，$A\cdot\operatorname{adj}A=|A|E=O$. よって，$\operatorname{adj}A=[t_1\boldsymbol{x}_0\ t_2\boldsymbol{x}_0\ \cdots\ t_n\boldsymbol{x}_0]$ の形である．また，$\operatorname{rank}A=n-1$ より $\operatorname{adj}A$ の少なくとも 1 つの成分は 0 でない.

$$\therefore\quad \operatorname{rank}(\operatorname{adj}A)=1$$

(3) $\operatorname{rank}A<n-1$ ならば $(n-1)$ 次小行列式 $=0 \qquad \therefore\quad \operatorname{rank}(\operatorname{adj}A)=0.$

3.　$\boldsymbol{a}_1 = \begin{bmatrix} a_{11} \\ a_{21} \\ a_{31} \end{bmatrix}$，$\boldsymbol{a}_2 = \begin{bmatrix} a_{12} \\ a_{22} \\ a_{32} \end{bmatrix}$，$\boldsymbol{a}_3 = \begin{bmatrix} a_{13} \\ a_{23} \\ a_{33} \end{bmatrix}$ とおけば，線形独立より

$$\begin{vmatrix} a_{11} & a_{12} & a_{13} \\ a_{21} & a_{22} & a_{23} \\ a_{31} & a_{32} & a_{33} \end{vmatrix} \neq 0$$

また，$\boldsymbol{b}_1 = \begin{bmatrix} b_{11} \\ b_{21} \\ b_{31} \end{bmatrix}$，$\boldsymbol{b}_2 = \begin{bmatrix} b_{12} \\ b_{22} \\ b_{32} \end{bmatrix}$，$\boldsymbol{b}_3 = \begin{bmatrix} b_{13} \\ b_{23} \\ b_{33} \end{bmatrix}$ とすれば

$$f(x) = \begin{vmatrix} a_{11} + xb_{11} & a_{12} + xb_{12} & a_{13} + xb_{13} \\ a_{21} + xb_{21} & a_{22} + xb_{22} & a_{23} + xb_{23} \\ a_{31} + xb_{31} & a_{32} + xb_{32} & a_{33} + xb_{33} \end{vmatrix}$$

は x の多項式であって，$f(0) \neq 0$. したがって，連続関数の性質から，十分小さい $\varepsilon > 0$ に対して $|x| < \varepsilon$ なら $f(0) \neq 0$.

4. （イ）　必要条件：同一点 $(x_0,\ y_0)$ を通れば，

$$\begin{cases} a_1x_0 + b_1y_0 + c_1 = 0 \\ a_2x_0 + b_2y_0 + c_2 = 0 \\ a_3x_0 + b_3y_0 + c_3 = 0 \end{cases}$$

これは，自明でない解 $(x_0,\ y_0,\ 1)$ をもつから，係数行列の行列式は 0 である．また，平行ならば，$a_1 : b_1 = a_2 : b_2 = a_3 : b_3$．よって，行列式は 0 である．

（ロ）　十分条件：問題の行列式が 0 ならば，同次連立 1 次方程式

$$\begin{cases} a_1x + b_1y + c_1z = 0 \\ a_2x + b_2y + c_2z = 0 \\ a_3x + b_3y + c_3z = 0 \end{cases}$$

は自明でない解 $(x,\ y,\ z) = (x_0,\ y_0,\ z_0)$ をもつ．

このとき $z_0 = 0$ ならば $a_1 : b_1 = a_2 : b_2 = a_3 : b_3 = y_0 : x_0$ だから平行である．$z_0 \neq 0$ ならば，$(x_0/z_0,\ y_0/z_0)$ を通る．

5 線形空間

5.1 線形空間

線形空間（ベクトル空間） ▶ K は実数の全体 $\boldsymbol{R}$, または複素数の全体 $\boldsymbol{C}$ を表すものとする．

このとき，空でない集合 $V = \{\boldsymbol{a}, \boldsymbol{b}, \cdots\}$ に対して，次の各条件がみたされるならば，V を K 上の**線形空間**または**ベクトル空間**といい，K を線形空間 V の**係数体**という．

[I] V の任意の 2 元 $\boldsymbol{a}, \boldsymbol{b}$ に対して，その**和**と呼ばれる V の元 $\boldsymbol{a}+\boldsymbol{b}$ が一意的に確定し，次の演算法則をみたす．

V の元 $\boldsymbol{a}, \boldsymbol{b}, \boldsymbol{c}$ に対して

(i) $(\boldsymbol{a}+\boldsymbol{b})+\boldsymbol{c} = \boldsymbol{a}+(\boldsymbol{b}+\boldsymbol{c})$

(ii) $\boldsymbol{a}+\boldsymbol{b} = \boldsymbol{b}+\boldsymbol{a}$

(iii) V の元 $\boldsymbol{o}$ が存在して，V のどんな元 $\boldsymbol{a}$ に対しても

$$\boldsymbol{a}+\boldsymbol{o} = \boldsymbol{o}+\boldsymbol{a} = \boldsymbol{a}$$

が成り立つ．このような元 $\boldsymbol{o}$ を**零ベクトル**という．

(iv) V の各元 $\boldsymbol{a}$ に対して

$$\boldsymbol{a}+\boldsymbol{a}' = \boldsymbol{a}'+\boldsymbol{a} = \boldsymbol{o}$$

となる V の元 $\boldsymbol{a}'$ が存在する．このような元 $\boldsymbol{a}'$ を $\boldsymbol{a}$ の**逆ベクトル**といって $-\boldsymbol{a}$ で表す：$\boldsymbol{a}' = -\boldsymbol{a}$.

[II] V の任意の元 $\boldsymbol{a}$ と K の任意の元 λ に対して，$\boldsymbol{a}$ の**スカラー倍**と呼ばれる V の元 $\lambda\boldsymbol{a}$ が一意的に確定し，次の演算法則をみたす．

K の元 $\lambda, \mu, 1$ と V の元 $\boldsymbol{a}, \boldsymbol{b}$ に対して

(v) $\lambda(\boldsymbol{a}+\boldsymbol{b}) = \lambda\boldsymbol{a}+\lambda\boldsymbol{b}$

(vi) $(\lambda+\mu)\boldsymbol{a} = \lambda\boldsymbol{a}+\mu\boldsymbol{a}$

(vii) $(\lambda\mu)\boldsymbol{a} = \lambda(\mu\boldsymbol{a})$

(viii) $1\boldsymbol{a} = \boldsymbol{a}$

線形空間 V の元は**ベクトル**と呼ばれ，それに対して係数体 K の元は**スカラー**と呼ばれる．また，$K=\boldsymbol{R}$ のとき V を**実線形空間**，$K=\boldsymbol{C}$ のとき V を**複素線形空間**という．

定理 1

係数体 K 上の線形空間 V において

(i) 零ベクトル $\boldsymbol{o}$ はただ1つに限り存在し，かつ K の任意の元 λ に対して $\lambda\boldsymbol{o}=\boldsymbol{o}$ が成り立つ．

(ii) V の各元 $\boldsymbol{a}$ に対して，その逆ベクトル $-\boldsymbol{a}$ はただ1つに限り存在し，かつ $-\boldsymbol{a}=(-1)\boldsymbol{a}$ が成り立つ．

$\boldsymbol{a}+(-\boldsymbol{b})$ は簡単に $\boldsymbol{a}-\boldsymbol{b}$ と書き表される．

部分空間 ▶ 係数体 K 上の線形空間 V において，その部分集合 W が V の2種類の算法に関して閉じているとき，すなわち

(i) W の任意の2元 $\boldsymbol{a},\boldsymbol{b}$ に対して $\boldsymbol{a}+\boldsymbol{b}\in W$

(ii) W の任意の元 $\boldsymbol{a}$ と K の任意の元 λ に対して $\lambda\boldsymbol{a}\in W$

が成り立つとき，W 自身が K 上の線形空間となる．このような W を V の**線形部分空間**または簡単に**部分空間**という．

V 自身，および $\{\boldsymbol{o}\}$ はともに部分空間であり，この2つの部分空間を**自明な部分空間**といい，それ以外の部分空間を**真の部分空間**という．

定理 2

係数体 K 上の線形空間 V の部分集合 W が，V の部分空間であるためには，W の任意の2元 $\boldsymbol{a},\boldsymbol{b}$ と K の任意の2元 λ,μ に対して

$$\lambda\boldsymbol{a}+\mu\boldsymbol{b}\in W$$

なることが必要十分である．

線形空間・部分空間の例 ▶

(i) 平面上の幾何ベクトルの全体 V^2，空間内の幾何ベクトルの全体 V^3 は，いずれも実線形空間であり，今後はそれらを**幾何的ベクトル空間**として引用する．このとき，V^2 は V^3 の真の部分空間である．

(ii) K の元を成分とする (m,n) 型の行列全体の集合 $M_{m,n}(K)$ は，K を係数体とする線形空間である．また，n 次元の行ベクトルの全体や，n 次元の列ベクトルの全体はいずれも係数体 K 上の線形空間であり，これらを総称して $\boldsymbol{n}$ **次元の数ベクトル空間**または $\boldsymbol{n}$ **次元の** $\boldsymbol{K}$ **ベクトル空間**といって K^n で表す．とくに $K=\boldsymbol{R}$ の場合には**実** $\boldsymbol{n}$ **次元数ベクトル空間**といい，$K=\boldsymbol{C}$ の場合には**複素** $\boldsymbol{n}$ **次元数ベクトル空間**という．

(iii) K の元を係数とする変数 x の多項式の全体 $K[x]$ は，K 上の線形空間であり，n 次以下の多項式の全体はその部分空間である．

(iv) 実数直線上の区間 I で定義された微分可能な関数の全体は，区間 I 上で連続

な関数全体のなす実線形空間の部分空間である．

(v) K の元を係数とする変数 $x_1, \cdots, x_n$ に関する連立1次同次方程式

$$\begin{cases} a_{11}x_1 + \cdots + a_{1n}x_n = 0 \\ \cdots\cdots \\ a_{m1}x_1 + \cdots + a_{mn}x_n = 0 \end{cases}$$

の解全体の集合は K 上の線形空間である．この線形空間をその連立1次同次方程式の**解空間**という．

線形結合 ▶ 係数体 K 上の線形空間 V において，V のベクトル $\boldsymbol{a}_1, \cdots, \boldsymbol{a}_n$ に対して

$$\boldsymbol{a} = \lambda_1\boldsymbol{a}_1 + \cdots + \lambda_n\boldsymbol{a}_n \quad (\lambda_1, \cdots, \lambda_n \in K)$$

なる形のベクトル $\boldsymbol{a}$ は，ベクトル $\boldsymbol{a}_1, \cdots, \boldsymbol{a}_n$ の K 上の**線形結合**（または**1次結合**）である，あるいは**線形結合**（または**1次結合**）**として表される**という．

定理 3

係数体 K 上の線形空間 V において，m 個のベクトル $\boldsymbol{a}_1, \cdots, \boldsymbol{a}_m$ の K 上の線形結合全体のなす集合

$$\{\lambda_1\boldsymbol{a}_1 + \cdots + \lambda_m\boldsymbol{a}_m\,;\, \lambda_1, \cdots, \lambda_m \in K\}$$

は，ベクトル $\boldsymbol{a}_1, \cdots, \boldsymbol{a}_m$ を含む最小の V の部分空間である．

この部分空間を，ベクトル $\boldsymbol{a}_1, \cdots, \boldsymbol{a}_m$ で**張られる**，または**生成される**部分空間といって $\{\{\boldsymbol{a}_1, \cdots, \boldsymbol{a}_m\}\}$ で表すことにする．また，このときベクトル $\boldsymbol{a}_1, \cdots, \boldsymbol{a}_m$ をこの部分空間の**生成元**という．

共通空間 ▶

定理 4

線形空間 V において，$\{W_\alpha\}$ をその部分空間の族とするとき，それらの部分空間の集合としての共通集合

$$\bigcap_\alpha W_\alpha$$

は，いずれの W_α にも含まれるような最大の部分空間である．

このような部分空間 $\bigcap_\alpha W_\alpha$ を $\{W_\alpha\}$ の**共通空間**（または**交空間**）という．

定理 5

線形空間 V の部分集合 M に対して，M を含むすべての部分空間についての共通空間を W とするとき

(i) W は M を含む最小の V の部分空間である．

(ii) W は M の有限個のベクトルの線形結合の全体と一致する．

例題 1 **(線形空間)**

(i) 係数体 K 上の 2 つの線形空間 V_1, V_2 の直積集合

$$V_1 \times V_2 = \{(\boldsymbol{v}_1, \boldsymbol{v}_2) ; \boldsymbol{v}_1 \in V_1,\ \boldsymbol{v}_2 \in V_2\}$$

は，その 2 元 $(\boldsymbol{u}_1, \boldsymbol{u}_2), (\boldsymbol{v}_1, \boldsymbol{v}_2)$ と K の元 λ に対して，算法

$$(\boldsymbol{u}_1, \boldsymbol{u}_2) + (\boldsymbol{v}_1, \boldsymbol{v}_2) = (\boldsymbol{u}_1 + \boldsymbol{v}_1,\ \boldsymbol{u}_2 + \boldsymbol{v}_2), \quad \lambda(\boldsymbol{u}_1, \boldsymbol{u}_2) = (\lambda\boldsymbol{u}_1, \lambda\boldsymbol{u}_2)$$

によって，K 上の線形空間になることを示せ．

(ii) n 次の複素係数の多項式全体は線形空間にならないが，n 次以下の複素係数の多項式全体は複素線形空間になることを示せ．

(iii) 実数列 $\{x_n\}$ 全体は実線形空間に，有限個の項以外はすべて 0 である実数列全体はその部分空間になることを示せ．

〖**ヒント**〗 定理 2 を適用．

【解答】 (i) $\boldsymbol{u} = (\boldsymbol{u}_1, \boldsymbol{u}_2),\ \boldsymbol{v} = (\boldsymbol{v}_1, \boldsymbol{v}_2),\ \boldsymbol{w} = (\boldsymbol{w}_1, \boldsymbol{w}_2)$ に対して

$$(\boldsymbol{u} + \boldsymbol{v}) + \boldsymbol{w} = (\boldsymbol{u}_1 + \boldsymbol{v}_1 + \boldsymbol{w}_1,\ \boldsymbol{u}_2 + \boldsymbol{v}_2 + \boldsymbol{w}_2) = \boldsymbol{u} + (\boldsymbol{v} + \boldsymbol{w}),$$

$$\boldsymbol{u} + \boldsymbol{v} = (\boldsymbol{u}_1 + \boldsymbol{v}_1,\ \boldsymbol{u}_2 + \boldsymbol{v}_2) = (\boldsymbol{v}_1 + \boldsymbol{u}_1,\ \boldsymbol{v}_2 + \boldsymbol{u}_2) = \boldsymbol{v} + \boldsymbol{u}$$

$\boldsymbol{o} = (\boldsymbol{o}, \boldsymbol{o}),\ -\boldsymbol{u} = (-\boldsymbol{u}_1, -\boldsymbol{u}_2)$ および K の元 λ, μ に対して

$$\boldsymbol{u} + \boldsymbol{o} = (\boldsymbol{u}_1, \boldsymbol{u}_2) = \boldsymbol{u}, \quad \boldsymbol{u} + (-\boldsymbol{u}) = (\boldsymbol{o}, \boldsymbol{o}) = \boldsymbol{o} = (-\boldsymbol{u}) + \boldsymbol{u},$$

$$\lambda(\boldsymbol{u} + \boldsymbol{v}) = (\lambda\boldsymbol{u}_1 + \lambda\boldsymbol{v}_1,\ \lambda\boldsymbol{u}_2 + \lambda\boldsymbol{v}_2) = \lambda\boldsymbol{u} + \lambda\boldsymbol{v},$$

$$(\lambda + \mu)\boldsymbol{u} = (\lambda\boldsymbol{u}_1 + \mu\boldsymbol{u}_1,\ \lambda\boldsymbol{u}_2 + \mu\boldsymbol{u}_2) = \lambda\boldsymbol{u} + \mu\boldsymbol{u},$$

$$(\lambda\mu)\boldsymbol{u} = (\lambda\mu\boldsymbol{u}_1, \lambda\mu\boldsymbol{u}_2) = \lambda(\mu\boldsymbol{u}), \quad 1\boldsymbol{u} = (\boldsymbol{u}_1, \boldsymbol{u}_2) = \boldsymbol{u}$$

よって，直積集合 $V_1 \times V_2$ は K 上の線形空間である．

(ii) n 次の複素係数多項式 $f(x) = x^n + a_1x^{n-1} + \cdots + a_n,\ g(x) = x^n + b_1x^{n-1} + \cdots + b_n$ に対して，$f(x) - g(x) = (a_1 - b_1)x^{n-1} + \cdots + (a_n - b_n)$ はたかだか $n-1$ 次の多項式であって一般には n 次の多項式にならないから，定理 2 により n 次の多項式全体は線形空間にならない．

それに対して $h_1(x), h_2(x)$ を n 次以下の複素係数の多項式，α, β を複素数とすれば，$\alpha h_1(x) + \beta h_2(x)$ は n 次以下の複素係数の多項式であるから，再び定理 2 により n 次以下の複素係数の多項式全体は複素線形空間となる．

(iii) 2 つの実数列 $\{x_n\}, \{y_n\}$ と実数 α に対して，2 種類の算法を

$$\{x_n\} + \{y_n\} = \{x_n + y_n\}, \quad \alpha\{x_n\} = \{\alpha x_n\}$$

によって定義すれば，この算法に関して実数列全体は，各項が 0 である実数列を零ベクトルとし，$\{x_n\}$ の逆ベクトルが $\{-x_n\}$ である実線形空間となる．また，有限個の項を除いて各項がすべて 0 である 2 つの実数列の $\boldsymbol{R}$ 上の線形結合も，有限個の項以外のすべての項が 0 となるから，定理 2 によりそのような実数列全体は部分空間になる．

例題 2 （部分空間）

実3次元数ベクトル空間 $\boldsymbol{R}^3$ において，次の各部分集合 U は $\boldsymbol{R}^3$ の部分空間となるか．

（i）$\left\{\begin{bmatrix} x_1 \\ x_2 \\ x_3 \end{bmatrix};\ x_1 + x_2 = 0\right\}$　　（ii）$\left\{\begin{bmatrix} x_1 \\ x_2 \\ x_3 \end{bmatrix};\ x_1 + x_2 + x_3 = 1\right\}$

(iii) $\left\{\begin{bmatrix} x_1 \\ x_2 \\ x_3 \end{bmatrix};\ x_3 = 2x_1 - 3x_2\right\}$

〚ヒント〛 定理2を適用．

【解答】（i）$\lambda,\mu \in \boldsymbol{R}$, $\boldsymbol{a} = \begin{bmatrix} a_1 \\ a_2 \\ a_3 \end{bmatrix}$, $\boldsymbol{b} = \begin{bmatrix} b_1 \\ b_2 \\ b_3 \end{bmatrix} \in U$ とすれば $a_1 + a_2 = 0$, $b_1 + b_2 = 0$ であるから

$$(\lambda a_1 + \mu b_1) + (\lambda a_2 + \mu b_2) = \lambda(a_1 + a_2) + \mu(b_1 + b_2) = 0$$

一方，$\lambda\boldsymbol{a} + \mu\boldsymbol{b} = \begin{bmatrix} \lambda a_1 + \mu b_1 \\ \lambda a_2 + \mu b_2 \\ \lambda a_3 + \mu b_3 \end{bmatrix}$ であるから $\lambda\boldsymbol{a} + \mu\boldsymbol{b} \in U$ となり，定理2によりこの場合の集合 U は $\boldsymbol{R}^3$ の部分空間となる．

（ii）たとえば $\boldsymbol{e}_1 = \begin{bmatrix} 1 \\ 0 \\ 0 \end{bmatrix}$, $\boldsymbol{e}_2 = \begin{bmatrix} 0 \\ 1 \\ 0 \end{bmatrix}$ は U に属するが，$\boldsymbol{e}_1 + \boldsymbol{e}_2 = \begin{bmatrix} 1 \\ 1 \\ 0 \end{bmatrix}$ は U に属さないから，定理2によりこの場合の集合 U は $\boldsymbol{R}^3$ の部分空間にはならない．

(iii) $\begin{bmatrix} x_1 \\ x_2 \\ x_3 \end{bmatrix} = \begin{bmatrix} x_1 \\ x_2 \\ 2x_1 - 3x_2 \end{bmatrix} = x_1\begin{bmatrix} 1 \\ 0 \\ 2 \end{bmatrix} + x_2\begin{bmatrix} 0 \\ 1 \\ -3 \end{bmatrix}$ であるから，U の2つのベクトル $\boldsymbol{a} = a_1\begin{bmatrix} 1 \\ 0 \\ 2 \end{bmatrix} + a_2\begin{bmatrix} 0 \\ 1 \\ -3 \end{bmatrix}$, $\boldsymbol{b} = b_1\begin{bmatrix} 1 \\ 0 \\ 2 \end{bmatrix} + b_2\begin{bmatrix} 0 \\ 1 \\ -3 \end{bmatrix}$ と $\lambda, \mu \in \boldsymbol{R}$ に対して，

$$\lambda\boldsymbol{a} + \mu\boldsymbol{b} = (\lambda a_1 + \mu b_1)\begin{bmatrix} 1 \\ 0 \\ 2 \end{bmatrix} + (\lambda a_2 + \mu b_2)\begin{bmatrix} 0 \\ 1 \\ -3 \end{bmatrix} \in U$$

したがって，この場合の集合 U は定理2により $\boldsymbol{R}^3$ の部分空間である．

例題 3 **(部分空間の和集合)**

(i) 実3次元数ベクトル空間 $\boldsymbol{R}^3$ において，2つの部分空間を

$$W_1 = \left\{ \begin{bmatrix} x_1 \\ 0 \\ 0 \end{bmatrix} ; x_1 \in \boldsymbol{R} \right\}, \quad W_2 = \left\{ \begin{bmatrix} 0 \\ x_2 \\ 0 \end{bmatrix} ; x_2 \in \boldsymbol{R} \right\}$$

とするとき，和集合 $W_1 \cup W_2$ は $\boldsymbol{R}^3$ の部分空間にならないことを示せ.

(ii) 線形空間 V の2つの部分空間 W, W' に対して，その和集合 $W \cup W'$ が V の部分空間であるならば，$W \subset W'$ かまたは $W' \subset W$ であることを示せ.

〖ヒント〗 定理2を適用.

【解答】 (i) 部分空間 W_1 のベクトル $\boldsymbol{a} = \begin{bmatrix} a_1 \\ 0 \\ 0 \end{bmatrix}$，$a_1 \neq 0$ と W_2 のベクトル $\boldsymbol{b} = \begin{bmatrix} 0 \\ b_2 \\ 0 \end{bmatrix}$，$b_2 \neq 0$ に対して，ベクトル $\boldsymbol{a} + \boldsymbol{b} = \begin{bmatrix} a_1 \\ b_2 \\ 0 \end{bmatrix}$ は部分空間 W_1 にも W_2 にも属さない．したがって $\boldsymbol{a} + \boldsymbol{b} \notin W_1 \cup W_2$ となり，定理2により $W_1 \cup W_2$ は部分空間にはならない.

(ii) $W \not\subset W'$ とすれば，$\boldsymbol{x} \in W$ かつ $\boldsymbol{x} \notin W'$ となるベクトル $\boldsymbol{x}$ が必ず存在する．したがって，いま W' の任意のベクトルを $\boldsymbol{x}'$ とすれば，ベクトル $\boldsymbol{x}, \boldsymbol{x}'$ はともに部分空間 $W \cup W'$ に属するから

$$\boldsymbol{x}_0 = \boldsymbol{x} + \boldsymbol{x}' \in W \cup W'$$

である．したがって，$\boldsymbol{x}_0 \in W$ かまたは $\boldsymbol{x}_0 \in W'$ のうち少なくとも一方が必ず成り立つ.

そこでいま，$\boldsymbol{x}_0 \in W'$ と仮定すれば，定理2により，

$$\boldsymbol{x} = \boldsymbol{x}_0 - \boldsymbol{x}' \in W'$$

となって $\boldsymbol{x} \notin W'$ に反する．よって $\boldsymbol{x}_0 \in W$ でなければならない．したがって，再び定理2により

$$\boldsymbol{x}' = \boldsymbol{x}_0 - \boldsymbol{x} \in W$$

が成り立つ．すなわち

$$W' \subset W$$

が成り立つ.

したがって，

$$W \subset W' \quad \text{または} \quad W' \subset W$$

のいずれかが成り立つ.

例題 4　　**（共通空間）**

実3次元数ベクトル空間 $\boldsymbol{R}^3$ において，次の各場合に共通空間 $W_1 \cap W_2$ の生成元を求めよ．

（i）

$$W_1 = \left\{ \begin{bmatrix} x_1 \\ x_2 \\ x_3 \end{bmatrix} ; \ x_1 - x_2 + 2x_3 = 0 \right\}, \quad W_2 \left\{ \begin{bmatrix} x_1 \\ x_2 \\ x_3 \end{bmatrix} ; \ x_1 - 2x_2 + 3x_3 = 0 \right\}$$

（ii）　$W_1 = \{\{\boldsymbol{a}_1, \boldsymbol{a}_2\}\}$　　　　$W_2 = \{\{\boldsymbol{b}_1, \boldsymbol{b}_2\}\}$

$$\boldsymbol{a}_1 = \begin{bmatrix} 0 \\ 1 \\ 1 \end{bmatrix}, \quad \boldsymbol{a}_2 = \begin{bmatrix} 1 \\ 0 \\ 1 \end{bmatrix} \qquad \boldsymbol{b}_1 = \begin{bmatrix} 1 \\ 1 \\ 0 \end{bmatrix}, \quad \boldsymbol{b}_2 = \begin{bmatrix} -1 \\ 1 \\ 1 \end{bmatrix}$$

〚**ヒント**〛　定理6と定理8を使うと便利．

【解答】　（i）　$W_1 \cap W_2$ のベクトルは，連立方程式 $\begin{cases} x_1 - x_2 + 2x_3 = 0 \\ x_1 - 2x_2 + 3x_3 = 0 \end{cases}$ の解ベクトルであるから，これを解いて $\begin{bmatrix} x_1 \\ x_2 \\ x_3 \end{bmatrix} = \begin{bmatrix} -x_3 \\ x_3 \\ x_3 \end{bmatrix} = x_3 \begin{bmatrix} -1 \\ 1 \\ 1 \end{bmatrix}$ を得る．

したがって，$W_1 \cap W_2$ はベクトル $\begin{bmatrix} -1 \\ 1 \\ 1 \end{bmatrix}$ によって生成される部分空間である．

（ii）　$\mathrm{rank}\,(\boldsymbol{a}_1, \boldsymbol{a}_2) = 2$, $\mathrm{rank}\,(\boldsymbol{b}_1, \boldsymbol{b}_2) = 2$ であるから，ベクトル $\boldsymbol{a}_1, \boldsymbol{a}_2$ およびベクトル $\boldsymbol{b}_1, \boldsymbol{b}_2$ はそれぞれ線形独立である．よって，第5章5.2の定理6，定理8により

$$\boldsymbol{x} = \begin{bmatrix} x_1 \\ x_2 \\ x_3 \end{bmatrix} \in W_1 \Longleftrightarrow \begin{pmatrix} \boldsymbol{x}, \boldsymbol{a}_1, \boldsymbol{a}_2 \text{が} \\ \text{線形従属} \end{pmatrix} \Longleftrightarrow \begin{vmatrix} x_1 & 0 & 1 \\ x_2 & 1 & 0 \\ x_3 & 1 & 1 \end{vmatrix} = 0 \Longleftrightarrow x_1 + x_2 - x_3 = 0,$$

$$\boldsymbol{x} = \begin{bmatrix} x_1 \\ x_2 \\ x_3 \end{bmatrix} \in W_2 \Longleftrightarrow \begin{pmatrix} \boldsymbol{x}, \boldsymbol{b}_1, \boldsymbol{b}_2 \text{が} \\ \text{線形従属} \end{pmatrix} \Longleftrightarrow \begin{vmatrix} x_1 & 1 & -1 \\ x_2 & 1 & 1 \\ x_3 & 0 & 1 \end{vmatrix} = 0 \Longleftrightarrow x_1 - x_2 + 2x_3 = 0$$

したがって，$\boldsymbol{x} = \begin{bmatrix} x_1 \\ x_2 \\ x_3 \end{bmatrix} \in W_1 \cap W_2 \Longleftrightarrow \boldsymbol{x} = \begin{bmatrix} x_1 \\ x_2 \\ x_3 \end{bmatrix} = \begin{bmatrix} x_1 \\ -3x_1 \\ -2x_1 \end{bmatrix} = x_1 \begin{bmatrix} 1 \\ -3 \\ -2 \end{bmatrix}$.

よって，$W_1 \cap W_2$ はベクトル $\begin{bmatrix} 1 \\ -3 \\ -2 \end{bmatrix}$ によって生成される部分空間である．

問題 5.1 A

1. 複素数全体のなす集合 $\boldsymbol{C}$ は実線形空間であり，かつ複素線形空間でもあることを示せ.

2. 次の各集合は線形空間となりうるか.

(1) 実数全体のなす集合

(2) 整数全体のなす集合 $\boldsymbol{Z}$

(3) 2 変数 x, y に関する実係数の多項式全体のなす集合 $\boldsymbol{R}[x, y]$，および n 次の同次多項式全体のなす部分集合

(4) 線形微分方程式 $y^{(n)} + a_1(x)y^{(n-1)} + \cdots + a_{n-1}(x)y' + a_n(x)y = r(x)$ の解全体のなす集合

3. 実 3 次元数ベクトル空間 $\boldsymbol{R}^3$ の次の各部分集合は部分空間となりうるか.

(1) $W_1 = \left\{ \begin{bmatrix} x_1 \\ x_2 \\ x_3 \end{bmatrix} ;\ x_1 = 0 \right\}$ (2) $W_2 = \left\{ \begin{bmatrix} x_1 \\ x_2 \\ x_3 \end{bmatrix} ;\ x_1 x_2 \geqq 0 \right\}$

(3) $W_3 = \left\{ \begin{bmatrix} x_1 \\ x_2 \\ x_3 \end{bmatrix} ;\ x_1 = x_2 = x_3 \right\}$ (4) $W_4 = \left\{ \begin{bmatrix} x_1 \\ x_2 \\ x_3 \end{bmatrix} ;\ {x_1}^2 + {x_2}^2 = {x_3}^2 \right\}$

(5) $W_5 = \left\{ \begin{bmatrix} x_1 \\ x_2 \\ x_3 \end{bmatrix} ;\ x_1 \geqq x_2 \geqq x_3 \right\}$ (6) $W_6 = \left\{ \begin{bmatrix} x_1 \\ x_2 \\ x_3 \end{bmatrix} ;\ x_1, x_2, x_3 \text{が整数} \right\}$

4. 係数体 K 上の n 次正方行列全体のなす線形空間 $M_n(K)$ の，次の各部分集合は部分空間となりうるか.

(1) 対称行列全体のなす集合

(2) 直交行列全体のなす集合

(3) 対角成分の和が 0 である行列全体のなす集合

(4) n 次元列ベクトル $\boldsymbol{a} \neq \boldsymbol{o}$, $\boldsymbol{b}$ に対して $X\boldsymbol{a} = \boldsymbol{b}$ となる行列 X 全体のなす集合

(5) n 次の行列 A, B に対して $AY = YB$ となる行列 Y 全体のなす集合

5. 実数直線上のある閉区間 I 上で定義された実数値関数全体のなす実線形空間の，次の各部分集合は部分空間となりうるか.

(1) 閉区間 I 上の定点 C で $f(C) = 0$ となる関数 $f(x)$ 全体のなす集合

(2) n 回微分可能な関数全体のなす集合

(3) 閉区間 I で $f(x) \geqq 0$ となる関数全体のなす集合

6. W が係数体 K 上の線形空間 V の部分空間であり，U が W の部分空間であれば，U は V の部分空間であることを示せ.

問題 5.1 B

1. 係数体 K 上の線形空間 V において，次の各々が成り立つことを示せ．

(1) $\lambda\boldsymbol{a}=\boldsymbol{o}\ (\lambda\in K,\ \boldsymbol{a}\in V)\Longrightarrow\lambda=0$ かまたは $\boldsymbol{a}=\boldsymbol{o}$

(2) $\lambda\boldsymbol{a}=\mu\boldsymbol{a}\ (\lambda,\mu\in K,\ \boldsymbol{a}\in V)\Longrightarrow\lambda=\mu$ かまたは $\boldsymbol{a}=\boldsymbol{o}$

(3) $\lambda\boldsymbol{a}=\lambda\boldsymbol{b}\ (\lambda\in K,\ \boldsymbol{a},\boldsymbol{b}\in V)\Longrightarrow\lambda=0$ かまたは $\boldsymbol{a}=\boldsymbol{b}$

2. 実3次元数ベクトル空間 $\boldsymbol{R}^3$ において，部分空間

$$W_1=\{\{\boldsymbol{a}_1,\boldsymbol{a}_2\}\}\qquad W_2=\{\{\boldsymbol{b}_1,\boldsymbol{b}_2\}\}$$

$$\boldsymbol{a}_1=\begin{bmatrix}-1\\2\\1\end{bmatrix},\quad \boldsymbol{a}_2=\begin{bmatrix}0\\1\\-1\end{bmatrix}\qquad \boldsymbol{b}_1=\begin{bmatrix}1\\-3\\1\end{bmatrix},\quad \boldsymbol{b}_2=\begin{bmatrix}-1\\0\\1\end{bmatrix}$$

の共通空間 $W_1\cap W_2$ の生成元を求めよ．

3. 実4次元数ベクトル空間 $\boldsymbol{R}^4$ において，部分空間

$$W_1=\left\{\begin{bmatrix}x_1\\x_2\\x_3\\x_4\end{bmatrix};\ x_1+x_2+x_3+x_4=0\right\},\quad W_2=\left\{\begin{bmatrix}x_1\\x_2\\x_3\\x_4\end{bmatrix};\ x_1+x_4=0,\ x_3=2x_2\right\}$$

の共通空間 $W_1\cap W_2$ の生成元を求めよ．

4. 実数列全体のなす実線形空間 V において

(1) 漸化式 $x_{n+2}+ax_{n+1}+bx_n=0\ (a,b\in\boldsymbol{R})$ をみたす実数列全体 W は，V の部分空間であることを示せ．

(2) 公比 $r\ (\neq 0)$ の等比数列全体のなす集合 W_r も，V の部分空間となることを示せ．

(3) 共通空間 $W\cap W_r$ はいかなる部分空間となるか．

5. 係数体 K 上の線形空間 V の部分集合 S に対して，S の有限個の元の K 上の線形結合全体 $W(S)$ は，S を含む最小の V の部分空間であることを示せ．

ヒントと解答

問題 5.1 A

1. 複素数の和に関して結合法則，交換法則，零ベクトルと逆ベクトルの存在は明らか．また，複素数 a, m，実数 λ に対して $ma, \lambda a$ ともに複素数であり，この積に関しても分配法則，結合法則等が成り立つから，複素数全体のなす集合 $\boldsymbol{C}$ は $\boldsymbol{R}$ 上の線形空間であり，$\boldsymbol{C}$ 上の線形空間でもある．

2. (1) 実線形空間となる．

(2) 実数と整数の積，複素数と整数の積は一般には整数にならないから，整数全体のなす集合 $\boldsymbol{Z}$ は線形空間ではない．

(3) $\boldsymbol{R}[x, y]$ は多項式としての普通の和，および実数倍に関して線形空間となる．また，n 次の同次多項式についても同様に線形空間になる．

(4) $r(x) = 0$ の同次線形微分方程式の場合には線形空間となるが，$r(x) \neq 0$ の場合には，解が和に関して閉じていないから線形空間とはならない．

3. (1),(3) の場合には線形部分空間となるが，それ以外の場合には次の各々の反例があるように部分空間にはならない．

(2) $\begin{bmatrix} 1 \\ 3 \\ 0 \end{bmatrix} + \begin{bmatrix} -3 \\ -1 \\ 0 \end{bmatrix} = \begin{bmatrix} -2 \\ 2 \\ 0 \end{bmatrix}$　　(4) $\begin{bmatrix} 1 \\ 0 \\ 1 \end{bmatrix} + \begin{bmatrix} 0 \\ 1 \\ 1 \end{bmatrix} = \begin{bmatrix} 1 \\ 1 \\ 2 \end{bmatrix}$

(5) $(-1)\begin{bmatrix} 1 \\ 0 \\ -1 \end{bmatrix} = \begin{bmatrix} -1 \\ 0 \\ 1 \end{bmatrix}$　　(6) $\dfrac{1}{3}\begin{bmatrix} 2 \\ 0 \\ -1 \end{bmatrix} = \begin{bmatrix} 2/3 \\ 0 \\ -1/3 \end{bmatrix}$

4. (1),(3),(5) 部分空間になる．　(2) 直交行列の和は一般に直交行列にならないから，部分空間にならない．　(4) $\boldsymbol{b} = \boldsymbol{o}$ の場合には部分空間となるが，$\boldsymbol{b} \neq \boldsymbol{o}$ の場合には行列の和に関して閉じていないから部分空間にならない．

5. (1),(2) 部分空間になる．　(3) $f(x) \geqq 0$ ならば，負の実数 λ に対して $\lambda f(x) \leqq 0$ であるから部分空間にならない．

6. U は V の部分集合で，$U \ni \boldsymbol{a}, \boldsymbol{b}$, $K \ni \lambda, \mu$ に対して $\lambda\boldsymbol{a} + \mu\boldsymbol{b} \in U$ だから．

問題 5.1　B

1. (1) $\lambda \neq 0 \Longrightarrow \boldsymbol{a} = \boldsymbol{o}/\lambda = \boldsymbol{o}$　　(2) $\lambda \neq \mu \Longrightarrow (\lambda - \mu)\boldsymbol{a} = \boldsymbol{o}$ から $\boldsymbol{a} = \boldsymbol{o}$

(3) $\lambda \neq 0 \Longrightarrow \lambda(\boldsymbol{a} - \boldsymbol{b}) = \boldsymbol{o}$ から $\boldsymbol{a} - \boldsymbol{b} = \boldsymbol{o} \Longrightarrow \boldsymbol{a} = \boldsymbol{b}$

2. $\mathrm{rank}\,(\boldsymbol{a}_1, \boldsymbol{a}_2) = \mathrm{rank}\,(\boldsymbol{b}_1, \boldsymbol{b}_2) = 2$.　$W_1 = \{\{{}^t(x_1, x_2, x_3)\,;\, 3x_1 + x_2 + x_3 = 0\}\}$, $W_2 = \{\{{}^t(x_1, x_2, x_3)\,;\, 3x_1 + 2x_2 + 3x_3 = 0\}\}$.　$\therefore$　$W_1 \cap W_2 = \{\{{}^t(1, -6, 3)\}\}$.（例題 4 参照）

3. $W_1 \cap W_2 = \{\{{}^t(1, 0, 0, -1)\}\}$（例題 4 参照）

4. (1),(2) は定理 2 参照．　(3) $x_n = cr^{n-1}$ $(c \neq 0)$ として漸化式に代入すれば $r^2 + ar + b = 0$. よって $a^2 - 4b \geqq 0$ のとき，公比 r が 2 次方程式 $t^2 + at + b = 0$ の実根であれば $W \cap W_r = W_r$. それ以外は $W \cap W_r = \{\boldsymbol{o}\}$.

5. S の有限個の元の K 上の線形結合の和，およびスカラー倍はまた S の有限個の元の K 上の線形結合であり，この算法で $W(M)$ は線形空間になる．一方，M を含む V の任意の部分空間を W とすれば，定理 2 により W は S の有限個の元の K 上の線形結合をすべて含むから $W(S) \subset W$. よって $W(S)$ は S を含む V の最小の部分空間である．

5.2 次元と基底

線形独立・線形従属 ▶ 係数体 K 上の線形空間 V において，ベクトル $\boldsymbol{a}_1, \cdots, \boldsymbol{a}_r$ が K 上の1次関係式 $\lambda_1\boldsymbol{a}_1 + \cdots + \lambda_r\boldsymbol{a}_r = \boldsymbol{o}$ $(\lambda_1, \cdots, \lambda_r \in K)$ をみたすのは，係数が $\lambda_1 = \cdots = \lambda_r = 0$ となる場合に限るとき，ベクトル $\boldsymbol{a}_1, \cdots, \boldsymbol{a}_r$ は K 上**線形独立**（または**1次独立**）であるという．それに対して，K 上線形独立でないとき，すなわち係数 $\lambda_1, \cdots, \lambda_r$ の中には少なくとも1つ0でないものがあって $\lambda_1\boldsymbol{a}_1 + \cdots + \lambda_1\boldsymbol{a}_r = \boldsymbol{o}$ なる1次関数式が成り立つとき，ベクトル $\boldsymbol{a}_1, \cdots, \boldsymbol{a}_r$ は K 上**線形従属**（または**1次従属**）であるという．

定理 6

係数体 K 上の線形空間 V において

(i) ベクトル $\boldsymbol{a}_1, \cdots, \boldsymbol{a}_r$ が線形従属であるためには，そのうちの1個が他の $r-1$ 個のベクトルの線形結合として表されることが必要十分である．

(ii) ベクトル $\boldsymbol{a}_1, \cdots, \boldsymbol{a}_r$ が線形独立であるとき，ベクトル $\boldsymbol{a}_1, \cdots, \boldsymbol{a}_r, \boldsymbol{a}_{r+1}$ も線形独立になるためには，$\boldsymbol{a}_{r+1}$ が $\boldsymbol{a}_1, \cdots, \boldsymbol{a}_r$ の線形結合として表されないことが必要十分である．

(iii) ベクトル $\boldsymbol{a}_1, \cdots, \boldsymbol{a}_r$ が線形独立であるとき，ベクトル $\boldsymbol{a}_1, \cdots, \boldsymbol{a}_r, \boldsymbol{a}_{r+1}$ が線形従属ならば，$\boldsymbol{a}_{r+1}$ は $\boldsymbol{a}_1, \cdots, \boldsymbol{a}_r$ の K 上の線形結合として一意的に表される．

定理 7

係数体 K 上の線形空間 V において

(i) K 上線形独立なベクトルの集合の中から，空でない任意の部分集合をとり出しても，それは K 上線形独立である．

(ii) K 上線形従属なベクトルを含むようなベクトルの集合は，すべて K 上線形従属である．

定理 8

n 次元 K ベクトル空間 K^n において，n 個の列ベクトル $\boldsymbol{a}_1, \cdots, \boldsymbol{a}_n$ が K 上線形独立であるためには，$A = (\boldsymbol{a}_1, \cdots, \boldsymbol{a}_n)$ とおくとき，n 次の行列 A が正則であること，すなわち $\det A \neq 0$ であることが必要十分である．

次　元 ▶ 係数体 K 上の線形空間 V において，n 個の K 上線形独立なベクトルは存在するが，$n+1$ 個以上のどんなベクトルも K 上線形従属となるとき，線形空間 V は K 上 **n 次元**であるといって $\dim_K V = n$，または簡単に V^n などで表す．とくに零ベクトルのみから成る線形空間 $V = \{\boldsymbol{o}\}$ を **0 次元**の線形空間という．線形空間の次元が 0 かまたは自然数に等しいとき，その線形空間を**有限次元**の線形空間という．また，任意の自然数 m に対して，m 個の線形独立なベクトルが存在するとき，その線形空間を**無限次元**の線形空間という．

定理 9

n 次元 K ベクトル空間 K^n において，m 個の列ベクトル $\boldsymbol{a}_1, \cdots, \boldsymbol{a}_m$ に対して $A = (\boldsymbol{a}_1, \cdots, \boldsymbol{a}_m)$ とおくとき，次の式が成り立つ．

$$\dim\{\{\boldsymbol{a}_1, \cdots, \boldsymbol{a}_m\}\} = \operatorname{rank} A$$

したがって，とくに $\dim\{\{\boldsymbol{a}_1, \cdots, \boldsymbol{a}_m\}\} \leqq m$ で，等号が成り立つのは $\boldsymbol{a}_1, \cdots, \boldsymbol{a}_m$ が線形独立のときのみである．

基　底 ▶　係数体 K 上の線形空間 V において，次の 2 つの性質をもつベクトルの集合 B を，線形空間 V の K 上の**基底**（または**基**，**底**）という．

(i)　集合 B の中の任意の有限個のベクトルは，K 上線形独立である．

(ii)　線形空間 V の任意のベクトルは，B の中のある有限個のベクトルの，K 上の線形結合として表される．

定理 10

係数体 K 上の n 次元線形空間 V^n において，n 個の K 上線形独立なベクトルはすべて V^n の基底である．逆に，V^n の基底はすべて n 個の K 上線形独立なベクトルから成る．

定理 11

係数体 K 上の n 次元線形空間 V^n において，$s\ (< n)$ 個のベクトル $\boldsymbol{a}_1, \cdots, \boldsymbol{a}_s$ が K 上線形独立であるならば，適当に $n-s$ 個のベクトル $\boldsymbol{a}_{s+1}, \cdots, \boldsymbol{a}_n$ を補って，ベクトル $\boldsymbol{a}_1, \cdots, \boldsymbol{a}_s, \boldsymbol{a}_{s+1}, \cdots, \boldsymbol{a}_n$ が V^n の基底となるようにできる．

n 次元単位数ベクトル $\boldsymbol{e}_1 = \begin{bmatrix} 1 \\ 0 \\ \vdots \\ 0 \end{bmatrix}$, $\boldsymbol{e}_2 = \begin{bmatrix} 0 \\ 1 \\ \vdots \\ 0 \end{bmatrix}$, $\cdots$, $\boldsymbol{e}_n = \begin{bmatrix} 0 \\ 0 \\ \vdots \\ 1 \end{bmatrix}$ は，実 n 次元数ベクトル空間 $\boldsymbol{R}^n$，および複素 n 次元数ベクトル空間 $\boldsymbol{C}^n$ の基底である．このような基底を $\boldsymbol{R}^n$ および $\boldsymbol{C}^n$ の**自然基底**，または**標準基底**という．

例題 5 （線形独立性の判定）

次の各組の数ベクトルは，$\boldsymbol{R}$ 上線形独立かそれとも線形従属か．

(i) $\boldsymbol{a}_1 = \begin{bmatrix} 1 \\ 1 \\ -2 \end{bmatrix}, \quad \boldsymbol{a}_2 = \begin{bmatrix} 1 \\ -2 \\ 1 \end{bmatrix}, \quad \boldsymbol{a}_3 = \begin{bmatrix} -2 \\ 1 \\ 1 \end{bmatrix}$

(ii) $\boldsymbol{b}_1 = \begin{bmatrix} 1 \\ 1 \\ m+1 \end{bmatrix}, \quad \boldsymbol{b}_2 = \begin{bmatrix} 1 \\ m+1 \\ 1 \end{bmatrix}, \quad \boldsymbol{b}_3 = \begin{bmatrix} m+1 \\ 1 \\ 1 \end{bmatrix}$

(iii) $\boldsymbol{c}_1 = \begin{bmatrix} 1 \\ 0 \\ 1 \\ 2 \end{bmatrix}, \quad \boldsymbol{c}_2 = \begin{bmatrix} 1 \\ 1 \\ 0 \\ 2 \end{bmatrix}, \quad \boldsymbol{c}_3 = \begin{bmatrix} 0 \\ 1 \\ 1 \\ 0 \end{bmatrix}$

(iv) $\boldsymbol{d}_1 = \begin{bmatrix} 1 \\ a \\ a \\ a \end{bmatrix}, \quad \boldsymbol{d}_2 = \begin{bmatrix} a \\ 1 \\ a \\ a \end{bmatrix}, \quad \boldsymbol{d}_3 = \begin{bmatrix} a \\ a \\ 1 \\ a \end{bmatrix}$

〚ヒント〛 定理 8，定理 9 を適用する．

【解答】 (i) $\det(\boldsymbol{a}_1,\ \boldsymbol{a}_2,\ \boldsymbol{a}_3) = \begin{vmatrix} 1 & 1 & -2 \\ 1 & -2 & 1 \\ -2 & 1 & 1 \end{vmatrix} = 0$

したがって，定理 8 によりベクトル $\boldsymbol{a}_1, \boldsymbol{a}_2, \boldsymbol{a}_3$ は $\boldsymbol{R}$ 上線形従属である．

(ii) $\det(\boldsymbol{b}_1, \boldsymbol{b}_2, \boldsymbol{b}_3) = \begin{vmatrix} 1 & 1 & m+1 \\ 1 & m+1 & 1 \\ m+1 & 1 & 1 \end{vmatrix} = -m^2(m+3)$

したがって，定理 8 によりベクトル $\boldsymbol{b}_1$，$\boldsymbol{b}_2$，$\boldsymbol{b}_3$ は，$m=0$ および $m=-3$ のときは $\boldsymbol{R}$ 上線形従属で，それ以外のときは線形独立である．

(iii) $\dim\{\{\boldsymbol{c}_1, \boldsymbol{c}_2, \boldsymbol{c}_3\}\} = \mathrm{rank}\,(\boldsymbol{c}_1, \boldsymbol{c}_2, \boldsymbol{c}_3) = \mathrm{rank} \begin{bmatrix} 1 & 1 & 0 \\ 0 & 1 & 1 \\ 1 & 0 & 1 \\ 2 & 2 & 0 \end{bmatrix} = 3$

したがって，定理 9 によりベクトル $\boldsymbol{c}_1, \boldsymbol{c}_2, \boldsymbol{c}_3$ は $\boldsymbol{R}$ 上線形独立である．

(iv) $\dim\{\{\boldsymbol{d}_1, \boldsymbol{d}_2, \boldsymbol{d}_3\}\} = \mathrm{rank}\,(\boldsymbol{d}_1, \boldsymbol{d}_2, \boldsymbol{d}_3) = \mathrm{rank} \begin{bmatrix} 1 & a & a \\ a & 1 & a \\ a & a & 1 \\ a & a & a \end{bmatrix} = \begin{cases} 1 & (a=1) \\ 3 & (a \neq 1) \end{cases}$

したがって，定理 9 によりベクトル $\boldsymbol{d}_1, \boldsymbol{d}_2, \boldsymbol{d}_3$ は，$a=1$ のときは $\boldsymbol{R}$ 上線形従属で，それ以外のときは線形独立である．

例題 6 （線形従属化）

次の各組の実数ベクトルが $\boldsymbol{R}$ 上線形従属となるように x, y の値を定めよ．

(i) $\boldsymbol{a}_1 = \begin{bmatrix} x \\ 1 \\ 1 \\ 1 \end{bmatrix}, \quad \boldsymbol{a}_2 = \begin{bmatrix} 1 \\ x \\ 2 \\ 2 \end{bmatrix}, \quad \boldsymbol{a}_3 = \begin{bmatrix} 2 \\ 2 \\ x \\ 3 \end{bmatrix}, \quad \boldsymbol{a}_4 = \begin{bmatrix} 3 \\ 3 \\ 3 \\ x \end{bmatrix}$

(ii) $\boldsymbol{b}_1 = \begin{bmatrix} 1 \\ ax \\ b \end{bmatrix}, \quad \boldsymbol{b}_2 = \begin{bmatrix} 1 \\ bx \\ a \end{bmatrix}, \quad \boldsymbol{b}_3 = \begin{bmatrix} 1 \\ ab \\ x \end{bmatrix}$

(iii) $\boldsymbol{c}_1 = \begin{bmatrix} 1 \\ 2 \\ 0 \\ x \end{bmatrix}, \quad \boldsymbol{c}_2 = \begin{bmatrix} 0 \\ 1 \\ 1 \\ 2 \end{bmatrix}, \quad \boldsymbol{c}_3 = \begin{bmatrix} -1 \\ 1 \\ y \\ 2 \end{bmatrix}$

〖**ヒント**〗 定理 8，定理 9 を適用する．

【解答】 (i) $\det(\boldsymbol{a}_1, \boldsymbol{a}_2, \boldsymbol{a}_3, \boldsymbol{a}_4) = \begin{vmatrix} x & 1 & 2 & 3 \\ 1 & x & 2 & 3 \\ 1 & 2 & x & 3 \\ 1 & 2 & 3 & x \end{vmatrix} = (x-1)(x-2)(x-3)(x+6)$

したがって，定理 8 により $x = 1, 2, 3$ または -6 のとき，ベクトル $\boldsymbol{a}_1, \boldsymbol{a}_2, \boldsymbol{a}_3, \boldsymbol{a}_4$ は $\boldsymbol{R}$ 上線形従属となる．

(ii) $\det(\boldsymbol{b}_1, \boldsymbol{b}_2, \boldsymbol{b}_3) = \begin{vmatrix} 1 & 1 & 1 \\ ax & bx & ab \\ b & a & x \end{vmatrix} = -(a-b)(x-a)(x-b)$

したがって，定理 8 により

$$\begin{cases} a = b \text{ のとき } x \text{ は任意} \\ a \neq b \text{ のとき } x = a \text{ または } x = b \end{cases}$$

ならば，ベクトル $\boldsymbol{b}_1, \boldsymbol{b}_2, \boldsymbol{b}_3$ は $\boldsymbol{R}$ 上線形従属となる．

(iii) $\operatorname{rank}(\boldsymbol{c}_1, \boldsymbol{c}_2, \boldsymbol{c}_3) = \operatorname{rank}\begin{bmatrix} 1 & 0 & -1 \\ 2 & 1 & 1 \\ 0 & 1 & y \\ x & 2 & 2 \end{bmatrix} = \operatorname{rank}\begin{bmatrix} 1 & 0 & 0 \\ 2 & 1 & 0 \\ 0 & 1 & y-3 \\ x & 2 & x-4 \end{bmatrix}$

したがって，定理 9 により

$$\text{ベクトル } \boldsymbol{c}_1, \boldsymbol{c}_2, \boldsymbol{c}_3 \text{ が } \boldsymbol{R} \text{ 上線形従属} \iff \operatorname{rank}(\boldsymbol{c}_1, \boldsymbol{c}_2, \boldsymbol{c}_3) \leqq 2 \iff x = 4,\ y = 3$$

例題 7 （次元と基底）

次の各線形空間の次元と1組の基底を求めよ．

(i) 直線 l と，平面 π 上の幾何ベクトル全体のなす幾何的ベクトル空間 V^1, V^2，および空間内のすべての幾何ベクトルのなす線形空間 V^3

(ii) 係数体 K 上の (m, n) 型行列全体のなす線形空間 $M_{m,n}(K)$

(iii) 複素係数の1変数多項式全体のなす複素線形空間 $\boldsymbol{C}[x]$

(iv) 有限個の項以外はすべて0である実数列全体のなす線形空間

〚ヒント〛 定理10を適用．

【解答】 (i) 直線 l 上の零ベクトルでない任意の幾何ベクトル $\boldsymbol{a}$ は $\boldsymbol{R}$ 上線形独立で，かつ V^1 の任意のベクトルはこの $\boldsymbol{a}$ の実数倍である．したがって，これは $\boldsymbol{R}$ 上1次元の線形空間で，$\boldsymbol{a}$ はその基底である．

同様に，平面 π 上の平行でない2つの幾何ベクトル $\boldsymbol{b}_1, \boldsymbol{b}_2$ および空間内で同一平面上にない3つの幾何ベクトル $\boldsymbol{c}_1, \boldsymbol{c}_2, \boldsymbol{c}_3$ を選べば，これらはいずれもそれぞれ $\boldsymbol{R}$ 上線形独立で，かつ平面 π および空間内の任意の幾何ベクトルは，これらのベクトルの $\boldsymbol{R}$ 上の線形結合として表されるから，V^2, V^3 はそれぞれ $\boldsymbol{R}$ 上2次元，3次元の線形空間で，$\boldsymbol{b}_1, \boldsymbol{b}_2$ および $\boldsymbol{c}_1, \boldsymbol{c}_2, \boldsymbol{c}_3$ がそれぞれの $\boldsymbol{R}$ 上の基底である．

(ii) (i, j) 元のみが1で他の成分がすべて0である (m, n) 型の行列単位を E_{ij} とすれば，任意の (m, n) 型行列 $X = (x_{ij})$ $(x_{ij} \in K\,;\, i = 1, \cdots, m,\ j = 1, \cdots, n)$ は $X = \sum_{i,j} x_{ij}E_{ij}$ の形に書き表される．また，これらの行列単位 E_{ij} は K 上線形独立であるから，線形空間 $M_{m,n}(K)$ の K 上の基底となる．したがって $\dim M_{m,n}(K) = mn$.

(iii) 線形空間 $\boldsymbol{C}[x]$ の部分集合

$$\boldsymbol{C}[x] \supset B = \{1, x, \cdots, x^{n-1}, \cdots\}$$

を考える．この中の任意の有限個の元 $1, x^{s_1}, \cdots, x^{s_t}$ は $\boldsymbol{C}$ 上線形独立である．したがって，$\boldsymbol{C}[x]$ は $\boldsymbol{C}$ 上無限次元の複素線形空間である．

一方，$\boldsymbol{C}[x]$ の任意の元，すなわち複素係数の任意の多項式は，部分集合 B の中の有限個の元の $\boldsymbol{C}$ 上の線形結合として表される．よって B は $\boldsymbol{C}[x]$ の1組の基底である．

(iv) 各自然数 m に対して，第 m 項のみが1で他のすべての項が0である実数列を $\boldsymbol{e}_m$ とし，部分集合

$$B = \{\boldsymbol{e}_1, \cdots, \boldsymbol{e}_m, \cdots\}$$

を考える．この B の中の任意の有限個は $\boldsymbol{R}$ 上線形独立である．したがって，まずこの実線形空間は無限次元の線形空間である．一方，この線形空間の任意の実数列 $\{x_n\}$ は，十分大なる自然数 m に対して $\sum_{j=1}^{m} x_i\boldsymbol{e}_i$ の形に表されるから，この B は線形空間の $\boldsymbol{R}$ 上の基底である．

例題 8　（部分空間の次元と基底）

実 4 次元数ベクトル空間 $\boldsymbol{R}^4$ において，次の各部分空間の次元と 1 組の基底を求めよ．

（i）　$W_1 = \{\{\boldsymbol{a}_1,\ \boldsymbol{a}_2,\ \boldsymbol{a}_3,\ \boldsymbol{a}_4\}\}$

$$\boldsymbol{a}_1 = \begin{bmatrix} 1 \\ 0 \\ 1 \\ 1 \end{bmatrix},\quad \boldsymbol{a}_2 = \begin{bmatrix} 1 \\ 3 \\ -2 \\ 1 \end{bmatrix},\quad \boldsymbol{a}_3 = \begin{bmatrix} 1 \\ -1 \\ 2 \\ 1 \end{bmatrix},\quad \boldsymbol{a}_4 = \begin{bmatrix} 1 \\ 2 \\ -1 \\ 1 \end{bmatrix}$$

（ii）　$W_2 = \left\{ \begin{bmatrix} x_1 \\ x_2 \\ x_3 \\ x_4 \end{bmatrix} \in \boldsymbol{R}^4\ ;\ 2x_2 - x_3 + 3x_4 = 0 \right\}$

（iii）　$W_3 = \left\{ \begin{bmatrix} x_1 \\ x_2 \\ x_3 \\ x_4 \end{bmatrix} \in \boldsymbol{R}^4\ ;\ x_1 = 2x_2,\ x_3 + x_4 = 0 \right\}$

〖**ヒント**〗　定理 9 により次元を，定理 10 により基底を求める．

【解答】　（i）　$\dim W_1 = \mathrm{rank}\,(\boldsymbol{a}_1,\ \boldsymbol{a}_2,\ \boldsymbol{a}_3,\ \boldsymbol{a}_4) = \mathrm{rank} \begin{bmatrix} 1 & 1 & 1 & 1 \\ 0 & 3 & -1 & 2 \\ 1 & -2 & 2 & -1 \\ 1 & 1 & 1 & 1 \end{bmatrix} = 2$

また，$\begin{vmatrix} 1 & 1 \\ 0 & 3 \end{vmatrix} \neq 0$ であるから，ベクトル $\boldsymbol{a}_1, \boldsymbol{a}_2$ は線形独立であり，定理 10 によりベクトル $\boldsymbol{a}_1, \boldsymbol{a}_2$ は部分空間 W_1 の 1 組の基底である．

（ii）　$\begin{bmatrix} x_1 \\ x_2 \\ x_3 \\ x_4 \end{bmatrix} = \begin{bmatrix} x_1 \\ x_2 \\ 2x_2 + 3x_4 \\ x_4 \end{bmatrix} = x_1 \begin{bmatrix} 1 \\ 0 \\ 0 \\ 0 \end{bmatrix} + x_2 \begin{bmatrix} 0 \\ 1 \\ 2 \\ 0 \end{bmatrix} + x_4 \begin{bmatrix} 0 \\ 0 \\ 3 \\ 1 \end{bmatrix} = x_1\boldsymbol{a}_1 + x_2\boldsymbol{a}_2 + x_4\boldsymbol{a}_3$

とおけば $W_2 = \{\{\boldsymbol{a}_1,\ \boldsymbol{a}_2,\ \boldsymbol{a}_3\}\}$．したがって

$$\dim W_2 = \mathrm{rank}\,(\boldsymbol{a}_1,\ \boldsymbol{a}_2,\ \boldsymbol{a}_3) = \mathrm{rank} \begin{bmatrix} 1 & 0 & 0 \\ 0 & 1 & 0 \\ 0 & 2 & 3 \\ 0 & 0 & 1 \end{bmatrix} = 3$$

そして，定理 10 によりベクトル $\boldsymbol{a}_1,\ \boldsymbol{a}_2,\ \boldsymbol{a}_3$ は部分空間 W_2 の 1 組の基底である．

（iii）　$\begin{bmatrix} x_1 \\ x_2 \\ x_3 \\ x_4 \end{bmatrix} = \begin{bmatrix} 2x_2 \\ x_2 \\ x_3 \\ -x_3 \end{bmatrix} = x_2 \begin{bmatrix} 2 \\ 1 \\ 0 \\ 0 \end{bmatrix} + x_3 \begin{bmatrix} 0 \\ 0 \\ 1 \\ -1 \end{bmatrix} = x_2\boldsymbol{a}_1 + x_3\boldsymbol{a}_2$

とおけば，$W_3 = \{\{\boldsymbol{a}_1,\ \boldsymbol{a}_2\}\}$．したがって，$\dim W_3 = \mathrm{rank}\,(\boldsymbol{a}_1,\ \boldsymbol{a}_2) = 2$，かつベクトル $\boldsymbol{a}_1,\ \boldsymbol{a}_2$ は部分空間 W_3 の 1 組の基底である．

問題 5.2　A

1. 次の各組の実2次元数ベクトルに対して，ベクトル $\boldsymbol{x}$ をベクトル $\boldsymbol{a}, \boldsymbol{b}$ の $\boldsymbol{R}$ 上の線形結合として表せ．

(1) $\boldsymbol{x} = \begin{bmatrix} 2 \\ -1 \end{bmatrix},\quad \boldsymbol{a} = \begin{bmatrix} 1 \\ 1 \end{bmatrix},\quad \boldsymbol{b} = \begin{bmatrix} 0 \\ 1 \end{bmatrix}$

(2) $\boldsymbol{x} = \begin{bmatrix} 0 \\ 1 \end{bmatrix},\quad \boldsymbol{a} = \begin{bmatrix} 2 \\ 1 \end{bmatrix},\quad \boldsymbol{b} = \begin{bmatrix} -1 \\ 0 \end{bmatrix}$

2. 次の各組の数ベクトルは，$\boldsymbol{R}$ 上でも $\boldsymbol{C}$ 上でも線形独立であることを示せ．

(1) $\boldsymbol{a}_1 = \begin{bmatrix} \pi \\ 0 \end{bmatrix},\quad \boldsymbol{a}_2 = \begin{bmatrix} 0 \\ 1 \end{bmatrix}\quad (\pi \neq 0)$　　(2) $\boldsymbol{b}_1 = \begin{bmatrix} 2 \\ -1 \end{bmatrix},\quad \boldsymbol{b}_2 = \begin{bmatrix} 1 \\ 0 \end{bmatrix}$

(3) $\boldsymbol{c}_1 = \begin{bmatrix} 1 \\ 1 \\ 0 \end{bmatrix},\quad \boldsymbol{c}_2 = \begin{bmatrix} 1 \\ 1 \\ 1 \end{bmatrix},\quad \boldsymbol{c}_3 = \begin{bmatrix} 0 \\ 1 \\ -1 \end{bmatrix}$

3. 次の各組の実4次元数ベクトルが，$\boldsymbol{R}$ 上線形従属となるように x, y の値を定めよ．

(1) $\boldsymbol{p}_1 = \begin{bmatrix} 1 \\ 2 \\ 0 \\ 3 \end{bmatrix},\quad \boldsymbol{p}_2 = \begin{bmatrix} x \\ 0 \\ 0 \\ 2 \end{bmatrix},\quad \boldsymbol{p}_3 = \begin{bmatrix} -1 \\ 1 \\ -1 \\ x \end{bmatrix},\quad \boldsymbol{p}_4 = \begin{bmatrix} 3 \\ -5 \\ 1 \\ -8 \end{bmatrix}$

(2) $\boldsymbol{q}_1 = \begin{bmatrix} 1 \\ 1 \\ -2 \\ 1 \end{bmatrix},\quad \boldsymbol{q}_2 = \begin{bmatrix} 1 \\ -2 \\ x \\ 1 \end{bmatrix},\quad \boldsymbol{q}_3 = \begin{bmatrix} -2 \\ 1 \\ 1 \\ y \end{bmatrix}$

4. 実変数 t の実関数全体のなす実線形空間において，次の各関数の対は $\boldsymbol{R}$ 上線形独立であることを示せ．

(1) $1,\ t$　　(2) $t,\ t^3$　　(3) $t,\ e^t$　　(4) $t,\ 1/t$

5. 次の各組の数ベクトルは，$\boldsymbol{R}$ 上線形独立かそれとも線形従属か．

(1) $\boldsymbol{a}_1 = \begin{bmatrix} 1 \\ 2 \\ 3 \end{bmatrix},\quad \boldsymbol{a}_2 = \begin{bmatrix} 4 \\ 5 \\ 6 \end{bmatrix},\quad \boldsymbol{a}_3 = \begin{bmatrix} 7 \\ 8 \\ 9 \end{bmatrix}$

(2) $\boldsymbol{b}_1 = \begin{bmatrix} 1+m \\ 1 \\ 1 \end{bmatrix},\quad \boldsymbol{b}_2 = \begin{bmatrix} 2 \\ 2+m \\ 2 \end{bmatrix},\quad \boldsymbol{b}_3 = \begin{bmatrix} 3 \\ 3 \\ 3+m \end{bmatrix}$

(3) $\boldsymbol{c}_1 = \begin{bmatrix} 1 \\ 2 \\ 3 \\ -2 \end{bmatrix},\quad \boldsymbol{c}_2 = \begin{bmatrix} 3 \\ 0 \\ 3 \\ -2 \end{bmatrix},\quad \boldsymbol{c}_3 = \begin{bmatrix} 0 \\ -4 \\ 3 \\ -2 \end{bmatrix}$

6. 次の各組の実 2 次正方行列は，$\boldsymbol{R}$ 上線形独立かそれとも線形従属か.

(1)　$A_1 = \begin{bmatrix} 1 & 1 \\ 0 & 1 \end{bmatrix}$,　$A_2 = \begin{bmatrix} 1 & 2 \\ 0 & 3 \end{bmatrix}$,　$A_3 = \begin{bmatrix} 2 & 1 \\ 0 & 1 \end{bmatrix}$

(2)　$B_1 = \begin{bmatrix} 1 & -2 \\ 4 & 1 \end{bmatrix}$,　$B_2 = \begin{bmatrix} 2 & -3 \\ 9 & -1 \end{bmatrix}$,　$B_3 = \begin{bmatrix} 1 & 0 \\ 6 & -5 \end{bmatrix}$

7. 複素 2 次元数ベクトル空間 $\boldsymbol{C}^2 = \{(x, y)\,;\, x, y \in \boldsymbol{C}\}$ は $\boldsymbol{R}$ 上の線形空間として 4 次元の実線形空間であることを示せ.

8. 実 4 次元数ベクトル空間 $\boldsymbol{R}^4$ において，次の各組のベクトルで生成される部分空間の次元と 1 組の基底を求めよ.

(1)　$\boldsymbol{a}_1 = \begin{bmatrix} 1 \\ 3 \\ 7 \\ 9 \end{bmatrix}$,　$\boldsymbol{a}_2 = \begin{bmatrix} 1 \\ 2 \\ 4 \\ 7 \end{bmatrix}$,　$\boldsymbol{a}_3 = \begin{bmatrix} 2 \\ 1 \\ -1 \\ 8 \end{bmatrix}$,　$\boldsymbol{a}_4 = \begin{bmatrix} -1 \\ 1 \\ 5 \\ -1 \end{bmatrix}$

(2)　$\boldsymbol{b}_1 = \begin{bmatrix} 1 \\ -1 \\ 1 \\ 7 \end{bmatrix}$,　$\boldsymbol{b}_2 = \begin{bmatrix} -1 \\ 0 \\ 1 \\ -8 \end{bmatrix}$,　$\boldsymbol{b}_3 = \begin{bmatrix} 2 \\ 1 \\ -3 \\ 18 \end{bmatrix}$,　$\boldsymbol{b}_4 = \begin{bmatrix} 2 \\ -2 \\ 1 \\ 13 \end{bmatrix}$

問題 5.2　B

1. 次の各組の実 3 次元数ベクトルに対して，ベクトル $\boldsymbol{x}$ をベクトル $\boldsymbol{a}, \boldsymbol{b}, \boldsymbol{c}$ の $\boldsymbol{R}$ 上の線形結合として表せ.

(1)　$\boldsymbol{x} = \begin{bmatrix} 3 \\ 0 \\ 0 \end{bmatrix}$；　$\boldsymbol{a} = \begin{bmatrix} 1 \\ 1 \\ 1 \end{bmatrix}$,　$\boldsymbol{b} = \begin{bmatrix} -1 \\ 1 \\ 0 \end{bmatrix}$,　$\boldsymbol{c} = \begin{bmatrix} 1 \\ 0 \\ -1 \end{bmatrix}$

(2)　$\boldsymbol{x} = \begin{bmatrix} 1 \\ 1 \\ 1 \end{bmatrix}$；　$\boldsymbol{a} = \begin{bmatrix} 0 \\ 1 \\ -1 \end{bmatrix}$,　$\boldsymbol{b} = \begin{bmatrix} 1 \\ 1 \\ 0 \end{bmatrix}$,　$\boldsymbol{c} = \begin{bmatrix} 1 \\ 0 \\ 2 \end{bmatrix}$

2. 実 4 次元数ベクトル空間 $\boldsymbol{R}^4$ において，ベクトル $\boldsymbol{x} = {}^t(x_1, x_2, x_3, x_4)$ が次の各組のベクトルで生成される部分空間に属するための条件を求めよ.

(1)　$\boldsymbol{a}_1 = \begin{bmatrix} 0 \\ 1 \\ 1 \\ 2 \end{bmatrix}$,　$\boldsymbol{a}_2 = \begin{bmatrix} 1 \\ 0 \\ 1 \\ 2 \end{bmatrix}$,　$\boldsymbol{a}_3 = \begin{bmatrix} 1 \\ 1 \\ 0 \\ 2 \end{bmatrix}$,　$\boldsymbol{a}_4 = \begin{bmatrix} 1 \\ 1 \\ 1 \\ 3 \end{bmatrix}$

(2)　$\boldsymbol{b}_1 = \begin{bmatrix} -2 \\ 1 \\ -1 \\ 2 \end{bmatrix}, \quad \boldsymbol{b}_2 = \begin{bmatrix} 2 \\ 3 \\ -2 \\ 1 \end{bmatrix}, \quad \boldsymbol{b}_3 = \begin{bmatrix} 10 \\ 7 \\ -4 \\ -1 \end{bmatrix}, \quad \boldsymbol{b}_4 = \begin{bmatrix} -2 \\ 9 \\ -7 \\ 8 \end{bmatrix}$

3. 次の各組の実係数の多項式は，$\boldsymbol{R}$ 上線形独立かそれとも線形従属か．

(1)　$f_1(x) = x^3 + x^2 + x + 1, \quad f_2(x) = x^3 + 1, \quad f_3(x) = x^3 + x^2$

(2)　$g_1(x) = 6x^2 + x + 5, \quad g_2(x) = 3x^2 + x + 2, \quad g_3(x) = x^2 + 1$

4. 実変数 t の実関数全体のなす実線形空間において，次の各関数の組は $\boldsymbol{R}$ 上線形独立であることを示せ．

(1)　$t, \quad \sin t$　　(2)　$\sin t, \quad \sin 2t, \quad \cos t$

(3)　$te^t, \quad e^{2t}$　　(4)　$e^t, \quad \log t \ (t > 0)$

5. 係数体 K 上の線形空間 V において，ベクトル $\boldsymbol{a}_1, \cdots, \boldsymbol{a}_n$ が K 上線形独立であるとき，ベクトル

$$\boldsymbol{b}_i = \sum_{j=1}^{n} \lambda_{ij} \boldsymbol{a}_j, \quad \lambda_{ij} \in K \quad (i = 1, \cdots, n)$$

が K 上線形独立であるためには，$\det(\lambda_{ij}) \neq 0$ が必要十分であることを示せ．

6. n 次以下の実係数多項式全体のなす線形空間 $P_n(\boldsymbol{R})$ において，

$$f_i(x) = \sum_{j=1}^{n+1} a_{ij} x^{n+1-j}, \quad a_{ij} \in \boldsymbol{R} \quad (i = 1, \cdots, n+1)$$

が $\boldsymbol{R}$ 上の $P_n(\boldsymbol{R})$ の基底であるためには，$n+1$ 次の行列 $A = (a_{ij})$ が正則であることが必要十分であることを示せ．

7. 変数 x の実係数多項式全体のなす実線形空間 $\boldsymbol{R}[x]$ において，n 次多項式

$$p(x) = a_0 + a_1 x + \cdots + a_{n-1} x^{n-1} + a_n x^n \quad (a_n \neq 0)$$

に対し，$p(x), \ p'(x), \ \cdots, \ p^{(n-1)}(x), \ p^{(n)}(x)$ は $\boldsymbol{R}$ 上線形独立であることを示せ．

8. 実4次元数ベクトル空間 $\boldsymbol{R}^4$ において，次の各部分空間の次元と1組の基底を求めよ．

(1)　$W_1 = \left\{ \begin{bmatrix} x_1 \\ x_2 \\ x_3 \\ x_4 \end{bmatrix} ; \ 2x_1 + x_2 + 2x_3 = 0 \right\}$

(2)　$W_2 = \left\{ \begin{bmatrix} x_1 \\ x_2 \\ x_3 \\ x_4 \end{bmatrix} ; \ x_1 + 3x_4 = 0, \quad x_2 = 2x_3 \right\}$

ヒントと解答

問題 5.2　A

1. (1)　$\boldsymbol{x} = 2\boldsymbol{a} - 3\boldsymbol{b}$　　(2)　$\boldsymbol{x} = \boldsymbol{a} + 2\boldsymbol{b}$

2. (1)　$\lambda_1\boldsymbol{a}_1 + \lambda_2\boldsymbol{a}_2 = \boldsymbol{o}$ $(\lambda_1,\ \lambda_2 \in \boldsymbol{R}$ or $\boldsymbol{C})$

$\Longrightarrow \lambda_1\pi = 0,\ \lambda_2 = 0 \Longrightarrow \lambda_1 = \lambda_2 = 0$

(2)　$\mu_1\boldsymbol{b}_1 + \mu_2\boldsymbol{b}_2 = \boldsymbol{o}$ $(\mu_1,\ \mu_2 \in \boldsymbol{R}$ or $\boldsymbol{C})$

$\Longrightarrow 2\mu_1 + \mu_2 = 0,\ -\mu_1 = 0 \Longrightarrow \mu_1 = \mu_2 = 0$

(3)　$\nu_1\boldsymbol{c}_1 + \nu_2\boldsymbol{c}_2 + \nu_3\boldsymbol{c}_3 = \boldsymbol{o}$ $(\nu_1,\ \nu_2,\ \nu_3\ \in \boldsymbol{R}$ or $\boldsymbol{C})$

$\Longrightarrow \nu_1 + \nu_2 = 0,\ \nu_1 + \nu_2 + \nu_3 = 0,\ \nu_2 - \nu_3 = 0 \Longrightarrow \nu_1 = \nu_2 = \nu_3 = 0$

3. (1)　$$0 = \begin{vmatrix} 1 & x & -1 & 3 \\ 2 & 0 & 1 & -5 \\ 0 & 0 & -1 & 1 \\ 3 & 2 & x & -8 \end{vmatrix} = 2(x-4)(x+2) \qquad \therefore \quad x = 4 \quad \text{or} \quad x = -2$$

(2)　$$2 \geqq \operatorname{rank}(\boldsymbol{q}_1,\ \boldsymbol{q}_2,\ \boldsymbol{q}_3) = \operatorname{rank}\begin{bmatrix} 1 & -2 & 1 \\ 0 & 1 & -1 \\ 0 & 0 & x-1 \\ 0 & y+2 & 0 \end{bmatrix} \qquad \therefore \quad \begin{pmatrix} x-1=0 \\ y+2=0 \end{pmatrix} \Longrightarrow \begin{pmatrix} x=1 \\ y=-2 \end{pmatrix}$$

4. (1),(2),(4)　t の多項式 $f(t)$ が関数として $f(t) \equiv 0$ なることは，$f(t)$ の多項式としての各係数がすべて 0 であることと同等なることに注意.

(3)　$at + be^t = 0 \Longrightarrow t = 0$ を代入してまず $b = 0$. 次に，$t = 1$ を代入して $a = 0$ を得る．よって，t と e^t は $\boldsymbol{R}$ 上線形独立.

5. (1)　$$\begin{vmatrix} 1 & 4 & 7 \\ 2 & 5 & 8 \\ 3 & 6 & 9 \end{vmatrix} = 0.$$　よってベクトル $\boldsymbol{a}_1, \boldsymbol{a}_2, \boldsymbol{a}_3$ は線形従属（定理 8）.

(2)　$$\begin{vmatrix} 1+m & 2 & 3 \\ 1 & 2+m & 3 \\ 1 & 2 & 3+m \end{vmatrix} = m^2(m+6)$$

よってベクトル $\boldsymbol{b}_1, \boldsymbol{b}_2, \boldsymbol{b}_3$ は $m = 0, -6$ のとき線形従属，それ以外は線形独立.

(3)　$\operatorname{rank}(\boldsymbol{c}_1,\ \boldsymbol{c}_2,\ \boldsymbol{c}_3) = 3$. よってベクトル $\boldsymbol{c}_1, \boldsymbol{c}_2, \boldsymbol{c}_3$ は線形独立.

6. (1)　$$\lambda_1 A_1 + \lambda_2 A_2 + \lambda_3 A_3 = O \Longleftrightarrow \begin{cases} \lambda_1 + \lambda_2 + 2\lambda_3 = 0 \\ \lambda_1 + 2\lambda_2 + \lambda_3 = 0 \\ \lambda_1 + 3\lambda_2 + \lambda_3 = 0 \end{cases} \Longleftrightarrow \lambda_1 = \lambda_2 = \lambda_3 = 0$$

よって，A_1, A_2, A_3 は線形独立.

(2)　$$\mu_1 B_1 + \mu_2 B_2 + \mu_3 B_3 = O \Longleftrightarrow \begin{cases} \mu_1 + 2\mu_2 + \mu_3 = 0 \\ 2\mu_1 + 3\mu_2 = 0 \end{cases} \Longleftrightarrow \begin{pmatrix} \text{たとえば},\ \mu_1 = 3, \\ \mu_2 = -2,\ \mu_3 = 1 \end{pmatrix}$$

よって，B_1, B_2, B_3 は線形従属.

7. $\boldsymbol{R}$ 上の線形空間として $\boldsymbol{C}^2 = \{\{(1, 0), (i, 0), (0, 1), (0, i)\}\}$ であり，かつこれらのベクトル $(1, 0)$, $(i, 0)$, $(0, 1)$, $(0, i)$ は $\boldsymbol{R}$ 上線形独立であるから，$\boldsymbol{C}^2$ は $\boldsymbol{R}$ 上 4 次元の線形空間である．

8. (1) $\operatorname{rank}(\boldsymbol{a}_1, \boldsymbol{a}_2, \boldsymbol{a}_3, \boldsymbol{a}_4) = 2 = \operatorname{rank}(\boldsymbol{a}_1, \boldsymbol{a}_2)$

よって，$\dim\{\{\boldsymbol{a}_1, \boldsymbol{a}_2, \boldsymbol{a}_3, \boldsymbol{a}_4\}\} = 2$ で，ベクトル $\boldsymbol{a}_1, \boldsymbol{a}_2$ がその 1 組の基底．

(2) $\operatorname{rank}(\boldsymbol{b}_1, \boldsymbol{b}_2, \boldsymbol{b}_3, \boldsymbol{b}_4) = 3 = \operatorname{rank}(\boldsymbol{b}_1, \boldsymbol{b}_2, \boldsymbol{b}_3)$

よって，$\dim\{\{\boldsymbol{b}_1, \boldsymbol{b}_2, \boldsymbol{b}_3, \boldsymbol{b}_4\}\} = 3$ で，ベクトル $\boldsymbol{b}_1, \boldsymbol{b}_2, \boldsymbol{b}_3$ がその 1 組の基底．

問題 5.2 B

1. $\boldsymbol{x} = \lambda_1\boldsymbol{a} + \lambda_2\boldsymbol{b} + \lambda_3\boldsymbol{c}$ とおけば

$$(1)\quad \begin{cases} \lambda_1 - \lambda_2 + \lambda_3 = 3 \\ \lambda_1 + \lambda_2 \qquad = 0 \\ \lambda_1 \qquad - \lambda_3 = 0 \end{cases} \iff \begin{bmatrix} \lambda_1 \\ \lambda_2 \\ \lambda_3 \end{bmatrix} = \begin{bmatrix} 1 \\ -1 \\ 1 \end{bmatrix} \qquad \therefore \quad \boldsymbol{x} = \boldsymbol{a} - \boldsymbol{b} + \boldsymbol{c}$$

$$(2)\quad \begin{cases} \qquad \lambda_2 + \lambda_3 = 1 \\ \lambda_1 + \lambda_2 \qquad = 1 \\ -\lambda_1 \qquad + 2\lambda_3 = 1 \end{cases} \iff \begin{bmatrix} \lambda_1 \\ \lambda_2 \\ \lambda_3 \end{bmatrix} = \begin{bmatrix} 1 \\ 0 \\ 1 \end{bmatrix} \qquad \therefore \quad \boldsymbol{x} = \boldsymbol{a} + \boldsymbol{c}$$

2. (1) $\operatorname{rank}(\boldsymbol{a}_1, \boldsymbol{a}_2, \boldsymbol{a}_3, \boldsymbol{a}_4) = 3 = \operatorname{rank}(\boldsymbol{a}_1, \boldsymbol{a}_2, \boldsymbol{a}_3)$. よって，ベクトル $\boldsymbol{a}_1, \boldsymbol{a}_2, \boldsymbol{a}_3$ は線形独立で $\{\{\boldsymbol{a}_1, \boldsymbol{a}_2, \boldsymbol{a}_3, \boldsymbol{a}_4\}\} = \{\{\boldsymbol{a}_1, \boldsymbol{a}_2, \boldsymbol{a}_3\}\}$.

$\therefore \quad \boldsymbol{x} \in \{\{\boldsymbol{a}_1, \boldsymbol{a}_2, \boldsymbol{a}_3, \boldsymbol{a}_4\}\} \iff \boldsymbol{x}, \boldsymbol{a}_1, \boldsymbol{a}_2, \boldsymbol{a}_3$が線形従属

$$\iff 0 = \begin{vmatrix} x_1 & 0 & 1 & 1 \\ x_2 & 1 & 0 & 1 \\ x_3 & 1 & 1 & 0 \\ x_4 & 2 & 2 & 2 \end{vmatrix} = 2(x_1 + x_2 + x_3 - x_4) \qquad \therefore \quad x_1 + x_2 + x_3 - x_4 = 0$$

(2) $\operatorname{rank}(\boldsymbol{b}_1, \boldsymbol{b}_2, \boldsymbol{b}_3, \boldsymbol{b}_4) = 2 = \operatorname{rank}(\boldsymbol{b}_1, \boldsymbol{b}_2)$. よって，ベクトル $\boldsymbol{b}_1, \boldsymbol{b}_2$ は線形独立で $\{\{\boldsymbol{b}_1, \boldsymbol{b}_2, \boldsymbol{b}_3, \boldsymbol{b}_4\}\} = \{\{\boldsymbol{b}_1, \boldsymbol{b}_2\}\}$.

$$\therefore \quad \boldsymbol{x} = \alpha\boldsymbol{b}_1 + \beta\boldsymbol{b}_2 \iff \begin{cases} x_1 = -2\alpha + 2\beta \\ x_2 = \quad \alpha + 3\beta \\ x_3 = \ -\alpha - 2\beta \\ x_4 = \quad 2\alpha + \beta \end{cases} \iff \begin{cases} x_1 - 6x_2 - 8x_3 = 0 \\ 5x_1 - 6x_2 + 8x_4 = 0 \end{cases}$$

3. (1) $\lambda_1 f_1(x) + \lambda_2 f_2(x) + \lambda_3 f_3(x) \equiv 0$ の x の係数から $\lambda_1 = 0$，さらに定数項から $\lambda_2 = 0$. よって，$\lambda_3 = 0$ を得る．よって，$f_1(x)$, $f_2(x)$, $f_3(x)$ は線形独立．

(2) $\mu_1 g_1(x) + \mu_2 g_2(x) + \mu_3 g_3(x) \equiv 0$ が $(\mu_1, \mu_2, \mu_3) = (-1, 1, 3)$ に対して成り立つから $g_1(x)$, $g_2(x)$, $g_3(x)$ は線形従属．

4. (1) $\lambda t + \mu \sin t \equiv 0 \Longrightarrow t = \pi$ を代入して $\lambda = 0 \Longrightarrow \mu = 0$. $\qquad \therefore \quad \lambda = \mu = 0$.

(2) $\lambda \sin t + \mu \sin 2t + \nu \cos t \equiv 0 \Longrightarrow t = \pi/2$ を代入して $\lambda = 0$. $\Longrightarrow$ 次に $t = 0$ を

代入して $\nu=0 \Longrightarrow \mu=0$. $\quad\therefore\quad \lambda=\mu=\nu=0$.

(3) $\lambda te^t+\mu e^{2t}\equiv 0 \Longrightarrow t=0$ を代入して $\mu=0 \Longrightarrow \lambda=0$. $\quad\therefore\quad \lambda=\mu=0$.

(4) $\lambda e^t+\mu\log t\equiv 0 \Longrightarrow t=1$ を代入して $\lambda=0 \Longrightarrow \mu=0$. $\quad\therefore\quad \lambda=\mu=0$.

5. $\sum_{i=1}^{n} x_i\boldsymbol{b}_i=\sum_{i=1}^{n} x_i\sum_{j=1}^{n}\lambda_{ij}\boldsymbol{a}_j=\sum_{j=1}^{n}\left(\sum_{i=1}^{n} x_i\lambda_{ij}\right)\boldsymbol{a}_j$，かつベクトル $\boldsymbol{a}_1,\cdots,\boldsymbol{a}_n$ は線形独立であるから

$$\sum_{i=1}^{n} x_i\boldsymbol{b}_i=\boldsymbol{o} \Longleftrightarrow \sum_{i=1}^{n} x_i\lambda_{ij}=0 \quad (j=1,\cdots,n)$$

よって

$$\boldsymbol{b}_1,\cdots,\boldsymbol{b}_n \text{が線形独立} \Longleftrightarrow \sum_{i=1}^{n}\lambda_{ij}x_i=0 \text{ が自明解のみ} \Longleftrightarrow \det(\lambda_{ij})\neq 0$$

6. $1, x, \cdots, x^n$ は $P_n(\boldsymbol{R})$ の 1 組の基底であり，線形独立であるから前問により，

$$A=(\boldsymbol{a}_{ij}) \text{ が正則} \Longleftrightarrow \det(a_{ij})\neq 0 \Longleftrightarrow f_1(x),\ \cdots,\ f_{n+1}(x) \text{ が線形独立.}$$

7. $p'(x)=a_1+2a_2x+\cdots+na_nx^{n-1}$, $p''(x)=2a_2+\cdots+n(n-1)a_nx^{n-2}$, $\cdots$, $p^{(n)}(x)=n!a_n$. よって

$$\begin{bmatrix} p(x) \\ p'(x) \\ \vdots \\ p^{(n)}(x) \end{bmatrix}=\begin{bmatrix} a_0 & a_1 & \cdots & a_{n-1} & a_n \\ a_1 & 2a_2 & \cdots & na_n & 0 \\ & & \cdots\cdots & & \\ n!a_n & 0 & \cdots & 0 & 0 \end{bmatrix}\begin{bmatrix} 1 \\ x \\ \vdots \\ x^n \end{bmatrix}$$

この右辺の $n+1$ 次の行列は，$a_n\neq 0$ であるから正則行列である．したがって，問題 5 により $p(x)$, $p'(x)$, $\cdots$, $p^{(n)}(x)$ は $1, x, \cdots, x^n$ とともに線形独立である．

8. (1) $W_1=\{{}^t(x_1,\ -2x_1-2x_3,\ x_3,\ x_4)\}$

$\qquad=\{x_1{}^t(1,\ -2,\ 0,\ 0)+x_3{}^t(0,\ -2,\ 1,\ 0)+x_4{}^t(0,\ 0,\ 0,\ 1)\}$

かつ $\operatorname{rank}\begin{bmatrix} 1 & -2 & 0 & 0 \\ 0 & -2 & 1 & 0 \\ 0 & 0 & 0 & 1 \end{bmatrix}=3$. よって $\dim W_1=3$ で，

$${}^t(1,\ -2,\ 0,\ 0),\ {}^t(0,\ -2,\ 1,\ 0),\ {}^t(0,\ 0,\ 0,\ 1) \text{ が } W_1 \text{ の 1 組の基底.}$$

(2) $W_2=\{{}^t(-3x_4,\ 2x_3,\ x_3,\ x_4)\}=\{x_3{}^t(0,\ 2,\ 1,\ 0)+x_4{}^t(-3,\ 0,\ 0,\ 1)\}$. かつ $\operatorname{rank}\begin{bmatrix} 0 & 2 & 1 & 0 \\ -3 & 0 & 0 & 1 \end{bmatrix}=2$. よって $\dim W_2=2$ で，

$${}^t(0,\ 2,\ 1,\ 0),\ {}^t(-3,\ 0,\ 0,\ 1) \text{ が } W_2 \text{ の 1 組の基底.}$$

5.3 直　　和

和空間 ▶ 係数体 K 上の線形空間 V において，$W_1, \cdots, W_r$ をその部分空間とするとき

$$W = \{\boldsymbol{x} \in V\,;\boldsymbol{x} = \boldsymbol{x}_1 + \cdots + \boldsymbol{x}_r,\ \boldsymbol{x}_i \in W_i,\ i = 1, \cdots, r\}$$

は，各 W_i をすべて含む最小の V の部分空間である．この部分空間を

$$W = W_1 + \cdots + W_r$$

と書いて，部分空間 $W_1, \cdots, W_r$ の**和空間**という．

定理 12

係数体 K 上の有限次元線形空間 V において，2つの部分空間 W_1, W_2 に対して次の関係式が成り立つ．

$$\dim(W_1 + W_2) = \dim W_1 + \dim W_2 - \dim(W_1 \cap W_2)$$

したがって，とくに

$$\dim(W_1 + W_2) \leqq \dim W_1 + \dim W_2$$

直　和 ▶ 係数体 K 上の線形空間 V において，部分空間 $W_1, \cdots, W_r$ の和空間 $W = W_1 + \cdots + W_r$ の任意のベクトルが，各部分空間 W_i のベクトルの和として，一意的に表されるとき，この和空間 W は $W_1, \cdots, W_r$ の**直和**である，または**直和に分解される**といって

$$W = W_1 \oplus \cdots \oplus W_r$$

と書く．

定理 13

係数体 K 上の線形空間 V において，部分空間 $W_1, \cdots, W_r$ の和空間 $W = W_1 + \cdots + W_r$ が直和となるためには，次の2つのいずれかが成り立つことが必要十分である．

(i) $\dim(W_1 + \cdots + W_r) = \dim W_1 + \cdots + \dim W_r$

(ii) $(W_1 + \cdots + W_{s-1}) \cap W_s = \{\boldsymbol{o}\}$ $(s = 2, \cdots, r)$

補空間 ▶

定理 14

有限次元の線形空間 V において，その任意の部分空間 W に対して，次のような部分空間 W' が必ず存在する．

$$V = W \oplus W'$$

この部分空間 W' を W の**補空間**（または**余空間**）という．

例題 9 **(和空間と共通空間の次元と基底)**

実 4 次元数ベクトル空間 $\boldsymbol{R}^4$ の部分空間 W_1, W_2 が次の場合に，部分空間 $W_1 + W_2$，$W_1 \cap W_2$ の次元と 1 組の基底を求めよ．

$$W_1 = \left\{ \begin{bmatrix} x_1 \\ x_2 \\ x_3 \\ x_4 \end{bmatrix} ;\ 2x_1 + x_2 + 2x_3 = 0 \right\}, \quad W_2 = \left\{ \begin{bmatrix} x_1 \\ x_2 \\ x_3 \\ x_4 \end{bmatrix} ;\ x_1 + x_3 = 0,\ x_4 = 3x_2 \right\}$$

〖ヒント〗 定理 9，定理 12 を適用．

【解答】 $W_1 = \left\{ \begin{bmatrix} x_1 \\ -2x_1 - 2x_3 \\ x_3 \\ x_4 \end{bmatrix} \right\} = \left\{ x_1 \begin{bmatrix} 1 \\ -2 \\ 0 \\ 0 \end{bmatrix} + x_3 \begin{bmatrix} 0 \\ -2 \\ 1 \\ 0 \end{bmatrix} + x_4 \begin{bmatrix} 0 \\ 0 \\ 0 \\ 1 \end{bmatrix} \right\}$

$$= \left\{\!\!\left\{ \begin{bmatrix} 1 \\ -2 \\ 0 \\ 0 \end{bmatrix}, \begin{bmatrix} 0 \\ -2 \\ 1 \\ 0 \end{bmatrix}, \begin{bmatrix} 0 \\ 0 \\ 0 \\ 1 \end{bmatrix} \right\}\!\!\right\},$$

$W_2 = \left\{ \begin{bmatrix} x_1 \\ x_2 \\ -x_1 \\ 3x_2 \end{bmatrix} \right\} = \left\{ x_1 \begin{bmatrix} 1 \\ 0 \\ -1 \\ 0 \end{bmatrix} + x_2 \begin{bmatrix} 0 \\ 1 \\ 0 \\ 3 \end{bmatrix} \right\} = \left\{\!\!\left\{ \begin{bmatrix} 1 \\ 0 \\ -1 \\ 0 \end{bmatrix}, \begin{bmatrix} 0 \\ 1 \\ 0 \\ 3 \end{bmatrix} \right\}\!\!\right\}$ であるから，

$$\dim W_1 = \operatorname{rank} \begin{bmatrix} 1 & 0 & 0 \\ -2 & -2 & 0 \\ 0 & 1 & 0 \\ 0 & 0 & 1 \end{bmatrix} = 3, \quad \dim W_2 = \operatorname{rank} \begin{bmatrix} 1 & 0 \\ 0 & 1 \\ -1 & 0 \\ 0 & 3 \end{bmatrix} = 2$$

一方，$W_1 \cap W_2 = \left\{ \begin{bmatrix} x_1 \\ x_2 \\ x_3 \\ x_4 \end{bmatrix} ;\ x_2 = x_4 = 0,\ x_1 + x_3 = 0 \right\} = \left\{ \begin{bmatrix} x_1 \\ 0 \\ -x_1 \\ 0 \end{bmatrix} \right\} = \left\{ x_1 \begin{bmatrix} 1 \\ 0 \\ -1 \\ 0 \end{bmatrix} \right\}$

$= \left\{\!\!\left\{ \begin{bmatrix} 1 \\ 0 \\ -1 \\ 0 \end{bmatrix} \right\}\!\!\right\}$ から，$\dim(W_1 \cap W_2) = 1$ で，ベクトル $\begin{bmatrix} 1 \\ 0 \\ -1 \\ 0 \end{bmatrix}$ は共通空間 $W_1 \cap W_2$ の基底となる．

和空間 $W_1 + W_2$ については，定理 12 により

$$\dim(W_1 + W_2) = \dim W_1 + \dim W_2 - \dim(W_1 \cap W_2) = 4$$

であるから $W_1 + W_2 = \boldsymbol{R}^4$ で，その基底はたとえば $\begin{bmatrix} 1 \\ -2 \\ 0 \\ 0 \end{bmatrix}, \begin{bmatrix} 0 \\ -2 \\ 1 \\ 0 \end{bmatrix}, \begin{bmatrix} 0 \\ 0 \\ 0 \\ 1 \end{bmatrix}, \begin{bmatrix} 0 \\ 1 \\ 0 \\ 3 \end{bmatrix}$.

例題 10 （和空間と補空間の生成ベクトル）

係数体 K 上の n 次元線形空間 V^n において，次の各々が成り立つことを示せ.

(i) $W_1=\{\{\boldsymbol{a}_1, \cdots, \boldsymbol{a}_r\}\}, W_2=\{\{\boldsymbol{b}_1, \cdots, \boldsymbol{b}_s\}\}$
$\Longrightarrow W_1+W_2=\{\{\boldsymbol{a}_1, \cdots, \boldsymbol{a}_r, \boldsymbol{b}_1, \cdots, \boldsymbol{b}_s\}\}$

(ii) 部分空間 W の基底 $\boldsymbol{c}_1, \cdots, \boldsymbol{c}_t$ $(t<n)$ に対して，ベクトル $\boldsymbol{c}_1, \cdots, \boldsymbol{c}_t, \boldsymbol{c}_{t+1}, \cdots, \boldsymbol{c}_n$ を V^n の基底とするとき，部分空間 $W'=\{\{\boldsymbol{c}_{t+1}, \cdots, \boldsymbol{c}_n\}\}$ は W の V^n に関する補空間である. $V^n=W\oplus W'$.

〖ヒント〗 定理 13 を適用.

【解答】 (i) W_1+W_2 の任意のベクトル $\boldsymbol{x}$ に対して

$$\boldsymbol{x}=\boldsymbol{x}_1+\boldsymbol{x}_2\ ;\ \boldsymbol{x}_1\in W_1=\{\{\boldsymbol{a}_1, \cdots, \boldsymbol{a}_r\}\}, \quad \boldsymbol{x}_2\in W_2=\{\{\boldsymbol{b}_1, \cdots, \boldsymbol{b}_s\}\}$$

と書けるから

$$\boldsymbol{x}=\boldsymbol{x}_1+\boldsymbol{x}_2=\alpha_1\boldsymbol{a}_1+\cdots+\alpha_r\boldsymbol{a}_r+\beta_1\boldsymbol{b}_1+\cdots+\beta_s\boldsymbol{b}_s \quad (\alpha_i, \beta_j\in K)$$

よって

$$W_1+W_2\subset\{\{\boldsymbol{a}_1, \cdots, \boldsymbol{a}_r, \boldsymbol{b}_1, \cdots, \boldsymbol{b}_s\}\}$$

逆に，$\{\{\boldsymbol{a}_1, \cdots, \boldsymbol{a}_r, \boldsymbol{b}_1, \cdots, \boldsymbol{b}_s\}\}\ni\boldsymbol{x}=\alpha_1\boldsymbol{a}_1+\cdots+\alpha_r\boldsymbol{a}_r+\beta_1\boldsymbol{b}_1+\cdots+\beta_s\boldsymbol{b}_s$ $(\alpha_i, \beta_j\in K)$ であれば

$$\boldsymbol{x}_1=\alpha_1\boldsymbol{a}_1+\cdots+\alpha_r\boldsymbol{a}_r\in\{\{\boldsymbol{a}_1, \cdots, \boldsymbol{a}_r\}\}=W_1$$
$$\boldsymbol{x}_2=\beta_1\boldsymbol{b}_1+\cdots+\beta_s\boldsymbol{b}_s\in\{\{\boldsymbol{b}_1, \cdots, \boldsymbol{b}_s\}\}=W_2$$

から $\boldsymbol{x}=\boldsymbol{x}_1+\boldsymbol{x}_2\ ;\ \boldsymbol{x}_1\in W_1, \boldsymbol{x}_2\in W_2$ となり

$$\{\{\boldsymbol{a}_1, \cdots, \boldsymbol{a}_r, \boldsymbol{b}_1, \cdots, \boldsymbol{b}_s\}\}\subset W_1+W_2$$

よって $W_1+W_2=\{\{\boldsymbol{a}_1, \cdots, \boldsymbol{a}_r, \boldsymbol{b}_1, \cdots, \boldsymbol{b}_s\}\}$.

(ii) ベクトル $\boldsymbol{c}_1, \cdots, \boldsymbol{c}_n$ は，V^n の基底であるから，V^n の任意のベクトル $\boldsymbol{x}$ は

$$\boldsymbol{x}=\lambda_1\boldsymbol{c}_1+\cdots+\lambda_n\boldsymbol{c}_n \quad (\lambda_1, \cdots, \lambda_n\in K)$$

の形に表される．そこで

$$\boldsymbol{x}_1=\lambda_1\boldsymbol{c}_1+\cdots+\lambda_t\boldsymbol{c}_t, \quad \boldsymbol{x}_2=\lambda_{t+1}\boldsymbol{c}_{t+1}+\cdots+\lambda_n\boldsymbol{c}_n$$

とおけば，$\boldsymbol{x}_1\in W$, $\boldsymbol{x}_2\in W'$ であるから $V^n=W+W'$.

一方，$W\cap W'$ の任意のベクトルを $\boldsymbol{y}$ とすれば

$$\boldsymbol{y}\in W \text{ から } \boldsymbol{y}=\mu_1\boldsymbol{c}_1+\cdots+\mu_t\boldsymbol{c}_t \quad (\mu_1, \cdots, \mu_t\in K)$$
$$\boldsymbol{y}\in W' \text{ から } \boldsymbol{y}=\mu_{t+1}\boldsymbol{c}_{t+1}+\cdots+\mu_n\boldsymbol{c}_n \quad (\mu_{t+1}, \cdots, \mu_n\in K)$$

したがって

$$\mu_1\boldsymbol{c}_1+\cdots+\mu_t\boldsymbol{c}_t-\mu_{t+1}\boldsymbol{c}_{t+1}-\cdots-\mu_n\boldsymbol{c}_n=\boldsymbol{o}$$

ここで，ベクトル $\boldsymbol{c}_1, \cdots, \boldsymbol{c}_n$ は V^n の基底として線形独立であるから

$$\mu_1=\cdots=\mu_n=0 \quad したがって \quad \boldsymbol{y}=\boldsymbol{o}$$

が導き出され $W\cap W'=\{\boldsymbol{o}\}$. よって，定理 13 (ii) により $V=W\oplus W'$.

例題 11 　　（部分空間の補空間）

実 4 次元数ベクトル空間 $\boldsymbol{R}^4$ において，次の各部分空間の補空間を求めよ．

（i）　$W_1 = \left\{\left\{\begin{bmatrix}1\\2\\0\\3\end{bmatrix}, \begin{bmatrix}-1\\1\\-1\\0\end{bmatrix}\right\}\right\}$ 　（ii）　$W_2 = \left\{\left\{\begin{bmatrix}a_1\\a_2\\a_3\\a_4\end{bmatrix}\right\}\right\}$ （ただし $a_1 \neq 0$）

(iii)　$W_3 = \left\{\begin{bmatrix}x_1\\x_2\\x_3\\x_4\end{bmatrix} ; x_1 + x_2 + x_3 = 0\right\}$

〚ヒント〛 例題 10 を適用．

【解答】（i）$\boldsymbol{a}_1 = \begin{bmatrix}1\\2\\0\\3\end{bmatrix}$, $\boldsymbol{a}_2 = \begin{bmatrix}-1\\1\\-1\\0\end{bmatrix}$ とおくとき，$\dim W_1 = \operatorname{rank}(\boldsymbol{a}_1, \boldsymbol{a}_2) = 2$ であるから，ベクトル $\boldsymbol{a}_1, \boldsymbol{a}_2$ は部分空間 W_1 の基底である．一方，たとえば

$$\boldsymbol{e}_3 = \begin{bmatrix}0\\0\\1\\0\end{bmatrix},\ \boldsymbol{e}_4 = \begin{bmatrix}0\\0\\0\\1\end{bmatrix} \text{ とおけば } \operatorname{rank}(\boldsymbol{a}_1, \boldsymbol{a}_2, \boldsymbol{e}_3, \boldsymbol{e}_4) = 4$$

したがって，ベクトル $\boldsymbol{a}_1, \boldsymbol{a}_2, \boldsymbol{e}_3, \boldsymbol{e}_4$ は $\boldsymbol{R}^4$ の基底であるから，例題 10 により $W_1' = \{\{\boldsymbol{e}_3, \boldsymbol{e}_4\}\}$ は部分空間 W_1 の補空間である．

（ii）　ベクトル $\boldsymbol{a} = \begin{bmatrix}a_1\\a_2\\a_3\\a_4\end{bmatrix}$, $a_1 \neq 0$ に対して $\boldsymbol{e}_2 = \begin{bmatrix}0\\1\\0\\0\end{bmatrix}$, $\boldsymbol{e}_3 = \begin{bmatrix}0\\0\\1\\0\end{bmatrix}$, $\boldsymbol{e}_4 = \begin{bmatrix}0\\0\\0\\1\end{bmatrix}$ をもってくれば $\operatorname{rank}(\boldsymbol{a}, \boldsymbol{e}_2, \boldsymbol{e}_3, \boldsymbol{e}_4) = 4$ であるから，ベクトル $\boldsymbol{a}, \boldsymbol{e}_2, \boldsymbol{e}_3, \boldsymbol{e}_4$ は $\boldsymbol{R}^4$ の基底となり，例題 10 により $W_2' = \{\{\boldsymbol{e}_2, \boldsymbol{e}_3, \boldsymbol{e}_4\}\}$ は W_2 の補空間である．

(iii)　$W_3 = \left\{\begin{bmatrix}x_1\\x_2\\-x_1-x_2\\x_4\end{bmatrix}\right\} = \left\{x_1\begin{bmatrix}1\\0\\-1\\0\end{bmatrix} + x_2\begin{bmatrix}0\\1\\-1\\0\end{bmatrix} + x_4\begin{bmatrix}0\\0\\0\\1\end{bmatrix}\right\} = \left\{\left\{\begin{bmatrix}1\\0\\-1\\0\end{bmatrix}, \begin{bmatrix}0\\1\\-1\\0\end{bmatrix}, \begin{bmatrix}0\\0\\0\\1\end{bmatrix}\right\}\right\}$ であるから $\boldsymbol{b}_1 = \begin{bmatrix}1\\0\\-1\\0\end{bmatrix}$, $\boldsymbol{b}_2 = \begin{bmatrix}0\\1\\-1\\0\end{bmatrix}$, $\boldsymbol{e}_4 = \begin{bmatrix}0\\0\\0\\1\end{bmatrix}$ とおけば $\dim W_3 = \operatorname{rank}(\boldsymbol{b}_1, \boldsymbol{b}_2, \boldsymbol{e}_4) = 3$ であるから，ベクトル $\boldsymbol{b}_1, \boldsymbol{b}_2, \boldsymbol{e}_4$ は W_3 の基底である．

一方，$\boldsymbol{e}_3 = \begin{bmatrix}0\\0\\1\\0\end{bmatrix}$ とおけば，$\operatorname{rank}(\boldsymbol{b}_1, \boldsymbol{b}_2, \boldsymbol{e}_4, \boldsymbol{e}_3) = 4$ であるから，ベクトル $\boldsymbol{b}_1, \boldsymbol{b}_2, \boldsymbol{e}_4, \boldsymbol{e}_3$ は $\boldsymbol{R}^4$ の基底となる．したがって，例題 10 により $W_3' = \{\{\boldsymbol{e}_3\}\}$ は部分空間 W_3 の補空間である．

例題 12 （和空間と直和）

(i) 線形空間 V の部分空間 W_1, W_2 が

$$W_1 \supset W_2 \quad かつ \quad \dim W_1 = \dim W_2$$

なる条件をみたすならば $W_1 = W_2$ であることを示せ．

(ii) 3次元線形空間 V^3 の部分空間 W_1, W_2 に関して次の各々を証明せよ．

(a) $W_1 \neq W_2$ かつ $\dim W_1 = \dim W_2 = 2 \Longrightarrow V^3 = W_1 + W_2$

(b) $W_1 \not\supset W_2$ かつ $\dim W_1 = 2,\ \dim W_2 = 1 \Longrightarrow V^3 = W_1 \oplus W_2$

〖ヒント〗 定理6，定理12を適用．

【解答】 (i) もし $W_1 \neq W_2$ ならば，W_2 に属さない W_1 のベクトル $\boldsymbol{a} \neq \boldsymbol{o}$ が存在する．そこで，$\dim W_2 = r$ として，W_2 の1組の基底を $\boldsymbol{b}_1, \cdots, \boldsymbol{b}_r$ とするとき，定理6，(ii)により W_1 のベクトル $\boldsymbol{a}, \boldsymbol{b}_1, \cdots, \boldsymbol{b}_r$ は線形独立である．したがって，$\dim W_1 \geqq r+1 > r = \dim W_2$ となり $\dim W_1 = \dim W_2$ に反する．

(ii) (a) $3 = \dim V^3 \geqq \dim(W_1 + W_2) \geqq \dim W_1 = 2$

であるから，定理12により

$$1 \leqq \dim(W_1 \cap W_2) \leqq 2$$

ここでもし $\dim(W_1 \cap W_2) = 2$ と仮定すれば，

$$W_1 \supseteqq W_1 \cap W_2, \quad \dim W_1 = \dim(W_1 \cap W_2)$$

かつ

$$W_2 \supseteqq W_1 \cap W_2, \quad \dim W_2 = \dim(W_1 \cap W_2)$$

であるから，(i)の結果により $W_1 = W_1 \cap W_2 = W_2$ となり，$W_1 \neq W_2$ に反する．よって $\dim(W_1 \cap W_2) = 1$ となり，再び定理12により $\dim(W_1 + W_2) = 3$．したがって，(i)の結果から $V^3 = W_1 + W_2$ が得られる．

(ii) (b) $0 \leqq \dim(W_1 \cap W_2) \leqq \dim W_2 = 1$

であるが，ここでもし

$$\dim(W_1 \cap W_2) = 1$$

と仮定すれば，$W_1 \cap W_2 \subset W_2$ であるから(i)の結果から $W_1 \cap W_2 = W_2$，すなわち $W_1 \supset W_2$ となり，$W_1 \not\supset W_2$ に反する．したがって

$$\dim(W_1 \cap W_2) = 0$$

よって，定理12から

$$\dim(W_1 + W_2) = \dim W_1 + \dim W_2 = 3 = \dim V^3$$

が得られ，(i)の結果により

$$V^3 = W_1 + W_2$$

そして，定理13により $V^3 = W_1 \oplus W_2$ が得られる．

問題 5.3　A

1.　実 2 次元数ベクトル空間 $\boldsymbol{R}^2$ において，

$$W_1 = \left\{\!\!\left\{\begin{bmatrix} -1 \\ 1 \end{bmatrix}\right\}\!\!\right\},\quad W_2 = \left\{\!\!\left\{\begin{bmatrix} 1 \\ 2 \end{bmatrix}\right\}\!\!\right\},\quad W_3 = \left\{\!\!\left\{\begin{bmatrix} 0 \\ 1 \end{bmatrix}\right\}\!\!\right\}$$

とおくとき，$\boldsymbol{R}^2 = W_1 \oplus W_2 = W_2 \oplus W_3 = W_1 \oplus W_3$ であることを示せ．

2.　実 3 次元数ベクトル空間 $\boldsymbol{R}^3$ において，部分空間 W_1，W_2 が次の各々の場合に $\boldsymbol{R}^3 = W_1 \oplus W_2$ となることを示せ．

(1)　$W_1 = \left\{\!\!\left\{\begin{bmatrix} 0 \\ 0 \\ 1 \end{bmatrix}\right\}\!\!\right\},\quad W_2 = \left\{\!\!\left\{\begin{bmatrix} 1 \\ 0 \\ 1 \end{bmatrix}, \begin{bmatrix} 1 \\ 1 \\ 0 \end{bmatrix}\right\}\!\!\right\}$

(2)　$W_1 = \left\{\!\!\left\{\begin{bmatrix} a \\ b \\ c \end{bmatrix}\ ;\ a = b = c\right\}\!\!\right\},\quad W_2 = \left\{\!\!\left\{\begin{bmatrix} a \\ b \\ c \end{bmatrix}\ ;\ c = 0\right\}\!\!\right\}$

3.　係数体 K 上の線形空間 V と，そのベクトル $\boldsymbol{a}_1, \cdots, \boldsymbol{a}_n\ (\neq \boldsymbol{o})$ に対して次の各々を証明せよ．

(1)　$\{\{\boldsymbol{a}_1\}\} + \cdots + \{\{\boldsymbol{a}_n\}\} = \{\{\boldsymbol{a}_1, \cdots, \boldsymbol{a}_n\}\}$

(2)　$\{\{\boldsymbol{a}_1, \cdots, \boldsymbol{a}_n\}\} = \{\{\boldsymbol{a}_1\}\} \oplus \cdots \oplus \{\{\boldsymbol{a}_n\}\} \Longleftrightarrow \boldsymbol{a}_1, \cdots, \boldsymbol{a}_n$ が K 上線形独立

(3)　$V = \{\{\boldsymbol{a}_1\}\} \oplus \cdots \oplus \{\{\boldsymbol{a}_n\}\} \Longleftrightarrow \boldsymbol{a}_1, \cdots, \boldsymbol{a}_n$ が V の K 上の基底

4.　実 2 次元数ベクトル空間 $\boldsymbol{R}^2$ において，そのベクトル $\boldsymbol{a}\ (\neq \boldsymbol{o})$，$\boldsymbol{b}\ (\neq \boldsymbol{o})$ に対して $\boldsymbol{R}^2 = \{\{\boldsymbol{a}\}\} \oplus \{\{\boldsymbol{b}\}\}$ となるためには，$c\boldsymbol{a} = \boldsymbol{b}$ となるような実数 c が存在しないことが必要十分であることを示せ．

5.　実 4 次元数ベクトル空間 $\boldsymbol{R}^4$ の部分空間

$$W_1 = \left\{\!\!\left\{\begin{bmatrix} 1 \\ 4 \\ 7 \\ -6 \end{bmatrix}, \begin{bmatrix} 6 \\ 0 \\ 2 \\ 3 \end{bmatrix}\right\}\!\!\right\},\quad W_2 = \left\{\!\!\left\{\begin{bmatrix} -2 \\ 4 \\ 0 \\ -3 \end{bmatrix}, \begin{bmatrix} 5 \\ -2 \\ 2 \\ 3 \end{bmatrix}\right\}\!\!\right\}$$

に対して，和空間 $W_1 + W_2$ の 1 組の基底を求めよ．

問題 5.3　B

1.　1 変数の実数値関数全体のなす実線形空間 V において，偶関数全体のなす部分空間を W_e，奇関数全体のなす部分空間を W_0 とすれば $V = W_e \oplus W_0$ であることを示せ．

2.　係数体 K 上の 4 次元線形空間 V^4 の 2 つの部分空間 W_1, W_2 に対して，次の各々が成り立つことを示せ．

(1)　$\dim W_1 = \dim W_2 = 2$ かつ $W_1 \cap W_2 = \{\boldsymbol{o}\} \Longrightarrow V^4 = W_1 \oplus W_2$

(2)　$\dim W_1 = 3,\ \dim W_2 = 1$ かつ $W_1 \not\supset W_2 \Longrightarrow V^4 = W_1 \oplus W_2$

3. 実4次元数ベクトル空間 $\boldsymbol{R}^4$ において，

$$W_1 = \left\{\left\{\begin{bmatrix} -1 \\ 2 \\ 1 \\ -2 \end{bmatrix}, \begin{bmatrix} 0 \\ 1 \\ -1 \\ 2 \end{bmatrix}\right\}\right\}, \quad W_2 = \left\{\left\{\begin{bmatrix} 1 \\ -3 \\ 1 \\ -1 \end{bmatrix}, \begin{bmatrix} 1 \\ -3 \\ 2 \\ -2 \end{bmatrix}\right\}\right\}$$

とおくとき，部分空間 $W_1 + W_2$ と $W_1 \cap W_2$ の次元と1組の基底を求めよ．

4. 実3次元数ベクトル空間 $\boldsymbol{R}^3$ において，次の各部分空間の補空間を求めよ．

(1) $W_1 = \left\{\left\{\begin{bmatrix} 0 \\ 1 \\ 1 \end{bmatrix}\right\}\right\}$ (2) $W_2 = \left\{\left\{\begin{bmatrix} 1 \\ 0 \\ 1 \end{bmatrix}, \begin{bmatrix} 1 \\ 1 \\ 0 \end{bmatrix}\right\}\right\}$

5. n 次元線形空間 V において，2つの部分空間 W_1, W_2 が $W_1 \cap W_2 = \{\boldsymbol{o}\}$ であれば $V = W_1 \oplus W_2 \oplus W_3$ となるような V の部分空間 W_3 が存在することを示せ．

ヒントと解答

問題 5.3 A

1. $\mathrm{rank}\begin{bmatrix} -1 & 1 \\ 1 & 2 \end{bmatrix} = 2$. よって，ベクトル $\begin{bmatrix} -1 \\ 1 \end{bmatrix}, \begin{bmatrix} 1 \\ 2 \end{bmatrix}$ は線形独立であるから，定理9により $\dim(W_1 + W_2) = \dim\left\{\left\{\begin{bmatrix} -1 \\ 1 \end{bmatrix}, \begin{bmatrix} 1 \\ 2 \end{bmatrix}\right\}\right\} = 2$ かつ $\dim W_1 + \dim W_2 = 2$. よって定理13により $\boldsymbol{R}^2 = W_1 \oplus W_2$. 他も同様．

2. (1) $\mathrm{rank}\begin{bmatrix} 0 & 1 & 1 \\ 0 & 0 & 1 \\ 1 & 1 & 0 \end{bmatrix} = 3$. よって，ベクトル $\begin{bmatrix} 0 \\ 0 \\ 1 \end{bmatrix}, \begin{bmatrix} 1 \\ 0 \\ 1 \end{bmatrix}, \begin{bmatrix} 1 \\ 1 \\ 0 \end{bmatrix}$ は線形独立であるから $\dim(W_1 + W_2) = 3$ かつ $\dim W_1 = 1$, $\dim W_2 = 2$. したがって，定理13により $\boldsymbol{R}^2 = W_1 \oplus W_2$.

(2) $\dim W_1 = 1$, $\dim W_2 = 2$ かつ $W_1 \cap W_2 = \{\boldsymbol{o}\}$. よって，定理12により $\dim(W_1 + W_2) = \dim W_1 + \dim W_2 = 3$. したがって，例題12により

$$\boldsymbol{R}^3 = W_1 + W_2 \quad \text{となり，さらに定理13により} \quad \boldsymbol{R}^3 = W_1 \oplus W_2.$$

3. (2) 定理9により $\boldsymbol{a}_1, \cdots, \boldsymbol{a}_n$ が線形独立 $\Longleftrightarrow \dim\{\{\boldsymbol{a}_1, \cdots, \boldsymbol{a}_n\}\} = n$. 一方，$\dim\{\{\boldsymbol{a}_i\}\} = 1$ であるから (1) により

$$\dim(\{\{\boldsymbol{a}_1\}\} + \cdots + \{\{\boldsymbol{a}_n\}\}) \leqq \dim\{\{\boldsymbol{a}_1\}\} + \cdots + \dim\{\{\boldsymbol{a}_n\}\} = n$$

よって，定理13により $\dim\{\{\boldsymbol{a}_1, \cdots, \boldsymbol{a}_n\}\} = n \Longleftrightarrow \{\{\boldsymbol{a}_1, \cdots, \boldsymbol{a}_n\}\} = \{\{\boldsymbol{a}_1\}\} \oplus \cdots \oplus \{\{\boldsymbol{a}_n\}\}$.

(3) 定理10と (2) を使え．

4. 前問の結果を利用せよ．

5. $\boldsymbol{a}_1 = \begin{bmatrix} 1 \\ 4 \\ 7 \\ -6 \end{bmatrix}$, $\boldsymbol{a}_2 = \begin{bmatrix} 6 \\ 0 \\ 2 \\ 3 \end{bmatrix}$, $\boldsymbol{a}_3 = \begin{bmatrix} -2 \\ 4 \\ 0 \\ -3 \end{bmatrix}$, $\boldsymbol{a}_4 = \begin{bmatrix} 5 \\ -2 \\ 2 \\ 3 \end{bmatrix}$ とおくとき，

$$\mathrm{rank}\,(\boldsymbol{a}_1, \boldsymbol{a}_2, \boldsymbol{a}_3, \boldsymbol{a}_4) = 3 = \mathrm{rank}\,(\boldsymbol{a}_1, \boldsymbol{a}_2, \boldsymbol{a}_3) \quad \text{であるから}$$

$$\dim(W_1 + W_2) = \dim\{\{\boldsymbol{a}_1, \boldsymbol{a}_2, \boldsymbol{a}_3, \boldsymbol{a}_4\}\} = \dim\{\{\boldsymbol{a}_1, \boldsymbol{a}_2, \boldsymbol{a}_3\}\} = 3$$

よって $W_1 + W_2 = \{\{\boldsymbol{a}_1, \boldsymbol{a}_2, \boldsymbol{a}_3\}\}$ かつ，ベクトル $\boldsymbol{a}_1, \boldsymbol{a}_2, \boldsymbol{a}_3$ は線形独立であるから，ベクトル $\boldsymbol{a}_1, \boldsymbol{a}_2, \boldsymbol{a}_3$ は $W_1 + W_2$ の 1 組の基底である．

問題 5.3　B

1. 任意の関数 $f(x)$ に対して $f_1(x) = \{f(x) + f(-x)\}/2$, $f_2(x) = \{f(x) - f(-x)\}/2$ とおけば，$f_1(x) \in W_e$, $f_2(x) \in W_0$ かつ $f(x) = f_1(x) + f_2(x)$.

2. (1)　$\dim(W_1 + W_2) = \dim W_1 + \dim W_2 = 4$ から $V^4 = W_1 \oplus W_2$.

(2)　$W_1 \cap W_2 \subsetneqq W_2$ から $\dim(W_1 \cap W_2) = 0$ すなわち $W_1 \cap W_2 = \{\boldsymbol{o}\}$

よって $\dim(W_1 + W_2) = \dim W_1 + \dim W_2 = 4$.　　$\therefore$　$V_4 = W_1 \oplus W_2$.

3. $\boldsymbol{a}_1 = \begin{bmatrix} -1 \\ 2 \\ 1 \\ -2 \end{bmatrix}$, $\boldsymbol{a}_2 = \begin{bmatrix} 0 \\ 1 \\ -1 \\ 2 \end{bmatrix}$, $\boldsymbol{a}_3 = \begin{bmatrix} 1 \\ -3 \\ 1 \\ -1 \end{bmatrix}$, $\boldsymbol{a}_4 = \begin{bmatrix} 1 \\ -3 \\ 2 \\ -2 \end{bmatrix}$ とおくとき，

$$\mathrm{rank}\,(\boldsymbol{a}_1, \boldsymbol{a}_2, \boldsymbol{a}_3, \boldsymbol{a}_4) = 3 = \mathrm{rank}\,(\boldsymbol{a}_1, \boldsymbol{a}_2, \boldsymbol{a}_3)$$

よって問題 5.3A, 5 と同様にして $\dim(W_1 + W_2) = 3$ で，線形独立なベクトル $\boldsymbol{a}_1, \boldsymbol{a}_2, \boldsymbol{a}_3$ が $W_1 + W_2$ の 1 組の基底である．

一方，$\mathrm{rank}\,(\boldsymbol{a}_1, \boldsymbol{a}_2) = \mathrm{rank}\,(\boldsymbol{a}_3, \boldsymbol{a}_4) = 2$ より $\dim W_1 = \dim W_2 = 2$ となり，定理 12 により $\dim(W_1 \cap W_2) = 1$. また，例題 4 と同様に

$$\boldsymbol{x} = {}^t(x_1, x_2, x_3, x_4) \in W_1 \iff 3x_1 + x_2 + x_3 = 0 \ \text{かつ}\ 2x_3 + x_4 = 0.$$

$$\boldsymbol{x} = {}^t(x_1, x_2, x_3, x_4) \in W_2 \iff 3x_1 + x_2 = 0 \ \text{かつ}\ x_3 + x_4 = 0.$$

よって $W_1 \cap W_2 = \{\{{}^t(1, -3, 0, 0)\}\}$ となり，ベクトル ${}^t(1, -3, 0, 0)$ が $W_1 \cap W_2$ の 1 組の基底である．

4. (1)　例題 10 により $W_1' = \{\{{}^t(1, 0, 0), {}^t(0, 1, 0)\}\}$.

(2)　同様に $W_2' = \{\{{}^t(0, 0, 1)\}\}$.

5. $W_1 \cap W_2 = \{\boldsymbol{o}\}$ であるから　$W_1 + W_2 = W_1 \oplus W_2$ である．したがって，その補空間を W_3 とすれば　$V = (W_1 \oplus W_2) \oplus W_3 = W_1 \oplus W_2 \oplus W_3$.

5.4 計量線形空間

内 積 ▶ 係数体 K 上の線形空間 V において，2つのベクトル $\boldsymbol{a}, \boldsymbol{b}$ に対して，次の条件をみたす K の元 $(\boldsymbol{a}, \boldsymbol{b})$ が対応しているとき，この線形空間 V を**計量線形空間**といい，K の元 $(\boldsymbol{a}, \boldsymbol{b})$ を2つのベクトル $\boldsymbol{a}, \boldsymbol{b}$ の**内積**（または**スカラー積**）という．

(i) $(\boldsymbol{b}, \boldsymbol{a}) = \overline{(\boldsymbol{a}, \boldsymbol{b})}$

(ii) K の任意の元 λ に対して

$$(\lambda\boldsymbol{a}, \boldsymbol{b}) = \lambda(\boldsymbol{a}, \boldsymbol{b}), \quad (\boldsymbol{a}, \lambda\boldsymbol{b}) = \overline{\lambda}(\boldsymbol{a}, \boldsymbol{b})$$

(iii) $(\boldsymbol{a}, \boldsymbol{b}_1 + \boldsymbol{b}_2) = (\boldsymbol{a}, \boldsymbol{b}_1) + (\boldsymbol{a}, \boldsymbol{b}_2)$

$(\boldsymbol{a}_1 + \boldsymbol{a}_2, \boldsymbol{b}) = (\boldsymbol{a}_1, \boldsymbol{b}) + (\boldsymbol{a}_2, \boldsymbol{b})$

(iv) $(\boldsymbol{a}, \boldsymbol{a}) \geqq 0$

とくに $(\boldsymbol{a}, \boldsymbol{a}) = 0 \iff \boldsymbol{a} = \boldsymbol{o}$

$K = \boldsymbol{R}$ のときは，V を**実計量線形空間**といい，有限次元の実計量線形空間のことを**ユークリッド（線形）空間**ということもある．$K = \boldsymbol{C}$ のときは，V を**複素計量線形空間**または**ユニタリ空間**といい，実計量線形空間の場合と区別するために，その内積を $(a, b)_u$ とも書いて**エルミート積**ということもある．

定理 15

n 次元 K ベクトル空間 K^n において，2つの列ベクトル $\boldsymbol{x}, \boldsymbol{y}$ に対して，その内積を

$$(\boldsymbol{x}, \boldsymbol{y}) = {}^t\boldsymbol{x}\overline{\boldsymbol{y}}$$

によって定義することにより計量線形空間にできる．

以下，とくに断わらない限り K^n における内積は，この内積によるものとする．

定理 16

実計量線形空間 V において

$$||\boldsymbol{x}|| = \sqrt{(\boldsymbol{x}, \boldsymbol{x})}$$

とおくとき，この $||\boldsymbol{x}||$ は次の各性質をもつ．

(i) 任意の実数 λ に対して $||\lambda\boldsymbol{a}|| = |\lambda|\,||\boldsymbol{a}||$

(ii) $||\boldsymbol{a}|| \geqq 0$

とくに $||\boldsymbol{a}|| = 0 \iff \boldsymbol{a} = \boldsymbol{o}$

(iii) $|(\boldsymbol{a}, \boldsymbol{b})| \leqq ||\boldsymbol{a}||\,||\boldsymbol{b}||$ （**シュワルツの不等式**）

(iv) $||\boldsymbol{a} + \boldsymbol{b}|| \leqq ||\boldsymbol{a}|| + ||\boldsymbol{b}||$ （**3 角不等式**）

このような $||\boldsymbol{x}||$ をベクトル $\boldsymbol{x}$ の**長さ**，あるいは**大きさ**，**ノルム**等という．また，長さ1のベクトルを**単位ベクトル**という．

また，2 つのベクトル $\boldsymbol{a}, \boldsymbol{b}$ に対して，

$$d(\boldsymbol{a}, \boldsymbol{b}) = ||\boldsymbol{a} - \boldsymbol{b}||$$

によって，$\boldsymbol{a}$ と $\boldsymbol{b}$ の間の**距離**を定義することができる．さらに，シュワルツの不等式により，2 つのベクトル $\boldsymbol{a} \neq \boldsymbol{o}$, $\boldsymbol{b} \neq \boldsymbol{o}$ に対して，

$$\cos\theta = \frac{(\boldsymbol{a}, \boldsymbol{b})}{||\boldsymbol{a}||\,||\boldsymbol{b}||} \quad (0 \leqq \theta < \pi)$$

によって，$\boldsymbol{a}$ と $\boldsymbol{b}$ の**なす角** θ を定義することができる．

正規直交系 ▶ 係数体 K 上の計量線形空間 V において，ベクトル $\boldsymbol{e}_1, \cdots, \boldsymbol{e}_r$ が関係式

$$(\boldsymbol{e}_i, \boldsymbol{e}_j) = \delta_{ij} \quad (i, j = 1, \cdots, r)$$

をみたすとき，ベクトル $\boldsymbol{e}_1, \cdots, \boldsymbol{e}_r$ を**正規直交系**であるという．

定理 17

係数体 K 上の計量線形空間 V において，n 個のベクトル $\boldsymbol{a}_1, \cdots, \boldsymbol{a}_n$ が K 上線形独立であれば，それらの K 上の線形結合でもって，n 個のベクトルから成る正規直交系 $\boldsymbol{e}_1, \cdots, \boldsymbol{e}_n$ を構成することができる．

正規直交系であるような基底を**正規直交基底**，または**完全正規直交系**という．

定理 18

有限次元の計量線形空間は，必ず正規直交基底をもつ．

定理 19

n 次元 K ベクトル空間 K^n において，n 個の列ベクトル $\boldsymbol{u}_1, \cdots, \boldsymbol{u}_n$ が（完全）正規直交系であるためには，n 次の行列

$$U = (\boldsymbol{u}_1, \cdots, \boldsymbol{u}_n)$$

がユニタリ行列であることが必要十分である．

直交補空間 ▶ 係数体 K 上の計量線形空間 V において，その部分空間 W に対して，W のすべてのベクトルと直交する V のベクトル全体の集合

$$W^{\perp} = \{\boldsymbol{x} \in V\,;\ (\boldsymbol{x}, \boldsymbol{y}) = 0,\ \boldsymbol{y} \in W\}$$

は，V の部分空間である．この部分空間 $W^{\perp}$ を W の**直交補空間**という．

定理 20

係数体 K 上の有限次元計量線形空間において，任意の部分空間 W とその直交補空間 $W^{\perp}$ に対して，次の式が成り立つ．

$$V = W \oplus W^{\perp}$$

〚**注意**〛 クロネッカーの記号 δ_{ij} は，$i = j$ のとき 1 を，$i \neq j$ のとき 0 を表す．

例題 13 **(内積・エルミート積)**

(i) 閉区間 $[a, b]$ で連続な実数値関数全体のなす実線形空間 C^0 において

$$(f, g) = \int_a^b f(x)g(x)dx \quad (f, g \in C^0)$$

によって内積を定義することができることを示せ.

(ii) (m, n) 型の複素行列全体のなす複素線形空間 $M_{m,n}(\boldsymbol{C})$ において

$$(A, B) = \mathrm{tr}\,(AB^*) \quad (A, B \in M_{m,n}(\boldsymbol{C}))$$

によってエルミート積を定義することができることを示せ.

ただし, n 次の行列 $X = (x_{ij})$ に対して $\mathrm{tr}\,X = x_{11} + \cdots + x_{nn}$.

【解答】 (i) $(g, f) = \int_a^b g(x)f(x)dx = \int_a^b f(x)g(x)dx = (f, g)$

任意の実数 λ に対して

$$(\lambda f, g) = \int_a^b \lambda f(x)g(x)dx = \lambda\int_a^b f(x)g(x)dx = \lambda(f, g)$$

また $(f, \lambda g) = (\lambda g, f) = \lambda(g, f) = \lambda(f, g)$.

$$\begin{aligned}(f_1 + f_2, g) &= \int_a^b \{f_1(x) + f_2(x)\}g(x)dx = \int_a^b f_1(x)g(x)dx + \int_a^b f_2(x)g(x)dx \\ &= (f_1, g) + (f_2, g)\end{aligned}$$

また $(f, g_1 + g_2) = (g_1 + g_2, f) = (g_1, f) + (g_2, f) = (f, g_1) + (f, g_2)$.

次に $\{f(x)\}^2 \geqq 0$ から $(f, f) = \int_a^b \{f(x)\}^2 dx \geqq 0$. かつ $f(x) \equiv 0 \Longleftrightarrow (f, f) = 0$.

(ii) $(B, A) = \mathrm{tr}\,(BA^*) = \overline{\mathrm{tr}\,(BA^*)^*} = \overline{\mathrm{tr}\,(AB^*)} = (\overline{A, B})$

任意の複素数 λ に対して

$$(\lambda A, B) = \mathrm{tr}\,(\lambda AB^*) = \lambda\mathrm{tr}\,(AB^*) = \lambda(A, B)$$

また $(A, \lambda B) = (\overline{\lambda B, A}) = \overline{\lambda(B, A)} = \overline{\lambda}(\overline{B, A}) = \overline{\lambda}(A, B)$.

$$(A_1 + A_2, B) = \mathrm{tr}\,((A_1 + A_2)B^*) = \mathrm{tr}\,(A_1B^*) + \mathrm{tr}\,(A_2B^*) = (A_1, B) + (A_2, B)$$

また $(A, B_1 + B_2) = (\overline{B_1 + B_2, A}) = (\overline{B_1, A}) + (\overline{B_2, A}) = (A, B_1) + (A, B_2)$

最後に

$$(A, A) = \mathrm{tr}\,(AA^*) = \sum_{i=1}^{m}\sum_{j=1}^{n} a_{ij}\overline{a}_{ij} \geqq 0. \text{ かつ } A = O \Longleftrightarrow (A, A) = 0$$

〚注意〛 $(A, B) = \sum_{i=1}^{m}\sum_{j=1}^{n} a_{ij}\overline{b}_{ij}$ であるから, A, B が実の列ベクトル(したがって $n = 1$, $\overline{b}_{ij} = b_{ij}$)のときには, 定理15の内積と一致する.

例題 14 （線形空間の計量）

2 次以下の実係数多項式全体のなす実線形空間 $\boldsymbol{R}_2[x]$ において，内積を

$$(f,\,g)=\int_0^1 f(x)g(x)dx \quad (f,\,g\in\boldsymbol{R}_2[x])$$

によって定義し，$f_1(x)=x$，$f_2(x)=x^2$ とおくとき，次の各々を求めよ．

(i) $(f_1,\,f_2)$

(ii) $||f_1||,\,||f_2||$

(iii) f_1 と f_2 のなす角 θ に対して $\cos\theta$

(iv) f_1 および f_2 に直交し，かつ長さ 1 の多項式 $g(x)$

【解答】 (i) $(f_1,\,f_2)=\displaystyle\int_0^1 x\cdot x^2dx=\int_0^1 x^3dx=\frac{1}{4}$

(ii) $||f_1||^2=(f_1,f_1)=\displaystyle\int_0^1\{f_1(x)\}^2dx=\int_0^1 x^2dx=\frac{1}{3} \qquad \therefore\quad ||f_1||=\frac{1}{\sqrt{3}}$

$||f_2||^2=(f_2,\,f_2)=\displaystyle\int_0^1\{f_2(x)\}^2dx=\int_0^1 x^4dx=\frac{1}{5} \qquad \therefore\quad ||f_2||=\frac{1}{\sqrt{5}}$

(iii) $\cos\theta=\dfrac{(f_1,\,f_2)}{||f_1||\,||f_2||}=\dfrac{1/4}{1/\sqrt{3}\cdot 1/\sqrt{5}}=\dfrac{\sqrt{15}}{4}$

(iv) $g(x)=ax^2+bx+c$ とおけば

$$(g,\,f_1)=\int_0^1(ax^2+bx+c)xdx=\int_0^1(ax^3+bx^2+cx)dx=\frac{1}{4}a+\frac{1}{3}b+\frac{1}{2}c,$$

$$(g,\,f_2)=\int_0^1(ax^2+bx+c)x^2dx=\int_0^1(ax^4+bx^3+cx^2)dx=\frac{1}{5}a+\frac{1}{4}b+\frac{1}{3}c$$

よって

$$\begin{cases}\dfrac{1}{4}a+\dfrac{1}{3}b+\dfrac{1}{2}c=0\\[2mm] \dfrac{1}{5}a+\dfrac{1}{4}b+\dfrac{1}{3}c=0\end{cases}$$

を解いて $a=10c/3,\ b=-4c$ を得る．

一方，

$$1=(g,\,g)=\int_0^1(ax^2+bx+c)^2dx=\frac{1}{5}a^2+\frac{1}{2}ab+\frac{1}{3}(2ac+b^2)+bc+c^2$$

よって，この式に $a=10c/3,\ b=-4c$ を代入すれば $c=\pm3$ を得るから

$$a=\pm10,\quad b=\mp12 \quad (\text{複号同順})$$

したがって $g(x)=\pm(10x^2-12x+3)$.

例題 15　（正規直交系）

（i）正規直交系は長さ1の線形独立なベクトルから成ることを示せ．

（ii）閉区間 $[-\pi, \pi]$ で定義された実数値連続関数全体のなす実線形空間 C^0 において，内積を

$$(f, g) = \int_{-\pi}^{\pi} f(x)g(x)dx \quad (f, g \in C^0)$$

によって定義するとき，任意の自然数 n に対して

$$\frac{1}{\sqrt{2\pi}}, \quad \frac{\cos x}{\sqrt{\pi}}, \quad \frac{\sin x}{\sqrt{\pi}}, \quad \cdots, \quad \frac{\cos nx}{\sqrt{\pi}}, \quad \frac{\sin nx}{\sqrt{\pi}}$$

は正規直交系であることを示せ．

【解答】（i）正規直交系 $\boldsymbol{e}_1, \cdots, \boldsymbol{e}_r$ の各ベクトル $\boldsymbol{e}_i$ の長さが1であることは $(\boldsymbol{e}_i, \boldsymbol{e}_i) = 1$ から明らか．いま，

$$\lambda_1\boldsymbol{e}_1 + \cdots + \lambda_r\boldsymbol{e}_r = \boldsymbol{o} \quad (\lambda_1, \cdots, \lambda_r \in K)$$

であったとすると，任意の $k = 1, \cdots, r$ に対して

$$\begin{aligned} 0 = (\boldsymbol{e}_k, \boldsymbol{o}) &= (\boldsymbol{e}_k, \lambda_1\boldsymbol{e}_1 + \cdots + \lambda_r\boldsymbol{e}_r) \\ &= \overline{\lambda}_1(\boldsymbol{e}_k, \boldsymbol{e}_1) + \cdots + \overline{\lambda}_r(\boldsymbol{e}_k, \boldsymbol{e}_r) = \overline{\lambda}_k \end{aligned}$$

よって，正規直交系 $\boldsymbol{e}_1, \cdots, \boldsymbol{e}_r$ は K 上線形独立である．

（ii）任意の $k = 1, \cdots, n$；$r = 1, \cdots, n$ に対して

$$(1, \cos kx) = \int_{-\pi}^{\pi} \cos kx\,dx = 0, \quad (1, \sin kx) = \int_{-\pi}^{\pi} \sin kx\,dx = 0$$

$$(\cos kx, \sin rx) = \int_{-\pi}^{\pi} \cos kx \sin rx\,dx = 0$$

$k \neq r$ のとき

$$(\cos kx, \cos rx) = \int_{-\pi}^{\pi} \cos kx \cos rx\,dx = 0,$$

$$(\sin kx, \sin rx) = \int_{-\pi}^{\pi} \sin kx \sin rx\,dx = 0$$

また，

$$||1||^2 = \int_{-\pi}^{\pi} dx = 2\pi, \quad ||\cos kx||^2 = \int_{-\pi}^{\pi} \cos^2 kx\,dx = \pi,$$

$$||\sin kx||^2 = \int_{-\pi}^{\pi} \sin^2 kx\,dx = \pi$$

よって　$\dfrac{1}{\sqrt{2\pi}}, \dfrac{\cos x}{\sqrt{\pi}}, \dfrac{\sin x}{\sqrt{\pi}}, \cdots, \dfrac{\cos nx}{\sqrt{\pi}}, \dfrac{\sin nx}{\sqrt{\pi}}$　は正規直交系である．

例題 16　（グラム・シュミットの直交化法）

(i)　n 次元実計量線形空間 $\boldsymbol{R}^n$ において，任意の正規直交系 $\boldsymbol{e}_1, \cdots, \boldsymbol{e}_r$ $(r < n)$ に適当なベクトルを補って完全正規直交系にできることを示せ．

(ii)　実 4 次元数ベクトル空間 $\boldsymbol{R}^4$ において，ベクトル

$$\boldsymbol{a}_1 = (1, 0, 1, 0), \quad \boldsymbol{a}_2 = (0, 1, 1, 0), \quad \boldsymbol{a}_3 = (0, 1, 0, 1)$$

で生成される部分空間 $W = \{\{\boldsymbol{a}_1, \boldsymbol{a}_2, \boldsymbol{a}_3\}\}$ の完全正規直交系を求めよ．

〖**ヒント**〗　定理 11 と定理 9 を適用．

【解答】　(i)　正規直交系 $\boldsymbol{e}_1, \cdots, \boldsymbol{e}_r$ は $\boldsymbol{R}$ 上線形独立であるから，定理 11 により，これにベクトル $\boldsymbol{a}_{r+1}, \cdots, \boldsymbol{a}_n$ を補って，ベクトル $\boldsymbol{e}_1, \cdots, \boldsymbol{e}_r, \boldsymbol{a}_{r+1}, \cdots, \boldsymbol{a}_n$ が $\boldsymbol{R}^n$ の基底となるようにできる．ここで

$$\boldsymbol{e}'_{r+1} = \boldsymbol{a}_{r+1} - \sum_{i=1}^{r} (\boldsymbol{a}_{r+1}, \boldsymbol{e}_i)\boldsymbol{e}_i$$

とおけば，$\boldsymbol{e}'_{r+1} \neq \boldsymbol{o}$ である．よって

$$\boldsymbol{e}_{r+1} = \boldsymbol{e}'_{r+1}/||\boldsymbol{e}'_{r+1}||$$

とおけば　$||\boldsymbol{e}_{r+1}|| = 1$　かつ

$$\begin{aligned}(\boldsymbol{e}_{r+1}, \boldsymbol{e}_j) &= \frac{1}{||\boldsymbol{e}'_{r+1}||}(\boldsymbol{e}'_{r+1}, \boldsymbol{e}_j) \\ &= \frac{1}{||\boldsymbol{e}'_{r+1}||}\left\{(\boldsymbol{a}_{r+1}, \boldsymbol{e}_j) - \sum_{i=1}^{r}(\boldsymbol{a}_{r+1}, \boldsymbol{e}_i)(\boldsymbol{e}_i, \boldsymbol{e}_j)\right\} = 0 \quad (j = 1, \cdots, r)\end{aligned}$$

よって $\boldsymbol{e}_1, \cdots, \boldsymbol{e}_r, \boldsymbol{e}_{r+1}$ は正規直交系となる．以下同様に $\boldsymbol{e}_1, \cdots, \boldsymbol{e}_{r+1}, \boldsymbol{a}_{r+2}, \cdots, \boldsymbol{a}_n$ から出発して $\boldsymbol{R}^n$ の完全正規直交系 $\boldsymbol{e}_1, \cdots, \boldsymbol{e}_n$ を得ることができる．

(ii)　$\text{rank}\begin{bmatrix}\boldsymbol{a}_1 \\ \boldsymbol{a}_2 \\ \boldsymbol{a}_3\end{bmatrix} = \begin{bmatrix}1 & 0 & 1 & 0 \\ 0 & 1 & 1 & 0 \\ 0 & 1 & 0 & 1\end{bmatrix} = 3$ から，ベクトル $\boldsymbol{a}_1, \boldsymbol{a}_2, \boldsymbol{a}_3$ は W の基底である．そこで，まず $\boldsymbol{e}_1 = \boldsymbol{a}_1/||\boldsymbol{a}_1|| = (1/\sqrt{2}, 0, 1/\sqrt{2}, 0)$.

次に $\boldsymbol{e}'_2 = \boldsymbol{a}_2 - (\boldsymbol{a}_2, \boldsymbol{e}_1)\boldsymbol{e}_1 = (-1/2, 1, 1/2, 0)$ から

$$\boldsymbol{e}_2 = \boldsymbol{e}'_2/||\boldsymbol{e}'_2|| = (-1/\sqrt{6}, 2/\sqrt{6}, 1/\sqrt{6}, 0)$$

さらに　$\boldsymbol{e}'_3 = \boldsymbol{e}_3 - (\boldsymbol{a}_3, \boldsymbol{e}_1)\boldsymbol{e}_1 - (\boldsymbol{a}_3, \boldsymbol{e}_2)\boldsymbol{e}_2 = (1/3, 1/3, -1/3, 1)$　から

$$\boldsymbol{e}_3 = \boldsymbol{e}'_3/||\boldsymbol{e}'_3|| = (1/2\sqrt{3}, 1/2\sqrt{3}, -1/2\sqrt{3}, 3/2\sqrt{3})$$

このようにして得られた　$\boldsymbol{e}_1 = (1/\sqrt{2}, 0, 1/\sqrt{2}, 0)$,　$\boldsymbol{e}_2 = (-1/\sqrt{6}, 2/\sqrt{6}, 1/\sqrt{6}, 0)$, $\boldsymbol{e}_3 = (1/2\sqrt{3}, 1/2\sqrt{3}, -1/2\sqrt{3}, 3/2\sqrt{3})$　は W の完全正規直交系である．

〖**注意**〗　このようにして，線形独立なベクトルから正規直交系を構成する方法を，**グラム・シュミットの直交化法**という．

例題 17 **(正規直交基底)**

次の各計量線形空間内のベクトルの組は，正規直交基底であることを示せ．

(i) 実 n 次元数ベクトル空間 $\boldsymbol{R}^n$ において，

$$(\boldsymbol{x}, \boldsymbol{y}) = {}^t\boldsymbol{x}\boldsymbol{y} \quad (\boldsymbol{x}, \boldsymbol{y} \in \boldsymbol{R}^n)$$

により内積が定義されているとき，単位数ベクトルから成る自然基底．

(ii) 複素3次元数ベクトル空間 $\boldsymbol{C}^3$ において，エルミート積が

$$(\boldsymbol{x}, \boldsymbol{y}) = {}^t\boldsymbol{x}\overline{\boldsymbol{y}} \quad (\boldsymbol{x}, \boldsymbol{y} \in \boldsymbol{C}^3)$$

によって定義されているとき

$$\boldsymbol{a}_1 = \begin{bmatrix} -1/\sqrt{3} \\ i/\sqrt{3} \\ 1/\sqrt{3} \end{bmatrix}, \quad \boldsymbol{a}_2 = \begin{bmatrix} i/\sqrt{2} \\ -1/\sqrt{2} \\ 0 \end{bmatrix}, \quad \boldsymbol{a}_3 = \begin{bmatrix} 1/\sqrt{6} \\ -i/\sqrt{6} \\ 2/\sqrt{6} \end{bmatrix}$$

(iii) 実係数の2次以下の多項式全体のなす実線形空間 $\boldsymbol{R}_2[x]$ において，

$$(f, g) = \int_{-1}^{1} f(x)g(x)dx \quad (f, g \in \boldsymbol{R}_2[x])$$

によって内積が定義されているとき，

$$f_1(x) = \sqrt{\frac{1}{2}}, \quad f_2(x) = \sqrt{\frac{3}{2}}x, \quad f_3(x) = \frac{3}{2}\sqrt{\frac{5}{2}}\left(x^2 - \frac{1}{3}\right)$$

〚ヒント〛 定理19を適用．

【解答】 (i) 単位数ベクトル $\boldsymbol{e}_1, \cdots, \boldsymbol{e}_n$ に対して $(\boldsymbol{e}_i, \boldsymbol{e}_j) = {}^t\boldsymbol{e}_i\boldsymbol{e}_j = \delta_{ij}$ であるから，自然基底 $\{\boldsymbol{e}_1, \cdots, \boldsymbol{e}_n\}$ は $\boldsymbol{R}^n$ の正規直交基底である．

(ii) $U = (\boldsymbol{a}_1, \boldsymbol{a}_2, \boldsymbol{a}_3) = \begin{bmatrix} -1/\sqrt{3} & i/\sqrt{2} & 1/\sqrt{6} \\ i/\sqrt{3} & -1/\sqrt{2} & -i/\sqrt{6} \\ 1/\sqrt{3} & 0 & 2/\sqrt{6} \end{bmatrix}$ とおくとき $U^*U = UU^* = E$.

よって，行列 U はユニタリ行列であって，定理19によりベクトル $\boldsymbol{a}_1, \boldsymbol{a}_2, \boldsymbol{a}_3$ は $\boldsymbol{C}^3$ の正規直交基底である．

(iii)

$$(f_1, f_2) = \int_{-1}^{1} \frac{\sqrt{3}}{2}x\,dx = 0, \qquad (f_1, f_3) = \int_{-1}^{1} \frac{3\sqrt{5}}{4}\left(x^2 - \frac{1}{3}\right)dx = 0,$$

$$(f_2, f_3) = \int_{-1}^{1} \frac{3}{4}\sqrt{15}\left(x^3 - \frac{x}{3}\right)dx = 0, \quad (f_1, f_1) = \int_{-1}^{1} \frac{1}{2}\,dx = 1,$$

$$(f_2, f_2) = \int_{-1}^{1} \frac{3}{2}x^2dx = 1, \qquad (f_3, f_3) = \int_{-1}^{1} \frac{45}{8}\left(x^2 - \frac{1}{3}\right)^2 dx = 1$$

よって $f_1(x), f_2(x), f_3(x)$ は $\boldsymbol{R}_2[x]$ の正規直交基底である．

例題 18　（直交補空間）

(i)　n 次元計量線形空間 V の部分空間 $W = \{\{\boldsymbol{a}_1, \cdots, \boldsymbol{a}_r\}\}$ に対して，その直交補空間は $W^{\perp} = \{\boldsymbol{x} \in V\,;\,(\boldsymbol{x}, \boldsymbol{a}_i) = 0,\ i = 1, \cdots, r\}$ であることを示せ.

(ii)　n 次元計量線形空間 V の部分空間 W に対して，$\boldsymbol{e}_1, \cdots, \boldsymbol{e}_r$ を W の正規直交基底，$\boldsymbol{e}_1, \cdots, \boldsymbol{e}_r, \boldsymbol{e}_{r+1}, \cdots, \boldsymbol{e}_n$ を V の完全正規直交系とするとき，$\boldsymbol{e}_{r+1}, \cdots, \boldsymbol{e}_n$ は直交補空間 $W^{\perp}$ の正規直交基底であることを示せ.

(iii)　実 4 次元数ベクトル空間 $\boldsymbol{R}^4$ において，内積

$$(\boldsymbol{x}, \boldsymbol{y}) = x_1y_1 + \cdots + x_4y_4\,;\,\boldsymbol{x} = {}^t(x_1, \cdots, x_4),\quad \boldsymbol{y} = {}^t(y_1, \cdots, y_4)$$

に関して，部分空間 $W = \{\{{}^t(3,0,0,-1),\ {}^t(0,1,1,0)\}\}$ の直交補空間 $W^{\perp}$ の 1 組の正規直交基底を求めよ.

〚ヒント〛　定理 20，およびグラム・シュミットの直交化法を適用.

【解答】　(i)　V のベクトル $\boldsymbol{x}$ が $(\boldsymbol{x}, \boldsymbol{a}_i) = 0,\ i = 1, \cdots, r$ であったとすれば，W の任意のベクトル $\boldsymbol{y}$ は $\boldsymbol{y} = \lambda_1\boldsymbol{a}_1 + \cdots + \lambda_r\boldsymbol{a}_r$ と書き表されるから，

$$(\boldsymbol{x}, \boldsymbol{y}) = \overline{\lambda}_1(\boldsymbol{x}, \boldsymbol{a}_1) + \cdots + \overline{\lambda}_r(\boldsymbol{x}, \boldsymbol{a}_r) = 0$$

よって $\{\boldsymbol{x} \in V\,;\,(\boldsymbol{x}, \boldsymbol{a}_i) = 0,\ i = 1, \cdots, r\} \subset W^{\perp}$. 逆は明らか.

(ii)　$W = \{\{\boldsymbol{e}_1, \cdots, \boldsymbol{e}_r\}\}$ であるから，$W' = \{\{\boldsymbol{e}_{r+1}, \cdots, \boldsymbol{e}_n\}\}$ とおけば，まず $V = W \oplus W'$ が得られる.

次に，V の任意のベクトル $\boldsymbol{x}$ は，$\boldsymbol{x} = \lambda_1\boldsymbol{e}_1 + \cdots + \lambda_n\boldsymbol{e}_n$ と書き表され，かつ $(\boldsymbol{x}, \boldsymbol{e}_i) = \lambda_i,\ i = 1, \cdots, n$ であるから，(i) により

$$\boldsymbol{x} \in W^{\perp} \Longleftrightarrow \lambda_1 = \cdots = \lambda_r = 0 \Longleftrightarrow \boldsymbol{x} = \lambda_{r+1}\boldsymbol{e}_{r+1} + \cdots + \lambda_n\boldsymbol{e}_n \Longleftrightarrow \boldsymbol{x} \in \boldsymbol{W}'$$

$$\therefore\quad W^{\perp} = W',\ \text{かつ}\ \boldsymbol{e}_{r+1}, \cdots, \boldsymbol{e}_n\ \text{は}\ W^{\perp}\ \text{の正規直交基底である.}$$

(iii)　$\boldsymbol{a}_1 = {}^t(3, 0, 0, -1)$，$\boldsymbol{a}_2 = {}^t(0, 1, 1, 0)$ とおけば，(i) により $\boldsymbol{x} = {}^t(x_1, x_2, x_3, x_4)$ に対して

$$\boldsymbol{x} \in W^{\perp} \Longleftrightarrow \begin{cases} (\boldsymbol{x}, \boldsymbol{a}_1) = 0 \\ (\boldsymbol{x}, \boldsymbol{a}_2) = 0 \end{cases} \Longleftrightarrow \begin{cases} 3x_1 - x_4 = 0 \\ x_2 + x_3 = 0 \end{cases} \Longleftrightarrow \begin{cases} x_4 = 3x_1 \\ x_3 = -x_2 \end{cases}$$

$$\begin{aligned} \therefore\quad W^{\perp} &= \{{}^t(x_1, x_2, -x_2, 3x_1)\} = \{x_1{}^t(1, 0, 0, 3) + x_2{}^t(0, 1, -1, 0)\} \\ &= \{\{{}^t(1, 0, 0, 3),\ {}^t(0, 1, -1, 0)\}\} \end{aligned}$$

ここで，2 つのベクトル $\boldsymbol{a}_3 = {}^t(1, 0, 0, 3)$，$\boldsymbol{a}_4 = {}^t(0, 1, -1, 0)$ は線形独立であるから，これをグラム・シュミットの直交化法で正規直交化して

$$\boldsymbol{e}_1 = \boldsymbol{a}_3/||\boldsymbol{a}_3|| = {}^t(1/\sqrt{10}, 0, 0, 3/\sqrt{10})$$

$$\boldsymbol{e}_2' = \boldsymbol{a}_4 - (\boldsymbol{a}_4, \boldsymbol{e}_1)\boldsymbol{e}_1 = \boldsymbol{a}_4 \qquad \therefore\quad \boldsymbol{e}_2 = \boldsymbol{a}_4/||\boldsymbol{a}_4|| = (0, 1/\sqrt{2}, -1/\sqrt{2}, 0)$$

よって，このベクトル $\boldsymbol{e}_1, \boldsymbol{e}_2$ が $W^{\perp}$ の 1 組の正規直交基底である.

問題 5.4　A

1. 実計量線形空間におけるベクトルの内積に関して次の各式を計算せよ．

(1)　$(\boldsymbol{a}+\boldsymbol{b},\ \boldsymbol{c}+\boldsymbol{d})$　　(2)　$(\boldsymbol{a}-\boldsymbol{b},\ \boldsymbol{a}-\boldsymbol{b})$　　(3)　$(\boldsymbol{a}+\boldsymbol{b}+\boldsymbol{c},\ \boldsymbol{a}-\boldsymbol{b}+\boldsymbol{c})$

2. ベクトルの長さ $||\boldsymbol{a}|| = \sqrt{(\boldsymbol{a},\ \boldsymbol{a})}$ に関して，次の各式が成り立つことを示せ．

(1)　$||\boldsymbol{a}|| = ||\boldsymbol{b}|| \Longrightarrow (\boldsymbol{a}+\boldsymbol{b},\ \boldsymbol{a}-\boldsymbol{b}) = 0$

(2)　$\boldsymbol{a} \perp \boldsymbol{b} \Longrightarrow ||\boldsymbol{a}+\boldsymbol{b}||^2 = ||\boldsymbol{a}||^2 + ||\boldsymbol{b}||^2$

(3)　$||\boldsymbol{a}+\boldsymbol{b}||^2 + ||\boldsymbol{a}-\boldsymbol{b}||^2 = 2(||\boldsymbol{a}||^2 + ||\boldsymbol{b}||^2)$

3. ベクトルの距離 $d(\boldsymbol{a},\ \boldsymbol{b}) = ||\boldsymbol{a}-\boldsymbol{b}||$ に関して，次の各式が成り立つことを示せ．

(1)　$d(\boldsymbol{a},\ \boldsymbol{b}) = d(\boldsymbol{b},\ \boldsymbol{a})$

(2)　$d(\boldsymbol{a},\ \boldsymbol{b}) \geqq 0$. かつ　$d(\boldsymbol{a},\ \boldsymbol{b}) = 0 \Longleftrightarrow \boldsymbol{a} = \boldsymbol{b}$

(3)　$d(\boldsymbol{a},\ \boldsymbol{b}) + d(\boldsymbol{b},\ \boldsymbol{c}) \geqq d(\boldsymbol{a},\ \boldsymbol{c})$

4. 計量線形空間 V の部分空間 $W,\ W_1,\ W_2$ に関して，次の各式が成り立つことを示せ．

(1)　$(W^{\perp})^{\perp} = W$

(2)　$(W_1 + W_2)^{\perp} = W_1^{\perp} \cap W_2^{\perp}$

(3)　$(W_1 \cap W_2)^{\perp} = W_1^{\perp} + W_2^{\perp}$

5. 2 次の実行列全体のなす線形空間 $M_2(\boldsymbol{R})$ において，内積を $(A,\ B) = \mathrm{tr}\,({}^t\!AB)$ によって定義するとき，2 つの行列 $A_1 = \begin{bmatrix} 1 & -1 \\ 0 & 1 \end{bmatrix}$, $A_2 = \begin{bmatrix} 1 & 0 \\ -1 & 1 \end{bmatrix}$ に対して，次の各々を計算せよ．

(1)　$(A_1,\ A_2)$

(2)　$||A_1||,\ ||A_2||$

(3)　A_1 と A_2 のなす角 θ に対して $\cos\theta$

6. 2 次の実行列全体のなす線形空間 $M_2(\boldsymbol{R})$ において，内積 $(A,\ B) = \mathrm{tr}\,({}^t\!AB)$ に関して，次の 4 つの行列

$$A_1 = \begin{bmatrix} 1 & 1 \\ 0 & 0 \end{bmatrix},\quad A_2 = \begin{bmatrix} -1 & 1 \\ x & 0 \end{bmatrix},\quad A_3 = \begin{bmatrix} 1 & -1 \\ 1 & y \end{bmatrix},\quad A_4 = \begin{bmatrix} -1 & 1 \\ -1 & 1 \end{bmatrix}$$

が直交系となるように $x,\ y$ の値を定めよ．また，これを正規化して正規直交系にせよ．

7. 実 4 次元数ベクトル空間 $\boldsymbol{R}^4$ において，内積 $(\boldsymbol{a},\ \boldsymbol{b}) = {}^t\boldsymbol{a}\boldsymbol{b}$ に関して，ベクトル

$$\boldsymbol{a}_1 = \begin{bmatrix} 1 \\ 0 \\ 1 \\ -1 \end{bmatrix},\quad \boldsymbol{a}_2 = \begin{bmatrix} 1 \\ -1 \\ 2 \\ 0 \end{bmatrix},\quad \boldsymbol{a}_3 = \begin{bmatrix} 2 \\ 2 \\ 0 \\ -1 \end{bmatrix}$$

によって張られる部分空間 $W = \{\{\boldsymbol{a}_1,\ \boldsymbol{a}_2,\ \boldsymbol{a}_3\}\}$ の完全正規直交系を求めよ．

問題 5.4　B

1. 有限次元の線形空間は，すべて計量線形空間となりうることを示せ．

2. 実計量線形空間 V の線形独立なベクトル $\boldsymbol{e}_1, \cdots, \boldsymbol{e}_n$ が正規直交系であるためには，ベクトル $\boldsymbol{e}_1, \cdots, \boldsymbol{e}_n$ の $\boldsymbol{R}$ 上の任意の線形結合 $\boldsymbol{a} = \lambda_1\boldsymbol{e}_1 + \cdots + \lambda_n\boldsymbol{e}_n$ に対して，$(\boldsymbol{a}, \boldsymbol{e}_i) = \lambda_i$ $(i = 1, \cdots, n)$ が成り立つことが必要十分であることを示せ．

3. 実計量線形空間 V の r 次元部分空間 W に対して，ベクトル $\boldsymbol{e}_1, \cdots, \boldsymbol{e}_r$ を W の完全正規直交系とする．このとき，V の任意のベクトル $\boldsymbol{a}$ に対して，ベクトル

$$\boldsymbol{a}_1 = \sum_{i=1}^{r}(\boldsymbol{a}, \boldsymbol{e}_i)\boldsymbol{e}_i$$

は W に属し，かつベクトル $\boldsymbol{a}_2 = \boldsymbol{a} - \boldsymbol{a}_1$ は W の直交補空間 $W^\perp$ に属することを示せ．

このとき，ベクトル $\boldsymbol{a}_1$ を $\boldsymbol{a}$ の W への**正射影**という．

4. $\sum a_n{}^2$ が収束するような実数列 $\{a_n\}$ 全体のなす集合は，

$$(\{a_n\}, \{b_n\}) = \sum a_n b_n$$

によって内積が定義される無限次元の実計量線形空間であることを証明せよ．

この空間を**ヒルベルト空間**という．

5. n 次以下の実係数多項式全体のなす実線形空間 $P_n(\boldsymbol{R})$ において，次の各々が成り立つことを証明せよ．

(1)　$m(x)$ を閉区間 $[a, b]$ でつねに $m(x) > 0$ となる連続関数とするとき

$$(f, g)_m = \int_a^b m(x)f(x)g(x)dx \quad (f, g \in P_n(\boldsymbol{R}))$$

によって $P_n(\boldsymbol{R})$ の内積が定義できる．

(2)　$$(f, g)_\infty = \int_0^\infty e^{-x}f(x)g(x)dx \quad (f, g \in P_n(\boldsymbol{R}))$$

によっても $P_n(\boldsymbol{R})$ の内積が定義できる．

(3)　$$L_k(x) = \frac{e^x}{k!}\frac{d^k}{dx^k}(e^{-x}x^k) = \sum_{i=0}^{k}(-1)^i {}_k\mathrm{C}_i \frac{x^i}{i!} \quad (k = 0, 1, \cdots, n)$$

とおくとき，$L_0, L_1, \cdots, L_n$ は (2) の内積に関して正規直交基底となる．

この $L_k(x)$ を**ラゲルの多項式**という．

6. 実 n 次元数ベクトル $\boldsymbol{a}_1, \cdots, \boldsymbol{a}_n$ に対して，それらの内積 $(\boldsymbol{a}_i, \boldsymbol{a}_j) = {}^t\boldsymbol{a}_i\boldsymbol{a}_j$ を (i, j) 成分とする n 次の行列を $G = ((\boldsymbol{a}_i, \boldsymbol{a}_j))$，$\boldsymbol{a}_1, \cdots, \boldsymbol{a}_n$ を列ベクトルとする行列を $A = (\boldsymbol{a}_1, \cdots, \boldsymbol{a}_n)$ とするとき，次の各式が成り立つことを証明せよ．

(1)　$G = {}^tAA$　　(2)　$\mathrm{rank}\, G = \mathrm{rank}\, A$

(3)　ベクトル $\boldsymbol{a}_1, \cdots, \boldsymbol{a}_n$ が線形独立 $\Longleftrightarrow \det G \neq 0$

この行列式 $\det G$ をベクトル $\boldsymbol{a}_1, \cdots, \boldsymbol{a}_n$ の**グラムの行列式**という．

ヒントと解答

問題 5.4 A

1. (1) $(\boldsymbol{a},\ \boldsymbol{c})+(\boldsymbol{b},\ \boldsymbol{c})+(\boldsymbol{a},\ \boldsymbol{d})+(\boldsymbol{b},\ \boldsymbol{d})$

(2) $(\boldsymbol{a},\ \boldsymbol{a})-2(\boldsymbol{a},\ \boldsymbol{b})+(\boldsymbol{b},\ \boldsymbol{b})$

(3) $(\boldsymbol{a},\ \boldsymbol{a})+2(\boldsymbol{a},\ \boldsymbol{c})-(\boldsymbol{b},\ \boldsymbol{b})+(\boldsymbol{c},\ \boldsymbol{c})$

2. (1) $(\boldsymbol{a}+\boldsymbol{b},\ \boldsymbol{a}-\boldsymbol{b})=(\boldsymbol{a},\ \boldsymbol{a})-(\boldsymbol{b},\ \boldsymbol{b})=||\boldsymbol{a}||^2-||\boldsymbol{b}||^2=0$

(2) $\boldsymbol{a}\perp\boldsymbol{b}\Longrightarrow(\boldsymbol{a},\ \boldsymbol{b})=0$

$\Longrightarrow||\boldsymbol{a}+\boldsymbol{b}||^2=(\boldsymbol{a}+\boldsymbol{b},\ \boldsymbol{a}+\boldsymbol{b})=(\boldsymbol{a},\ \boldsymbol{a})+2(\boldsymbol{a},\ \boldsymbol{b})+(\boldsymbol{b},\ \boldsymbol{b})=||\boldsymbol{a}||^2+||\boldsymbol{b}||^2$

(3) $||\boldsymbol{a}+\boldsymbol{b}||^2+||\boldsymbol{a}-\boldsymbol{b}||^2=(\boldsymbol{a}+\boldsymbol{b},\ \boldsymbol{a}+\boldsymbol{b})+(\boldsymbol{a}-\boldsymbol{b},\ \boldsymbol{a}-\boldsymbol{b})$

$=2(\boldsymbol{a},\ \boldsymbol{a})+2(\boldsymbol{b},\ \boldsymbol{b})=2(||\boldsymbol{a}||^2+||\boldsymbol{b}||^2)$

3. (1) $d(\boldsymbol{a},\ \boldsymbol{b})=||\boldsymbol{a}-\boldsymbol{b}||=||(-1)(\boldsymbol{b}-\boldsymbol{a})||=||\boldsymbol{b}-\boldsymbol{a}||=d(\boldsymbol{b},\ \boldsymbol{a})$

(2) $d(\boldsymbol{a},\ \boldsymbol{b})=||\boldsymbol{a}-\boldsymbol{b}||\geqq 0.$ $d(\boldsymbol{a},\ \boldsymbol{b})=0\Longleftrightarrow\boldsymbol{a}-\boldsymbol{b}=\boldsymbol{o}\Longleftrightarrow\boldsymbol{a}=\boldsymbol{b}$

(3) $d(\boldsymbol{a},\ \boldsymbol{b})+d(\boldsymbol{b},\ \boldsymbol{c})=||\boldsymbol{a}-\boldsymbol{b}||+||\boldsymbol{b}-\boldsymbol{c}||\geqq||\boldsymbol{a}-\boldsymbol{c}||=d(\boldsymbol{a},\ \boldsymbol{c})$ (定理 16)

4. (1) $(W^\perp)^\perp\ni\boldsymbol{x},\ W^\perp\ni\boldsymbol{x}'$ に対して $(\boldsymbol{x},\boldsymbol{x}')=0.$ $\therefore$ $\boldsymbol{x}\in W.$ $\therefore$ $(W^\perp)^\perp\subset W.$ 逆に $W\ni\boldsymbol{y},\ W^\perp\ni\boldsymbol{y}'$ に対して $(\boldsymbol{y},\boldsymbol{y}')=0.$ $\therefore$ $\boldsymbol{y}\in(W^\perp)^\perp.$ $\therefore$ $W\subset(W^\perp)^\perp.$

(2) $W_1+W_2\supset W_i\Longrightarrow(W_1+W_2)^\perp\subset W_i^\perp\ (i=1,\ 2)\Longrightarrow(W_1+W_2)^\perp\subset W_1^\perp\cap W_2^\perp.$ 逆に $(W_1^\perp\cap W_2^\perp)\ni\boldsymbol{x},\ W_i\ni\boldsymbol{x}_i$ に対して $(\boldsymbol{x},\ \boldsymbol{x}_i)=0\ (i=1,\ 2).$

$\therefore$ $(\boldsymbol{x},\ \boldsymbol{x}_1+\boldsymbol{x}_2)=0.$ よって $\boldsymbol{x}\in(W_1+W_2)^\perp.$ $\therefore$ $W_1^\perp\cap W_2^\perp\subset(W_1+W_2)^\perp$

(3) (1) と (2) から $(W_1^\perp+W_2^\perp)^\perp=W_1\cap W_2.$ $\therefore$ $W_1^\perp+W_2^\perp=(W_1\cap W_2)^\perp.$

5. (1) 2 (2) ともに $\sqrt{3}$ (3) 2/3

6. $0=(A_2,\ A_4)=2-x$ $\therefore$ $x=2.$ $0=(A_3,\ A_4)=-3+y$ $\therefore$ $y=3.$ $||A_1||=\sqrt{2},\ ||A_2||=\sqrt{6},\ ||A_3||=2\sqrt{3},\ ||A_4||=2$ から

$$\begin{bmatrix}1/\sqrt{2} & 1/\sqrt{2}\\ 0 & 0\end{bmatrix},\quad\begin{bmatrix}-1/\sqrt{6} & 1/\sqrt{6}\\ 2/\sqrt{6} & 0\end{bmatrix},\quad\begin{bmatrix}1/2\sqrt{3} & -1/2\sqrt{3}\\ 1/2\sqrt{3} & 3/2\sqrt{3}\end{bmatrix},\quad\begin{bmatrix}-1/2 & 1/2\\ -1/2 & 1/2\end{bmatrix}$$

7. $\operatorname{rank}(\boldsymbol{a}_1,\ \boldsymbol{a}_2,\ \boldsymbol{a}_3)=\operatorname{rank}\begin{bmatrix}1 & 1 & 2\\ 0 & -1 & 2\\ 1 & 2 & 0\\ -1 & 0 & -1\end{bmatrix}=3\Longrightarrow$ ベクトル $\boldsymbol{a}_1,\ \boldsymbol{a}_2,\ \boldsymbol{a}_3$ は線形独立.

よって，グラム・シュミットの直交化法（例題 16）により

$$\boldsymbol{e}_1=\boldsymbol{a}_1/||\boldsymbol{a}_1||=1/\sqrt{3}\,{}^t(1,\ 0,\ 1,\ -1)$$
$$\boldsymbol{e}_2'=\boldsymbol{a}_2-(\boldsymbol{a}_2,\ \boldsymbol{e}_1)\boldsymbol{e}_1={}^t(0,\ -1,\ 1,\ 1)$$
$$\therefore\quad\boldsymbol{e}_2=\boldsymbol{e}_2'/||\boldsymbol{e}_2'||=1/\sqrt{3}\,{}^t(0,\ -1,\ 1,\ 1)$$
$$\boldsymbol{e}_3'=\boldsymbol{a}_3-(\boldsymbol{a}_3,\boldsymbol{e}_1)\boldsymbol{e}_1-(\boldsymbol{a}_3,\ \boldsymbol{e}_2)\boldsymbol{e}_2={}^t(1,\ 1,\ 0,\ 1)$$
$$\therefore\quad\boldsymbol{e}_3=\boldsymbol{e}_3'/||\boldsymbol{e}_3'||=1/\sqrt{3}\,{}^t(1,\ 1,\ 0,\ 1)$$

問題 5.4　B

1. 係数体 K 上の n 次元線形空間 V の1組の基底を $\boldsymbol{b}_1, \cdots, \boldsymbol{b}_n$ とするとき，V の任意のベクトル $\boldsymbol{x}, \boldsymbol{y}$ に対して

$$\boldsymbol{x} = x_1\boldsymbol{b}_1 + \cdots + x_n\boldsymbol{b}_n, \quad \boldsymbol{y} = y_1\boldsymbol{b}_1 + \cdots + y_n\boldsymbol{b}_n \quad (x_i, y_j \in K)$$

ならば $(\boldsymbol{x}, \boldsymbol{y}) = x_1\overline{y}_1 + \cdots + x_n\overline{y}_n$ によって V の内積が定義できる．

2. $(\boldsymbol{a}, \boldsymbol{e}_i) = \lambda_i$ であれば，とくに $\boldsymbol{a} = \boldsymbol{e}_j$ に対しては $(\boldsymbol{e}_j, \boldsymbol{e}_i) = \begin{cases} 1 & (i = j) \\ 0 & (i \neq j) \end{cases}$ よって，ベクトル $\boldsymbol{e}_1, \cdots, \boldsymbol{e}_n$ は正規直交系である．逆は明らか．

3. $W \ni \boldsymbol{x} = \lambda_1\boldsymbol{e}_1 + \cdots + \lambda_r\boldsymbol{e}_r$ に対して

$$(\boldsymbol{x}, \boldsymbol{a}_2) = \sum_{j=1}^{r} \lambda_j(\boldsymbol{e}_j, \boldsymbol{a}_2) = \sum_{j=1}^{r} \lambda_j(\boldsymbol{e}_j, \boldsymbol{a}) - \sum_{j=1}^{r} \lambda_j(\boldsymbol{e}_j, \boldsymbol{a}_1)$$

一方

$$(\boldsymbol{e}_j, \boldsymbol{a}_1) = \sum_{i=1}^{r}(\boldsymbol{a}, \boldsymbol{e}_i)(\boldsymbol{e}_j, \boldsymbol{e}_i) = (\boldsymbol{a}, \boldsymbol{e}_j) = (\boldsymbol{e}_j, \boldsymbol{a})$$

よって $(\boldsymbol{x}, \boldsymbol{a}_2) = 0$ となり $\boldsymbol{a}_2 \in W^{\perp}$．$\boldsymbol{a}_1 \in W = \{\{\boldsymbol{e}_1, \cdots, \boldsymbol{e}_r\}\}$ は明らか．

4. 例題7の(iv)参照．

5. (2) $\displaystyle\int_0^{\infty} e^{-x}x^m dx = m!$ であるから，任意の多項式 $f(x), g(x)$ に対して $\displaystyle\int_0^{\infty} e^{-x}f(x)g(x)dx$ は確定する．また，$f(x) \neq 0$ のとき，$[0, \infty)$ で $e^{-x}f^2(x) \geqq 0$ であり，かつ等号はたかだか有限個の点でのみ成り立つから $(f, f)_{\infty} > 0$．

6. (2) 同次連立1次方程式 $\displaystyle\sum_{j=1}^{n} \boldsymbol{a}_j x_j = \boldsymbol{o}$ の両辺と各 $\boldsymbol{a}_i$ $(i = 1, \cdots, n)$ との内積をとれば，連立方程式 $\displaystyle\sum_{j=1}^{n} (\boldsymbol{a}_i, \boldsymbol{a}_j)x_j = 0$ $(i = 1, \cdots, n)$ が得られる．

前の方程式の係数行列は $A = (\boldsymbol{a}_1, \cdots, \boldsymbol{a}_n)$ であり，後の方程式の係数行列は $G = ((\boldsymbol{a}_i, \boldsymbol{a}_j))$ である．一方，$\boldsymbol{x} = {}^t(x_1, \cdots, x_n)$ とおくとき

$$G\boldsymbol{x} = {}^tAA\boldsymbol{x} = \boldsymbol{o} \Longrightarrow {}^t\boldsymbol{x}{}^tAA\boldsymbol{x} = 0 \Longrightarrow {}^t(A\boldsymbol{x})(A\boldsymbol{x}) = ||A\boldsymbol{x}||^2 = 0 \Longrightarrow A\boldsymbol{x} = \boldsymbol{o}$$

逆に

$$A\boldsymbol{x} = \boldsymbol{o} \Longrightarrow G\boldsymbol{x} = {}^tAA\boldsymbol{x} = \boldsymbol{o}$$

よって，上記2つの連立方程式は同値な方程式であるから $\operatorname{rank} G = \operatorname{rank} A$．

(3) (2)により

$$\boldsymbol{a}_1, \cdots, \boldsymbol{a}_n \text{ が線形独立} \iff \operatorname{rank} A = n \iff \operatorname{rank} G = n \iff \det G \neq 0$$

6 線形写像

6.1 線形写像と線形変換

線形写像 ▶ 係数体 K 上の 2 つの線形空間 V, V' に対して，V から V' への写像 f が線形空間の 2 種類の演算と可換のとき，すなわち次の条件をみたすとき，f を V から V' への**線形写像**（または**1 次写像**）という．

(i) $f(\boldsymbol{x}+\boldsymbol{y}) = f(\boldsymbol{x}) + f(\boldsymbol{y})$
(ii) $f(\lambda\boldsymbol{x}) = \lambda f(\boldsymbol{x})$
$(\boldsymbol{x},\ \boldsymbol{y} \in V,\ \lambda \in K)$

定理 1

n 次元線形空間 V^n の任意の基底 $\boldsymbol{b}_1, \cdots, \boldsymbol{b}_n$ と線形空間 V' の任意の n 個のベクトル $\boldsymbol{c}_1, \cdots, \boldsymbol{c}_n$ に対して

$$f(\boldsymbol{b}_i) = \boldsymbol{c}_i \quad (i = 1, \cdots, n)$$

となるような線形写像 $f: V \to V'$ が必ず，かつただ 1 つ存在し，それは

$$f\left(\sum_{i=1}^{n} \lambda_i \boldsymbol{b}_i\right) = \sum_{i=1}^{n} \lambda_i f(\boldsymbol{b}_i) = \sum_{i=1}^{n} \lambda_i \boldsymbol{c}_i \quad (\lambda_i \in K)$$

によって与えられる．

係数体 K 上の線形空間 V から V' への 2 つの線形写像 f_1, f_2 とスカラー $\lambda \in K$ に対して

$$\begin{aligned} (f_1 + f_2)(\boldsymbol{x}) &= f_1(\boldsymbol{x}) + f_2(\boldsymbol{x}) \\ (\lambda f_1)\boldsymbol{x} &= \lambda(f_1(\boldsymbol{x})) \end{aligned} \qquad (\boldsymbol{x} \in V)$$

によって定義される写像 $f_1 + f_2$ および λf_1 は，共に V から V' への線形写像となる．これらの線形写像をそれぞれ f_1 と f_2 の**和**，f_1 の**スカラー $\boldsymbol{\lambda}$ 倍**と呼ぶ．V から V' への線形写像全体のなす集合 $L_K(V, V')$ は，この線形写像の和とスカラー倍に関して，同じ係数体 K 上の線形空間になる．

また，係数体 K 上の 3 つの線形空間 V_1, V_2, V_3 と 2 つの線形写像

$$f_1: V_1 \to V_2, \quad f_2: V_2 \to V_3$$

に対して，その合成写像

$$(f_2 \circ f_1)(\boldsymbol{x}) = f_2(f_1(\boldsymbol{x})) \quad (\boldsymbol{x} \in V_1)$$

もまた V_1 から V_2 への線形写像となる．

線形写像の像と核 ▶ 線形写像 $f: V \to V'$ に対して，f による V の各元の像全体の集合 $\{f(\boldsymbol{x})\,;\, \boldsymbol{x} \in V\}$ は V' の線形部分空間となる．この線形部分空間を**線形写像 $\boldsymbol{f}$ による $\boldsymbol{V}$ の像**といって，$f(V)$ あるいは $\mathrm{Im}\, f$ で表す．また，V' の零ベクトル $\boldsymbol{o}$ の逆像全体の集合 $\{\boldsymbol{x} \in V\,;\, f(\boldsymbol{x}) = \boldsymbol{o}\}$ も V の線形部分空間となる．この線形部分空間を**線形写像 $\boldsymbol{f}$ の核**といって，$\mathrm{Ker}\, f$ あるいは $f^{-1}(\boldsymbol{o})$ で表す．

定理 2

係数体 K 上の n 次元線形空間 V^n から線形空間 V' への線形写像 $f: V^n \to V'$ に対して，$f(V^n)$ も有限次元であり，かつ次の式が成り立つ．

$$\dim f(V^n) + \dim(\mathrm{Ker}\, f) = \dim V^n$$

同型写像 ▶ 線形写像 $f: V \to V'$ において，$f(V) = V'$ であるとき，f を V から V' の**上への線形写像**という．また，f が V から V' の上への線形写像であり，かつ1対1の写像であるとき，f を V から V' への**同型写像**という．このとき，f の逆写像 $f^{-1}: V' \to V$ が定義され，この f^{-1} も同型写像である．線形空間 V から V' への同型写像が存在するとき，V と V' は**互いに同型**であるといって，$V \cong V'$ で表す．

定理 3

係数体 K 上の n 次元線形空間 V^n はすべて，同じ係数体 K 上の n 次元 K ベクトル空間 K^n と同型になる．

$$V^n \cong K^n$$

線形変換 ▶ 線形写像 $f: V \to V'$ において，$V = V'$ のとき，f を V の**線形変換**（または**1次変換**）という．線形変換 f が同型写像でもあるとき，f を**正則線形変換**（または**正則1次変換**）という．

定理 4

係数体 K 上の n 次元線形空間 V^n の線形変換 f に関する次の各条件はすべて同等である．

(i) f は V^n の正則線形変換である．

(ii) f は V^n から V^n の上への線形変換である．

(iii) f は V^n から V^n への1対1の線形変換である．

(iv) V^n の基底の f による像はまた V^n の基底である．

不変部分空間 ▶ 線形空間 V の部分空間 W と，V の線形変換 f に対して，$f(W) \subset W$ が成り立つとき，W を V の **$\boldsymbol{f}$–不変部分空間**という．

例題 1 **(線形写像の判定)**

次の各写像は線形写像であるかどうかを判定せよ．

(i) $f(X) = \det X$ で定義されるところの，n 次行列全体のなす線形空間から係数体 K のなす1次元線形空間への写像 f.

(ii) 定数 a に対して $f\left(\begin{bmatrix} x_1 \\ x_2 \end{bmatrix}\right) = \begin{bmatrix} -x_2 \\ a \\ x_1 \end{bmatrix}$ によって定義されるところの，2次元数ベクトル空間から3次元数ベクトル空間への写像 f.

(iii) A を (l, m) 型，B を (l, n) 型の行列とするとき，$f(X) = AX + B$ によって定義されるところの，(m, n) 型の行列全体のなす線形空間から，(l, n) 型の行列全体のなす線形空間への写像 f.

〖ヒント〗 線形写像の定義条件をみたすかどうかを確かめる．

【解答】 (i) n 次の行列 X とスカラー $\lambda\ (\in K)$ に対して $f(\lambda X) = \det(\lambda X) = \lambda^n \det X = \lambda^n f(X)$ であるから，この写像 f が線形写像であるためには，$n=1$ であることが必要である．一方，$n=1$ のときには $f(X_1 + X_2) = f(X_1) + f(X_2)$ もみたされるから，$n=1$ のとき，かつこのときにのみ f は線形写像である．

(ii) 2次元数ベクトル $\begin{bmatrix} x_1 \\ x_2 \end{bmatrix}, \begin{bmatrix} y_1 \\ y_2 \end{bmatrix}$ に対して

$$f\left(\begin{bmatrix} x_1 \\ x_2 \end{bmatrix} + \begin{bmatrix} y_1 \\ y_2 \end{bmatrix}\right) = f\left(\begin{bmatrix} x_1 + y_1 \\ x_2 + y_2 \end{bmatrix}\right) = \begin{bmatrix} -x_2 - y_2 \\ a \\ x_1 + y_1 \end{bmatrix},$$

$$f\left(\begin{bmatrix} x_1 \\ x_2 \end{bmatrix}\right) + f\left(\begin{bmatrix} y_1 \\ y_2 \end{bmatrix}\right) = \begin{bmatrix} -x_2 \\ a \\ x_1 \end{bmatrix} + \begin{bmatrix} -y_2 \\ a \\ y_1 \end{bmatrix} = \begin{bmatrix} -x_2 - y_2 \\ 2a \\ x_1 + y_1 \end{bmatrix}$$

であるから，この f が線形写像であるためには，$a=0$ であることが必要である．$a=0$ のときには，$f\left(\lambda \begin{bmatrix} x_1 \\ x_2 \end{bmatrix}\right) = f\left(\begin{bmatrix} \lambda x_1 \\ \lambda x_2 \end{bmatrix}\right) = \begin{bmatrix} -\lambda x_2 \\ 0 \\ \lambda x_1 \end{bmatrix} = \lambda \begin{bmatrix} -x_2 \\ 0 \\ x_1 \end{bmatrix} = \lambda f\left(\begin{bmatrix} x_1 \\ x_2 \end{bmatrix}\right)$ となるから，$a=0$ のとき，かつこのときにのみ f は線形写像である．

(iii) (m, n) 型の行列 X, Y に対して

$$f(X+Y) = A(X+Y) + B, \quad f(X) + f(Y) = AX + AY + 2B$$

であるから，この f が線形写像であるためには，$f(X+Y) = f(X) + f(Y)$ が成り立つ必要があり，$B = O$ でなければならない．逆に，$B = O$ であれば

$$f(\lambda X) = A(\lambda X) = \lambda(AX) = \lambda f(X)$$

もみたされるから，$B = O$ のとき，かつそのときにのみ f は線形写像である．

例題 2　**(線形写像の核と像)**

次の各線形写像 f に対する核と像を求めよ．

(i)　$f\left(\begin{bmatrix} x_1 \\ x_2 \\ x_3 \end{bmatrix}\right) = \begin{bmatrix} x_1 + x_2 - x_3 \\ x_1 \qquad + x_3 \end{bmatrix}$

(ii)　$f(X) = AX$．ただし $A = \begin{bmatrix} 1 & -3 \\ 2 & -6 \end{bmatrix}$ で，X は 2 次の正方行列．

(iii)　3 次元列ベクトル空間における単位数ベクトル $\boldsymbol{e}_1, \boldsymbol{e}_2, \boldsymbol{e}_3$ の像が

$$f(\boldsymbol{e}_1) = {}^t(2,\ 0,\ -1), \quad f(\boldsymbol{e}_2) = {}^t(1,\ -1,\ -1), \quad f(\boldsymbol{e}_3) = {}^t(1,\ 1,\ 0)$$

で与えられる 3 次元列ベクトル空間の線形変換 f.

〚**ヒント**〛　定理 2 を参照．

【解答】　(i)　$\begin{cases} x_1 + x_2 - x_3 = 0 \\ x_1 \qquad + x_3 = 0 \end{cases}$ から $\begin{bmatrix} x_1 \\ x_2 \\ x_3 \end{bmatrix} = x_1 \begin{bmatrix} 1 \\ -2 \\ -1 \end{bmatrix}$ が得られるから，核 $\mathrm{Ker}\, f$ は列ベクトル ${}^t(1,\ -2,\ -1)$ で生成される 1 次元の線形部分空間である．したがって，定理 2 により $\dim(\mathrm{Im}\, f) = 3 - \dim(\mathrm{Ker}\, f) = 2$ であるから，像 $\mathrm{Im}\, f$ は 2 次元列ベクトル空間全体と一致する．

(ii)　$X = \begin{bmatrix} x_{11} & x_{12} \\ x_{21} & x_{22} \end{bmatrix}$ とおけば，$AX = \begin{bmatrix} x_{11} - 3x_{21} & x_{12} - 3x_{22} \\ 2x_{11} - 6x_{21} & 2x_{12} - 6x_{22} \end{bmatrix}$ である．よって，$AX = 0$ から $X = x_{21} \begin{bmatrix} 3 & 0 \\ 1 & 0 \end{bmatrix} + x_{22} \begin{bmatrix} 0 & 3 \\ 0 & 1 \end{bmatrix}$ が得られるので，核 $\mathrm{Ker}\, f$ は行列 $\begin{bmatrix} 3 & 0 \\ 1 & 0 \end{bmatrix}$ と $\begin{bmatrix} 0 & 3 \\ 0 & 1 \end{bmatrix}$ で生成される 2 次元の線形部分空間である．次に，像 $\mathrm{Im}\, f$ は

$$AX = (x_{11} - 3x_{21}) \begin{bmatrix} 1 & 0 \\ 2 & 0 \end{bmatrix} + (x_{12} - 3x_{22}) \begin{bmatrix} 0 & 1 \\ 0 & 2 \end{bmatrix}$$

であるから，行列 $\begin{bmatrix} 1 & 0 \\ 2 & 0 \end{bmatrix}$ と $\begin{bmatrix} 0 & 1 \\ 0 & 2 \end{bmatrix}$ で生成される 2 次元の線形部分空間である．

(iii)　$f\left(\begin{bmatrix} x_1 \\ x_2 \\ x_3 \end{bmatrix}\right) = f(x_1\boldsymbol{e}_1 + x_2\boldsymbol{e}_2 + x_3\boldsymbol{e}_3) = \begin{bmatrix} 2x_1 + x_2 + x_3 \\ -x_2 + x_3 \\ -x_1 - x_2 \end{bmatrix} = (x_1 + x_3) \begin{bmatrix} 2 \\ 0 \\ -1 \end{bmatrix} +$ $(x_2 - x_3) \begin{bmatrix} 1 \\ -1 \\ -1 \end{bmatrix}$ であるから，$\mathrm{Ker}\, f$ は (i) と同様にして ${}^t(1,\ -1,\ -1)$ で生成される 1 次元の線形部分空間であり，像 $\mathrm{Im}\, f$ は列ベクトル ${}^t(2,\ 0,\ -1)$ と ${}^t(1,\ -1,\ -1)$ で生成される 2 次元の線形部分空間である．

例題 3　（同型写像）

係数体 K 上の n 次元線形空間 V^n から，1 次元 K ベクトル空間 K への線形写像全体のなす線形空間 $L_K(V^n, K)$ は，n 次元 K ベクトル空間 K^n と同型であること，すなわち

$$L_K(V^n, K) \cong K^n$$

を示し，かつその同型写像を与えよ．

〖**ヒント**〗 定理 1，定理 3 を適用する．

【解答】 V^n の任意の 1 つの基底 $\boldsymbol{b}_1, \cdots, \boldsymbol{b}_n$ に対して，定理 1 により

$$f_i(\boldsymbol{b}_j) = \delta_{ij} \quad (i, j = 1, \cdots, n)$$

によって $L_K(V^n, K)$ の写像 $f_1, \cdots, f_n$ を定義する．すなわち，V^n の任意のベクトル

$$\boldsymbol{x} = x_1\boldsymbol{b}_1 + \cdots + x_n\boldsymbol{b}_n \quad (x_1, \cdots, x_n \in K)$$

に対して

$$f_i(\boldsymbol{x}) = x_i \quad (i = 1, \cdots, n)$$

によって f_i を定義すれば，これらの $f_1, \cdots, f_n$ はいずれも $L_K(V^n, K)$ に属する線形写像となり，さらに $L_K(V^n, K)$ の基底にもなっている．

それを示すには，まず

$$\lambda_1 f_1 + \cdots + \lambda_n f_n = o \quad (\lambda_1, \cdots, \lambda_n \in K)$$

ならば

$$\lambda_j = (\lambda_1 f_1 + \cdots + \lambda_n f_n)(\boldsymbol{b}_j) = o(\boldsymbol{b}_j) = 0 \quad (j = 1, \cdots, n)$$

であるから，$f_1, \cdots, f_n$ は K 上線形独立である．

次に，$L_K(V^n, K)$ の任意の線形写像 f に対して

$$f(\boldsymbol{b}_j) = \mu_j \in K \quad (j = 1, \cdots, n)$$

とおくとき，V^n の任意のベクトル

$$\boldsymbol{x} = x_1\boldsymbol{b}_1 + \cdots + x_n\boldsymbol{b}_n \quad (x_1, \cdots, x_n \in K)$$

に対して

$$f(\boldsymbol{x}) = x_1\mu_1 + \cdots + x_n\mu_n = (\mu_1 f_1 + \cdots + \mu_n f_n)(\boldsymbol{x})$$

であるから

$$f = \mu_1 f_1 + \cdots + \mu_n f_n$$

となり，$f_1, \cdots, f_n$ が $L_K(V^n, K)$ の基底であることが示された．

以上のことから，$L_K(V^n, K)$ は K 上 n 次元の線形空間となるから，定理 3 により K^n と同形になり，その同型写像は

$$f = \mu_1 f_1 + \cdots + \mu_n f_n \to (\mu_1, \cdots, \mu_n)$$

によって与えられることがわかる．

例題 4 **(不変部分空間)**

(i) 実3次元数ベクトル空間 $\boldsymbol{R}^3$ の線形変換

$$f\left(\begin{bmatrix} x_1 \\ x_2 \\ x_3 \end{bmatrix}\right) = \begin{bmatrix} ax_1 + x_2 + 7x_3 \\ x_1 + x_2 + x_3 \\ 2x_1 + bx_2 - (a+b)x_3 \end{bmatrix}$$

に対して，部分空間

$$W = \{{}^t(x_1,\, x_2,\, x_3)\ ;\ x_1 + x_3 = 0\}$$

が f–不変となるように定数 a, b を定めよ．

(ii) 複素 n 次元数ベクトル空間 $\boldsymbol{C}^n$ の部分空間 W が，n 次正方行列 A に対して

$$f(\boldsymbol{x}) = A\boldsymbol{x} \quad (\boldsymbol{x} \in \boldsymbol{C}^n)$$

によって定義される $\boldsymbol{C}^n$ の線形変換 f に関して f–不変であるとき，内積 $(\boldsymbol{x},\, \boldsymbol{y})_u = {}^t\boldsymbol{x}\overline{\boldsymbol{y}}$ に関する W の直交補空間 $W^\perp$ は

$$g(\boldsymbol{x}) = A^*\boldsymbol{x} \quad (\boldsymbol{x} \in \boldsymbol{C}^n)$$

によって定義される $\boldsymbol{C}^n$ の線形変換 g に関して g–不変であることを示せ．

〚**ヒント**〛 (i) f による W の像を調べる．

(ii) g による $W^\perp$ の像を考える．

【解答】 (i) 部分空間 W のベクトルは

$$\boldsymbol{x} = {}^t(x_1,\, x_2,\, -x_1)$$

の形に表されるから，線形変換 f によるその像は

$$f(\boldsymbol{x}) = \begin{bmatrix} (a-7)x_1 + x_2 \\ x_2 \\ (2+a+b)x_1 + bx_2 \end{bmatrix}$$

である．これが部分空間 W に属するためには

$$\begin{cases} (a-7) + (2+a+b) = 0 \\ 1 + b = 0 \end{cases}$$

であることが必要十分である．よって $a = 3,\ b = -1$．

(ii) 部分空間 W の任意のベクトルを $\boldsymbol{x}$ とすれば $f(\boldsymbol{x}) = A\boldsymbol{x}$ であるから，直交補空間 $W^\perp$ の任意のベクトル $\boldsymbol{y}$ に対して

$$(\boldsymbol{x},\, A^*\boldsymbol{y})_u = {}^t\boldsymbol{x}({}^tA\overline{\boldsymbol{y}}) = {}^t(A\boldsymbol{x})\overline{\boldsymbol{y}} = (\boldsymbol{A}\boldsymbol{x},\, \boldsymbol{y})_u = 0$$

となる．したがって $A^*\boldsymbol{y} \in W^\perp$ すなわち $g(\boldsymbol{y}) = A^*\boldsymbol{y} \in W^\perp$ が成り立つから，W の直交補空間 $W^\perp$ は g–不変である．

問題 6.1 A

1. 実3次元数ベクトル空間 $\boldsymbol{R}^3$ から実2次元数ベクトル空間 $\boldsymbol{R}^2$ への次の各写像は，線形写像であるかどうかを判定せよ（a は定数）．

(1) $f\left(\begin{bmatrix} x_1 \\ x_2 \\ x_3 \end{bmatrix}\right) = \begin{bmatrix} x_2 \\ x_1 - x_2 \end{bmatrix}$　　(2) $f\left(\begin{bmatrix} x_1 \\ x_2 \\ x_3 \end{bmatrix}\right) = \begin{bmatrix} x_1 + x_2 \\ {x_3}^2 \end{bmatrix}$

(3) $f\left(\begin{bmatrix} x_1 \\ x_2 \\ x_3 \end{bmatrix}\right) = \begin{bmatrix} x_1 \\ x_2 x_3 \end{bmatrix}$　　(4) $f\left(\begin{bmatrix} x_1 \\ x_2 \\ x_3 \end{bmatrix}\right) = \begin{bmatrix} 2x_1 + x_3 \\ x_2 + a \end{bmatrix}$

2. A, B, C を n 次の実行列とするとき，n 次の実行列全体のなす線形空間 $M_n(\boldsymbol{R})$ の次の各写像は，線形写像かどうか．

(1) $f(X) = AXB + C$ によって定義される写像 $f : M_n(\boldsymbol{R}) \to M_n(\boldsymbol{R})$

(2) $g(X) = \mathrm{tr}\,(XA)$ によって定義される写像 $g : M_n(\boldsymbol{R}) \to \boldsymbol{R}$

3. n 次以下の実係数の多項式全体のなす線形空間 $P_n[x]$ の次の各写像は，線形変換であるかどうか．

(1) $f(x) \to f^{(r)}(x) + c$　（c は定数）　　(2) $f(x) \to \displaystyle\int_{-1}^{1} (x-t) f(t)dt$

4. f が線形空間 V から V' への線形写像であるとき，次の各々が成り立つことを示せ．

(1) $f(\boldsymbol{o}) = \boldsymbol{o}$

(2) V の部分空間 W に対して，$f(W)$ は V' の部分空間である．

5. 係数体 K 上の線形空間 V, V' が $\dim V = \dim V'$ をみたすとき，V から V' の上への線形写像 f はすべて同型写像であることを示せ．

6. f が線形空間 V から V' への線形写像であるとき，次の各々が成り立つことを示せ．

(1) $\dim V < \dim V'$ ならば，f は V' の上への線形写像にはなり得ない．

(2) $\dim V > \dim V'$ ならば，f は1対1の線形写像にはなり得ない．

7. 線形空間 V の線形変換 f が関係式 $f^2 - 3f - \varepsilon = 0$（$\varepsilon$ は恒等写像）みたすならば，f は正則線形変換で，その逆変換は $f^{-1} = f - 3$ であることを示せ．

問題 6.1 B

1. 次の各線形写像 f に対する核と像を求めよ．

(1) $f\left(\begin{bmatrix} x_1 \\ x_2 \\ x_3 \end{bmatrix}\right) = \begin{bmatrix} 2x_1 + x_2 + x_3 \\ -x_2 + x_3 \\ -x_1 - x_2 \end{bmatrix}$

(2) 実3次元数ベクトル空間 $\boldsymbol{R}^3$ の単位数ベクトル $\boldsymbol{e}_1, \boldsymbol{e}_2, \boldsymbol{e}_3$ に対して

$$f(\boldsymbol{e}_1) = \begin{bmatrix} 1 \\ 1 \end{bmatrix}, \quad f(\boldsymbol{e}_2) = \begin{bmatrix} 1 \\ 0 \end{bmatrix}, \quad f(\boldsymbol{e}_3) = \begin{bmatrix} -1 \\ 1 \end{bmatrix}$$

(3)　2 次の行列 $A = \begin{bmatrix} 1 & -4 \\ -1 & 4 \end{bmatrix}$ と X に対して $f(X) = XA$.

2.　線形空間 V から V' への線形写像 f に対して，V のベクトル $\boldsymbol{a}_1, \cdots, \boldsymbol{a}_n$ の f による像 $f(\boldsymbol{a}_1), \cdots, f(\boldsymbol{a}_n)$ が線形独立であれば，ベクトル $\boldsymbol{a}_1, \cdots, \boldsymbol{a}_n$ も線形独立であることを示せ.

3.　線形写像 $f : V \to V'$ の核を W とするとき，V' の元 $\boldsymbol{a}'_0$ に対して V の部分集合 $\{\boldsymbol{a} \in V\ ;\ f(\boldsymbol{a}) = \boldsymbol{a}'_0\}$ は，空集合かまたは V のある元 $\boldsymbol{a}_0$ に対して $\boldsymbol{a}_0 + W$，すなわち $\{\boldsymbol{a}_0 + \boldsymbol{w}\ ;\ \boldsymbol{w} \in W\}$ かのいずれかであることを示せ.

4.　係数体 K 上の線形空間 V に対して，$f : V \to K$ が線形写像で，$V \supsetneqq \mathrm{Ker}\, f$ ならば，$\mathrm{Ker}\, f$ に属さない V のベクトル $\boldsymbol{c}$ を 1 つ固定するとき，V の任意のベクトル $\boldsymbol{x}$ は $\mathrm{Ker}\, f$ に属するあるベクトル $\boldsymbol{a}$ と K のある元 λ に対して $\boldsymbol{x} = \boldsymbol{a} + \lambda\boldsymbol{c}$ の形に一意的に表されることを示せ.

5.　実線形空間 V の元 $\boldsymbol{a} \neq \boldsymbol{o}$ に対して $f(x) = x\boldsymbol{a}$ は，$\boldsymbol{R}$ から V への 1 対 1 の線形写像であり，かつ $\boldsymbol{R}$ から V への 1 対 1 のすべての線形写像はこの形に書き表されることを示せ.

6.　実 3 次元数ベクトル空間 $\boldsymbol{R}^3$ の線形変換 $f\left(\begin{bmatrix} x_1 \\ x_2 \\ x_3 \end{bmatrix}\right) = \begin{bmatrix} 3x_1 + x_2 + x_3 \\ x_1 + 3x_2 + x_3 \\ x_1 + x_2 + 3x_3 \end{bmatrix}$ に対して

(1)　部分空間 $W_1 = \{\{{}^t(1,\ 1,\ 1),\ {}^t(1,\ 0,\ -1)\}\}$ が f–不変であることを示せ.

(2)　部分空間 $W_2 = \{\{{}^t(a,\ 1,\ -1)\}\}$ が f–不変になるような a の値を求めよ.

ヒントと解答

問題 6.1　A

1.　(1)　線形写像である．(2),(3) はそれぞれ次の例からわかるように線形写像にはならない.

(2)　$f(2\,{}^t(1,\ 0,\ 1)) = f({}^t(2,\ 0,\ 2)) = (2,\ 4) \neq (2,\ 2) = 2f({}^t(1,\ 0,\ 1))$

(3)　$f(3\,{}^t(1,\ 1,\ 1)) = f({}^t(3,\ 3,\ 3)) = (3,\ 9) \neq (3,\ 3) = 3f({}^t(1,\ 1,\ 1))$

(4)　$f(2\,{}^t(x_1,\ x_2,\ x_3)) = f({}^t(2x_1,\ 2x_2,\ 2x_3)) = (4x_1 + 2x_3,\ 2x_2 + a)$

$2f({}^t(x_1,\ x_2,\ x_3)) = (4x_1 + 2x_3,\ 2x_2 + 2a)$．よって $a = 0$ のときのみ線形写像.

2.　(1)　$f(\lambda X) = \lambda AXB + C,\ \lambda f(X) = \lambda AXB + \lambda C$．よって $C = O$ のときのみ線形写像となる.

(2)　線形写像である.

3.　(1)　$c = 0$ のときのみ線形変換になる.　　(2)　線形変換になる.

4.　(1)　$f(\boldsymbol{o}) = f(\boldsymbol{o} + \boldsymbol{o}) = f(\boldsymbol{o}) + f(\boldsymbol{o}) = 2f(\boldsymbol{o})$．よって $f(\boldsymbol{o}) = \boldsymbol{o}$.

(2) $f(W) \ni \boldsymbol{a}_i'$ に対して $f(\boldsymbol{a}_i) = \boldsymbol{a}_i'$, $\boldsymbol{a}_i \in W$ $(i = 1, 2)$ とおけば,

$\lambda_1\boldsymbol{a}_1' + \lambda_2\boldsymbol{a}_2' = f(\lambda_1\boldsymbol{a}_1 + \lambda_2\boldsymbol{a}_2)$ かつ $\lambda_1\boldsymbol{a}_1 + \lambda_2\boldsymbol{a}_2 \in W$ から $\lambda_1\boldsymbol{a}_1' + \lambda_2\boldsymbol{a}_2' \in f(W)$

5. $\dim(\mathrm{Ker}\, f) = \dim V - \dim(\mathrm{Im}\, f) = 0$. よって f は同型写像（定理 2）.

6. (1) $\mathrm{Im} f = V' \Longrightarrow 0 \leqq \dim(\mathrm{Ker}\, f) = \dim V - \dim(\mathrm{Im}\, f) < 0$. これは矛盾.

(2) f : 1 対 1 $\Longrightarrow \dim(\mathrm{Ker}\, f) = 0 \Longleftrightarrow \dim V = \dim(\mathrm{Im}\, f) \leqq \dim V'$. 矛盾.

7. $f^2 - 3f - \varepsilon = o \Longrightarrow f(f-3) = (f-3)f = \varepsilon \qquad \therefore \quad f^{-1} = f - 3$

問題 6.1 B

1. (1) $\mathrm{Ker}\, f = \{{}^t(x_1, x_2, x_3),\ x_2 = x_3 = -x_1\} = \{\{{}^t(-1, 1, 1)\}\}$. $\dim(\mathrm{Ker}\, f) = 1$.

$$\begin{aligned}\mathrm{Im}\, f &= \{x_1{}^t(2, 0, -1) + x_2{}^t(1, -1, -1) + x_3{}^t(1, 1, 0)\}\\ &= \{\{{}^t(2, 0, -1),\ {}^t(1, -1, -1),\ {}^t(1, 1, 0)\}\} = \{\{{}^t(2, 0, -1),\ {}^t(1, -1, -1)\}\}\end{aligned}$$

(2) $f({}^t(x_1, x_2, x_3)) = (x_1 + x_2 - x_3,\ x_1 + x_3) \qquad \therefore \quad \mathrm{Ker}\, f = \{\{{}^t(1, -2, -1)\}\}$

$\therefore \quad \dim(\mathrm{Ker}\, f) = 1, \quad \dim(\mathrm{Im}\, f) = 2$ よって $\mathrm{Im}\, f = \boldsymbol{R}^2$

(3) $$\mathrm{Im}\, f = \left\{\begin{bmatrix} x_{11} - x_{12}, & -4(x_{11} - x_{12}) \\ x_{21} - x_{22}, & -4(x_{21} - x_{22})\end{bmatrix}\right\} = \left\{\left\{\begin{bmatrix} 1 & -4 \\ 0 & 0\end{bmatrix}, \begin{bmatrix} 0 & 0 \\ 1 & -4\end{bmatrix}\right\}\right\}$$

$$\mathrm{Ker}\, f = \left\{\begin{bmatrix} x_{11} & x_{11} \\ x_{21} & x_{21}\end{bmatrix}\right\} = \left\{\left\{\begin{bmatrix} 1 & 1 \\ 0 & 0\end{bmatrix}, \begin{bmatrix} 0 & 0 \\ 1 & 1\end{bmatrix}\right\}\right\}$$

2. $W = \{\{\boldsymbol{a}_1, \cdots, \boldsymbol{a}_n\}\}$ とおくとき, f を $W \to V'$ に制限して考えれば

$$\dim W = \dim(\mathrm{Ker}\, f \cap W) + \dim\{\{f(\boldsymbol{a}_1), \cdots, f(\boldsymbol{a}_n)\}\}$$

よって

$$\begin{aligned} f(\boldsymbol{a}_1), \cdots, f(\boldsymbol{a}_n) \text{ が線形独立} &\Longleftrightarrow \dim\{\{f(\boldsymbol{a}_1), \cdots, f(\boldsymbol{a}_n)\}\} = n \\ &\Longrightarrow \dim W \geqq n \Longleftrightarrow \boldsymbol{a}_1, \cdots, \boldsymbol{a}_n \text{が線形独立}\end{aligned}$$

3. $\boldsymbol{a}_0' \notin f(V)$ ならば $f^{-1}(\boldsymbol{a}_0') = \{\boldsymbol{a} \in V\ ;\ f(\boldsymbol{a}) = \boldsymbol{o}\} = \emptyset$

$\boldsymbol{a}_0' \notin f(V)$ ならば $f(\boldsymbol{a}_0) = \boldsymbol{a}_0'$ となる V の元 $\boldsymbol{a}_0$ が存在する. このとき

$$f^{-1}(\boldsymbol{a}_0') \ni \boldsymbol{a} \Longleftrightarrow f(\boldsymbol{a}) = \boldsymbol{a}_0' \Longleftrightarrow \boldsymbol{a} - \boldsymbol{a}_0 \in W \Longleftrightarrow \boldsymbol{a} \in \boldsymbol{a}_0 + W$$

4. $V \supsetneqq \mathrm{Ker}\, f \Longrightarrow \dim(\mathrm{Im}\, f) = 1 \Longrightarrow \dim(\mathrm{Ker}\, f) = \dim V - 1$. よって, $\mathrm{Ker}\, f$ の V に関する補空間を W とすれば $\dim W = 1$ で, W はベクトル $\boldsymbol{c}$ で生成される. $V = (\mathrm{Ker}\, f) \oplus \{\{\boldsymbol{c}\}\}$. よって, この直和分解に即して V のベクトル $\boldsymbol{x}$ を分解すれば

$$\boldsymbol{x} = \boldsymbol{a} + \lambda\boldsymbol{c} \quad (\boldsymbol{a} \in \mathrm{Ker}\, f,\ \lambda \in K)$$

5. $\boldsymbol{R}$ から V への 1 対 1 線形写像 f に対して $\boldsymbol{a} = f(1)$ とすれば $f(x) = x\boldsymbol{a}$.

6. (1) $\boldsymbol{a} = {}^t(1, 1, 1)$, $\boldsymbol{b} = {}^t(1, 0, -1)$ に対して $f(\boldsymbol{a}) = 5\boldsymbol{a}$, $f(\boldsymbol{b}) = 2\boldsymbol{b}$ から $\{\{\boldsymbol{a}, \boldsymbol{b}\}\} \ni \lambda\boldsymbol{a} + \lambda\boldsymbol{b}$ に対して $f(\lambda\boldsymbol{a} + \lambda\boldsymbol{b}) = (5\lambda)\boldsymbol{a} + (2\mu)\boldsymbol{b} \in \{\{\boldsymbol{a}, \boldsymbol{b}\}\}$.

(2) $f({}^t(\boldsymbol{a}, 1, -1)) = {}^t(3a, a + 2, a - 2) = \lambda{}^t(a, 1, -1)$ より $a = 0$ $(\lambda = 2)$.

6.2 行列による表現と基底変換

線形写像の行列 ▶

定理 5

係数体 K 上の m 次元線形空間 V^m と n 次元線形空間 V^n の 1 組の基底 $\{\boldsymbol{b}_j\}$ と $\{\boldsymbol{b}'_i\}$ をそれぞれ任意に選んで固定すれば，次の関係式により，線形写像 $f:V^m \to V^n$ には $(n,\, m)$ 型の行列 $A=(a_{ij})$ が一意的に対応する．

$$f(\boldsymbol{b}_j)=\sum_{i=1}^{n} a_{ij}\boldsymbol{b}'_i, \quad a_{ij}\in K \quad (j=1,\cdots,m)$$

この対応で，このような線形写像全体のなす線形空間 $L_K(V^m,\, V^n)$ と $(n,\, m)$ 型の行列全体のなす線形空間 $M_{n,m}(K)$ は同型になる．

このような行列 $A=(a_{ij})$ を，基底 $\{\boldsymbol{b}_j\}$, $\{\boldsymbol{b}'_i\}$ のもとで**線形写像 $\boldsymbol{f}$ に対応する行列**，あるいは簡単に**線形写像 $\boldsymbol{f}$ の行列**という．

定理 6

$(n,\, m)$ 型の行列 A に対して，m 次元列ベクトル空間 K^m から n 次元列ベクトル空間 K^n への線形写像

$$f:\boldsymbol{x}\to A\boldsymbol{x} \quad (\boldsymbol{x}\in K^m)$$

に，単位数ベクトルから成る両空間の自然基底のもとで対応する行列は，A 自身である．

定理 7

V^l, V^m, V^n をそれぞれ係数体 K 上の l, m, n 次元線形空間とし，線形写像 $f:V^l\to V^m$, $g:V^m\to V^n$ に各空間のある基底のもとで対応する行列をそれぞれ A, B とすれば，合成写像 $g\circ f$ には，同じ基底のもとで行列の積 $B\cdot A$ が対応する．

定理 8

線形変換が正則であるためには，対応する行列が正則であることが必要十分である．

基底変換 ▶　係数体 K 上の n 次元線形空間 V^n の 2 組の基底を $\{\boldsymbol{b}_i\}$, $\{\boldsymbol{b}'_i\}$ とするとき

$$\boldsymbol{b}'_j=\sum_{i=1}^{n} p_{ij}\boldsymbol{b}_i, \quad p_{ij}\in K \quad (j=1,\cdots,n)$$

によって一意的に定まる行列 $P=(p_{ij})$ を**基底変換 $\{\boldsymbol{b}_i\}\to\{\boldsymbol{b}'_i\}$ の行列**という．

定理 9

n 次元の線形空間 V^n の基底変換の行列は正則である.

逆に，V^n の基底 $\{\boldsymbol{b}_i\}$ を n 次の正則行列 $Q=(q_{ij})$ で変換して得られるベクトル $\boldsymbol{b}'_j=\sum_{i=1}^{n} q_{ij}\boldsymbol{b}_i\ \ (j=1,\cdots,n)$ は V^n の基底である.

定理 10

係数体 K 上の m 次元線形空間 V^m の 2 組の基底 $\{\boldsymbol{b}_i\}, \{\boldsymbol{b}'_i\}$，$n$ 次元線形空間 V^n の 2 組の基底を $\{\boldsymbol{c}_j\}, \{\boldsymbol{c}'_j\}$ とし，基底変換 $\{\boldsymbol{b}_i\}\to\{\boldsymbol{b}'_i\}$ および $\{\boldsymbol{c}_j\}\to\{\boldsymbol{c}'_j\}$ の行列をそれぞれ P, Q とする.

このとき，線形写像 $f : V^m \to V^n$ に基底 $\{\boldsymbol{b}_i\}, \{\boldsymbol{c}_j\}$ のもとで対応する行列を A，基底 $\{\boldsymbol{b}'_i\}, \{\boldsymbol{c}'_j\}$ のもとで対応する行列を B とすれば，次の関係式が成り立つ.

$$B=Q^{-1}AP$$

線形写像の階数 ▶

定理 11

線形写像 f に対応する行列を A とするとき，$\operatorname{rank} A$ は線形空間の基底のとり方に無関係に一定であり，さらに次の式が成り立つ.

$$\operatorname{rank} A=\dim(\operatorname{Im} f)$$

この一定の値を**線形写像 f の階数**といって $\operatorname{rank} f$ で表す.

定理 12

係数体 K 上の 3 つの有限次元線形空間 V_1, V_2, V_3 の間の線形写像 $f : V_1\to V_2$，$g : V_2\to V_3$ に対して次の関係式が成り立つ.

(i)　$\operatorname{rank}(g\circ f)\leqq\min(\operatorname{rank} f,\ \operatorname{rank} g)$

(ii)　$\operatorname{rank} f+\operatorname{rank} g\leqq\operatorname{rank}(g\circ f)+\dim V_2$

(iii)　$\operatorname{rank}(f+g)\leqq\operatorname{rank} f+\operatorname{rank} g$

例題 5　**（線形写像の行列）**

（i）(m, n) 型の行列 A に対して，$f(\boldsymbol{x}) = \boldsymbol{x}A$ によって定義されるところの，m 次元行ベクトル空間から n 次元行ベクトル空間への写像 f は，線形写像であることを確かめよ．また，単位数ベクトルから成る自然基底のもとで，この写像 f に対応する行列を求めよ．

（ii）$F(g(x)) = xg'(x)$ によって定義されるところの，3 次以下の実係数多項式全体のなす線形空間の写像 F は，線形変換であることを確かめ，かつ基底 $\{x^3, x^2, x, 1\}$ のもとで，この F に対応する行列を求めよ．

〖**ヒント**〗　線形写像の定義と定理 5 参照．

【**解答**】（i）m 次元行ベクトル $\boldsymbol{x}, \boldsymbol{y}$ とスカラー λ に対して

$$f(\boldsymbol{x}+\boldsymbol{y}) = (\boldsymbol{x}+\boldsymbol{y})A = \boldsymbol{x}A + \boldsymbol{y}A = f(\boldsymbol{x}) + f(\boldsymbol{y})$$

$$f(\lambda\boldsymbol{x}) = (\lambda\boldsymbol{x})A = \lambda(\boldsymbol{x}A) = \lambda f(\boldsymbol{x})$$

であるから，この写像 f は線形写像である．

次に，行列 $A = (a_{ij})$ の行ベクトルを $\boldsymbol{a}_j$ $(j = 1, \cdots, m)$，m 次元行ベクトル空間の単位数ベクトルを $\boldsymbol{e}_j$ $(j = 1, \cdots, m)$，n 次元行ベクトル空間の単位数ベクトルを $\boldsymbol{e}'_i$ $(i = 1, \cdots, n)$ とすれば

$$\boldsymbol{e}_j A = \boldsymbol{e}_j \begin{bmatrix} \boldsymbol{a}_1 \\ \boldsymbol{a}_2 \\ \vdots \\ \boldsymbol{a}_m \end{bmatrix} = \boldsymbol{a}_j = \sum_{i=1}^{n} a_{ji}\boldsymbol{e}'_i \quad (j = 1, \cdots, m)$$

であるから，自然基底のもとでこの線形写像に対応する行列は ${}^tA$ である．

（ii）$g_1(x), g_2(x)$ を 3 次以下の実係数多項式，λ を実数とすれば

$$F(g_1 + g_2) = x(g'_1 + g'_2) = xg'_1 + xg'_2 = F(g_1) + F(g_2),$$

$$F(\lambda g_1) = x(\lambda g'_1) = \lambda(xg'_1) = \lambda F(g_1)$$

であるから，この写像 F は線形変換である．

次に，この F による基底 $\{x^3, x^2, x, 1\}$ の像は

$$F(x^3) = 3x^3, \quad F(x^2) = 2x^2, \quad F(x) = x, \quad F(1) = 0$$

であるから，基底 $\{x^3, x^2, x, 1\}$ のもとで，この F に対応する行列は

$$\begin{bmatrix} 3 & & & O \\ & 2 & & \\ & & 1 & \\ O & & & 0 \end{bmatrix}$$

である．

例題 6 **（線形変換の正則性の判定）**

次の各線形変換 f について，正則であるかどうかを判定し，正則であればその逆変換を求めよ．

(i) $f\left(\begin{bmatrix} x_1 \\ x_2 \\ x_3 \end{bmatrix}\right) = \begin{bmatrix} 2x_1 + x_2 + 3x_3 \\ -x_1 + 5x_2 + 4x_3 \\ 3x_1 - 2x_2 + x_3 \end{bmatrix}$

(ii) $f\left(\begin{bmatrix} x_1 \\ x_2 \\ x_3 \end{bmatrix}\right) = \begin{bmatrix} 2x_1 + x_3 \\ -x_1 + x_2 + 3x_3 \\ 3x_1 + 2x_3 \end{bmatrix}$

(iii) 行列 $A = \begin{bmatrix} 1 & 2 \\ -3 & -6 \end{bmatrix}$ に対して，$f(X) = AX$ で定義されるところの，2次の正方行列全体のなす線形空間の線形変換 f.

〖**ヒント**〗 定理8および例題2，定理4を適用．

【**解答**】 (i) 単位数ベクトル $\boldsymbol{e}_1, \boldsymbol{e}_2, \boldsymbol{e}_3$ に対して

$$f(\boldsymbol{e}_1) = \begin{bmatrix} 2 \\ -1 \\ 3 \end{bmatrix} = 2\boldsymbol{e}_1 - \boldsymbol{e}_2 + 3\boldsymbol{e}_3,$$

$$f(\boldsymbol{e}_2) = \begin{bmatrix} 1 \\ 5 \\ -2 \end{bmatrix} = \boldsymbol{e}_1 + 5\boldsymbol{e}_2 - 2\boldsymbol{e}_3,$$

$$f(\boldsymbol{e}_3) = \begin{bmatrix} 3 \\ 4 \\ 1 \end{bmatrix} = 3\boldsymbol{e}_1 + 4\boldsymbol{e}_2 + \boldsymbol{e}_3$$

であるから，単位数ベクトルから成る自然基底のもとで，この線形変換 f に対応する行列は $\begin{bmatrix} 2 & 1 & 3 \\ -1 & 5 & 4 \\ 3 & -2 & 1 \end{bmatrix}$ である．しかるに

$$\begin{vmatrix} 2 & 1 & 3 \\ -1 & 5 & 4 \\ 3 & -2 & 1 \end{vmatrix} = 0$$

であるから，定理8により，この線形変換は正則ではない．

(ii) (i)と同様にして，単位数ベクトルから成る自然基底のもとで，この線形変換

f に対応する行列は $\begin{bmatrix} 2 & 0 & 1 \\ -1 & 1 & 3 \\ 3 & 0 & 2 \end{bmatrix}$ で，かつ

$$\begin{vmatrix} 2 & 0 & 1 \\ -1 & 1 & 3 \\ 3 & 0 & 2 \end{vmatrix} = 1 \neq 0$$

であるから，定理 8 によりこの線形変換は正則である．また，逆変換 f^{-1} は

$$f\left(\begin{bmatrix} x_1 \\ x_2 \\ x_3 \end{bmatrix}\right) = \begin{bmatrix} 2 & 0 & 1 \\ -1 & 1 & 3 \\ 3 & 0 & 2 \end{bmatrix} \begin{bmatrix} x_1 \\ x_2 \\ x_3 \end{bmatrix}$$

から

$$f^{-1}\left(\begin{bmatrix} x_1 \\ x_2 \\ x_3 \end{bmatrix}\right) = \begin{bmatrix} 2 & 0 & 1 \\ -1 & 1 & 3 \\ 3 & 0 & 2 \end{bmatrix}^{-1} \begin{bmatrix} x_1 \\ x_2 \\ x_3 \end{bmatrix}$$

$$= \begin{bmatrix} 2 & 0 & -1 \\ 11 & 1 & -7 \\ -3 & 0 & 2 \end{bmatrix} \begin{bmatrix} x_1 \\ x_2 \\ x_3 \end{bmatrix}$$

(iii)　例題 2 と同様にして，$\operatorname{Ker} f$ は，2 つの行列

$$\begin{bmatrix} -2 & 0 \\ 1 & 0 \end{bmatrix}, \quad \begin{bmatrix} 0 & -2 \\ 0 & 1 \end{bmatrix}$$

で生成される 2 次元の線形部分空間であり，したがって $\dim(\operatorname{Ker} f) \neq 0$ である．よって f は 1 対 1 でなく，定理 4 によりこの線形変換 f は正則でない．

例題 7　（基底変換の行列）

実3次元数ベクトル空間 $\boldsymbol{R}^3$ における基底 $\boldsymbol{b}_1 = \begin{bmatrix} -2 \\ 0 \\ 1 \end{bmatrix}$, $\boldsymbol{b}_2 = \begin{bmatrix} 1 \\ 1 \\ 0 \end{bmatrix}$, $\boldsymbol{b}_3 = \begin{bmatrix} 0 \\ -1 \\ -1 \end{bmatrix}$ を，次の各基底に変換する行列をそれぞれ求めよ．

(i)　単位数ベクトル　$\boldsymbol{e}_1 = \begin{bmatrix} 1 \\ 0 \\ 0 \end{bmatrix}$, $\boldsymbol{e}_2 = \begin{bmatrix} 0 \\ 1 \\ 0 \end{bmatrix}$, $\boldsymbol{e}_3 = \begin{bmatrix} 0 \\ 0 \\ 1 \end{bmatrix}$

(ii)　線形独立なベクトル　$\boldsymbol{a}_1 = \begin{bmatrix} 1 \\ 1 \\ 0 \end{bmatrix}$, $\boldsymbol{a}_2 = \begin{bmatrix} 0 \\ 1 \\ 1 \end{bmatrix}$, $\boldsymbol{a}_3 = \begin{bmatrix} 1 \\ 0 \\ 1 \end{bmatrix}$

〖ヒント〗　基底変換の行列の定義を参照．

【解答】　(i)　$\boldsymbol{b}_1 = -2\boldsymbol{e}_1 + \boldsymbol{e}_3$, $\boldsymbol{b}_2 = \boldsymbol{e}_1 + \boldsymbol{e}_2$, $\boldsymbol{b}_3 = -\boldsymbol{e}_2 - \boldsymbol{e}_3$ であるから

$$\begin{bmatrix} \boldsymbol{b}_1 \\ \boldsymbol{b}_2 \\ \boldsymbol{b}_3 \end{bmatrix} = \begin{bmatrix} -2 & 0 & 1 \\ 1 & 1 & 0 \\ 0 & -1 & -1 \end{bmatrix} \begin{bmatrix} \boldsymbol{e}_1 \\ \boldsymbol{e}_2 \\ \boldsymbol{e}_3 \end{bmatrix}$$

よって

$$\begin{bmatrix} \boldsymbol{e}_1 \\ \boldsymbol{e}_2 \\ \boldsymbol{e}_3 \end{bmatrix} = \begin{bmatrix} -2 & 0 & 1 \\ 1 & 1 & 0 \\ 0 & -1 & -1 \end{bmatrix}^{-1} \begin{bmatrix} \boldsymbol{b}_1 \\ \boldsymbol{b}_2 \\ \boldsymbol{b}_3 \end{bmatrix} = \begin{bmatrix} -1 & -1 & -1 \\ 1 & 2 & 1 \\ -1 & -2 & -2 \end{bmatrix} \begin{bmatrix} \boldsymbol{b}_1 \\ \boldsymbol{b}_2 \\ \boldsymbol{b}_3 \end{bmatrix}$$

したがって，基底変換の行列は ${}^t\begin{bmatrix} -1 & -1 & -1 \\ 1 & 2 & 1 \\ -1 & -2 & -2 \end{bmatrix} = \begin{bmatrix} -1 & 1 & -1 \\ -1 & 2 & -2 \\ -1 & 1 & -2 \end{bmatrix}$ である．

(ii)　$\boldsymbol{a}_1 = \boldsymbol{e}_1 + \boldsymbol{e}_2$, $\boldsymbol{a}_2 = \boldsymbol{e}_2 + \boldsymbol{e}_3$, $\boldsymbol{a}_3 = \boldsymbol{e}_1 + \boldsymbol{e}_3$ であるから

$$\begin{bmatrix} \boldsymbol{a}_1 \\ \boldsymbol{a}_2 \\ \boldsymbol{a}_3 \end{bmatrix} = \begin{bmatrix} 1 & 1 & 0 \\ 0 & 1 & 1 \\ 1 & 0 & 1 \end{bmatrix} \begin{bmatrix} \boldsymbol{e}_1 \\ \boldsymbol{e}_2 \\ \boldsymbol{e}_3 \end{bmatrix}$$

よって (i) から

$$\begin{bmatrix} \boldsymbol{a}_1 \\ \boldsymbol{a}_2 \\ \boldsymbol{a}_3 \end{bmatrix} = \begin{bmatrix} 1 & 1 & 0 \\ 0 & 1 & 1 \\ 1 & 0 & 1 \end{bmatrix} \begin{bmatrix} -1 & -1 & -1 \\ 1 & 2 & 1 \\ -1 & -2 & -2 \end{bmatrix} \begin{bmatrix} \boldsymbol{b}_1 \\ \boldsymbol{b}_2 \\ \boldsymbol{b}_3 \end{bmatrix} = \begin{bmatrix} 0 & 1 & 0 \\ 0 & 0 & -1 \\ -2 & -3 & -3 \end{bmatrix} \begin{bmatrix} \boldsymbol{b}_1 \\ \boldsymbol{b}_2 \\ \boldsymbol{b}_3 \end{bmatrix}$$

したがって，基底変換の行列は ${}^t\begin{bmatrix} 0 & 1 & 0 \\ 0 & 0 & -1 \\ -2 & -3 & -3 \end{bmatrix} = \begin{bmatrix} 0 & 0 & -2 \\ 1 & 0 & -3 \\ 0 & -1 & -3 \end{bmatrix}$ である．

例題 8　（基底変換による行列表現の変化）

（i）実 3 次元数ベクトル空間 $\boldsymbol{R}^3$ において，基底 $\boldsymbol{b}_1 = \begin{bmatrix} 1 \\ 0 \\ 1 \end{bmatrix}$, $\boldsymbol{b}_2 = \begin{bmatrix} 1 \\ 1 \\ 1 \end{bmatrix}$, $\boldsymbol{b}_3 = \begin{bmatrix} 1 \\ 1 \\ 2 \end{bmatrix}$ のもとで対応する行列が $A = \begin{bmatrix} 1 & -1 & -1 \\ 2 & 4 & 5 \\ -2 & -2 & -3 \end{bmatrix}$ である線形変換 f には，単位数ベクトルのもとではどのような行列が対応するか．

（ii）実 3 次元数ベクトル空間 $\boldsymbol{R}^3$ から実 2 次元数ベクトル空間 $\boldsymbol{R}^2$ への線形写像 g について，両空間の単位数ベクトルから成る基底のもとで対応する行列が $A = \begin{bmatrix} -12 & -2 & -13 \\ 5 & 1 & 6 \end{bmatrix}$ であるとき，両空間の基底をそれぞれ

$$\boldsymbol{b}_1' = \begin{bmatrix} 7 \\ -3 \end{bmatrix},\ \boldsymbol{b}_2' = \begin{bmatrix} -2 \\ 1 \end{bmatrix};\ \boldsymbol{c}_1' = \begin{bmatrix} 2 \\ 11 \\ -3 \end{bmatrix},\ \boldsymbol{c}_2' = \begin{bmatrix} 0 \\ 1 \\ 0 \end{bmatrix},\ \boldsymbol{c}_3' = \begin{bmatrix} -1 \\ -7 \\ 2 \end{bmatrix}$$

に変換するとき，新基底のもとで g に対応する行列を求めよ．

〖**ヒント**〗　定理 10 を適用する．

【解答】（i）基底変換 $\{\boldsymbol{b}_i\} \to \{\boldsymbol{e}_i\}$ の行列は $P = \begin{bmatrix} 1 & 1 & 1 \\ 0 & 1 & 1 \\ 1 & 1 & 2 \end{bmatrix}^{-1}$ であるから，定理 10 により，同じ線形変換 f に新基底のもとで対応する行列は

$$P^{-1}AP = \begin{bmatrix} 1 & 1 & 1 \\ 0 & 1 & 1 \\ 1 & 1 & 2 \end{bmatrix} \begin{bmatrix} 1 & -1 & -1 \\ 2 & 4 & 5 \\ -2 & -2 & -3 \end{bmatrix} \begin{bmatrix} 1 & -1 & 0 \\ 1 & 1 & -1 \\ -1 & 0 & 1 \end{bmatrix} = \begin{bmatrix} 1 & & \\ & 2 & \\ & & -1 \end{bmatrix}$$

（ii）2 次元空間 $\boldsymbol{R}^2$ の基底変換 $\{\boldsymbol{e}_i\} \to \{\boldsymbol{b}_i'\}$ の行列は $Q = \begin{bmatrix} 7 & -2 \\ -3 & 1 \end{bmatrix}$，3 次元空間 $\boldsymbol{R}^3$ の基底変換 $\{\boldsymbol{e}_j\} \to \{\boldsymbol{c}_j'\}$ の行列は $P = \begin{bmatrix} 2 & 0 & -1 \\ 11 & 1 & -7 \\ -3 & 0 & 2 \end{bmatrix}$ であるから，新基底 $\{\boldsymbol{b}_i'\}, \{\boldsymbol{c}_j'\}$ のもとで同じ線形写像 g に対応する行列は

$$Q^{-1}AP = \begin{bmatrix} 1 & 2 \\ 3 & 7 \end{bmatrix} \begin{bmatrix} -12 & -2 & -13 \\ 5 & 1 & 6 \end{bmatrix} \begin{bmatrix} 2 & 0 & -1 \\ 11 & 1 & -7 \\ -3 & 0 & 2 \end{bmatrix} = \begin{bmatrix} -1 & 0 & 0 \\ 0 & 1 & 0 \end{bmatrix}$$

例題 9 （行列の階数）

(m, l) 型の行列 A と (n, m) 型の行列 B, C に対して，次の各式が成り立つことを示せ．

(i) $\operatorname{rank}(BA) \leqq \min(\operatorname{rank} A,\ \operatorname{rank} B)$

(ii) $\operatorname{rank} A + \operatorname{rank} B \leqq \operatorname{rank}(BA) + m$

(iii) $\operatorname{rank}(B+C) \leqq \operatorname{rank} B + \operatorname{rank} C$

〖**ポイント**〗 定理 6 と定理 11 により，線形写像の階数の問題とし，定理 12 を適用．

【**解答**】 $\boldsymbol{R}^l, \boldsymbol{R}^m, \boldsymbol{R}^n$ をそれぞれ l, m, n 次元の実数ベクトル空間とするとき，

$$f : \boldsymbol{R}^l \to \boldsymbol{R}^m, \quad f(\boldsymbol{x}) = A\boldsymbol{x} \quad (\boldsymbol{x} \in \boldsymbol{R}^l)$$

$$g : \boldsymbol{R}^m \to \boldsymbol{R}^n, \quad g(\boldsymbol{x}) = B\boldsymbol{x} \quad (\boldsymbol{x} \in \boldsymbol{R}^m)$$

$$h : \boldsymbol{R}^m \to \boldsymbol{R}^n, \quad h(\boldsymbol{x}) = C\boldsymbol{x} \quad (\boldsymbol{x} \in \boldsymbol{R}^m)$$

によって定義される線形写像 f, g, h に対して，各空間の単位数ベクトルから成る自然基底のもとで，これらの線形写像に対応する行列は，定理 6 によりそれぞれ行列 A, B, C 自身であるから，定理 11 により

$$\operatorname{rank} f = \operatorname{rank} A, \quad \operatorname{rank} g = \operatorname{rank} B, \quad \operatorname{rank} h = \operatorname{rank} C$$

が成り立つ．

一方，合成写像

$$g \circ f : \boldsymbol{R}^l \to \boldsymbol{R}^n, \quad (g \circ f)(\boldsymbol{x}) = g(f(\boldsymbol{x})) \quad (x \in \boldsymbol{R}^l)$$

には，定理 7 により行列の積 BA が対応するから，定理 11 により

$$\operatorname{rank}(g \circ f) = \operatorname{rank}(BA)$$

が成り立つ．

したがって，ここで定理 12 を適用すれば

(i) $$\begin{aligned}\operatorname{rank}(BA) &= \operatorname{rank}(g \circ f) \\ &\leqq \min(\operatorname{rank} f,\ \operatorname{rank} g) \\ &= \min(\operatorname{rank} A,\ \operatorname{rank} B),\end{aligned}$$

(ii) $$\begin{aligned}\operatorname{rank} A + \operatorname{rank} B &= \operatorname{rank} f + \operatorname{rank} g \\ &\leqq \operatorname{rank}(g \circ f) + \dim \boldsymbol{R}^m \\ &= \operatorname{rank}(BA) + m,\end{aligned}$$

(iii) $$\begin{aligned}\operatorname{rank}(B+C) &= \operatorname{rank}(g+h) \\ &\leqq \operatorname{rank} g + \operatorname{rank} h \\ &= \operatorname{rank} B + \operatorname{rank} C\end{aligned}$$

となり，各式の成り立つことが示された．

問題 6.2　A

1. 単位数ベクトルから成る自然基底のもとで，次の各線形写像に対応する行列を求めよ．

(1) $f\left(\begin{bmatrix} x_1 \\ x_2 \\ x_3 \end{bmatrix}\right) = \begin{bmatrix} x_3 \\ 2x_2 \\ -x_1 \end{bmatrix}$　　(2) $f\left(\begin{bmatrix} x_1 \\ x_2 \\ x_3 \end{bmatrix}\right) = \begin{bmatrix} x_1 - x_2 + 2x_3 \\ -3x_1 + 5x_2 + x_3 \\ 2x_1 + x_2 - 4x_3 \end{bmatrix}$

2. 次の各写像は正則線形変換であるか．

(1) $f\left(\begin{bmatrix} x_1 \\ x_2 \\ x_3 \end{bmatrix}\right) = \begin{bmatrix} 2x_1 + x_2 - x_3 \\ -x_1 + 2x_2 + x_3 \\ x_1 - x_2 + 2x_3 \end{bmatrix}$　　(2) $f\left(\begin{bmatrix} x_1 \\ x_2 \\ x_3 \end{bmatrix}\right) = \begin{bmatrix} -2x_1 + x_2 + x_3 \\ x_2 - x_3 \\ x_1 \qquad - x_3 \end{bmatrix}$

3. 次の各基底のもとで，それらの基底によって生成される実線形空間の線形変換 $D = \dfrac{d}{dx}$: $f(x) \to f'(x)$ は正則線形変換であるか．

(1) $\{1, x, x^2, x^3\}$　　(2) $\{\sin x,\ \cos x\}$

(3) $\{e^x, e^{2x}\}$　　(4) $\{e^x, xe^x\}$

4. 実 3 次元数ベクトル空間 $\boldsymbol{R}^3$ における基底

$$\boldsymbol{b}_1 = \begin{bmatrix} 2 \\ -2 \\ -1 \end{bmatrix}, \quad \boldsymbol{b}_2 = \begin{bmatrix} 1 \\ 2 \\ -2 \end{bmatrix}, \quad \boldsymbol{b}_3 = \begin{bmatrix} 2 \\ 1 \\ 2 \end{bmatrix}$$

を次の各基底に変換する基底変換の行列を求めよ．

(1) $\boldsymbol{e}_1 = \begin{bmatrix} 1 \\ 0 \\ 0 \end{bmatrix}, \quad \boldsymbol{e}_2 = \begin{bmatrix} 0 \\ 1 \\ 0 \end{bmatrix}, \quad \boldsymbol{e}_3 = \begin{bmatrix} 0 \\ 0 \\ 1 \end{bmatrix}$

(2) $\boldsymbol{c}_1 = \begin{bmatrix} 1 \\ 1 \\ 0 \end{bmatrix}, \quad \boldsymbol{c}_2 = \begin{bmatrix} 1 \\ 0 \\ 1 \end{bmatrix}, \quad \boldsymbol{c}_3 = \begin{bmatrix} 0 \\ 1 \\ 1 \end{bmatrix}$

5. 線形写像 $f : \boldsymbol{R}^2 \to \boldsymbol{R}^3$ に自然基底のもとで対応する行列が $\begin{bmatrix} -1 & 3 \\ 3 & -5 \\ -3 & 5 \end{bmatrix}$ であるとき，$\boldsymbol{R}^3$, $\boldsymbol{R}^2$ の新基底

$$\boldsymbol{b}_1 = \begin{bmatrix} -1 \\ 1 \\ -1 \end{bmatrix}, \quad \boldsymbol{b}_2 = \begin{bmatrix} -1 \\ 2 \\ -2 \end{bmatrix}, \quad \boldsymbol{b}_3 = \begin{bmatrix} -1 \\ 1 \\ -2 \end{bmatrix}; \ \boldsymbol{c}_1 = \begin{bmatrix} 1 \\ 1 \end{bmatrix}, \quad \boldsymbol{c}_2 = \begin{bmatrix} 1 \\ -1 \end{bmatrix}$$

のもとで，同じ f に対応する行列を求めよ．

問題 6.2　B

1.　1次以下の実係数多項式全体のなす線形空間 $P_1[x]$ において，線形変換

$$F : f(x) \to 6\int_0^1 (x-t)f(t)dt$$

に，基底 $\{1, x\}$ のもとで対応する行列を求めよ．

2.　次の各同次微分方程式の解空間 S の基底 $\{y_1, y_2\}$ を指定のようにとるとき，この基底のもとで S の線形変換 $D : y \to y'$ に対応する行列を求めよ．また，この線形変換は正則であるか．

(1)　$y'' - y' - 2y = 0$　；　$y_1 = e^{-x}$,　$y_2 = e^{2x}$

(2)　$y'' - 2ay' + (a^2+b^2)y = 0$　；　$y_1 = e^{ax}\cos bx$,　$y_2 = e^{ax}\sin bx$

3.　実2次元数ベクトル空間 $\boldsymbol{R}^2$ から実3次元数ベクトル空間 $\boldsymbol{R}^3$ への線形写像

$f\left(\begin{bmatrix} x_1 \\ x_2 \end{bmatrix}\right) = \begin{bmatrix} 6x_1 - 6x_2 \\ 11x_1 - 12x_2 \\ 2x_1 - 3x_2 \end{bmatrix}$ に $\boldsymbol{R}^3$, $\boldsymbol{R}^2$ の基底 $\boldsymbol{b}_1 = \begin{bmatrix} -1 \\ -1 \end{bmatrix}$, $\boldsymbol{b}_2 = \begin{bmatrix} 3 \\ 2 \end{bmatrix}$; $\boldsymbol{c}_1 = \begin{bmatrix} 0 \\ 1 \\ 1 \end{bmatrix}$, $\boldsymbol{c}_2 = \begin{bmatrix} 2 \\ 3 \\ 0 \end{bmatrix}$, $\boldsymbol{c}_3 = \begin{bmatrix} 1 \\ 0 \\ -1 \end{bmatrix}$ のもとで対応する行列を求めよ．

4.　r 個の n 次正方行列 $A_1, \cdots, A_r$ に対して，次の式が成り立つことを示せ．

$$\sum_{i=1}^{r} (\operatorname{rank} A_i - n) \leqq \operatorname{rank}\left(\prod_{i=1}^{r} A_i\right) - n$$

ヒントと解答

問題 6.2　A

1.　(1)　$f(\boldsymbol{e}_1) = {}^t(0, 0, -1) = -\boldsymbol{e}_3$，$f(\boldsymbol{e}_2) = {}^t(0, 2, 0) = 2\boldsymbol{e}_2$，$f(\boldsymbol{e}_3) = {}^t(1, 0, 0) = \boldsymbol{e}_1$．よって自然基底のもとで対応する行列は

$\begin{bmatrix} 0 & 0 & 1 \\ 0 & 2 & 0 \\ -1 & 0 & 0 \end{bmatrix}$.　　(2)　同様に $\begin{bmatrix} f(\boldsymbol{e}_1) \\ f(\boldsymbol{e}_2) \\ f(\boldsymbol{e}_3) \end{bmatrix} = \begin{bmatrix} 1 & -3 & 2 \\ -1 & 5 & 1 \\ 2 & 1 & -4 \end{bmatrix} \begin{bmatrix} \boldsymbol{e}_1 \\ \boldsymbol{e}_2 \\ \boldsymbol{e}_3 \end{bmatrix}$ から $\begin{bmatrix} 1 & -1 & 2 \\ -3 & 5 & 1 \\ 2 & 1 & -4 \end{bmatrix}$.

2.　自然基底のもとで対応する行列は　(1)　$\begin{bmatrix} 2 & 1 & -1 \\ -1 & 2 & 1 \\ 1 & -1 & 2 \end{bmatrix}$　　(2)　$\begin{bmatrix} -2 & 1 & 1 \\ 0 & 1 & -1 \\ 1 & 0 & -1 \end{bmatrix}$ で

(1) はこの行列が正則行列であるから正則線形変換である．

(2) はこの行列が正則行列でないから正則線形変換でない．

3.　指定された基底のもとで対応する行列は

(1) $\begin{bmatrix} 0 & 1 & 0 & 0 \\ 0 & 0 & 2 & 0 \\ 0 & 0 & 0 & 3 \\ 0 & 0 & 0 & 0 \end{bmatrix}$　(2) $\begin{bmatrix} 0 & -1 \\ 1 & 0 \end{bmatrix}$　(3) $\begin{bmatrix} 1 & 0 \\ 0 & 2 \end{bmatrix}$　(4) $\begin{bmatrix} 1 & 1 \\ 0 & 1 \end{bmatrix}$

であるから，(1)　正則線形変換でない．(2)～(4)　正則線形変換である．

4. (1) $\begin{bmatrix} \boldsymbol{e}_1 \\ \boldsymbol{e}_2 \\ \boldsymbol{e}_3 \end{bmatrix} = \begin{bmatrix} 2 & -2 & -1 \\ 1 & 2 & -2 \\ 2 & 1 & 2 \end{bmatrix}^{-1} \begin{bmatrix} \boldsymbol{b}_1 \\ \boldsymbol{b}_2 \\ \boldsymbol{b}_3 \end{bmatrix} = \dfrac{1}{9}\begin{bmatrix} 2 & 1 & 2 \\ -2 & 2 & 1 \\ -1 & -2 & 2 \end{bmatrix} \begin{bmatrix} \boldsymbol{b}_1 \\ \boldsymbol{b}_2 \\ \boldsymbol{b}_3 \end{bmatrix}$

$\therefore\ \dfrac{1}{9}\begin{bmatrix} 2 & -2 & -1 \\ 1 & 2 & -2 \\ 2 & 1 & 2 \end{bmatrix}$　(2) $\begin{bmatrix} \boldsymbol{c}_1 \\ \boldsymbol{c}_2 \\ \boldsymbol{c}_3 \end{bmatrix} = \dfrac{1}{9}\begin{bmatrix} 1 & 1 & 0 \\ 1 & 0 & 1 \\ 0 & 1 & 1 \end{bmatrix} \begin{bmatrix} 2 & 1 & 2 \\ -2 & 2 & 1 \\ -1 & -2 & 2 \end{bmatrix} \begin{bmatrix} \boldsymbol{b}_1 \\ \boldsymbol{b}_2 \\ \boldsymbol{b}_3 \end{bmatrix}$

$= \dfrac{1}{9}\begin{bmatrix} 0 & 3 & 3 \\ 1 & -1 & 4 \\ -3 & 0 & 3 \end{bmatrix} \begin{bmatrix} \boldsymbol{b}_1 \\ \boldsymbol{b}_2 \\ \boldsymbol{b}_3 \end{bmatrix}$　$\therefore\ \dfrac{1}{9}\begin{bmatrix} 0 & 1 & -3 \\ 3 & -1 & 0 \\ 3 & 4 & 3 \end{bmatrix}$

5. $\begin{bmatrix} -2 & 0 & 1 \\ 1 & 1 & 0 \\ 0 & -1 & -1 \end{bmatrix} \begin{bmatrix} -1 & 3 \\ 3 & -5 \\ -3 & 5 \end{bmatrix} \begin{bmatrix} 1 & 1 \\ 1 & -1 \end{bmatrix} = \begin{bmatrix} -1 & -1 \\ 2 & -2 \\ 0 & 0 \end{bmatrix} \begin{bmatrix} 1 & 1 \\ 1 & -1 \end{bmatrix} = 2\begin{bmatrix} -1 & 0 \\ 0 & 2 \\ 0 & 0 \end{bmatrix}$

問題 6.2　B

1. $\begin{bmatrix} F(1) \\ F(2) \end{bmatrix} = \begin{bmatrix} 6x-3 \\ 3x-2 \end{bmatrix} = \begin{bmatrix} -3 & 6 \\ -2 & 3 \end{bmatrix} \begin{bmatrix} 1 \\ x \end{bmatrix}$．よって対応する行列は $\begin{bmatrix} -3 & -2 \\ 6 & 3 \end{bmatrix}$．

2. (1) $D\begin{bmatrix} y_1 \\ y_2 \end{bmatrix} = D\begin{bmatrix} e^{-x} \\ e^{2x} \end{bmatrix} = \begin{bmatrix} -1 & 0 \\ 0 & 2 \end{bmatrix} \begin{bmatrix} e^{-x} \\ e^{2x} \end{bmatrix}$．対応する行列 $\begin{bmatrix} -1 & 0 \\ 0 & 2 \end{bmatrix}$ は正則．

(2) $D\begin{bmatrix} e^{ax}\cos bx \\ e^{ax}\sin bx \end{bmatrix} = \begin{bmatrix} a & -b \\ b & a \end{bmatrix} \begin{bmatrix} e^{ax}\cos bx \\ e^{ax}\sin bx \end{bmatrix}$．対応する行列 $\begin{bmatrix} a & b \\ -b & a \end{bmatrix}$ は $a^2+b^2 \neq 0$ のときのみ正則．よって

(1)　正則線形変換．

(2)　$a^2+b^2 \neq 0$ のとき正則線形変換，$a^2+b^2=0$ のときは正則線形変換でない．

3. 自然基底のもとで対応する行列は

$\begin{bmatrix} f(\boldsymbol{e}_1) \\ f(\boldsymbol{e}_2) \end{bmatrix} = \begin{bmatrix} 6 & 11 & 2 \\ -6 & -12 & -3 \end{bmatrix} \begin{bmatrix} \boldsymbol{e}_1 \\ \boldsymbol{e}_2 \end{bmatrix}$　から　${}^t\begin{bmatrix} 6 & 11 & 2 \\ -6 & -12 & -3 \end{bmatrix} = \begin{bmatrix} 6 & -6 \\ 11 & -12 \\ 2 & -3 \end{bmatrix}$

よって，新基底のもとで対応する行列は

$$\begin{bmatrix} 0 & 2 & 1 \\ 1 & 3 & 0 \\ 1 & 0 & -1 \end{bmatrix}^{-1} \begin{bmatrix} 6 & -6 \\ 11 & -12 \\ 2 & -3 \end{bmatrix} \begin{bmatrix} -1 & 3 \\ -1 & 2 \end{bmatrix} = \begin{bmatrix} 1 & 0 \\ 0 & 3 \\ 0 & 0 \end{bmatrix}$$

4. 例題 10 を使って帰納法で証明する．

6.3 直交変換と座標変換

ユニタリ変換・直交変換 ▶

定理 13

有限次元の実または複素計量線形空間 V の線形変換 f に関して，次の各条件はすべて同値である．

(i) f はベクトルの長さを変えない．$\|f(\boldsymbol{x})\| = \|\boldsymbol{x}\|$.

(ii) f はベクトルの内積を変えない．$(f(\boldsymbol{x}),\ f(\boldsymbol{y})) = (\boldsymbol{x},\ \boldsymbol{y})$.

(iii) V の正規直交系の f による像も，正規直交系である．

(iv) V の正規直交基底のもとで，f に対応する行列はユニタリ行列である．

これらの条件をみたす線形変換 f を，計量線形空間 V の**ユニタリ変換**という．とくに，実計量線形空間のユニタリ変換を**直交変換**という．

座標・座標系 ▶ 係数体 K 上の n 次元線形空間 V^n において，1組の基底を $\boldsymbol{b}_1, \cdots, \boldsymbol{b}_n$ とするとき，V^n の任意のベクトル $\boldsymbol{x}$ に対して

$$\boldsymbol{x} = x_1\boldsymbol{b}_1 + \cdots + x_n\boldsymbol{b}_n \quad (x_1, \cdots, x_n \in K)$$

によって一意的に定まる K^n の元 $(x_1, \cdots, x_n)$ を，$\boldsymbol{b}_1, \cdots, \boldsymbol{b}_n$ を**基本ベクトル**とするベクトル $\boldsymbol{x}$ の**座標**という．とくに，V^n が n 次元の実または複素計量線形空間で，基底 $\boldsymbol{b}_1, \cdots, \boldsymbol{b}_n$ が正規直交基底である場合には，ベクトル $\boldsymbol{x}$ の座標 $(x_1, \cdots, x_n)$ を $\boldsymbol{x}$ の**直交座標**という．

n 次元ユークリッド空間 E^n において，1点 O と n 個の線形独立な幾何ベクトルの組 $\boldsymbol{b}_1, \cdots, \boldsymbol{b}_n$ を定めれば，その空間内の任意の点 P に対して，位置ベクトル $\overrightarrow{\mathrm{OP}}$ を含む幾何ベクトル $\boldsymbol{p}$ が一意的に定まる．したがって，$\boldsymbol{b}_1, \cdots, \boldsymbol{b}_n$ を基本ベクトルとするベクトル $\boldsymbol{p}$ の座標 $(p_1, \cdots, p_n)$ が一意的に定まり，しかもこの対応 $\mathrm{P} \leftrightarrow (p_1, \cdots, p_n)$ は空間内の点 P の全体 E^n と座標 $(p_1, \cdots, p_n)$ の全体との間の1対1の対応を与える．

よって，E^n の点 O と線形独立な幾何ベクトルの組

$$\Gamma = \{\mathrm{O}\ ;\ \boldsymbol{b}_1, \cdots, \boldsymbol{b}_n\}$$

を，n 次元ユークリッド空間 E^n の**座標系**といい，ベクトル $\boldsymbol{p}$ の座標 $(p_1, \cdots, p_n)$ をこの座標系 Γ に関する点 P の**座標**という．そして，点 O をこの座標系 Γ の**原点**，ベクトル $\boldsymbol{b}_1, \cdots, \boldsymbol{b}_n$ を Γ の**基本ベクトル**，原点 O を始点としベクトル $\boldsymbol{b}_i$ $(i = 1, \cdots, n)$ に平行な半直線を Γ の**第 $\boldsymbol{i}$ 座標軸**という．とくに，基本ベクトル $\boldsymbol{b}_1, \cdots, \boldsymbol{b}_n$ が正規直交系であるときには，その座標系を**直交座標系**といい，直交座標系に関する座標を**直交座標**という．

座標変換 ▶

定理 14

n 次元ユークリッド空間 E^n において，2 つの座標系

$$\Gamma = \{\mathrm{O}\ ;\ \boldsymbol{b}_1, \cdots, \boldsymbol{b}_n\}, \quad \Gamma' = \{\mathrm{O}'\ ;\ \boldsymbol{b}'_1, \cdots, \boldsymbol{b}'_n\}$$

の間の関係式

$$\overrightarrow{\mathrm{OO}}' = c_1\boldsymbol{b}_1 + \cdots + c_n\boldsymbol{b}_n \quad (c_1, \cdots, c_n \in \boldsymbol{R})$$

$$\boldsymbol{b}'_i = \sum_{j=1}^{n} a_{ji}\boldsymbol{b}_j \quad (a_{ji} \in \boldsymbol{R})\ ;\ i = 1, \cdots, n$$

に対して，1 点 P の座標系 Γ, Γ' に関する各座標 $(x_1, \cdots, x_n)$, $(x'_1, \cdots, x'_n)$ の間には，次の関係式が成り立つ．

$$\begin{bmatrix} x_1 \\ \vdots \\ x_n \end{bmatrix} = \begin{bmatrix} a_{11} & \cdots & a_{1n} \\ & \cdots\cdots & \\ a_{n1} & \cdots & a_{nn} \end{bmatrix} \begin{bmatrix} x'_1 \\ \vdots \\ x'_n \end{bmatrix} + \begin{bmatrix} c_1 \\ \vdots \\ c_n \end{bmatrix}$$

この関係式を**座標変換** $\Gamma \to \Gamma'$ **の式**といい，行列 $A = (a_{ij})$ を**座標変換の行列**という．

定理 15

座標系 Γ, Γ' がともに直交座標系のとき，座標変換の行列 A は直交行列である．

座標変換の行列 A が単位行列であるとき，その座標系の変換を**平行移動**という．また，直交座標系の変換 $\Gamma = \{\mathrm{O}\ ;\ \boldsymbol{b}_1 \cdots \boldsymbol{b}_n\} \to \Gamma' = \{\mathrm{O}'\ ;\ \boldsymbol{b}'_1, \cdots, \boldsymbol{b}'_n\}$ において，原点が $\mathrm{O} = \mathrm{O}'$, $\det A = 1$ であるとき，座標系の**回転**という．

座標変換の式は，行列の記法を用いれば次のようにも表される．

$$\boldsymbol{x} = \begin{bmatrix} x_1 \\ \vdots \\ x_n \end{bmatrix}, \ \boldsymbol{x}' = \begin{bmatrix} x'_1 \\ \vdots \\ x'_n \end{bmatrix}, \ \boldsymbol{x}_0 = \begin{bmatrix} c_1 \\ \vdots \\ c_n \end{bmatrix}. \quad \widetilde{\boldsymbol{x}} = \begin{bmatrix} x_1 \\ \vdots \\ x_n \\ 1 \end{bmatrix}, \ \widetilde{\boldsymbol{x}}' = \begin{bmatrix} x'_1 \\ \vdots \\ x'_n \\ 1 \end{bmatrix}, \ \widetilde{\boldsymbol{x}}_0 = \begin{bmatrix} c_1 \\ \vdots \\ c_n \\ 1 \end{bmatrix}.$$

$$A = \begin{bmatrix} a_{11} & \cdots & a_{1n} \\ & \cdots\cdots & \\ a_{n1} & \cdots & a_{nn} \end{bmatrix}, \quad \widetilde{A} = \begin{bmatrix} a_{11} & \cdots & a_{1n} & c_1 \\ & \cdots\cdots & & \vdots \\ a_{n1} & \cdots & a_{nn} & c_n \\ 0 & \cdots & 0 & 1 \end{bmatrix}$$

とおけば，$\boldsymbol{x} = A\boldsymbol{x}' + \boldsymbol{x}_0$, $\widetilde{\boldsymbol{x}} = \widetilde{A}\widetilde{\boldsymbol{x}}'$ のようになる．

例題 10　（直交変換・ユニタリ変換）

(i)　実3次元数ベクトル空間 $\boldsymbol{R}^3$ の線形変換

$$f\left(\begin{bmatrix} x_1 \\ x_2 \\ x_3 \end{bmatrix}\right) = \begin{bmatrix} a(2x_1 - x_2 + x_3) \\ b(x_1 + 2x_2) \\ c(2x_1 - x_2 - 5x_3) \end{bmatrix}$$

が，直交変換となるように a, b, c の正の値を求めよ．

(ii)　複素3次元数ベクトル空間 $\boldsymbol{C}^3$ の線形変換

$$g\left(\begin{bmatrix} x_1 \\ x_2 \\ x_3 \end{bmatrix}\right) = \begin{bmatrix} x_1 \\ -ix_1 \\ -x_1 \end{bmatrix}, \quad h\left(\begin{bmatrix} x_1 \\ x_2 \\ x_3 \end{bmatrix}\right) = \begin{bmatrix} x_2 + \sqrt{3}x_3 \\ 2ix_2 \\ -x_2 + \sqrt{3}x_3 \end{bmatrix}$$

に対して，$\alpha g + \beta h$ がユニタリ変換となるように α, β の正の値を求めよ．

〖ヒント〗　定理13を適用．

【解答】　(i)　$\boldsymbol{R}^3$ の単位数ベクトルから成る正規直交基底のもとで，この線形変換 f に対応する行列は

$$T = \begin{bmatrix} 2a & b & 2c \\ -a & 2b & -c \\ a & 0 & -5c \end{bmatrix}$$

であり，この行列 T が直交行列であるためには

$$(2a)^2 + (-a)^2 + a^2 = 1, \quad b^2 + (2b)^2 = 1, \quad (2c)^2 + (-c)^2 + (-5c)^2 = 1$$

なることが必要十分であるから，求める値は

$$a = 1/\sqrt{6}, \quad b = 1/\sqrt{5}, \quad c = 1/\sqrt{30}$$

(ii)　$(\alpha g + \beta h)\begin{bmatrix} x_1 \\ x_2 \\ x_3 \end{bmatrix} = \alpha \cdot g\begin{bmatrix} x_1 \\ x_2 \\ x_3 \end{bmatrix} + \beta \cdot h\begin{bmatrix} x_1 \\ x_2 \\ x_3 \end{bmatrix} = \begin{bmatrix} \alpha x_1 + \beta x_2 + \sqrt{3}\beta x_3 \\ -i\alpha x_1 + 2i\beta x_2 \\ -\alpha x_1 - \beta x_2 + \sqrt{3}\beta x_3 \end{bmatrix}$ であるから，$\boldsymbol{C}^3$ の単位数ベクトルから成る正規直交基底のもとで，この線形変換 $\alpha g + \beta h$ に対応する行列は

$$U = \begin{bmatrix} \alpha & -i\alpha & -\alpha \\ \beta & 2i\beta & -\beta \\ \sqrt{3}\beta & 0 & \sqrt{3}\beta \end{bmatrix}$$

である．この行列 U がユニタリ行列であるためには

$$\alpha^2 + (-i\alpha)i\alpha + (-\alpha)^2 = 1, \quad \beta^2 + 2i\beta(-2i\beta) + (-\beta)^2 = 1, \quad (\sqrt{3}\beta)^2 + (\sqrt{3}\beta)^2 = 1$$

なることが必要十分であるから，求める値は

$$\alpha = 1/\sqrt{3}, \quad \beta = 1/\sqrt{6}$$

例題 11　**（新座標軸）**

（i）　2 次元ユークリッド空間 E^2 の直交座標系 $\varGamma_1$ に関して，2 直線

$$g_1：nx - my - n = 0$$
$$g_2：mx + ny - m = 0$$

を新座標軸とする直交座標系 $\varGamma_1'$，および座標変換 $\varGamma_1 \to \varGamma_1'$ の式を求めよ．

（ii）　3 次元ユークリッド空間 E^3 の直交座標系 $\varGamma_2$ に関して，3 直線

$$g_1：x = 2 + t_1, \quad y = t_1, \quad z = 1 - t_1$$
$$g_2：x = t_2, \quad y = -2 + t_2, \quad z = 2t_2$$
$$g_3：x = 1 + t_3, \quad y = -1 - t_3, \quad z = 2$$

を新座標軸とする直交座標系 $\varGamma_2'$ を求めよ．

〘**ヒント**〙　定理 14，定理 15 を参照．

【**解答**】（i）　求める新座標系を $\varGamma_1' = \{\mathrm{O}'\,;\,\boldsymbol{e}_1', \boldsymbol{e}_2'\}$ とする．まず，2 直線 g_1, g_2 の交点は，連立 1 次方程式

$$\begin{cases} nx - my - n = 0 \\ mx + ny - m = 0 \end{cases}$$

を解いて $(x, y) = (1, 0)$．よって，新座標系 $\varGamma_1'$ の原点は $\mathrm{O}'(1, 0)$ である．次に，直線 g_1, g_2 の方向比はそれぞれ $(m : n)$, $(n : -m)$ であり，基本ベクトル $\boldsymbol{e}_1', \boldsymbol{e}_2'$ は直線 g_1, g_2 にそれぞれ平行な長さ 1 の単位ベクトルであるから

$$\boldsymbol{e}_1' = {}^t\!\left(\pm\frac{m}{\sqrt{m^2+n^2}}, \pm\frac{n}{\sqrt{m^2+n^2}}\right), \quad \boldsymbol{e}_2' = {}^t\!\left(\pm\frac{n}{\sqrt{m^2+n^2}}, \mp\frac{m}{\sqrt{m^2+n^2}}\right) \quad \text{(複号同順)}$$

となる．そして，座標変換 $\varGamma_1 \to \varGamma_1'$ の式は

$$\begin{bmatrix} x \\ y \end{bmatrix} = \begin{bmatrix} \pm m/\sqrt{m^2+n^2} & \pm n/\sqrt{m^2+n^2} \\ \pm n/\sqrt{m^2+n^2} & \mp m/\sqrt{m^2+n^2} \end{bmatrix} \begin{bmatrix} x' \\ y' \end{bmatrix} + \begin{bmatrix} 1 \\ 0 \end{bmatrix}$$

（ii）　3 直線 g_1, g_2, g_3 は 1 点 $(1, -1, 2)$ で交わり，かつ方向余弦がそれぞれ

$$(1/\sqrt{3},\ 1/\sqrt{3},\ -1/\sqrt{3}), \quad (1/\sqrt{6},\ 1/\sqrt{6},\ 2/\sqrt{6}), \quad (1/\sqrt{2},\ -1/\sqrt{2},\ 0)$$

であるから，互いに直交する．したがって，求める新座標系を $\varGamma_2' = \{\mathrm{O}'\,;\,\boldsymbol{e}_1', \boldsymbol{e}_2', \boldsymbol{e}_3'\}$ とすれば新原点は $\mathrm{O}'(1, -1, 2)$．新基本ベクトルは

$$\boldsymbol{e}_1' = {}^t(1/\sqrt{3},\ 1/\sqrt{3},\ -1/\sqrt{3}),\ \boldsymbol{e}_2' = {}^t(1/\sqrt{6},\ 1/\sqrt{6},\ 2/\sqrt{6}),\ \boldsymbol{e}_3' = {}^t(1/\sqrt{2},\ -1/\sqrt{2},\ 0)$$

となる．そして，座標変換 $\varGamma_2 \to \varGamma_2'$ の式は

$$\begin{bmatrix} x \\ y \\ z \end{bmatrix} = \begin{bmatrix} 1/\sqrt{3} & 1/\sqrt{6} & 1/\sqrt{2} \\ 1/\sqrt{3} & 1/\sqrt{6} & -1/\sqrt{2} \\ -1/\sqrt{3} & 2/\sqrt{6} & 0 \end{bmatrix} \begin{bmatrix} x' \\ y' \\ z' \end{bmatrix} + \begin{bmatrix} 1 \\ -1 \\ 2 \end{bmatrix}$$

例題 12 **（直交座標変換）**

直交座標系 Γ に関して $\mathrm{O}'(1,\ 1,\ 1)$, $\boldsymbol{e}_1' = {}^t(1/\sqrt{5},\ -2/\sqrt{5},\ 0)$, $\boldsymbol{e}_2' = {}^t(2/\sqrt{6},\ 1/\sqrt{6},\ 1/\sqrt{6})$, $\boldsymbol{e}_3' = {}^t(2/\sqrt{30},\ 1/\sqrt{30},\ -5/\sqrt{30})$ とするとき，

(i) 新座標系 $\Gamma' = \{\mathrm{O}'\ ;\ \boldsymbol{e}_1',\ \boldsymbol{e}_2',\ \boldsymbol{e}_3'\}$ も直交座標系であることを示し，かつ座標変換 $\Gamma \to \Gamma'$ の式を求めよ．

(ii) 座標系 Γ に関する方程式が $2x + y + z - 10 = 0$ である平面 π の，新座標系 Γ' に関する方程式を求めよ．

(iii) 座標系 Γ に関する方程式が $\dfrac{x-3}{3} = \dfrac{y-2}{-1} = \dfrac{z-2}{2}$ である直線 g の，新座標系 Γ' に関する方程式を求めよ．

〖ヒント〗 定理 14，定理 15 を参照．

【解答】 (i) 座標変換 $\Gamma \to \Gamma'$ の行列は $A = \begin{bmatrix} 1/\sqrt{5} & 2/\sqrt{6} & 2/\sqrt{30} \\ -2/\sqrt{5} & 1/\sqrt{6} & 1/\sqrt{30} \\ 0 & 1/\sqrt{6} & -5/\sqrt{30} \end{bmatrix}$ で，$A^t A = E$ となるから，これは直交行列である．よってベクトル $\boldsymbol{e}_1',\ \boldsymbol{e}_2',\ \boldsymbol{e}_3'$ は正規直交系となり，新座標系 Γ' も直交座標系であって，座標変換 $\Gamma \to \Gamma'$ の式は

$$\begin{bmatrix} x \\ y \\ z \end{bmatrix} = \begin{bmatrix} 1/\sqrt{5} & 2/\sqrt{6} & 2/\sqrt{30} \\ -2/\sqrt{5} & 1/\sqrt{6} & 1/\sqrt{30} \\ 0 & 1/\sqrt{6} & -5/\sqrt{30} \end{bmatrix} \begin{bmatrix} x' \\ y' \\ z' \end{bmatrix} + \begin{bmatrix} 1 \\ 1 \\ 1 \end{bmatrix}$$

あるいは，行列の記法で

$$\boldsymbol{x} = A\boldsymbol{x}' + \boldsymbol{x}_0 \quad ; \quad \boldsymbol{x} = {}^t(x,\ y,\ z), \quad \boldsymbol{x}' = {}^t(x',\ y',\ z'), \quad \boldsymbol{x}_0 = {}^t(1,\ 1,\ 1)$$

(ii) 平面 π の方程式 $(2,\ 1,\ 1)\boldsymbol{x} = 10$ に，座標変換の式を代入して計算すれば

$$10 = (2,\ 1,\ 1)\boldsymbol{x} = (2,\ 1,\ 1)A\boldsymbol{x}' + (2,\ 1,\ 1)\boldsymbol{x}_0 = \sqrt{6}y' + 4$$

となるから，新座標系 Γ' に関する平面 π の方程式は

$$\pi : y' = \sqrt{6}$$

(iii) $\boldsymbol{p} = {}^t(3,\ 2,\ 2), \quad \boldsymbol{d} = {}^t(3,\ -1,\ 2)$

とおけば，直線 g の方程式は $g : \boldsymbol{x} = \boldsymbol{p} + \lambda\boldsymbol{d}$ であるから，これを座標変換の式 $\boldsymbol{x}' = A^{-1}(\boldsymbol{x} - \boldsymbol{x}_0) = {}^tA\,{}^t(\boldsymbol{x} - \boldsymbol{x}_0)$ に代入して計算すれば

$$\boldsymbol{x}' = {}^tA(\boldsymbol{p} - \boldsymbol{x}_0) + \lambda{}^tA\boldsymbol{d} = {}^t(0,\ \sqrt{6},\ 0) + \lambda{}^t(\sqrt{5},\ 7/\sqrt{6},\ -5/\sqrt{30})$$

となるから，新座標系 Γ' に関する直線 g の方程式は

$$g : \frac{x'}{\sqrt{5}} = \frac{\sqrt{6}(y' - \sqrt{6})}{7} = \frac{\sqrt{30}z'}{-5}$$

問題 6.3　A

1．座標系を $\mathrm{O}'(1,\,0,\,3)$ を原点とする直交座標系に平行移動するとき，次の各方程式はそれぞれどうかわるか．

(1)　直線：$\dfrac{x-1}{1}=\dfrac{y}{2}=\dfrac{z-3}{3}$　　(2)　平面：$3x-4y+5z=18$

(3)　2 次曲面：$x^2+y^2+z^2-2xy-2yz-2zx+3x+4y+5z-22=0$

2．座標変換の行列が $\begin{bmatrix} 1/2 & -\sqrt{3}/2 & 0 \\ \sqrt{3}/2 & 1/2 & 0 \\ 0 & 0 & 1 \end{bmatrix}$ で与えられる変換は，どのような変換か．

3．座標変換 $\Gamma \to \Gamma'$ の式 $\begin{bmatrix} x \\ y \\ z \end{bmatrix} = \begin{bmatrix} 1 & 0 & 0 \\ 0 & 1/\sqrt{5} & -2/\sqrt{5} \\ 0 & \alpha & \beta \end{bmatrix} \begin{bmatrix} x' \\ y' \\ z' \end{bmatrix} + \begin{bmatrix} -1/2 \\ 0 \\ 0 \end{bmatrix}$ において

(1)　座標変換の行列 A が直交行列で，かつ $\det A=1$ となるように $\alpha,\,\beta$ を定めよ．

(2)　この変換で，2 次曲面の方程式 $4x^2-y^2-4z^2-4yz+4x-2=0$ はどんな方程式にかわるか．

問題 6.3　B

1．2 つの線形変換 $f\left(\begin{bmatrix} x_1 \\ x_2 \\ x_3 \end{bmatrix}\right) = \begin{bmatrix} 0 \\ x_1 \\ 2x_1 \end{bmatrix}$，$g\left(\begin{bmatrix} x_1 \\ x_2 \\ x_3 \end{bmatrix}\right) = \begin{bmatrix} 2x_3 \\ -\sqrt{3}x_2+x_3 \\ -\sqrt{3}x_2+x_3 \end{bmatrix}$ に対して，どんな実数 $\alpha,\,\beta$ に対しても線形変換 $\alpha f+\beta g$ は決して直交変換とならないことを示せ．

2．$\boldsymbol{a}_1=\begin{bmatrix} 2/3 \\ -2/3 \\ -1/3 \end{bmatrix}$，$\boldsymbol{a}_2=\begin{bmatrix} 1/3 \\ 2/3 \\ -2/3 \end{bmatrix}$，$\boldsymbol{a}_3=\begin{bmatrix} 2/3 \\ 1/3 \\ 2/3 \end{bmatrix}$，$\boldsymbol{b}_1=\begin{bmatrix} 1/2 \\ 1/2 \\ 1/\sqrt{2} \end{bmatrix}$，$\boldsymbol{b}_2=\begin{bmatrix} 1/2 \\ 1/2 \\ -1/\sqrt{2} \end{bmatrix}$，

$\boldsymbol{b}_3=\begin{bmatrix} -1/\sqrt{2} \\ 1/\sqrt{2} \\ 0 \end{bmatrix}$，$\mathrm{O}'(c_1,\,c_2,\,c_3)$ とおくとき，

(1)　座標系 $\Gamma=\{\mathrm{O}\,;\,\boldsymbol{a}_1,\,\boldsymbol{a}_2,\,\boldsymbol{a}_3\}$ および $\Gamma'=\{\mathrm{O}'\,;\,\boldsymbol{b}_1,\,\boldsymbol{b}_2,\,\boldsymbol{b}_3\}$ はいずれも直交座標系であることを示せ．　　(2)　座標変換 $\Gamma \to \Gamma'$ の式を求めよ．

3．単位数ベクトル $\boldsymbol{e}_1,\,\boldsymbol{e}_2,\,\boldsymbol{e}_3$ を基本ベクトルとする直交座標系 Γ に関して，

$\boldsymbol{e}_1'=\begin{bmatrix} -2 \\ 2 \\ 1 \end{bmatrix}$，$\boldsymbol{e}_2'=\begin{bmatrix} 2 \\ 1 \\ 2 \end{bmatrix}$，$\boldsymbol{e}_3'=\begin{bmatrix} 1 \\ 2 \\ -2 \end{bmatrix}$，$\mathrm{O}'(1,\,0,\,-3)$ とするとき，

(1)　座標系 Γ に関する座標が $(x_1,\,x_2,\,x_3)$ の点 P の新座標系 $\Gamma'=\{\mathrm{O}'\,;\,\boldsymbol{e}_1',\,\boldsymbol{e}_2',\,\boldsymbol{e}_3'\}$ に関する座標を求めよ．

(2)　この座標変換で平面 π の方程式 $2x+y+2z=5$ はどのようにかわるか．

ヒントと解答

問題 6.3 A

1. $x = x' + 1,\ y = y',\ z = z' + 3$ を代入すれば (1) $x' = y'/2 = z'/3$

(2) $3x' - 4y' + 5z' = 0$ (3) $x'^2 + y'^2 + z'^2 - 2x'y' - 2y'z' - 2z'x' - x' - 4y' + 9z' = 0$

2. $60°$ の回転

3. (1) $\alpha = 2/\sqrt{5},\quad \beta = 1/\sqrt{5}$ (2) $4x'^2 - 5y'^2 = 3$

問題 6.3 B

1. $(\alpha f + \beta g)\left(\begin{bmatrix} x_1 \\ x_2 \\ x_3 \end{bmatrix}\right) = \begin{bmatrix} 0 & 0 & 2\beta \\ \alpha & -\sqrt{3}\beta & \beta \\ 2\alpha & \sqrt{3}\beta & \beta \end{bmatrix} \begin{bmatrix} x_1 \\ x_2 \\ x_3 \end{bmatrix}$. 自然基底のもとでこの変換に対応する行列は $T = \begin{bmatrix} 0 & \alpha & 2\alpha \\ 0 & -\sqrt{3}\beta & \sqrt{3}\beta \\ 2\beta & \beta & \beta \end{bmatrix}$ で，$T^tT = \begin{bmatrix} 5\alpha^2 & \sqrt{3}\alpha\beta & 3\alpha\beta \\ \sqrt{3}\alpha\beta & 6\beta^2 & 0 \\ 3\alpha\beta & 0 & 6\beta^2 \end{bmatrix} \neq E$.

2. (1) $T_1 \begin{bmatrix} 2/3 & 1/3 & 2/3 \\ -2/3 & 2/3 & 1/3 \\ -1/3 & -2/3 & 2/3 \end{bmatrix}, \quad T_1{}^tT_1 = E,$

$$T_2 = \begin{bmatrix} 1/2 & 1/2 & -1/\sqrt{2} \\ 1/2 & 1/2 & 1/\sqrt{2} \\ 1/\sqrt{2} & -1/\sqrt{2} & 0 \end{bmatrix}, \quad T_2{}^tT_2 = E$$

(2) $$\begin{bmatrix} \boldsymbol{b}_1 \\ \boldsymbol{b}_2 \\ \boldsymbol{b}_3 \end{bmatrix} = \begin{bmatrix} 1/2 & 1/2 & 1/\sqrt{2} \\ 1/2 & 1/2 & -1/\sqrt{2} \\ -1/\sqrt{2} & 1/\sqrt{2} & 0 \end{bmatrix} \begin{bmatrix} \boldsymbol{e}_1 \\ \boldsymbol{e}_2 \\ \boldsymbol{e}_3 \end{bmatrix}$$

$$= \begin{bmatrix} 1/2 & 1/2 & 1/\sqrt{2} \\ 1/2 & 1/2 & -1/\sqrt{2} \\ -1/\sqrt{2} & 1/\sqrt{2} & 0 \end{bmatrix} \begin{bmatrix} 2/3 & -2/3 & -1/3 \\ 1/3 & 2/3 & -2/3 \\ 2/3 & 1/3 & 2/3 \end{bmatrix}^{-1} \begin{bmatrix} \boldsymbol{a}_1 \\ \boldsymbol{a}_2 \\ \boldsymbol{a}_3 \end{bmatrix}$$

から $\begin{bmatrix} x_1 \\ x_2 \\ x_3 \end{bmatrix} = \begin{bmatrix} -\sqrt{2} & \sqrt{2} & -4\sqrt{2} \\ 3-2\sqrt{2} & 3+2\sqrt{2} & \sqrt{2} \\ 3+2\sqrt{2} & \sqrt{3} & -\sqrt{2} \end{bmatrix} \begin{bmatrix} x_1' \\ x_2' \\ x_3' \end{bmatrix} + \begin{bmatrix} c_1 \\ c_2 \\ c_3 \end{bmatrix}$.

3. (1) $$\begin{bmatrix} x_1 \\ x_2 \\ x_3 \end{bmatrix} = \begin{bmatrix} -2 & 2 & 1 \\ 2 & 1 & 2 \\ 1 & 2 & -2 \end{bmatrix} \begin{bmatrix} x_1' \\ x_2' \\ x_3' \end{bmatrix} + \begin{bmatrix} 1 \\ 0 \\ -3 \end{bmatrix}$$

$$\Longrightarrow \begin{bmatrix} x_1' \\ x_2' \\ x_3' \end{bmatrix} = \frac{1}{9} \begin{bmatrix} -2 & 2 & 1 \\ 2 & 1 & 2 \\ 1 & 2 & -2 \end{bmatrix} \begin{bmatrix} x_1 \\ x_2 \\ x_3 \end{bmatrix} + \frac{1}{9} \begin{bmatrix} 5 \\ 4 \\ -7 \end{bmatrix}$$

(2) $$5 = [2,\ 1,\ 2] \begin{bmatrix} x \\ y \\ z \end{bmatrix} = [2,\ 1,\ 2] \begin{bmatrix} -2 & 2 & 1 \\ 2 & 1 & 2 \\ 1 & 2 & -2 \end{bmatrix} \begin{bmatrix} x' \\ y' \\ z' \end{bmatrix} + [2,\ 1,\ 2] \begin{bmatrix} 1 \\ 0 \\ -3 \end{bmatrix}$$

$$= 9y' - 4 \qquad \therefore \quad y' = 1$$

7 行列の標準形

7.1 固有値と固有ベクトル

固有多項式・固有方程式・固有値 ▶ n 次の正方行列 $A=(a_{ij})$ に対して，行列式

$$|xE-A|=\begin{vmatrix} x-a_{11} & -a_{12} & \cdots & -a_{1n} \\ -a_{21} & x-a_{22} & \cdots & -a_{2n} \\ & \cdots\cdots & & \\ -a_{n1} & -a_{n2} & \cdots & x-a_{nn} \end{vmatrix}=x^n-\mathrm{tr}Ax^{n-1}+\cdots+(-1)^n|A|$$

は，最高次の係数が 1 の x に関する n 次多項式である．この多項式を行列 A の**固有多項式**（または**特性多項式**）といって $f_A(x)$ で表す．また，方程式 $f_A(x)=0$ を行列 A の**固有方程式**（または**特性方程式**），固有方程式 $f_A(x)=0$ の解を行列 A の**固有値**（または**特性根**）という．

定理 1（フロベニウス）

$\lambda_1, \lambda_2, \cdots, \lambda_n$ を n 次正方行列 A の固有値，$g(x)$ をスカラー係数の x の多項式とするとき，

$$g(\lambda_1),\ g(\lambda_2),\ \cdots,\ g(\lambda_n)$$

は，行列 $g(A)$ の固有値である．

定理 2（ハミルトン・ケーリー）

n 次正方行列 A の固有多項式を

$$f_A(x)=x^n+a_1x^{n-1}+\cdots+a_{n-1}x+a_n$$

とするとき

$$f_A(A)=A^n+a_1A^{n-1}+\cdots+a_{n-1}A+a_nE=O$$

が成り立つ．

〚**注意**〛 上記のように，一般にスカラー係数の多項式

$$g(x)=b_0x^n+b_1x^{n-1}+\cdots+b_{n-1}x+b_n$$

に対して，行列 $g(B)$ は，行列

$$b_0B^n+b_1B^{n-1}+\cdots+b_{n-1}B+b_nE$$

を意味する．その際，$g(B)$ は $g(x)$ の x に行列 B を代入し，さらに定数項に単位行列 E をかけることに注意．

固有ベクトル・固有空間 ▶

定理 3

n 次の正方行列 A と複素数 λ に対して

$$A\boldsymbol{x} = \lambda\boldsymbol{x}$$

であるような複素 n 次元数ベクトル $\boldsymbol{x} \neq \boldsymbol{o}$ が存在するためには，λ が行列 A の固有値であることが必要十分である．

n 次の正方行列 A の固有値 λ に対して，$A\boldsymbol{x} = \lambda\boldsymbol{x}$ であるような n 次元数ベクトル $\boldsymbol{x}$ を，行列 A の固有値 λ に対する**固有ベクトル**という．すなわち，行列 A の固有値 λ に対する固有ベクトルは，$(\lambda E - A)$ を係数行列とする同次連立1次方程式

$$(\lambda E - A)\boldsymbol{x} = \boldsymbol{o}$$

の解ベクトルである．また，行列 A の固有値 λ に対する固有ベクトル全体は，複素 n 次元数ベクトル空間 $\boldsymbol{C}^n$ の部分空間となる．この線形部分空間を，行列 A の固有値 λ に対する**固有空間**といって W_λ で表す．とくに，固有値1に対する固有ベクトルを**不変ベクトル**，固有値 -1 に対する固有ベクトルを**反向ベクトル**ということもある．

定理 4

行列 A の相異なる固有値に対する零ベクトルでない固有ベクトルは線形独立である．

最小多項式 ▶　正方行列 A に対して，$\varphi_A(A) = O$ であるようなスカラー係数の多項式 $\varphi_A(x)$ で，次数が最も低くかつ最高次の係数が1であるものを，行列 A の**最小多項式**という．

定理 5

正方行列 A の固有多項式 $f_A(x)$ と最小多項式 $\varphi_A(x)$ に対して，方程式 $f_A(x) = 0$ の解全体と $\varphi_A(x) = 0$ の解全体は，集合として相等しい．

定理 6

互いに相似な2つの行列に対し，それらの固有多項式，固有値，最小多項式はそれぞれ一致する．

例題 1　**（固有多項式）**

（i）　2 次の行列 $A=\begin{bmatrix} a_{11} & a_{12} \\ a_{21} & a_{22} \end{bmatrix}$ の固有多項式 $f_A(x)$ を求めよ．

（ii）　3 次の行列 $B=\begin{bmatrix} b_{11} & b_{12} & b_{13} \\ b_{21} & b_{22} & b_{23} \\ b_{31} & b_{32} & b_{33} \end{bmatrix}$ の固有多項式 $f_B(x)$ は，元 b_{ij} の余因子を B_{ij} とするとき

$$f_B(x)=x^3-(\mathrm{tr}B)x^2+(B_{11}+B_{22}+B_{33})x-\det B$$

であることを示せ．

(iii)　$C=\begin{bmatrix} C_{11} & C_{12} \\ O & C_{22} \end{bmatrix}$（$C_{11}, C_{22}$はそれぞれ r_1, r_2 次の正方行列）のとき，$f_C(x)=f_{C_{11}}(x)\cdot f_{C_{22}}(x)$ であることを示せ．

(iv)　3 角行列 $D=\begin{bmatrix} d_{11} & \cdots & d_{1n} \\ & \ddots & \vdots \\ O & & d_{nn} \end{bmatrix}$ の固有多項式 $f_D(x)$ を求めよ．

【解答】　（i）　$f_A(x)=\begin{vmatrix} x-a_{11} & -a_{12} \\ -a_{21} & x-a_{22} \end{vmatrix}=x^2-(a_{11}+a_{22})x+(a_{11}a_{22}-a_{12}a_{21})$

（ii）

$$f_B(x)=\begin{vmatrix} x-b_{11} & -b_{12} & -b_{13} \\ -b_{21} & x-b_{22} & -b_{23} \\ -b_{31} & -b_{32} & x-b_{33} \end{vmatrix}=\begin{vmatrix} x & 0 & 0 \\ 0 & x & 0 \\ 0 & 0 & x \end{vmatrix}+\begin{vmatrix} x & 0 & -b_{13} \\ 0 & x & -b_{23} \\ 0 & 0 & -b_{33} \end{vmatrix}$$

$$+\begin{vmatrix} x & -b_{12} & 0 \\ 0 & -b_{22} & 0 \\ 0 & -b_{32} & x \end{vmatrix}+\begin{vmatrix} -b_{11} & 0 & 0 \\ -b_{21} & x & 0 \\ -b_{31} & 0 & x \end{vmatrix}+\begin{vmatrix} x & -b_{12} & -b_{13} \\ 0 & -b_{22} & -b_{23} \\ 0 & -b_{32} & -b_{33} \end{vmatrix}+\begin{vmatrix} -b_{11} & 0 & -b_{13} \\ -b_{21} & x & -b_{23} \\ -b_{31} & 0 & -b_{33} \end{vmatrix}$$

$$+\begin{vmatrix} -b_{11} & -b_{12} & 0 \\ -b_{21} & -b_{22} & 0 \\ -b_{31} & -b_{32} & x \end{vmatrix}+\begin{vmatrix} -b_{11} & -b_{12} & -b_{13} \\ -b_{21} & -b_{22} & -b_{23} \\ -b_{31} & -b_{32} & -b_{33} \end{vmatrix}$$

$$=x^3-b_{33}x^2-b_{22}x^2-b_{11}x^2+B_{11}x+B_{22}x+B_{33}x-\det B$$

$$=x^3-(\mathrm{tr}\,B)x^2+(B_{11}+B_{22}+B_{33})x-\det B$$

(iii)　$f_C(x)=\begin{vmatrix} xE_{r_1}-C_{11} & -C_{12} \\ O & xE_{r_2}-C_{22} \end{vmatrix}=|xE_{r_1}-C_{11}||xE_{r_2}-C_{22}|=f_{C_{11}}(x)f_{C_{22}}(x)$

(iv)　$f_D(x)=\begin{vmatrix} x-d_{11} & \cdots & -d_{1n} \\ & \ddots & \vdots \\ O & & x-d_{nn} \end{vmatrix}=(x-d_{11})\cdots(x-d_{nn})$

例題 2 **(固有値・固有ベクトル)**

次の各行列の固有多項式，固有値，固有ベクトル，固有空間を求めよ．

(i) $A = \begin{bmatrix} 1 & 0 \\ -4 & -1 \end{bmatrix}$ (ii) $B = \begin{bmatrix} 1 & -1 & -1 \\ -1 & 1 & -1 \\ 1 & 1 & 3 \end{bmatrix}$

〚**ヒント**〛 行列 A の固有値 λ に対する固有ベクトルは，定理3により同次連立1次方程式 $(\lambda E - A)\boldsymbol{x} = \boldsymbol{o}$ の解ベクトルである．

【解答】 (i) 固有多項式はその定義から

$$f_A(x) = |xE - A| = \begin{vmatrix} x-1 & 0 \\ 4 & x+1 \end{vmatrix} = (x-1)(x+1)$$

したがって，固有値は $f_A(x) = (x-1)(x+1) = 0$ から $\lambda_1 = 1$ と $\lambda_2 = -1$.

また，固有値 $\lambda_1 = 1$ に対する固有ベクトルは，連立1次方程式 $(\lambda E - A)\boldsymbol{x} = \boldsymbol{o}$ の解ベクトルであるから

$$\begin{bmatrix} 0 & 0 \\ 4 & 2 \end{bmatrix}\begin{bmatrix} x_1 \\ x_2 \end{bmatrix} = \begin{bmatrix} 0 \\ 0 \end{bmatrix}$$

を解いて

$$4x_1 + 2x_2 = 0 \quad \text{すなわち} \quad x_2 = -2x_1$$

よって固有ベクトルは

$$\boldsymbol{x} = \begin{bmatrix} x_1 \\ x_2 \end{bmatrix} = \begin{bmatrix} x_1 \\ -2x_1 \end{bmatrix} = x_1\begin{bmatrix} 1 \\ -2 \end{bmatrix} \quad (x_1\text{は任意})$$

固有値 $\lambda_2 = -1$ に対する固有ベクトルは，同様に連立1次方程式

$$\begin{bmatrix} -2 & 0 \\ 4 & 0 \end{bmatrix}\begin{bmatrix} x_1 \\ x_2 \end{bmatrix} = \begin{bmatrix} 0 \\ 0 \end{bmatrix}$$

から

$$-2x_1 = 0 \quad \text{すなわち} \quad x_1 = 0$$

よって固有ベクトルは

$$\boldsymbol{x} = \begin{bmatrix} x_1 \\ x_2 \end{bmatrix} = \begin{bmatrix} 0 \\ x_2 \end{bmatrix} = x_2\begin{bmatrix} 0 \\ 1 \end{bmatrix} \quad (x_2\text{は任意})$$

固有値 $\lambda_1 = 1$ に対する固有空間 W_{λ_1} は，ベクトル $\begin{bmatrix} 1 \\ -2 \end{bmatrix}$ で張られる1次元の部分空間であり，固有値 $\lambda_2 = -1$ に対する固有空間 W_{λ_2} は，ベクトル $\begin{bmatrix} 0 \\ 1 \end{bmatrix}$ で張られる1次元の部分空間である．

(ii)　固有多項式は

$$f_B(x) = |xE - B| = \begin{vmatrix} x-1 & 1 & 1 \\ 1 & x-1 & 1 \\ -1 & -1 & x-3 \end{vmatrix} = (x-1)(x-2)^2$$

したがって，固有値は $f_B(x) = (x-1)(x-2)^2 = 0$ から $\lambda_1 = 1$, $\lambda_2 = \lambda_3 = 2$.

また，固有値 $\lambda_1 = 1$ に対する固有ベクトルは，連立 1 次方程式

$$\begin{bmatrix} 0 & 1 & 1 \\ 1 & 0 & 1 \\ -1 & -1 & -2 \end{bmatrix} \begin{bmatrix} x_1 \\ x_2 \\ x_3 \end{bmatrix} = \begin{bmatrix} 0 \\ 0 \\ 0 \end{bmatrix}$$

から

$$\begin{cases} x_2 + x_3 = 0 \\ x_1 + x_3 = 0 \end{cases} \quad \text{すなわち} \quad \begin{cases} x_2 = -x_3 \\ x_1 = -x_3 \end{cases}$$

よって固有ベクトルは

$$\boldsymbol{x} = \begin{bmatrix} x_1 \\ x_2 \\ x_3 \end{bmatrix} = \begin{bmatrix} -x_3 \\ -x_3 \\ x_3 \end{bmatrix} = x_3 \begin{bmatrix} -1 \\ -1 \\ 1 \end{bmatrix} \quad (x_3\text{は任意})$$

となり，固有値 $\lambda_1 = 1$ に対する固有空間 W_{λ_1} は，ベクトル $\begin{bmatrix} -1 \\ -1 \\ 1 \end{bmatrix}$ で張られる 1 次元の部分空間である.

固有値 $\lambda_2 = \lambda_3 = 2$ に対する固有ベクトルは，連立 1 次方程式

$$\begin{bmatrix} 1 & 1 & 1 \\ 1 & 1 & 1 \\ -1 & -1 & -1 \end{bmatrix} \begin{bmatrix} x_1 \\ x_2 \\ x_3 \end{bmatrix} = \begin{bmatrix} 0 \\ 0 \\ 0 \end{bmatrix}$$

から

$$x_1 + x_2 + x_3 = 0 \quad \text{すなわち} \quad x_3 = -x_1 - x_2$$

よって固有ベクトルは

$$\boldsymbol{x} = \begin{bmatrix} x_1 \\ x_2 \\ x_3 \end{bmatrix} = \begin{bmatrix} x_1 \\ x_2 \\ -x_1 - x_2 \end{bmatrix} = x_1 \begin{bmatrix} 1 \\ 0 \\ -1 \end{bmatrix} + x_2 \begin{bmatrix} 0 \\ 1 \\ -1 \end{bmatrix} \quad (x_1,\ x_2\text{は任意})$$

となり，固有値 $\lambda_2 = \lambda_3 = 2$ に対する固有空間 W_{λ_2} は，ベクトル $\begin{bmatrix} 1 \\ 0 \\ -1 \end{bmatrix}$ と $\begin{bmatrix} 0 \\ 1 \\ -1 \end{bmatrix}$ で張られる 2 次元の部分空間である.

例題 3　**（最小多項式）**

次の各行列の最小多項式を求めよ．

（i）$A = \begin{bmatrix} 0 & -2 & 6 \\ 2 & 5 & -3 \\ -2 & -1 & 7 \end{bmatrix}$　　（ii）$B = \begin{bmatrix} 1 & 0 & 0 \\ -3 & 1 & -3 \\ 3 & 0 & 4 \end{bmatrix}$

〖ヒント〗　定理5により，最小多項式 $\varphi_A(x)$ に対して，方程式 $\varphi_A(x) = 0$ の解全体と固有方程式 $f_A(x) = 0$ の解全体は，集合として一致する．

【解答】（i）行列 A の固有多項式は

$$f_A(x) = |xE - A| = \begin{vmatrix} x & 2 & -6 \\ -2 & x-5 & 3 \\ 2 & 1 & x-7 \end{vmatrix} = (x-4)^3$$

一方，最小多項式 $\varphi_A(x)$ に対して，方程式 $\varphi_A(x) = 0$ の解全体は，固有方程式 $f_A(x) = 0$ の解全体と集合として一致するから，最小多項式は $\varphi_A(x) = x - 4$ か $(x-4)^2$ かまたは $(x-4)^3$ である．そして $A - 4E = \begin{bmatrix} -4 & -2 & 6 \\ 2 & 1 & -3 \\ -2 & -1 & 3 \end{bmatrix} \neq O$ であるから $(A-4E)^2 = O$ ならば $\varphi_A(x) = (x-4)^2$ であり，そうでなければ $\varphi_A(x) = (x-4)^3$ である．しかるに

$$(A-4E)^2 = \begin{bmatrix} -4 & -2 & 6 \\ 2 & 1 & -3 \\ -2 & -1 & 3 \end{bmatrix}^2 = O$$

であるから，最小多項式は $\varphi_A(x) = (x-4)^2$ である．

（ii）行列 B の固有多項式は

$$f_B(x) = |xE - B| = \begin{vmatrix} x-1 & 0 & 0 \\ 3 & x-1 & 3 \\ -3 & 0 & x-4 \end{vmatrix} = (x-1)^2(x-4)$$

よって，最小多項式は $\varphi_B(x) = (x-1)(x-4)$ かまたは $(x-1)^2(x-4)$ である．そして $(B-E)(B-4E) = O$ であれば $\varphi_B(x) = (x-1)(x-4)$ であり，そうでなければ $\varphi_B(x) = (x-1)^2(x-4)$ である．しかるに

$$(B-E)(B-4E) = \begin{bmatrix} 0 & 0 & 0 \\ -3 & 0 & -3 \\ 3 & 0 & 3 \end{bmatrix} \begin{bmatrix} -3 & 0 & 0 \\ -3 & -3 & -3 \\ 3 & 0 & 0 \end{bmatrix} = O$$

であるから，最小多項式は $\varphi_B(x) = (x-1)(x-4)$ である．

例題 4　（ハミルトン・ケーリー）

行列 $A = \begin{bmatrix} 1 & 0 & 0 \\ -3 & -1 & 3 \\ -1 & 0 & 2 \end{bmatrix}$ と多項式 $g(x) = 2x^4 - 5x^3 + 7x - 3$ に対して $B = g(A)$ とおくとき，

（i）行列 B の固有値と固有多項式 $f_B(x)$ を求めよ．

（ii）逆行列 B^{-1} を行列 A の多項式として表せ．

〖**ポイント**〗 ハミルトン・ケーリーの定理を利用する．

【**解答**】 行列 A の固有多項式

$$f_A(x) = \begin{vmatrix} x-1 & 0 & 0 \\ 3 & x+1 & -3 \\ 1 & 0 & x-2 \end{vmatrix} = x^3 - 2x^2 - x + 2 = (x-1)(x+1)(x-2)$$

から，行列 A の固有値は $\lambda_1 = 1$, $\lambda_2 = -1$, $\lambda_3 = 2$.

また，ハミルトン・ケーリーの定理により $f_A(A) = O$ であることと，

$$g(x) = (2x-1) \cdot f_A(x) + (2x-1)$$

とから

$$B = g(A) = 2A - E = \begin{bmatrix} 1 & 0 & 0 \\ -6 & -3 & 6 \\ -2 & 0 & 3 \end{bmatrix}$$

（i）$B = g(A)$ の固有値は，フロベニウスの定理を使えば簡単に

$$\begin{cases} \lambda'_1 = g(\lambda_1) = 2\lambda_1 - 1 = 1 \\ \lambda'_2 = g(\lambda_2) = 2\lambda_2 - 1 = -3 \\ \lambda'_3 = g(\lambda_3) = 2\lambda_3 - 1 = 3 \end{cases}$$

したがって，また行列 B の固有多項式は

$$f_B(x) = (x - \lambda'_1)(x - \lambda'_2)(x - \lambda'_3) = (x-1)(x+3)(x-3) = x^3 - x^2 - 9x + 9$$

（ii）再び，ハミルトン・ケーリーの定理により

$$O = f_B(B) = B^3 - B^2 - 9B + 9E$$

一方，行列式 $|B| = -9 \neq 0$ であるから，行列 B は正則である．したがって，その逆行列 B^{-1} が存在するから，それを上式の両辺にかければ

$$O = B^2 - B - 9E + 9B^{-1}$$

を得る．これと $B = 2A - E$ とから

$$B^{-1} = -\frac{1}{9}(B^2 - B - 9E) = -\frac{1}{9}((2A-E)^2 - (2A-E) - 9E) = -\frac{4}{9}A^2 + \frac{2}{3}A + \frac{7}{9}E$$

例題 5　（エルミート行列の固有値）

（i）　エルミート行列の固有値はすべて実数であることを示せ．

（ii）　エルミート行列の相異なる固有値に対する固有ベクトルは，内積

$$(\boldsymbol{x},\, \boldsymbol{y}) = x_1\overline{y}_1 + x_2\overline{y}_2 + \cdots + x_n\overline{y}_n = {}^t\boldsymbol{x}\overline{\boldsymbol{y}},$$
$${}^t\boldsymbol{x} = (x_1,\, x_2,\, \cdots,\, x_n), \quad {}^t\boldsymbol{y} = (y_1,\, y_2,\, \cdots,\, y_n)$$

に関して直交していることを示せ．

〚ヒント〛　行列 A の固有値 λ，固有ベクトル $\boldsymbol{x}$ の間の関係式 $A\boldsymbol{x} = \lambda\boldsymbol{x}$ を利用する．

【解答】　（i）　エルミート行列 H の任意の固有値を λ，それに対する固有ベクトルを $\boldsymbol{x} \neq \boldsymbol{o}$ とすれば

$$H\boldsymbol{x} = \lambda\boldsymbol{x} \tag{1}$$

である．よって，この式の両辺の複素共役に左側からベクトル ${}^t\boldsymbol{x}$ をかければ直ちに次の式が得られる：

$${}^t\boldsymbol{x}\overline{H\boldsymbol{x}} = {}^t\boldsymbol{x}(\overline{\lambda\boldsymbol{x}}) = \overline{\lambda}(\boldsymbol{x},\, \boldsymbol{x}) \tag{2}$$

一方，式 (1) の両辺の転置行列をとり，${}^tH = \overline{H}$ に注意すれば ${}^t\boldsymbol{x}\overline{H} = \lambda{}^t\boldsymbol{x}$ となる．この式の両辺に右側からベクトル $\overline{\boldsymbol{x}}$ をかければ

$${}^t\boldsymbol{x}\overline{H}\overline{\boldsymbol{x}} = \lambda({}^t\boldsymbol{x}\overline{\boldsymbol{x}}) = \lambda(\boldsymbol{x},\, \boldsymbol{x}) \tag{3}$$

が得られる．したがって，式 (2) と (3) から

$$\overline{\lambda}(\boldsymbol{x},\, \boldsymbol{x}) = \lambda(\boldsymbol{x},\, \boldsymbol{x})$$

となり，$\boldsymbol{x} \neq \boldsymbol{o}$ だから $(\boldsymbol{x},\, \boldsymbol{x}) \neq 0$ に注意すれば直ちに $\lambda = \overline{\lambda}$ なることが知られる．よってエルミート行列の固有値はすべて実数である．

（ii）　次に 2 つの相異なる任意の固有値を λ_1, λ_2 とし，それらに対する固有ベクトルをそれぞれ $\boldsymbol{x}_1, \boldsymbol{x}_2$ とすれば

$$H\boldsymbol{x}_i = \lambda_i\boldsymbol{x}_i \quad (i = 1,\, 2) \tag{4}$$

であるから，これらの式と $\overline{\lambda}_2 = \lambda_2$ から直ちに次の式が得られる：

$${}^t\boldsymbol{x}_1\overline{H}\overline{\boldsymbol{x}}_2 = \lambda_2(\boldsymbol{x}_1,\, \boldsymbol{x}_2) \tag{5}$$

一方，式 (4) の両辺の転置行列をとり，${}^tH = \overline{H}$ であることに注意すれば

$${}^t\boldsymbol{x}_1\overline{H}\overline{\boldsymbol{x}}_2 = \lambda_1(\boldsymbol{x}_1,\, \boldsymbol{x}_2) \tag{6}$$

が得られる．したがって，式 (5) と (6) から $\lambda_1 \neq \lambda_2$ に注意すれば，直ちに $(\boldsymbol{x}_1,\, \boldsymbol{x}_2) = 0$ が知られる．よってエルミート行列 H の相異なる固有値に対する固有ベクトル $\boldsymbol{x}_1$ と $\boldsymbol{x}_2$ は直交する．

例題 6　（べき零行列の固有値）

n 次の正方行列 N に関する次の各条件は，すべて同値であることを示せ．

(i)　$N^n = O$.

(ii)　ある自然数 ν に対して $N^\nu = O$.

(iii)　行列 N の固有値はすべて 0.

〚**ヒント**〛　行列 A の固有値は，固有方程式 $f_A(x) = 0$ の解であると同時に，最小多項式 $\varphi_A(x)$ に対する方程式 $\varphi_A(x) = 0$ の解であること（定理 5），およびハミルトン・ケーリーの定理を利用する．

【**解答**】　同値性を能率的に示すために次の順序で説明する．

(i) $\Longrightarrow$ (ii)

$\nu = n$ とすればよいから明らか．

(ii) $\Longrightarrow$ (iii)

$N^\nu = O$ であるから，行列 N の最小多項式 $\varphi_N(x)$ は x^ν の約数である．したがって，ある自然数 m $(\leqq \nu)$ に対して $\varphi_N(x) = x^m$ となる．

一方，行列 N の固有値はすべて $\varphi_N(x) = x^m = 0$ の解であるから，それらはすべて 0 に限る．

(iii) $\Longrightarrow$ (i)

n 次の正方行列 N の固有多項式 $f_N(x)$ は，最高次の係数が 1 の n 次多項式であり，かつ固有方程式 $f_N(x) = 0$ の解が固有値であるから，仮定により，$f_N(x) = x^n$ である．

一方，ハミルトン・ケーリーの定理によって $f_N(N) = O$ であるから $N^n = O$ が成り立つ．

〚**注意**〛　これらの各条件のうちいずれか 1 つをみたせば，すべての条件がみたされるが，そのような行列を**べき零行列**という．たとえば

$$N_1 = \begin{bmatrix} 0 & 1 & 2 \\ 0 & 0 & 3 \\ 0 & 0 & 0 \end{bmatrix} \text{ に対しては明らかに } f_{N_1}(x) = x^3,\ {N_1}^3 = O.$$

$$N_2 = \begin{bmatrix} 1 & 1 & 2 \\ 2 & 1 & 3 \\ -1 & -1 & -2 \end{bmatrix} \text{ に対しては } {N_2}^2 = \begin{bmatrix} 1 & 0 & 1 \\ 1 & 0 & 1 \\ -1 & 0 & -1 \end{bmatrix}.\quad {N_2}^3 = O.$$

問題 7.1 A

1. 次の各行列の固有多項式，固有値，固有ベクトルを求めよ．

(1) $A=\begin{bmatrix}-1 & -3\\ 3 & -5\end{bmatrix}$ (2) $B=\begin{bmatrix}3&0&3\\0&1&0\\3&0&3\end{bmatrix}$ (3) $C=\begin{bmatrix}0&1&1\\1&0&1\\1&1&0\end{bmatrix}$

2. 次の各行列の最小多項式を求めよ．

(1) $A=\begin{bmatrix}0&1\\1&0\end{bmatrix}$ (2) $B=\begin{bmatrix}\cos\theta & -\sin\theta\\ \sin\theta & \cos\theta\end{bmatrix}$

(3) $C=\begin{bmatrix}-7&2&1\\-6&0&2\\3&-2&-5\end{bmatrix}$ (4) $D=\begin{bmatrix}-2&0&1\\1&-3&0\\-1&1&-1\end{bmatrix}$

3. 次の各行列 A_i と多項式 $g_i(x)$ $(i=1,\,2)$ に対して，$B_i=g_i(A_i)$ とおくとき，行列 B_i の固有多項式 $f_{B_i}(x)$ を求め，かつ逆行列 B_i^{-1} を行列 A_i の多項式として表せ．

(1) $A_1=\begin{bmatrix}1&-1\\2&3\end{bmatrix}$; $g_1(x)=3x^4-10x^3+6x^2+15x-2$

(2) $A_2=\begin{bmatrix}2&-18&-6\\4&0&4\\-6&9&-2\end{bmatrix}$; $g_2(x)=2x^5-x^4+4x^2-31x+3$

4. 3角行列の固有値は，その対角元に等しいことを示せ．

5. 固有方程式 $f_A(x)=0$ が重根をもたなければ，行列 A の最小多項式 $\varphi_A(x)$ は固有多項式と一致することを示せ．

6. 行列 A の固有値の積は，その行列式の値 $\det A$ に等しいことを示せ．

7. 正方行列 A の行列式が $\det A=0$ であるためには，その固有値のうちの少なくとも1つが0であることが必要十分であることを示せ．

8. 行列 A の相異なる固有値 λ_i,λ_j に対して，それらの固有空間の間に $W_{\lambda_i}\cap W_{\lambda_j}=\{\boldsymbol{o}\}$ が成り立つことを示せ．

問題 7.1 B

1. 奇数 n に対して，任意の n 次実行列 A は零ベクトルでない実固有ベクトルをもつことを示せ．

2. 2つの n 次正方行列 A,B が $AB=BA$ をみたすとき，A の固有値 λ に対する固有ベクトル $\boldsymbol{v}$ に対して $B\boldsymbol{v}\neq 0$ ならば，$B\boldsymbol{v}$ もまた λ に対する A の固有ベクトルであることを示せ．

3. 行列 A の固有値 λ に対する固有ベクトル $\boldsymbol{v}$ $(\neq\boldsymbol{o})$ に対して $g(x)$ を x のスカラー係数の多項式とすれば，一般に $g(A)\boldsymbol{v}=g(\lambda)\boldsymbol{v}$ が成り立つことを示せ．

4.　ユニタリ行列の固有値の絶対値は 1 に等しいことを示せ.

5.　正方行列 A の固有多項式と，その転置行列 ${}^tA$ の固有多項式は，一致することを示せ.

6.　正方行列 A に対して，その転置行列 ${}^tA$ の固有値は，行列 A の固有値と一致することを示せ.

7.　行列のトレース tr に関して $\mathrm{tr}\,(P^{-1}AP)=\mathrm{tr}\,A$ が成り立つことを示せ.

8.　任意の n 次正方行列 A, B に対して，次の各々が成り立つことを証明せよ.

(1)　$f_{AB}(x)=f_{BA}(x)$

(2)　$\mathrm{tr}\,(AB)=\mathrm{tr}\,(BA)$

ヒントと解答

問題 7.1　A

1.　(1)　$f_A(x)=x^2+6x+14$.　$\lambda_1,\ \lambda_2=-3\pm\sqrt{-5}$.　$\lambda_1=-3+\sqrt{-5}$ に対する固有ベクトルは ${}^t\boldsymbol{x}_1=\alpha(3,\ 2-\sqrt{-5})$.　$\lambda_2=-3-\sqrt{-5}$ に対する固有ベクトルは ${}^t\boldsymbol{x}_2=\alpha(3,\ 2+\sqrt{-5})$.

(2)　$f_B(x)=x(x-1)(x-6)$.　$\lambda_1=0,\ \lambda_2=1,\ \lambda_3=6$.　$\lambda_1=0$ に対する固有ベクトルは ${}^t\boldsymbol{x}_1=\alpha(1,\ 0,\ -1)$.　$\lambda_2=1$ に対する固有ベクトルは ${}^t\boldsymbol{x}_2=\alpha(0,\ 1,\ 0)$.　$\lambda_3=6$ に対する固有ベクトルは ${}^t\boldsymbol{x}_3=\alpha(1,\ 0,\ 1)$.

(3)　$f_C(x)=(x-2)(x+1)^2$.　$\lambda_1=2,\ \lambda_2=\lambda_3=-1$.　$\lambda_1=2$ に対する固有ベクトルは ${}^t\boldsymbol{x}_1=\alpha(1,1,1)$.　$\lambda_2=\lambda_3=-1$ に対する固有ベクトルは ${}^t\boldsymbol{x}_2=\alpha(1,0,-1)+\beta(0,1,-1)$.

2.　(1)　$\varphi_A(x)=f_A(x)=x^2-1$　　$\because$　$A\neq\pm E$　(定理 5，例題 3 参照)

(2)　$\theta\neq n\pi$ のとき $\varphi_B(x)=x^2-2x\cos\theta+1\ (=f_B(x))$，$\theta=n\pi$ のとき $\varphi_B(x)=x-(-1)^n$

(3)　$\varphi_C(x)=(x+4)^2$

(4)　$\varphi_D(x)=(x+2)^3\ (=f_D(x))$

3.　(1)　$f_{B_1}(x)=x^2-10x+26$.　$B_1^{-1}=-\dfrac{1}{26}A_1+\dfrac{7}{26}E$.

(2)　$f_{B_2}(x)=x^3-9x^2+23x-15=(x-1)(x-3)(x-5)$.　$B_2^{-1}=\dfrac{1}{15}{A_2}^2-\dfrac{1}{5}A_2+\dfrac{1}{3}E$.

4.　3 角行列式の値は，その対角元の積に等しいことを利用する.

5.　固有方程式 $f_A(x)=0$ の解全体と最小多項式 $\varphi_A(x)$ に対する方程式 $\varphi_A(x)=0$ の解全体は，集合として一致すること（定理 5）を適用する.

6.　$f_A(x)=|xE-A|=(x-\lambda_1)(x-\lambda_2)\cdots(x-\lambda_n)$ において $x=0$ を代入する.

7.　問題 6 の結果を利用する.

8.　定理 4 を適用する.

問題 7.1 B

1. n 次実行列 A の固有方程式 $f_A(x) = 0$ は，奇数次の実係数方程式であるから，必ず実根をもつ．すなわち，実の固有値が存在するから，その実の固有値に対する固有ベクトルを求めればよい．それが実の固有ベクトルである．

2. $A(B\boldsymbol{v}) = (AB)\boldsymbol{v} = (BA)\boldsymbol{v} = B(A\boldsymbol{v}) = B(\lambda\boldsymbol{v}) = \lambda(B\boldsymbol{v})$

3. $g(x)$ の次数に関する帰納法と関係式 $A\boldsymbol{v} = \lambda\boldsymbol{v}$ を利用する．

4. ユニタリ行列 U の固有値を λ，λ に対する固有ベクトルを $\boldsymbol{x} \neq \boldsymbol{o}$ とすれば，$U\boldsymbol{x} = \lambda\boldsymbol{x}$ であるから

$$\lambda\overline{\lambda}(\boldsymbol{x},\, \boldsymbol{x}) = (\lambda\boldsymbol{x},\, \lambda\boldsymbol{x}) = (U\boldsymbol{x},\, U\boldsymbol{x}) = {}^t\boldsymbol{x}\,{}^tU\overline{U}\overline{\boldsymbol{x}} = {}^t\boldsymbol{x}\overline{\boldsymbol{x}} = (\boldsymbol{x},\, \boldsymbol{x})$$

ここで $(\boldsymbol{x},\, \boldsymbol{x}) \neq 0$ だから $|\lambda|^2 = \lambda\overline{\lambda} = 1$.

5. $f_{{}^tA}(x) = |xE - {}^tA| = |{}^t(xE - A)| = |xE - A| = f_A(x)$

6. 前問の結果を利用する．

7. 定理6により $f_{P^{-1}AP}(x) = f_A(x)$ が成り立つから，この式の両辺の係数を比較すればよい．

8. (1) 行列 A が正則であれば $BA = A^{-1}(AB)A$ から，定理6により $f_{BA}(x) = f_{AB}(x)$ が成り立つ．次に $X = (x_{ij})$ を n^2 個の変数 x_{ij} $(i, j = 1, \cdots, n)$ を元とする n 次の正方行列とし，$n^2 + 1$ 個の変数 x, x_{ij} に関する多項式

$$F(x,\ x_{ij}) = |xE - BX| - |xE - XB| = f_{BX}(x) - f_{XB}(x)$$

を考える．そのとき，多項式 $F(x, x_{ij})|X|$ は変数 x, x_{ij} にどんな値を代入してもつねに0であるから，多項式として恒等的に0である．実際に，$|X| \neq 0$ ならば，行列 X は正則だから，最初に示したように $F(x, x_{ij})$ が0となる．しかるに，$|X|$ は多項式として恒等的に0でないから，$F(x, x_{ij})$ が多項式として恒等的に0である．よって $f_{BA}(x) = f_{AB}(x)$ が成り立つ．

(2) $f_{BA}(x) = f_{AB}(x)$ の両辺の $n-1$ 次の係数を比較すればよい．

7.2　準単純行列と正規行列

準単純行列 ▶

定理 7

n 次正方行列 S に関する次の各条件は，すべて互いに同値である．

(i)　行列 S はある正則行列によって対角化される．すなわち，ある正則行列 P があって $P^{-1}SP$ が対角行列となる．

(ii)　行列 S の最小多項式 $\varphi_S(x)$ に対して，方程式 $\varphi_S(x) = 0$ は重根をもたない．

(iii)　複素 n 次元数ベクトル空間 $\boldsymbol{C}^n$ は，行列 S の各固有空間の直和に分解される．

これらの条件をみたす行列 S を**準単純**（または**対角化可能**）という．

定理 8

準単純行列 S を正則行列 P で対角化したとき，対角元は行列 S の各固有値であり，正則行列 P の各列ベクトルは対応する固有値に対する固有ベクトルである．

正規行列 ▶

定理 9

行列の固有値がすべて相異なれば，その行列は準単純である．

定理 10（テープリッツ）

n 次正方行列 A に関する次の各条件は，すべて互いに同値である．

(i)　行列 A はあるユニタリ行列によって対角化される．

(ii)　行列 A はそのエルミート共役と可換である：$AA^* = A^*A$.

(iii)　複素 n 次元数ベクトル空間 $\boldsymbol{C}^n$ は，行列 A の各固有空間の直和 $\boldsymbol{C}^n = W_1 \oplus W_2 \oplus \cdots \oplus W_s$ に分割され，かつ $i \neq j$ のとき W_i と W_j は互いに直交する．

これらの条件をみたす行列 A を**正規行列**という．

定理 11

正規行列 A をユニタリ行列 U で対角化したとき，対角元は行列 A の各固有値であり，ユニタリ行列 U の各列ベクトルは対応する固有値に対する固有空間の正規直交系である．

例題 7　（準単純行列の対角化）

次の各行列は準単純か．準単純であれば正則行列で対角化せよ．

(i) $A=\begin{bmatrix}-3&-1&-5\\1&1&1\\3&1&5\end{bmatrix}$　(ii) $B=\begin{bmatrix}-3&0&1\\1&-4&0\\-1&1&-2\end{bmatrix}$　(iii) $C=\begin{bmatrix}1&3&3\\3&1&3\\-3&-3&-5\end{bmatrix}$

〖ヒント〗　最小多項式 $\varphi(x)$ を求め，方程式 $\varphi(x)=0$ が重根をもつかどうかで判定する（定理 7）．準単純である場合には，各固有値に対する固有空間の基底を求め，それらを列ベクトルとする正則行列により対角化する．

【解答】　(i)　固有多項式 $f_A(x)=|xE-A|=x(x-1)(x-2)$．したがって，固有方程式 $f_A(x)=x(x-1)(x-2)=0$ は重根をもたないから，最小多項式 $\varphi_A(x)$ は固有多項式と一致し（問題 7.1A，5 参照），$\varphi_A(x)=0$ も重根をもたない．よって行列 A は定理 7 により準単純である．

次に，各固有値 $\lambda_1=1$，$\lambda_2=2$，$\lambda_3=0$ に対する固有ベクトルを求める．まず，$\lambda_1=1$ に対する固有ベクトル $\boldsymbol{x}_1=\begin{bmatrix}x_1\\x_2\\x_3\end{bmatrix}$ は，連立 1 次方程式 $\begin{bmatrix}4&1&5\\-1&0&-1\\-3&-1&-4\end{bmatrix}\begin{bmatrix}x_1\\x_2\\x_3\end{bmatrix}=\begin{bmatrix}0\\0\\0\end{bmatrix}$ の解ベクトルとして $\boldsymbol{x}_1=-x_3\begin{bmatrix}1\\1\\-1\end{bmatrix}$（$x_3$ は任意），固有値 $\lambda_2=2$ に対する固有ベクトル $\boldsymbol{x}_2$ は $\begin{bmatrix}5&1&5\\-1&1&-1\\-3&-1&-3\end{bmatrix}\begin{bmatrix}x_1\\x_2\\x_3\end{bmatrix}=\begin{bmatrix}0\\0\\0\end{bmatrix}$ の解ベクトルとして $\boldsymbol{x}_2=-x_1\begin{bmatrix}-1\\0\\1\end{bmatrix}$（$x_1$ は任意），固有値 $\lambda_3=0$ に対する固有ベクトル $\boldsymbol{x}_3$ は $\begin{bmatrix}3&1&5\\-1&-1&-1\\-3&-1&-5\end{bmatrix}\begin{bmatrix}x_1\\x_2\\x_3\end{bmatrix}=\begin{bmatrix}0\\0\\0\end{bmatrix}$ の解ベクトルとして $\boldsymbol{x}_3=-x_3\begin{bmatrix}2\\-1\\-1\end{bmatrix}$ が得られる．これらのベクトルは，定理 4 により線形独立であるから，それらを列ベクトルとする行列 $P=\begin{bmatrix}1&-1&2\\1&0&-1\\-1&1&-1\end{bmatrix}$ は正則行列である．したがって，その逆行列 $P^{-1}=\begin{bmatrix}1&1&1\\2&1&3\\1&0&1\end{bmatrix}$ が存在し，$P^{-1}AP=\begin{bmatrix}1&&O\\&2&\\O&&0\end{bmatrix}$ と対角化される．

(ii)　固有多項式は $f_B(x)=|xE-B|=(x+3)^3$．かつ

$$B+3E=\begin{bmatrix}0&0&1\\1&-1&0\\-1&1&-1\end{bmatrix}\neq O,\quad (B+3E)^2=\begin{bmatrix}-1&1&1\\-1&1&1\\0&0&0\end{bmatrix}\neq O$$

であるから，最小多項式は $\varphi_B(x)=f_B(x)=(x+3)^3$ となる．よって，方程式 $\varphi_B(x)=(x+3)^3=0$ は重根をもち，定理 7 により行列 B は準単純でない．

(iii)　固有多項式は $f_C(x)=|xE-C|=(x-1)(x+2)^2$．しかるに $(C-E)(C+2E)=O$ であるから，最小多項式は $\varphi_C(x)=(x-1)(x+2)$ である．したがって，方程式 $\varphi_C(x)=(x-1)(x+2)=0$ は重根をもたないから，定理 7 により行列 C は準単純である．

次に，固有値 $\lambda_1=1$ と $\lambda_2=\lambda_3=-2$ に対する固有ベクトルを求める．まず，$\lambda_1=1$ に対する固有ベクトル $\boldsymbol{x}_1=\begin{bmatrix}x_1\\x_2\\x_3\end{bmatrix}$ は，連立 1 次方程式 $\begin{bmatrix}0&-3&-3\\-3&0&-3\\3&3&6\end{bmatrix}\begin{bmatrix}x_1\\x_2\\x_3\end{bmatrix}=\begin{bmatrix}0\\0\\0\end{bmatrix}$ の解ベクトルとして $\boldsymbol{x}_1=-x_3\begin{bmatrix}1\\1\\-1\end{bmatrix}$ が得られる（x_3 は任意）．$\lambda_2=-2$ に対する固有ベクトル $\boldsymbol{x}_2$ は $\begin{bmatrix}-3&-3&-3\\-3&-3&-3\\3&3&3\end{bmatrix}\begin{bmatrix}x_1\\x_2\\x_3\end{bmatrix}=\begin{bmatrix}0\\0\\0\end{bmatrix}$ の解ベクトルとして

$$\boldsymbol{x}_2=-x_1\begin{bmatrix}-1\\0\\1\end{bmatrix}-x_2\begin{bmatrix}0\\-1\\1\end{bmatrix}\quad (x_1,\ x_2\text{は任意})$$

が得られる．これらのベクトル $\begin{bmatrix}1\\1\\-1\end{bmatrix},\begin{bmatrix}-1\\0\\1\end{bmatrix},\begin{bmatrix}0\\-1\\1\end{bmatrix}$ は線形独立であるから，それらを列ベクトルとする行列 $Q=\begin{bmatrix}1&-1&0\\1&0&-1\\-1&1&1\end{bmatrix}$ は正則行列である．したがって，その逆行列 $Q^{-1}=\begin{bmatrix}1&1&1\\0&1&1\\1&0&1\end{bmatrix}$ が存在し，これらにより $Q^{-1}CQ=\begin{bmatrix}1&&O\\&-2&\\O&&-2\end{bmatrix}$ と対角化される．

例題 8 **(正規行列の対角化)**

次の各行列は正規か．正規ならばユニタリ行列で対角化せよ．

(i) $A=\begin{bmatrix} 11 & 2i & -5 \\ -2i & 14 & 2i \\ -5 & -2i & 11 \end{bmatrix}$ (ii) $B=\begin{bmatrix} 0 & 2i & 5 \\ 2i & 0 & -2i \\ 5 & -2i & 0 \end{bmatrix}$ (iii) $C=\begin{bmatrix} 2 & i-1 & i-1 \\ i+1 & 2 & 0 \\ i+1 & 0 & 2 \end{bmatrix}$

〖ヒント〗 エルミート共役と可換かどうかで判定する（定理10）．正規である場合には，各固有値に対する固有空間の正規直交基底を求め，それらを列ベクトルとするユニタリ行列により対角化する．

【解答】 (i) エルミート共役は $A^* = \begin{bmatrix} 11 & 2i & -5 \\ -2i & 14 & 2i \\ -5 & -2i & 11 \end{bmatrix} = A$ だから，行列 A 自身がエルミートであり，したがって正規である．固有多項式は $f_A(x) = (x-6)(x-12)(x-18)$ で，固有値は $\lambda_1 = 6$, $\lambda_2 = 12$, $\lambda_3 = 18$. $\lambda_1 = 6$ に対する固有ベクトル ${}^t\boldsymbol{x}_1 = (x_1, x_2, x_3)$ は $\begin{bmatrix} -5 & -2i & 5 \\ 2i & -8 & -2i \\ 5 & 2i & -5 \end{bmatrix}\begin{bmatrix} x_1 \\ x_2 \\ x_3 \end{bmatrix} = \begin{bmatrix} 0 \\ 0 \\ 0 \end{bmatrix}$ から $\boldsymbol{x}_1 = x_3\begin{bmatrix} 1 \\ 0 \\ 1 \end{bmatrix}$. これを正規化して $\begin{bmatrix} 1/\sqrt{2} \\ 0 \\ 1/\sqrt{2} \end{bmatrix}$. $\lambda_2 = 12$ に対する固有ベクトル $\boldsymbol{x}_2$ は $\begin{bmatrix} 1 & -2i & 5 \\ 2i & -2 & -2i \\ 5 & 2i & 1 \end{bmatrix}\begin{bmatrix} x_1 \\ x_2 \\ x_3 \end{bmatrix} = \begin{bmatrix} 0 \\ 0 \\ 0 \end{bmatrix}$ から $\boldsymbol{x}_2 = -x_3\begin{bmatrix} 1 \\ 2i \\ -1 \end{bmatrix}$. これを正規化して $\begin{bmatrix} 1/\sqrt{6} \\ 2i/\sqrt{6} \\ -1/\sqrt{6} \end{bmatrix}$. $\lambda_3 = 18$ に対する固有ベクトルは $\begin{bmatrix} 7 & -2i & 5 \\ 2i & 4 & -2i \\ 5 & 2i & 7 \end{bmatrix}\begin{bmatrix} x_1 \\ x_2 \\ x_3 \end{bmatrix} = \begin{bmatrix} 0 \\ 0 \\ 0 \end{bmatrix}$ から $\boldsymbol{x}_3 = -x_3\begin{bmatrix} 1 \\ -i \\ -1 \end{bmatrix}$. これを正規化して $\begin{bmatrix} 1/\sqrt{3} \\ -i/\sqrt{3} \\ -1/\sqrt{3} \end{bmatrix}$. これらのベクトルは正規直交系であるから，それを列ベクトルとする行列

$U = \begin{bmatrix} 1/\sqrt{2} & 1/\sqrt{6} & 1/\sqrt{3} \\ 0 & 2i/\sqrt{6} & -i/\sqrt{3} \\ 1/\sqrt{2} & -1/\sqrt{6} & -1/\sqrt{3} \end{bmatrix}$ はユニタリ行列である．したがって，このユニタリ行列 U によって $U^*AU = \begin{bmatrix} 6 & & O \\ & 12 & \\ O & & 18 \end{bmatrix}$ と対角化される．

(ii) エルミート共役は $B^* = \begin{bmatrix} 0 & -2i & 5 \\ -2i & 0 & 2i \\ 5 & 2i & 0 \end{bmatrix}$ である．しかるに

$$BB^* = \begin{bmatrix} 29 & 10i & -4 \\ -10i & 8 & 10i \\ -4 & -10i & 29 \end{bmatrix} \neq \begin{bmatrix} 29 & -10i & -4 \\ 10i & 8 & -10i \\ -4 & 10i & 27 \end{bmatrix} = B^*B$$

よって，定理 10 により行列 B は正規でない．

(iii) エルミート共役は $C^* = \begin{bmatrix} 2 & 1-i & 1-i \\ -(1+i) & 2 & 0 \\ -(1+i) & 0 & 2 \end{bmatrix}$ であり，$C^*C = \begin{bmatrix} 8 & 0 & 0 \\ 0 & 6 & 2 \\ 0 & 2 & 6 \end{bmatrix} = CC^*$ なるから，定理 10 により行列 C は正規である．固有多項式は $f_C(x) = (x-2)(x^2-4x+8)$ であるから固有値は $\lambda_1 = 2$, $\lambda_2 = 2+2i$, $\lambda_3 = 2-2i$. $\lambda_1 = 2$ に対する固有ベクトル $\boldsymbol{x}_1 = \begin{bmatrix} x_1 \\ x_2 \\ x_3 \end{bmatrix}$ は $\begin{bmatrix} 0 & 1-i & 1-i \\ -(1+i) & 0 & 0 \\ -(1+i) & 0 & 0 \end{bmatrix} \begin{bmatrix} x_1 \\ x_2 \\ x_3 \end{bmatrix} = \begin{bmatrix} 0 \\ 0 \\ 0 \end{bmatrix}$ から $\boldsymbol{x}_1 = -x_2 \begin{bmatrix} 0 \\ -1 \\ 1 \end{bmatrix}$.

これを正規化して $\begin{bmatrix} 0 \\ -1/\sqrt{2} \\ 1/\sqrt{2} \end{bmatrix}$. $\lambda_2 = 2+2i$ に対する固有ベクトル $\boldsymbol{x}_2$ は

$$\begin{bmatrix} 2i & 1-i & 1-i \\ -(1+i) & 2i & 0 \\ -(1+i) & 0 & 2i \end{bmatrix} \begin{bmatrix} x_1 \\ x_2 \\ x_3 \end{bmatrix} = \begin{bmatrix} 0 \\ 0 \\ 0 \end{bmatrix}$$

から $\boldsymbol{x}_2 = x_3 \begin{bmatrix} 1+i \\ 1 \\ 1 \end{bmatrix}$. これを正規化して $\begin{bmatrix} (1+i)/2 \\ 1/2 \\ 1/2 \end{bmatrix}$. $\lambda_3 = 2-2i$ に対する固有ベクトル $\boldsymbol{x}_3$ は $\begin{bmatrix} -2i & 1-i & 1-i \\ -(1+i) & -2i & 0 \\ -(1+i) & 0 & -2i \end{bmatrix} \begin{bmatrix} x_1 \\ x_2 \\ x_3 \end{bmatrix} = \begin{bmatrix} 0 \\ 0 \\ 0 \end{bmatrix}$ から $\boldsymbol{x}_3 = x_3 \begin{bmatrix} -(1+i) \\ 1 \\ 1 \end{bmatrix}$. これを正規化して $\begin{bmatrix} -(1+i)/2 \\ 1/2 \\ 1/2 \end{bmatrix}$. これらのベクトルは正規直交系であるから，それらを列ベクトルとする行列 $U = \begin{bmatrix} 0 & (1+i)/2 & -(1+i)/2 \\ -1/\sqrt{2} & 1/2 & 1/2 \\ 1/\sqrt{2} & 1/2 & 1/2 \end{bmatrix}$ はユニタリ行列で，これによって行列 C は $U^*CU = \begin{bmatrix} 2 & & O \\ & 2+2i & \\ O & & 2-2i \end{bmatrix}$ と対角化される．

例題 9 （べき等行列の準単純性）

次の(i)~(iv)の各々が成り立つことを示せ．

(i)　$A^2 = A$ となる正方行列 A（べき等行列）は準単純である．

(ii)　ある自然数 ν (>1) に対して $B^\nu = E$ となる正方行列 B は準単純である．

(iii)　固有値がすべて実数である正規行列はエルミートである．

(iv)　固有値の絶対値がすべて1である正規行列はユニタリである．

〘ヒント〙　定理7，定理10を利用する．

【解答】　(i)　$g(x) = x^2 - x$ とおけば $g(A) = O$ となるから，この多項式 $g(x)$ は行列 A の最小多項式 $\varphi_A(x)$ で割り切れる．一方，方程式 $g(x) = x^2 - x = 0$ は重根をもたないから，方程式 $\varphi_A(x) = 0$ も重根をもたない．したがって，定理7により行列 A は準単純である．

(ii)　$h(x) = x^\nu - 1$ とおけば $h(B) = O$ となるから，この多項式 $h(x)$ は行列 B の最小多項式 $\varphi_B(x)$ で割り切れる．一方，方程式 $h(x) = x^\nu - 1 = 0$ は重根をもたないから，方程式 $\varphi_B(x) = 0$ も重根をもたない．したがって，定理7により行列 B も準単純である．

(iii)　正規行列 C_1 の固有値 $\lambda_1, \lambda_2, \cdots, \lambda_n$ がすべて実数であったとする．このとき，定理11により，あるユニタリ行列 U_1 により $U_1^{-1}C_1U_1 = \begin{bmatrix} \lambda_1 & & & O \\ & \lambda_2 & & \\ & & \ddots & \\ O & & & \lambda_n \end{bmatrix} = \varLambda_1$ と対角化した場合，対角行列 $\varLambda_1$ は実行列であるから $\varLambda_1^* = \varLambda_1$ となる．したがって

$$C_1^* = (U_1\varLambda_1U_1^{-1})^* = U_1\varLambda_1U_1^{-1} = C_1$$

となって，このような行列 C_1 はエルミートである．

(iv)　正規行列 C_2 の固有値の絶対値がすべて $|\mu_1| = |\mu_2| = \cdots = |\mu_n| = 1$ であったとする．このとき，同様にあるユニタリ行列 U_2 により $U_2^{-1}C_2U_2 = \begin{bmatrix} \mu_1 & & & O \\ & \mu_2 & & \\ & & \ddots & \\ O & & & \mu_n \end{bmatrix} = \varLambda_2$ と対角化した場合，対角行列 $\varLambda_2$ の対角成分の絶対値はすべて1であるから

$$\varLambda_2^*\varLambda_2 = \overline{\varLambda}_2\varLambda_2 = E, \quad \varLambda_2\varLambda_2^* = \varLambda_2\overline{\varLambda}_2 = E$$

となる．すなわち，対角行列 $\varLambda_2$ はユニタリ行列となる．したがって

$$C_2C_2^* = (U_2\varLambda_2U_2^*)(U_2\varLambda_2U_2^*)^* = U_2U_2^* = E,$$
$$C_2^*C_2 = (U_2\varLambda_2U_2^*)^*(U_2\varLambda_2U_2^*) = U_2U_2^* = E$$

となり，このような行列 C_2 はユニタリ行列である．

例題 10　（正規行列）

正規行列について，次の各々が成り立つことを示せ．

（i）　行列 A が正規であるためには，

$$\text{任意の数ベクトル } \boldsymbol{x} \text{ に対して} \quad ||A\boldsymbol{x}|| = ||A^*\boldsymbol{x}||$$

なることが必要十分である．ここで，ベクトル $\boldsymbol{a}$ に対して $||\boldsymbol{a}||$ は $\sqrt{{}^t\boldsymbol{a}\overline{\boldsymbol{a}}}$，すなわち $\sqrt{(\boldsymbol{a},\, \boldsymbol{a})}$ を意味する．

（ii）　正規行列 A の固有値 λ に対して，その複素共役 $\overline{\lambda}$ は A^* の固有値であり，かつ A の λ に対する固有ベクトルはすべて，A^* の $\overline{\lambda}$ に対する固有ベクトルでもある．

〖ポイント〗　（i）　ベクトル $A\boldsymbol{x}$ の絶対値 $||A\boldsymbol{x}||$ を行列または内積を使って表すこと．

（ii）　行列 A が正規であれば，行列 $A - \lambda E$（λ はスカラー）も正規であること，および（i）の結果を利用すること．

【解答】　（i）　行列 A が正規であれば，定理 10 により $A^*A = AA^*$ すなわち ${}^tA\overline{A} = \overline{A}{}^tA$ であるから，任意の数ベクトル $\boldsymbol{x}$ に対して

$$||A\boldsymbol{x}||^2 = {}^t(A\boldsymbol{x})(\overline{A\boldsymbol{x}}) = {}^t\boldsymbol{x}{}^tA\overline{A}\overline{\boldsymbol{x}} = {}^t\boldsymbol{x}\overline{A}{}^tA\overline{\boldsymbol{x}} = {}^t(A^*\boldsymbol{x})(\overline{A^*\boldsymbol{x}}) = ||A^*\boldsymbol{x}||^2$$

となる．よって $||A\boldsymbol{x}|| = ||A^*\boldsymbol{x}||$ が成り立つ．

逆に，任意の数ベクトル $\boldsymbol{x}$ に対して $||A\boldsymbol{x}|| = ||A^*\boldsymbol{x}||$ ならば，任意の数ベクトル $\boldsymbol{y}, \boldsymbol{z}$ に対して

$$\begin{aligned}
&(A\boldsymbol{y},\, A\boldsymbol{z}) + (\overline{A\boldsymbol{y},\, A\boldsymbol{z}}) = (A\boldsymbol{y},\, A\boldsymbol{z}) + (A\boldsymbol{z},\, A\boldsymbol{y}) \\
&= ||A(\boldsymbol{y}+\boldsymbol{z})||^2 - ||A\boldsymbol{y}||^2 - ||A\boldsymbol{z}||^2 = ||A^*(\boldsymbol{y}+\boldsymbol{z})||^2 - ||A^*\boldsymbol{y}||^2 - ||A^*\boldsymbol{z}||^2 \\
&= (A^*\boldsymbol{y},\, A^*\boldsymbol{z}) + (A^*\boldsymbol{z},\, A^*\boldsymbol{y}) = (A^*\boldsymbol{y},\, A^*\boldsymbol{z}) + (\overline{A^*\boldsymbol{y},\, A^*\boldsymbol{z}})
\end{aligned}$$

が成り立つ．また，$\boldsymbol{y}$ の代りに $i\boldsymbol{y}$ を代入すれば次式が成り立つ．

$$i\{(A\boldsymbol{y},\, A\boldsymbol{z}) - (\overline{A\boldsymbol{y},\, A\boldsymbol{z}})\} = i\{(A^*\boldsymbol{y},\, A^*\boldsymbol{z}) - (\overline{A^*\boldsymbol{y},\, A^*\boldsymbol{z}})\}$$

よって $(A\boldsymbol{y},\, A\boldsymbol{z}) = (A^*\boldsymbol{y},\, A^*\boldsymbol{z})$．すなわち ${}^t\boldsymbol{y}{}^tA\overline{A}\overline{\boldsymbol{z}} = {}^t\boldsymbol{y}\overline{A}{}^tA\overline{\boldsymbol{z}}$ が任意の数ベクトル $\boldsymbol{y}, \boldsymbol{z}$ に対して成り立つから ${}^tA\overline{A} = \overline{A}{}^tA$ すなわち $A^*A = AA^*$ も成り立つ．

（ii）　行列 A が正規であるから，A と A^* は可換である．したがって，行列 $A - \lambda E$ と行列 $(A - \lambda E)^* = A^* - \overline{\lambda}E$ も可換である．すなわち，行列 $A - \lambda E$ は正規である．

一方，正規行列 A の固有値 λ に対する任意の固有ベクトルを $\boldsymbol{x}$ とすれば，（i）で示したように $0 = ||(A - \lambda E)\boldsymbol{x}|| = ||(A - \lambda E)^*\boldsymbol{x}|| = ||(A^* - \overline{\lambda}E)\boldsymbol{x}||$．すなわち $(A^* - \overline{\lambda}E)\boldsymbol{x} = \boldsymbol{o}$ が成り立つ．そしてこれは，$\overline{\lambda}$ が行列 A^* の固有値であり，かつベクトル $\boldsymbol{x}$ が固有値 $\overline{\lambda}$ に対する行列 A^* の固有ベクトルであることを同時に示している．

問題 7.2 A

1. 次の各行列は準単純か．準単純であれば正則行列で対角化せよ．

(1) $A = \begin{bmatrix} -1 & 2 \\ -4 & 5 \end{bmatrix}$ (2) $B = \begin{bmatrix} -4 & -1 & -7 \\ 2 & 2 & 2 \\ 4 & 1 & 7 \end{bmatrix}$ (3) $C = \begin{bmatrix} -3 & 0 & 1 \\ 1 & -4 & 0 \\ -1 & 1 & -2 \end{bmatrix}$

(4) $D = \begin{bmatrix} 1 & 0 & 0 \\ -1 & 1 & -1 \\ 1 & 0 & 2 \end{bmatrix}$ (5) $F = \begin{bmatrix} 0 & -2 & 6 \\ 2 & 5 & -3 \\ -2 & -1 & 7 \end{bmatrix}$

2. 次の各行列は正規か．

(1) $A = \begin{bmatrix} 3 & 2+i \\ 2+i & i \end{bmatrix}$ (2) $B = \begin{bmatrix} 2 & 1+i & 3-2i \\ 1-i & 3 & 5+3i \\ 3+2i & 5-3i & 5 \end{bmatrix}$

(3) $C = \begin{bmatrix} 0 & -1\sqrt{2} & 1/\sqrt{2} \\ (1+i)/2 & 1/2 & 1/2 \\ -(1+i)/2 & 1/2 & 1/2 \end{bmatrix}$

3. 次の各正規行列をユニタリ行列で対角化せよ．

(1) $A = \begin{bmatrix} 1+i & -(1+i) \\ 1+i & 1+i \end{bmatrix}$ (2) $B = \begin{bmatrix} 1-i & 2(1+i) & 2+i \\ -2(1+i) & 1-i & -(1-2i) \\ 2+i & 1-2i & 1+2i \end{bmatrix}$

4. 4次行列 A の固有多項式が $f_A(x) = (x^2-1)(x^2+2)$ であるならば，行列 A は（複素行列として）準単純であることを示せ．

問題 7.2 B

1. 定理9を証明せよ．

2. 行列 A が正規で，行列 U がユニタリであれば，行列 U^*AU も正規であることを示せ．

3. 準単純かつべき零な行列は零行列にかぎることを示せ．

4. 正規行列 A の固有値 λ に対する固有空間 W_λ は，A^*–不変であることを示せ．

5. 2次の行列 $\begin{bmatrix} 1 & a \\ 0 & 1 \end{bmatrix}$ が準単純であるための条件を求めよ．

6. 実2次の正規行列のすべての形を定めよ．

7. n 次のエルミート行列 B, C に対して，行列 $A = B + iC$ が正規であるためには，2つのエルミート行列 B, C が可換であることが必要十分であることを示せ．

ヒントと解答

問題 7.2　A

1．(1)　$f_A(x) = x^2 - 4x + 3 = (x-1)(x-3)$．よって，固有値は $\lambda_1 = 1$, $\lambda_2 = 3$ となりすべて異なるから，定理 9 により準単純である．また各固有値に対する固有ベクトルは ${}^t(1, 1)$, ${}^t(1, 2)$ であるから，

$$\text{正則行列 } P_1 = \begin{bmatrix} 1 & 1 \\ 1 & 2 \end{bmatrix},\quad P_1^{-1} = \begin{bmatrix} 2 & -1 \\ -1 & 1 \end{bmatrix} \text{に対して } P_1^{-1}AP_1 = \begin{bmatrix} 1 & 0 \\ 0 & 3 \end{bmatrix}$$

(2)　$f_B(x) = x(x-2)(x-3)$．よって，固有値は $\lambda_1 = 0$, $\lambda_2 = 2$, $\lambda_3 = 3$ とすべて異なるから，行列 B は準単純である．また，各固有値に対する固有ベクトル ${}^t(-2, 1, 1)$, ${}^t(1, 1, -1)$, ${}^t(1, 0, -1)$ から，正則行列

$$P_1 = \begin{bmatrix} -2 & 1 & 1 \\ 1 & 1 & 0 \\ 1 & -1 & -1 \end{bmatrix},\ P_1^{-1} = \begin{bmatrix} -1 & 0 & -1 \\ 1 & 1 & 1 \\ -2 & -1 & -3 \end{bmatrix} \text{に対して}\quad P_1^{-1}BP_1 = \begin{bmatrix} 0 & & O \\ & 2 & \\ O & & 3 \end{bmatrix}$$

(3)　$f_C(x) = (x+3)^3$．$C + 3E \neq O$, $(C+3E)^2 \neq O$　$\therefore$　$\varphi_C(x) = f_C(x)$．よって $\varphi_C(x) = 0$ は重根をもつから，行列 C は準単純でない．

(4)　$f_D(x) = (x-1)^2(x-2)$．$(D-E)(D-2E) = O$　$\therefore$　$\varphi_D(x) = (x-1)(x-2)$ で，$\varphi_D(x) = 0$ は重根をもたないから行列 D は準単純である．$\lambda_1 = \lambda_2 = 1$ に対する固有ベクトル ${}^t(0, 1, 0)$, ${}^t(-1, 0, 1)$, $\lambda_3 = 2$ に対する固有ベクトル ${}^t(0, -1, 1)$ から，正則行列

$$P_2 = \begin{bmatrix} 0 & -1 & 0 \\ 1 & 0 & -1 \\ 0 & 1 & 1 \end{bmatrix}．P_2^{-1} = \begin{bmatrix} 1 & 1 & 1 \\ -1 & 0 & 0 \\ 1 & 0 & 1 \end{bmatrix} \text{ に対して } P_2^{-1}DP_2 = \begin{bmatrix} 1 & & O \\ & 1 & \\ O & & 2 \end{bmatrix}.$$

(5)　$f_F(x) = (x-4)^3$．$F - 4E \neq O$, $(F-4E)^2 = O$　$\therefore$　$\varphi_F(x) = (x-4)^2$．よって $\varphi_F(x) = 0$ は重根をもつから，行列 F は準単純でない．

2．(1)　$A^* = \begin{bmatrix} 3 & 2-i \\ 2-i & -i \end{bmatrix}$,　$A^*A = \begin{bmatrix} 14 & 7+5i \\ 7-5i & 6 \end{bmatrix} \neq \begin{bmatrix} 14 & 7-5i \\ 7+5i & 6 \end{bmatrix} = AA^*$

$\therefore$　正規でない．　(2)　$B^* = \begin{bmatrix} 2 & 1+i & 3-2i \\ 1-i & 5 & 5+3i \\ 3+2i & 5-3i & 5 \end{bmatrix} = B$　$\therefore$　正規（とくにエルミート）である．　(3)　$C^* = \begin{bmatrix} 0 & (1-i)/2 & -(1-i)/2 \\ -1/\sqrt{2} & 1/2 & 1/2 \\ 1/\sqrt{2} & 1/2 & 1/2 \end{bmatrix}$, $C^*C = CC^* = E$.

よって，行列 C は正規（とくにユニタリ）行列である．

3．(1)　$f_A(x) = (x-2)(x-2i)$．固有値 $\lambda_1 = 2$ に対する固有ベクトル ${}^t(-i/\sqrt{2},\ 1/\sqrt{2})$, $\lambda_2 = 2i$ に対する固有ベクトル ${}^t(i/\sqrt{2},\ 1/\sqrt{2})$ から，ユニタリ行列

$$U = \begin{bmatrix} -i/\sqrt{2} & i/\sqrt{2} \\ 1/\sqrt{2} & 1/\sqrt{2} \end{bmatrix},\ U^* = \begin{bmatrix} i/\sqrt{2} & 1/\sqrt{2} \\ -i\sqrt{2} & 1/\sqrt{2} \end{bmatrix} \text{ に対して } U^*AU = \begin{bmatrix} 2 & 0 \\ 0 & 2i \end{bmatrix}.$$

(2)　$f_B(x) = (x+3)(x-3+3i)(x-3-3i)$．各固有値 $\lambda_1 = -3$, $\lambda_2 = 3-3i$, $\lambda_3 = 3+3i$ に対する固有ベクトル ${}^t(-1/\sqrt{3},\ -i/\sqrt{3},\ 1/\sqrt{3})$, ${}^t(i/\sqrt{2},\ 1/\sqrt{2},\ 0)$, ${}^t(1/\sqrt{6},\ i/\sqrt{6},$

$2/\sqrt{6})$ からユニタリ行列 $U = \begin{bmatrix} -1/\sqrt{3} & i/\sqrt{2} & 1/\sqrt{6} \\ -i/\sqrt{3} & 1/\sqrt{2} & i/\sqrt{6} \\ 1/\sqrt{3} & 0 & 2/\sqrt{6} \end{bmatrix}$, $U^* = \begin{bmatrix} -1/\sqrt{3} & i/\sqrt{3} & 1/\sqrt{3} \\ -i/\sqrt{2} & 1/\sqrt{2} & 0 \\ 1/\sqrt{6} & -i/\sqrt{6} & 2/\sqrt{6} \end{bmatrix}$

に対して $U^*BU = \begin{bmatrix} -3 & & O \\ & 3(1-i) & \\ O & & 3(1+i) \end{bmatrix}$.

4. 行列 A の固有値 $\lambda_1 = 1,\ \lambda_2 = -1,\ \lambda_3 = \sqrt{2}i,\ \lambda_4 = -\sqrt{2}i$ がすべて相異なるから，定理 9 により行列 A は準単純である．

問題 7.2　B

1. 固有値がすべて異なれば，固有方程式 $f_A(x) = 0$ は重根をもたず，したがって最小多項式 $\varphi_A(x)$ に対して $\varphi_A(x) = f_A(x)$ で，$\varphi_A(x) = 0$ も重根をもたないから，定理 7 により行列 A は準単純である．

2. $(U^*AU)^*(U^*AU) = U^*A^*UU^*AU = U^*A^*AU = U^*AA^*U$

$= (U^*AU)(U^*AU)^*$. よって U^*AU は正規である．

3. 行列 A は準単純であるから，ある正則行列 P により $P^{-1}AP = \Lambda$ と対角化され，かつ対角行列 Λ の各対角元は行列 A の固有値である．一方，行列 A はべき零であるから，その固有値はすべて 0 である．よって，対角行列 Λ は零行列となり，$A = POP^{-1}$ も零行列となる．

4. 固有値 λ に対する固有空間 W_λ の任意のベクトル $\boldsymbol{x}$ に対して

$$A(A^*\boldsymbol{x}) = (AA^*)\boldsymbol{x} = (A^*A)\boldsymbol{x} = A^*(A\boldsymbol{x}) = A^*(\lambda\boldsymbol{x}) = \lambda(A^*\boldsymbol{x})$$

から，$A^*\boldsymbol{x} \in W_\lambda$. よって W_λ は A^*–不変部分空間である．

5. $A = \begin{bmatrix} 1 & a \\ 0 & 1 \end{bmatrix}$ とおくとき，$f_A(x) = \begin{bmatrix} x-1 & -a \\ 0 & x-1 \end{bmatrix} = (x-1)^2$

$$\therefore\quad A:\text{準単純} \Longleftrightarrow \varphi_A(x) = x-1 \Longleftrightarrow A - E = O \Longleftrightarrow a = 0$$

6. $A = \begin{bmatrix} a & b \\ c & d \end{bmatrix}$. $a, b, c, d \in \boldsymbol{R}$ とおけば

$$A{}^tA = \begin{bmatrix} a^2+b^2 & ac+bd \\ ac+bd & c^2+d^2 \end{bmatrix},\quad {}^tAA = \begin{bmatrix} a^2+c^2 & ab+cd \\ ab+cd & b^2+d^2 \end{bmatrix}$$

$$\therefore\ A{}^tA = {}^tAA \Longleftrightarrow \begin{cases} b^2 = c^2 \\ ac+bd = ab+cd \end{cases} \Longleftrightarrow \begin{cases} (b+c)(b-c) = 0 \\ (a-d)(b-c) = 0 \end{cases} \Longleftrightarrow \begin{cases} b = c \quad \text{または} \\ b = -c,\ a = d \end{cases}$$

$\therefore\quad A = \begin{bmatrix} a & b \\ b & d \end{bmatrix}$（対称行列）か，または $\begin{bmatrix} a & b \\ -b & a \end{bmatrix}$ のいずれか．

7. $B^* = B,\ C^* = C$ から $A^* = (B+iC)^* = B^* - iC^* = B - iC$.

$$\therefore\quad AA^* = B^2 - iBC + iCB + C^2,\quad A^*A = B^2 + iBC - iCB + C^2$$

よって $AA^* = A^*A \Longleftrightarrow CB - BC = BC - CB \Longleftrightarrow BC = CB$.

7.3　実対称行列の標準形

実対称行列 ▶

定理 12

n 次の実対称行列 A は，適当な直交行列 T によって対角化される．そのときの対角元は，行列 A の固有値であり，かつ直交行列 T の第 j 列は，対応する固有値 λ_j に対する行列 A の固有ベクトルである．

定理 13

実対称行列 A の固有値 λ が，行列 A の固有方程式の m 重根であれば，固有値 λ に対する固有空間は m 次元の線形空間である．

定理 14

n 次実正方行列 A の固有値がすべて実数であれば，適当な n 次の直交行列 T によって 3 角行列に変換される．

$$T^{-1}AT = \begin{bmatrix} \lambda_1 & & & O \\ & \lambda_2 & & \\ & & \ddots & \\ * & & & \lambda_n \end{bmatrix}$$

定理 15

n 次の実正方行列 A に対して，適当に n 次の直交行列 T_1, T_2 を選んで次のように対角化できる．そのとき，${\gamma_1}^2, {\gamma_2}^2, \cdots, {\gamma_n}^2$ は実対称行列 ${}^tAA$ の固有値である．

$$T_1AT_2 = \begin{bmatrix} \gamma_1 & & & O \\ & \gamma_2 & & \\ & & \ddots & \\ O & & & \gamma_n \end{bmatrix}$$

エルミート行列 ▶

定理 16

n 次のエルミート行列 H は，適当な n 次のユニタリ行列 U によって対角化される．そのときの対角元は，行列 H の固有値であり，かつユニタリ行列 U の第 j 列は，行列 H の対応する固有値 λ_j に対する固有ベクトルである．

例題 11　（実対称行列の対角化）

次の各実対称行列を直交行列で対角化せよ．

（i）$A=\begin{bmatrix}-1 & 1\\ 1 & -1\end{bmatrix}$　　（ii）$B=\begin{bmatrix}0 & 0 & 1\\ 0 & -1 & 0\\ 1 & 0 & 0\end{bmatrix}$

〖ヒント〗 定理 12，定理 13 を利用する．

【解答】（i） 行列 A の固有値は $f_A(x)=x(x+2)=0$ から $\lambda_1=-2$ と $\lambda_2=0$．$\lambda_1=-2$ に対する固有ベクトルは $\boldsymbol{x}_1=\begin{bmatrix}x_1\\ x_2\end{bmatrix}=x_1\begin{bmatrix}1\\ -1\end{bmatrix}$ だから，これを長さ 1 に正規化して $\begin{bmatrix}1/\sqrt{2}\\ -1/\sqrt{2}\end{bmatrix}$．$\lambda_2=0$ に対する固有ベクトルは $\boldsymbol{x}_2=\begin{bmatrix}x_1\\ x_2\end{bmatrix}=x_1\begin{bmatrix}1\\ 1\end{bmatrix}$ だから，これも正規化して $\begin{bmatrix}1/\sqrt{2}\\ 1/\sqrt{2}\end{bmatrix}$．これらのベクトルは正規直交系であるから，これらを列ベクトルとする行列 $T_1=\begin{bmatrix}1/\sqrt{2} & 1/\sqrt{2}\\ -1/\sqrt{2} & 1/\sqrt{2}\end{bmatrix}$ は直交行列であって，この直交行列により行列 A は $T_1^{-1}AT_1=\begin{bmatrix}-2 & \\ & 0\end{bmatrix}$ と対角化される．

（ii） 行列 B の固有値は $f_B(x)=(x-1)(x+1)^2=0$ から $\lambda_1=1$，$\lambda_2=\lambda_3=-1$．$\lambda_1=1$ に対する固有ベクトルは $\boldsymbol{x}_1=\begin{bmatrix}x_1\\ x_2\\ x_3\end{bmatrix}=x_1\begin{bmatrix}1\\ 0\\ 1\end{bmatrix}$ であるから，これを長さ 1 に正規化して $\begin{bmatrix}1/\sqrt{2}\\ 0\\ 1/\sqrt{2}\end{bmatrix}$．$\lambda_2=\lambda_3=-1$ に対する固有ベクトルは $\boldsymbol{x}_2=x_1\begin{bmatrix}1\\ 0\\ -1\end{bmatrix}+x_2\begin{bmatrix}0\\ 1\\ 0\end{bmatrix}$．固有空間の基底 $\begin{bmatrix}1\\ 0\\ -1\end{bmatrix}$ と $\begin{bmatrix}0\\ 1\\ 0\end{bmatrix}$ は直交しているから，これらを正規化して $\begin{bmatrix}1/\sqrt{2}\\ 0\\ -1/\sqrt{2}\end{bmatrix}$，$\begin{bmatrix}0\\ 1\\ 0\end{bmatrix}$．これらは正規直交系であるから，それらを列ベクトルとする行列 $T_2=\begin{bmatrix}1/\sqrt{2} & 1/\sqrt{2} & 0\\ 0 & 0 & 1\\ 1/\sqrt{2} & -1/\sqrt{2} & 0\end{bmatrix}$ は直交行列であり，この直交行列によって行列 B は $T_2^{-1}BT_2=\begin{bmatrix}1 & & \\ & -1 & \\ & & -1\end{bmatrix}$ と対角化される．

例題 12 （実対称行列のべき）

実対称行列 $A=\begin{bmatrix}4&-2&2\\-2&1&-1\\2&-1&1\end{bmatrix}$ のべきを求めよ．

〖ヒント〗 直交行列で対角化してからべき乗する．

【解答】 行列 A の固有値は $f_A(x)=x^2(x-6)=0$ から $\lambda_1=6$, $\lambda_2=\lambda_3=0$. $\lambda_1=6$ に対する固有ベクトル $\boldsymbol{x}_1=\begin{bmatrix}x_1\\x_2\\x_3\end{bmatrix}=-x_2\begin{bmatrix}2\\-1\\1\end{bmatrix}$ を長さ 1 に正規化して $\begin{bmatrix}2/\sqrt{6}\\-1/\sqrt{6}\\1/\sqrt{6}\end{bmatrix}$.

$\lambda_2=\lambda_3=0$ に対する固有ベクトルは $\boldsymbol{x}_2=x_1\begin{bmatrix}1\\2\\0\end{bmatrix}+x_3\begin{bmatrix}0\\1\\1\end{bmatrix}$ で，そのうち互いに直交するもの，たとえば $\begin{bmatrix}1\\0\\-2\end{bmatrix}$ と $\begin{bmatrix}2\\5\\1\end{bmatrix}$ を正規化して $\begin{bmatrix}1/\sqrt{5}\\0\\-2/\sqrt{5}\end{bmatrix}$, $\begin{bmatrix}2/\sqrt{30}\\5/\sqrt{30}\\1/\sqrt{30}\end{bmatrix}$.
これらのベクトルは正規直交系であるから，それらを列ベクトルとする行列
$T=\begin{bmatrix}2/\sqrt{6}&1/\sqrt{5}&2/\sqrt{30}\\-1/\sqrt{6}&0&5/\sqrt{30}\\1/\sqrt{6}&-2/\sqrt{5}&1/\sqrt{30}\end{bmatrix}$ は直交行列であり，この直交行列 T により行列 A は
$T^{-1}AT=\begin{bmatrix}6&&O\\&0&\\O&&0\end{bmatrix}$ と対角化される．

次に，この式の両辺を n 乗すれば $T^{-1}A^nT=\begin{bmatrix}6^n&&O\\&0&\\O&&0\end{bmatrix}$ であるから

$$
\begin{aligned}
A^n&=T\begin{bmatrix}6^n&&O\\&0&\\O&&0\end{bmatrix}{}^tT\\
&=\begin{bmatrix}2/\sqrt{6}&1/\sqrt{5}&2/\sqrt{30}\\-1/\sqrt{6}&0&5/\sqrt{30}\\1/\sqrt{6}&-2/\sqrt{5}&1/\sqrt{30}\end{bmatrix}\begin{bmatrix}6^n&&\\&0&\\&&0\end{bmatrix}\begin{bmatrix}2/\sqrt{6}&-1/\sqrt{6}&1/\sqrt{6}\\1/\sqrt{5}&0&-2/\sqrt{5}\\2/\sqrt{30}&5/\sqrt{30}&1/\sqrt{30}\end{bmatrix}\\
&=\begin{bmatrix}4\cdot 6^{n-1}&-2\cdot 6^{n-1}&2\cdot 6^{n-1}\\-2\cdot 6^{n-1}&6^{n-1}&-6^{n-1}\\2\cdot 6^{n-1}&-6^{n-1}&6^{n-1}\end{bmatrix}=6^{n-1}\begin{bmatrix}4&-2&2\\-2&1&-1\\2&-1&1\end{bmatrix}=6^{n-1}A
\end{aligned}
$$

例題 13 （エルミート行列の対角化）

次の各エルミート行列をユニタリ行列で対角化せよ．

（i） $A=\begin{bmatrix}-1 & -3i\\ 3i & -1\end{bmatrix}$ （ii） $B=\begin{bmatrix}1 & i & 2\\ -i & -2 & i\\ 2 & -i & 1\end{bmatrix}$

〖**ヒント**〗 定理16を応用する．

【**解答**】（i） 行列 A の固有値は $f_A(x)=(x-2)(x+4)=0$ から $\lambda_1=2,\ \lambda_2=-4$．$\lambda_1=2$ に対する固有ベクトルは，$\boldsymbol{x}_1=\begin{bmatrix}x_1\\ x_2\end{bmatrix}=x_1\begin{bmatrix}1\\ i\end{bmatrix}$ だから，これを長さ1に正規化して $\begin{bmatrix}1/\sqrt{2}\\ i/\sqrt{2}\end{bmatrix}$．$\lambda_2=-4$ に対する固有ベクトルは，$\boldsymbol{x}_2=\begin{bmatrix}x_1\\ x_2\end{bmatrix}=x_2\begin{bmatrix}i\\ 1\end{bmatrix}$ だから，これを正規化して $\begin{bmatrix}i/\sqrt{2}\\ 1/\sqrt{2}\end{bmatrix}$．これらのベクトルは正規直交系であるから，それらを列ベクトルとする行列 $U_1=\begin{bmatrix}1/\sqrt{2} & i/\sqrt{2}\\ i/\sqrt{2} & 1/\sqrt{2}\end{bmatrix}$ はユニタリ行列であり，このユニタリ行列によって行列 A は $U_1^{-1}AU_1=\begin{bmatrix}2 & \\ & -4\end{bmatrix}$ と対角化される．

（ii） 行列 B の固有値は $f_B(x)=x(x-3)(x+3)=0$ から $\lambda_1=3,\ \lambda_2=-3,\ \lambda_3=0$．$\lambda_1=3$ に対する固有ベクトルは $\boldsymbol{x}_1=\begin{bmatrix}x_1\\ x_2\\ x_3\end{bmatrix}=x_1\begin{bmatrix}1\\ 0\\ 1\end{bmatrix}$ で，これを正規化して $\begin{bmatrix}1/\sqrt{2}\\ 0\\ 1/\sqrt{2}\end{bmatrix}$．$\lambda_2=-3$ に対する固有ベクトル $\boldsymbol{x}_2=x_1\begin{bmatrix}1\\ 2i\\ -1\end{bmatrix}$ を正規化して $\begin{bmatrix}1/\sqrt{6}\\ 2i/\sqrt{6}\\ -1/\sqrt{6}\end{bmatrix}$．$\lambda_3=0$ に対する固有ベクトル $\boldsymbol{x}_3=x_1\begin{bmatrix}1\\ -i\\ -1\end{bmatrix}$ を正規化して $\begin{bmatrix}1/\sqrt{3}\\ -i/\sqrt{3}\\ -1/\sqrt{3}\end{bmatrix}$．これらは正規直交系であるから，それらを列ベクトルとする行列 $U_2=\begin{bmatrix}1/\sqrt{2} & 1/\sqrt{6} & 1/\sqrt{3}\\ 0 & 2i/\sqrt{3} & -i/\sqrt{3}\\ 1/\sqrt{2} & -1/\sqrt{6} & -1/\sqrt{3}\end{bmatrix}$ はユニタリ行列で，このユニタリ行列によって，行列 B は $U_2^{-1}BU_2=\begin{bmatrix}3 & & O\\ & -3 & \\ O & & 0\end{bmatrix}$ と対角化される．

例題 14 （実対称行列の同時対角化）

2つの3次実対称行列 A, B が，同じ直交行列によって同時に対角化されるためには $AB = BA$ なることが必要十分であることを示せ．

〖ヒント〗 行列 A の相異なる固有値の数によって分けて考える．

【解答】 ［必要性］ 直交行列 T によって

$$T^{-1}AT = \begin{bmatrix} \lambda_1 & & O \\ & \lambda_2 & \\ O & & \lambda_3 \end{bmatrix}, \quad T^{-1}BT = \begin{bmatrix} \mu_1 & & O \\ & \mu_2 & \\ O & & \mu_3 \end{bmatrix}$$

と対角化されたとすれば

$$T^{-1}(AB)T = (T^{-1}AT)(T^{-1}BT) = \begin{bmatrix} \lambda_1\mu_1 & & O \\ & \lambda_2\mu_2 & \\ O & & \lambda_3\mu_3 \end{bmatrix} = (T^{-1}BT)(T^{-1}AT)$$

$$= T^{-1}(BA)T$$

よって $AB = BA$.

［十分性］ $T^{-1}AT = \begin{bmatrix} \lambda_1 & & O \\ & \lambda_2 & \\ O & & \lambda_3 \end{bmatrix}$, $T^{-1}BT = (b_{ij})$ とすれば $AB = BA$ から

$$\begin{bmatrix} \lambda_1 b_{11} & \lambda_1 b_{12} & \lambda_1 b_{13} \\ \lambda_2 b_{21} & \lambda_2 b_{22} & \lambda_2 b_{23} \\ \lambda_3 b_{31} & \lambda_3 b_{32} & \lambda_3 b_{33} \end{bmatrix} = T^{-1}ABT = T^{-1}BAT = \begin{bmatrix} \lambda_1 b_{11} & \lambda_2 b_{12} & \lambda_3 b_{13} \\ \lambda_1 b_{21} & \lambda_2 b_{22} & \lambda_3 b_{23} \\ \lambda_1 b_{31} & \lambda_2 b_{32} & \lambda_3 b_{33} \end{bmatrix}$$

すなわち $\lambda_i b_{ij} = \lambda_j b_{ij}$ $(i,\ j = 1,\ 2,\ 3)$ が成り立つ．ここで $\lambda_i \neq \lambda_j$ $(i \neq j)$ の場合には $b_{ij} = 0$ $(i \neq j)$ となり $T^{-1}BT = (b_{ij})$ も対角行列となる．$\lambda_1 \neq \lambda_2 = \lambda_3$ の場合には，$T^{-1}BT = \begin{bmatrix} b_{11} & 0 & 0 \\ 0 & b_{22} & b_{23} \\ 0 & b_{32} & b_{33} \end{bmatrix}$ となり，$B_0 = \begin{bmatrix} b_{22} & b_{23} \\ b_{32} & b_{33} \end{bmatrix}$ は実対称行列だから，ある2次の直交行列 T_0 によって $T_0^{-1}B_0T_0 = \begin{bmatrix} \nu_1 & 0 \\ 0 & \nu_2 \end{bmatrix}$ と対角化される．ここで，$T_1 = T\begin{bmatrix} 1 & \boldsymbol{O} \\ \boldsymbol{O} & T_0 \end{bmatrix}$ とおけば $T_1^{-1}BT_1 = \begin{bmatrix} 1 & \boldsymbol{O} \\ \boldsymbol{O} & T_0 \end{bmatrix} T^{-1}BT = \begin{bmatrix} 1 & \boldsymbol{O} \\ \boldsymbol{O} & T_0 \end{bmatrix} = \begin{bmatrix} b_{11} & & O \\ & \nu_1 & \\ O & & \nu_2 \end{bmatrix}$ となり，さらにこの直交行列 T_1 により $T_1^{-1}AT_1 = \begin{bmatrix} \lambda_1 & & O \\ & \lambda_2 & \\ O & & \lambda_3 \end{bmatrix}$ である．最後に，$\lambda_1 = \lambda_2 = \lambda_3$ の場合には，$T^{-1}AT = \lambda_1 E$ はスカラー行列となり，したがって $A = \lambda_1 E$ もスカラー行列であるから，行列 B を対角化する直交行列で A も同時に対角化される．

問題 7.3 A

1. 次の各実対称行列を直交行列で対角化せよ.

(1) $A = \begin{bmatrix} 1 & -3 \\ -3 & 1 \end{bmatrix}$ (2) $B = \begin{bmatrix} 1 & 1 & -2 \\ 1 & 1 & -2 \\ -2 & -2 & 0 \end{bmatrix}$ (3) $C = \begin{bmatrix} -2 & 2 & 10 \\ 2 & -11 & 8 \\ 10 & 8 & -5 \end{bmatrix}$

2. 次の各実対称行列のべきを求めよ.

(1) $A = \begin{bmatrix} 2 & 2 \\ 2 & 5 \end{bmatrix}$ (2) $B = \begin{bmatrix} 1 & 0 & -3 \\ 0 & 4 & 0 \\ -3 & 0 & 1 \end{bmatrix}$

3. 次の各エルミート行列をユニタリ行列で対角化せよ.

(1) $A = \begin{bmatrix} 2 & -i \\ i & 2 \end{bmatrix}$ (2) $B = \begin{bmatrix} 1 & -2i & 1 \\ 2i & 2 & -2i \\ 1 & 2i & 1 \end{bmatrix}$

4. 実対称行列の固有値がすべて等しければ，その行列はスカラー行列であることを示せ.

5. ユニタリ行列 U に対して，行列 U^*AU が実の対角行列であれば，行列 A はエルミートであることを示せ.

問題 7.3 B

1. 実対称行列 A が零行列でなければ，任意の自然数 m に対して $A^m \neq O$ であることを示せ.

2. n 次の実対称行列 A, B が，同じ n 次の直交行列によって同時に対角化されるならば，

(1) $AB = BA$ が成り立つことを示せ.

(2) 行列 A, B の固有値をそれぞれ $\lambda_1, \cdots, \lambda_n$；$\mu_1, \cdots, \mu_n$ とするとき，行列 AB および $A + B$ の固有値はそれぞれ $\lambda_1\mu_1, \cdots, \lambda_n\mu_n$；$\lambda_1 + \mu_1, \cdots, \lambda_n + \mu_n$ となることを示せ.

3. n 次の実行列 S が階数1の対称行列であるためには，適当な実数 $c \neq 0$ と n 次元の実数ベクトル $\boldsymbol{b} \neq \boldsymbol{o}$ が存在して $S = c\boldsymbol{b}{}^t\boldsymbol{b}$ と書き表されることが必要十分であることを証明せよ.

4. n 次のエルミート行列 $A_1, \cdots, A_m$ が ${A_1}^2 + \cdots + {A_m}^2 = O$ をみたすならば，これらのエルミート行列はすべて零行列であることを証明せよ.

ヒントと解答

問題 7.3 A

1. (1) 固有値は $\lambda_1 = -2$, $\lambda_2 = 4$. $\lambda_1 = -2$ に対する正規化された固有ベクトルは

${}^t\boldsymbol{x}_1=(1/\sqrt{2},\ 1/\sqrt{2})$. $\lambda_2=4$ に対する正規化された固有ベクトルは ${}^t\boldsymbol{x}_2=(1/\sqrt{2},\ -1/\sqrt{2})$. したがって，直交行列 $T=\begin{bmatrix}1/\sqrt{2} & 1/\sqrt{2}\\ 1/\sqrt{2} & -1/\sqrt{2}\end{bmatrix}$ によって $T^{-1}AT=\begin{bmatrix}-2 & 0\\ 0 & 4\end{bmatrix}$.

(2) 固有値は $\lambda_1=4,\ \lambda_2=-2,\ \lambda_3=0$ で，これらに対する正規化された固有ベクトルは，それぞれ ${}^t\boldsymbol{x}_1=(1/\sqrt{3},\ 1/\sqrt{3},\ -1/\sqrt{3})$，${}^t\boldsymbol{x}_2=(1/\sqrt{6},\ 1/\sqrt{6},\ 2/\sqrt{6})$，${}^t\boldsymbol{x}_3=(1/\sqrt{2},\ -1/\sqrt{2},\ 0)$. したがって，直交行列

$$T=\begin{bmatrix}1/\sqrt{3} & 1/\sqrt{6} & 1/\sqrt{2}\\ 1/\sqrt{3} & 1/\sqrt{6} & -1/\sqrt{2}\\ -1/\sqrt{3} & 2/\sqrt{6} & 0\end{bmatrix} \text{によって}\quad T^{-1}BT=\begin{bmatrix}4 & & O\\ & -2 & \\ O & & 0\end{bmatrix}$$

(3) 固有値は $\lambda_1=9,\ \lambda_2=-9,\ \lambda_3=-18$ でそれらに対する正規化された固有ベクトルは，それぞれ ${}^t\boldsymbol{x}_1=(2/3,\ 1/3,\ 2/3)$，${}^t\boldsymbol{x}_2=(2/3,\ -2/3,\ -1/3)$，${}^t\boldsymbol{x}_3=(1/3,\ 2/3,\ -2/3)$. したがって，直交行列

$$T=\begin{bmatrix}2/3 & 2/3 & 1/3\\ 1/3 & -2/3 & 2/3\\ 2/3 & -1/3 & -2/3\end{bmatrix} \text{によって}\quad T^{-1}CT=\begin{bmatrix}9 & & O\\ & -9 & \\ O & & 18\end{bmatrix}$$

2. (1) 固有値は $\lambda_1=1,\ \lambda_2=6$. 直交行列 $T=\begin{bmatrix}-2/\sqrt{5} & 1/\sqrt{5}\\ 1/\sqrt{5} & 2/\sqrt{5}\end{bmatrix}$ によって $T^{-1}AT=\begin{bmatrix}1 & \\ & 6\end{bmatrix}$. よって $A^n=T\begin{bmatrix}1 & 0\\ 0 & 6^n\end{bmatrix}{}^tT=\begin{bmatrix}(4+6^n)/5 & (-2+2\cdot 6^n)/5\\ (-2+2\cdot 6^n)/5 & (1+4\cdot 6^n)/5\end{bmatrix}$.

(2) 固有値は $\lambda_1=-2,\ \lambda_2=\lambda_3=4$ で，直交行列

$$T=\begin{bmatrix}1/\sqrt{2} & 1/\sqrt{3} & -1/\sqrt{6}\\ 0 & 1/\sqrt{3} & 2/\sqrt{6}\\ 1/\sqrt{2} & -1/\sqrt{3} & 1/\sqrt{6}\end{bmatrix} \text{によって}\quad T^{-1}BT=\begin{bmatrix}-2 & & O\\ & 4 & \\ O & & 4\end{bmatrix}$$

$$\text{よって}\ B^n=T\begin{bmatrix}(-2)^n & & O\\ & 4^n & \\ O & & 4^n\end{bmatrix}{}^tT=2^{n-1}\begin{bmatrix}(-1)^n+2^n & 0 & (-1)^n-2^n\\ 0 & 2^{n+1} & 0\\ (-1)^n-2^n & 0 & (-1)^n+2^n\end{bmatrix}$$

3. (1) 固有値は $\lambda_1=1,\ \lambda_2=3$ で，それらに対する正規化された固有ベクトルは，それぞれ ${}^t\boldsymbol{x}_1=(i/\sqrt{2},\ 1/\sqrt{2})$，${}^t\boldsymbol{x}_2=(-i/\sqrt{2},\ 1/\sqrt{2})$. したがって，ユニタリ行列 $U=\begin{bmatrix}i/\sqrt{2} & -i/\sqrt{2}\\ 1/\sqrt{2} & 1/\sqrt{2}\end{bmatrix}$ によって $U^{-1}AU=\begin{bmatrix}1 & 0\\ 0 & 3\end{bmatrix}$.

(2) 固有値は $\lambda_1=2,\ \lambda_2=4,\ \lambda_3=-2$ で，それらに対する正規化された固有ベクトルは，それぞれ ${}^t\boldsymbol{x}_1=(1/\sqrt{2},\ 0,\ 1/\sqrt{2})$，${}^t\boldsymbol{x}_2=(1/\sqrt{6},\ 2i/\sqrt{6},\ -1/\sqrt{6})$，${}^t\boldsymbol{x}_3=(1/\sqrt{3},\ -i/\sqrt{3},\ -1/\sqrt{3})$. したがって，ユニタリ行列

$$U=\begin{bmatrix}1/\sqrt{2} & 1/\sqrt{6} & 1/\sqrt{3}\\ 0 & 2i/\sqrt{6} & -i/\sqrt{3}\\ 1/\sqrt{2} & -1/\sqrt{6} & -1/\sqrt{3}\end{bmatrix} \text{により}\quad U^{-1}BU=\begin{bmatrix}2 & & O\\ & 4 & \\ O & & -2\end{bmatrix}$$

4. 実対称行列 A の固有値がすべて λ であれば，ある直交行列 T によって $T^{-1}AT = \lambda E$ と対角化できる．よって $A = T(\lambda E)T^{-1} = \lambda E$ はスカラー行列である．

5. $U^*AU = \Lambda$ が実対角行列であれば $\Lambda^* = \Lambda$. したがって $U^*AU = (U^*AU)^* = U^*A^*U$. よって $A = A^*$.

問題 7.3 B

1. 直交行列 T によって実対称行列 A を対角化し，$T^{-1}AT = \Lambda$ となったとすれば，$\Lambda^m = T^{-1}A^mT$. よって，もし $A^m = O$ であったとすれば $\Lambda^m = O$ で，Λ は対角行列であるから $\Lambda = \begin{bmatrix} \lambda_1 & & O \\ & \ddots & \\ O & & \lambda_n \end{bmatrix}$ とおけば $O = \Lambda^m = \begin{bmatrix} {\lambda_1}^m & & O \\ & \ddots & \\ O & & {\lambda_n}^m \end{bmatrix}$. よって $\lambda_1 = \cdots = \lambda_n = 0$ となり，$\Lambda = O$ から $A = O$. したがって $A \neq O$ ならば $A^m \neq O$.

2. (1) 例題 14 参照.　(2) n 次の直交行列 T によって

$$T^{-1}AT = \begin{bmatrix} \lambda_1 & & O \\ & \ddots & \\ O & & \lambda_n \end{bmatrix}, \quad T^{-1}BT = \begin{bmatrix} \mu_1 & & O \\ & \ddots & \\ O & & \mu_n \end{bmatrix}$$

となったとすれば　$T^{-1}(AB)T = (T^{-1}AT)(T^{-1}BT) = \begin{bmatrix} \lambda_1\mu_1 & & O \\ & \ddots & \\ O & & \lambda_n\mu_n \end{bmatrix}$,

$T^{-1}(A+B)T = \begin{bmatrix} \lambda_1+\mu_1 & & O \\ & \ddots & \\ O & & \lambda_n+\mu_n \end{bmatrix}$. よって，行列 AB の固有値は $\lambda_1\mu_1, \cdots, \lambda_n\mu_n$, $A+B$ の固有値は $\lambda_1+\mu_1, \cdots, \lambda_n+\mu_n$.

3. ［十分性］ ${}^tS = {}^t(c\boldsymbol{b}{}^t\boldsymbol{b}) = c\boldsymbol{b}{}^t\boldsymbol{b} = S$.　$\therefore$　S は対称行列．また，任意の実数ベクトル $\boldsymbol{x}$ に対して $S\boldsymbol{x} = c(\boldsymbol{b}, \boldsymbol{x})\boldsymbol{b}$ だから $S\boldsymbol{x} = \boldsymbol{o} \Longleftrightarrow (\boldsymbol{b}, \boldsymbol{x}) = 0$. しかるに，$(\boldsymbol{b}, \boldsymbol{x}) = 0$ なる実数ベクトル全体は $n-1$ 次元の部分空間をなすから $\operatorname{rank} S = 1$.

［必要性］ ${}^tS = S$, $\operatorname{rank} S = 1$ ならば，ある直交行列 T により

$T^{-1}ST = \begin{bmatrix} c & & & O \\ & 0 & & \\ & & \ddots & \\ O & & & 0 \end{bmatrix}$ $(c \neq 0)$ と対角化できる．そこで，直交行列 T の第1列のなす列ベクトルを $\boldsymbol{b}$ とすれば $S = T \begin{bmatrix} c & & & O \\ & 0 & & \\ & & \ddots & \\ O & & & 0 \end{bmatrix} {}^tT = c\boldsymbol{b}{}^t\boldsymbol{b}$.

4. $A_k = ({a_{ij}}^{(k)})$, $k = 1, \cdots, m$ とおけば，A_k はエルミート行列であるから $\overline{a}_{ij}{}^{(k)} = {a_{ji}}^{(k)}$ となる．よって $\sum_{k=1}^{m} {A_k}^2 = O$ から $0 = \operatorname{tr}\left(\sum_{k=1}^{m} {A_k}^2\right) = \sum_{i,j,k} {a_{ij}}^{(k)}{a_{ji}}^{(k)} = \sum_{i,j,k} {a_{ij}}^{(k)}\overline{a}_{ij}{}^{(k)} = \sum_{i,j,k} |{a_{ij}}^{(k)}|^2$. したがって，すべての i, j, k に対して ${a_{ij}}^{(k)} = 0$. よって $A_k = ({a_{ij}}^{(k)}) = O$, $k = 1, \cdots, m$.

7.4　2 次形式とエルミート形式

2 次形式 ▶　n 個の変数 $x_1, x_2, \cdots, x_n$ に関する実数係数の 2 次同次式を**実 2 次形式**，あるいは簡単に **2 次形式**という．これは n 次の実対称行列 $S = (s_{ij})$ と n 次元の変数ベクトル $\boldsymbol{x} = {}^t(x_1, x_2, \cdots, x_n)$ を使って一意的に

$$S[\boldsymbol{x}] = \sum_{i,j=1}^{n} s_{ij}x_ix_j = {}^t\boldsymbol{x}S\boldsymbol{x} = (\boldsymbol{x}, S\boldsymbol{x})$$

の形に表される．このとき，実対称行列 S を 2 次形式の（**係数**）**行列**，S の階数を 2 次形式の**階数**，行列式 $|S|$ を 2 次形式の**判別式**という．とくに，係数行列が単位行列である 2 次形式

$$E[\boldsymbol{x}] = {x_1}^2 + {x_2}^2 + \cdots + {x_n}^2$$

を**単位形式**という．

定理 17

2 次形式 $S[\boldsymbol{x}]$ は，行列 P による変数の線形変換 $\boldsymbol{x} = P\boldsymbol{y}$ によって，変数 $\boldsymbol{y} = {}^t(y_1, y_2, \cdots, y_n)$ の 2 次形式にうつる．このとき，係数行列は S から ${}^tPSP$ に変わる．

$$S[\boldsymbol{x}] = ({}^tPSP)[\boldsymbol{y}]$$

とくに，P が正則行列であれば，係数行列の対等な類や階数は変わらない．

定理 18

2 次形式 $S[\boldsymbol{x}]$ は，変数の適当な直交変換 $\boldsymbol{x} = T\boldsymbol{y}$（$T$：直交行列）によって，次のような標準形になる．

$$S[\boldsymbol{x}] = ({}^tTST)[\boldsymbol{y}] = \lambda_1{y_1}^2 + \lambda_2{y_2}^2 + \cdots + \lambda_n{y_n}^2$$

ここで，$\lambda_1, \lambda_2, \cdots, \lambda_n$ は係数行列 S の固有値である．

定理 19

2 次形式 $S[\boldsymbol{x}]$ は，変数の適当な正則線形変換 $\boldsymbol{x} = P\boldsymbol{y}$（$P$：実正則行列）によって，次のような標準形になる．

$$S[\boldsymbol{x}] = ({}^tPSP)[\boldsymbol{y}] = {y_1}^2 + \cdots + {y_p}^2 - {y_{p+1}}^2 - \cdots - {y_{p+q}}^2$$

ここで，p は S の固有値のうち正なるものの個数，q は負なるものの個数に等しい．

この定理における p, q は係数行列 S のみによって一意的に定まる定数であって，その対 (p, q) は 2 次形式の符号数と呼ばれている（**シルベスターの慣性法則**）．

エルミート形式 ▶ n 次のエルミート行列 $H=(h_{ij})$ と n 次元の複素変数ベクトル $\boldsymbol{x}$ に対して

$$H[\boldsymbol{x}]=\sum_{i,\,j=1}^{n} h_{ij}\overline{x}_i x_j=\boldsymbol{x}^* H\boldsymbol{x}=(\overline{\boldsymbol{x}, H\boldsymbol{x}})_u$$

を**エルミート形式**という．

定理 20

エルミート形式 $H[\boldsymbol{x}]$ において，変数の正則線形変換 $\boldsymbol{x}=P\boldsymbol{y}$（$P$：正則行列）によって係数行列は H から P^*HP にうつる．

$$H[\boldsymbol{x}]=(P^*HP)[\boldsymbol{y}]$$

定理 21

エルミート形式 $H[\boldsymbol{x}]$ において，変数の適当なユニタリ変換 $\boldsymbol{x}=U\boldsymbol{y}$（$U$：ユニタリ行列）によって次のような標準形にうつる．

$$\begin{aligned}H[\boldsymbol{x}]&=(U^*HU)[\boldsymbol{y}]\\&=\lambda_1\overline{y}_1 y_1+\cdots+\lambda_n\overline{y}_n y_n\end{aligned}$$

ここで，$\lambda_1, \cdots, \lambda_n$ はエルミート行列 H の固有値であり，すべて実数である．

定理 22

エルミート形式 $H[\boldsymbol{x}]$ において，変数の適当な正則線形変換 $\boldsymbol{x}=P\boldsymbol{y}$（$P$：正則行列）によって次のような標準形にうつる．

$$\begin{aligned}H[\boldsymbol{x}]&=(P^*HP)[\boldsymbol{y}]\\&=|y_1|^2+\cdots+|y_p|^2-|y_{p+1}|^2-\cdots-|y_{p+q}|^2\end{aligned}$$

ここで，符号数 (p, q) は係数行列 H のみによって一意的に定まる定数であって，p は H の固有値のうち正なるものの個数に等しく，q は負なるものの個数に等しい．

定符号・半定符号形式 ▶ 2 次形式 $S[\boldsymbol{x}]$ が，任意の実数ベクトル $\boldsymbol{a}$ に対して，つねに $S[\boldsymbol{a}]\geqq 0$ であるとき，2 次形式 $S[\boldsymbol{x}]$ または係数行列 S は**半正値**（あるいは**非負値**）であるといって $S\geqq 0$ で表す．半正値な 2 次形式 $S[\boldsymbol{x}]$ において，$S[\boldsymbol{a}]=0$ となるのは $\boldsymbol{a}=\boldsymbol{o}$ の場合に限るとき，**正値**（**定符号**）または**正定値**であるといって $S>0$ で表す．さらに，$-S[\boldsymbol{x}]$ が半正値，あるいは正定値であるとき，$S[\boldsymbol{x}]$ はそれぞれ**半負値**，あるいは**負定値**であるといって $S\leqq 0$, $S<0$ で表す．

定理 23

2次形式がそれぞれ半正値，正定値，半負値，負定値であるという概念は，変数の正則線形変換で変わらない．

定理 24

2次形式 $S[\boldsymbol{x}]$ の係数行列 S の固有値を $\lambda_1, \lambda_2, \cdots, \lambda_n$ とし，符号数を (p, q) とするとき

(i)　$S \geqq 0$ であるためには，次のいずれかが成り立つことが必要十分である．

(a)　$\lambda_1 \geqq 0, \cdots, \lambda_n \geqq 0$　　(b)　$q = 0$

(ii)　$S > 0$ であるためには，次のいずれかが成り立つことが必要十分である．

(a)　$\lambda_1 > 0, \cdots, \lambda_n > 0$　　(b)　$p = n \ (q = 0)$

定理 25

n 次の実対称行列 $S = (s_{ij})$ に対して

$$S_{(k)} = \begin{bmatrix} s_{11} & \cdots & s_{1k} \\ & \cdots\cdots & \\ s_{k1} & \cdots & s_{kk} \end{bmatrix} \quad (k = 1,\ 2,\ \cdots,\ n)$$

とおくとき，

(i)　$|S_{(k)}| > 0 \ (k = 1, 2, \cdots, n) \Longleftrightarrow S > 0$

(ii)　$|S_{(k)}| > 0 \ (k = 1, 2, \cdots, n-1)$，かつ $|S| = 0 \Longrightarrow S \geqq 0$

(iii)　$|S_{(1)}| < 0,\ |S_{(2)}| > 0,\ |S_{(3)}| < 0,\ \cdots \Longleftrightarrow S < 0$

定理 26

実対称行列 S の固有値のうち最大なものを $\lambda_{\max}$，最小なものを $\lambda_{\min}$ とするとき，任意の実 n 次元数ベクトル $\boldsymbol{x}$ に対して

$$\lambda_{\min}(\boldsymbol{x}, \boldsymbol{x}) \leqq S[\boldsymbol{x}] \leqq \lambda_{\max}(\boldsymbol{x}, \boldsymbol{x})$$

が成り立つ．

とくに，条件 $(\boldsymbol{x}, \boldsymbol{x}) = {x_1}^2 + {x_2}^2 + \cdots + {x_n}^2 = 1$ のもとでは，$S[\boldsymbol{x}]$ の最大値は $\lambda_{\max}$ であり，最小値は $\lambda_{\min}$ である．

〖**注意**〗　エルミート形式に対しても，実2次形式の場合と同様に，半正値，正定値等の概念が定義され，かつ定理 23〜25 が成り立つ．

例題 15 **(2 次形式の行列)**

(i) 次の各 2 次形式を対称行列を用いて表せ.

$$S_1[\boldsymbol{x}] = {x_1}^2 - 3{x_2}^2 + 2{x_3}^2 + 4x_1x_2 + 2x_1x_3 - 8x_2x_3$$

$$S_2[\boldsymbol{x}] = x_1x_2 - x_2x_3 - x_1x_3$$

(ii) 次の各 2 次形式を正則行列 $P = \begin{bmatrix} 1 & 2 & 1 \\ & -1 & 2 \\ O & & 1 \end{bmatrix}$ で変数変換せよ.

$$S_3[\boldsymbol{x}] = {x_1}^2 + 3{x_2}^2 + 21{x_3}^2 + 4x_1x_2 - 10x_1x_3 - 16x_2x_3$$

$$S_4[\boldsymbol{x}] = {x_1}^2 + 5{x_2}^2 + 30{x_3}^2 + 4x_1x_2 - 10x_1x_3 - 24x_2x_3$$

〖**ポイント**〗 (i) 係数行列の元 s_{ij} $(i \neq j)$ は x_ix_j の係数の 1/2 に等しい.

(ii) 定理 17 を参照.

【**解答**】 (i) $S_1[\boldsymbol{x}] = {}^t\boldsymbol{x}S_1\boldsymbol{x}$; $\boldsymbol{x} = \begin{bmatrix} x_1 \\ x_2 \\ x_3 \end{bmatrix}$, $S_1 = \begin{bmatrix} 1 & 2 & 1 \\ 2 & -3 & -4 \\ 1 & -4 & 2 \end{bmatrix}$

$S_2[\boldsymbol{x}] = {}^t\boldsymbol{x}S_2\boldsymbol{x}$; $\boldsymbol{x} = \begin{bmatrix} x_1 \\ x_2 \\ x_3 \end{bmatrix}$, $S_2 = \begin{bmatrix} 0 & 1/2 & -1/2 \\ 1/2 & 0 & -1/2 \\ -1/2 & -1/2 & 0 \end{bmatrix}$

(ii) 変数に正則線形変換 $\boldsymbol{x} = P\boldsymbol{y} = \begin{bmatrix} 1 & 2 & 1 \\ & -1 & 2 \\ O & & 1 \end{bmatrix}\boldsymbol{y}$ を施せば

$$S_3[\boldsymbol{x}] = {}^t\boldsymbol{x}\begin{bmatrix} 1 & 2 & -5 \\ 2 & 3 & -8 \\ -5 & -8 & 21 \end{bmatrix}\boldsymbol{x} = {}^t\boldsymbol{y}\begin{bmatrix} 1 & & O \\ 2 & -1 & \\ 1 & 2 & 1 \end{bmatrix}\begin{bmatrix} 1 & 2 & -5 \\ 2 & 3 & -8 \\ -5 & -8 & 21 \end{bmatrix}\begin{bmatrix} 1 & 2 & 1 \\ & -1 & 2 \\ O & & 1 \end{bmatrix}\boldsymbol{y}$$

$$= {}^t\boldsymbol{y}\begin{bmatrix} 1 & & O \\ & -1 & \\ O & & 0 \end{bmatrix}\boldsymbol{y} = {y_1}^2 - {y_2}^2$$

$$S_4[\boldsymbol{x}] = {}^t\boldsymbol{x}\begin{bmatrix} 1 & 2 & -5 \\ 2 & 5 & -12 \\ -5 & -12 & 30 \end{bmatrix}\boldsymbol{x} = {}^t\boldsymbol{y}\begin{bmatrix} 1 & & O \\ 2 & -1 & \\ 1 & 2 & 1 \end{bmatrix}\begin{bmatrix} 1 & 2 & -5 \\ 2 & 5 & -12 \\ -5 & -12 & 30 \end{bmatrix}\begin{bmatrix} 1 & 2 & 1 \\ & -1 & 2 \\ O & & 1 \end{bmatrix}\boldsymbol{y}$$

$$= {}^t\boldsymbol{y}\begin{bmatrix} 1 & & O \\ & 1 & \\ O & & 1 \end{bmatrix}\boldsymbol{y} = {y_1}^2 + {y_2}^2 + {y_3}^2$$

例題 16　**(2 次形式の標準形)**

次の各 2 次形式の符号数と標準形を求めよ．

(i)　$S_1[\boldsymbol{x}] = 2{x_1}^2 + 2{x_2}^2 - {x_3}^2 - 8x_1x_2 + 4x_1x_3 - 4x_2x_3$

(ii)　$S_2[\boldsymbol{x}] = {x_1}^2 - {x_2}^2 + 5{x_3}^2 - 2x_1x_2 + 4x_1x_3 - 8x_2x_3$

〖**ヒント**〗　定理 18 参照．

【**解答**】 (i)　$S_1[\boldsymbol{x}] = {}^t\boldsymbol{x}\begin{bmatrix} 2 & -4 & 2 \\ -4 & 2 & -2 \\ 2 & -2 & -1 \end{bmatrix}\boldsymbol{x}$ において，係数行列 $S_1 = \begin{bmatrix} 2 & -4 & 2 \\ -4 & 2 & -2 \\ 2 & -2 & -1 \end{bmatrix}$ の固有多項式 $f_{S_1}(x) = (x-7)(x+2)^2$ から，固有値は $\lambda_1 = 7$, $\lambda_2 = \lambda_3 = -2$．したがって，符号数は $(p,\ q) = (1,\ 2)$．$\lambda_1 = 7$ に対する正規化された固有ベクトルは $\begin{bmatrix} 2/3 \\ -2/3 \\ 1/3 \end{bmatrix}$, $\lambda_2 = \lambda_3 = -2$ に対する固有空間の正規直交基底は $\begin{bmatrix} 1/\sqrt{2} \\ 1/\sqrt{2} \\ 0 \end{bmatrix}$, $\begin{bmatrix} -1/3\sqrt{2} \\ 1/3\sqrt{2} \\ 4/3\sqrt{2} \end{bmatrix}$．よって，直交行列 $T = \begin{bmatrix} 2/3 & 1/\sqrt{2} & -1/3\sqrt{2} \\ -2/3 & 1/\sqrt{2} & 1/3\sqrt{2} \\ 1/3 & 0 & 4/3\sqrt{2} \end{bmatrix}$ による変数の直交変換 $\boldsymbol{x} = T\boldsymbol{y}$, $\boldsymbol{y} = \begin{bmatrix} y_1 \\ y_2 \\ y_3 \end{bmatrix}$ により標準形 $S_1[\boldsymbol{x}] = 7{y_1}^2 - 2({y_2}^2 + {y_3}^2)$ が得られる．

(ii)　$S_2[\boldsymbol{x}] = \{{x_1}^2 - 2(x_2 - 2x_3)x_1 + (x_2 - 2x_3)^2\} + (-2{x_2}^2 + {x_3}^2 - 4x_2x_3)$

$= (x_1 - x_2 + 2x_3)^2 - 2(x_2 + x_3)^2 + 3{x_3}^2$

ここで，変数に正則線形変換

$$\begin{bmatrix} x_1 \\ x_2 \\ x_3 \end{bmatrix} = \begin{bmatrix} 1 & -1 & 2 \\ & \sqrt{2} & \sqrt{2} \\ O & & \sqrt{3} \end{bmatrix}^{-1} \begin{bmatrix} y_1 \\ y_2 \\ y_3 \end{bmatrix}$$

を施せば，標準形 $S_2[\boldsymbol{x}] = {y_1}^2 - {y_2}^2 + {y_3}^2$ が得られ，かつ符号数は $(p,\ q) = (2,\ 1)$ である．

〖**注意**〗 (ii) のような方法は**ラグランジュの方法**といわれ，係数行列の固有方程式を解くことが困難な場合には，非常に有効である．

例題 17 **(2次形式の符号)**

次の各2次形式について，半正値，正定値等の符号を判定せよ．

(i)　$S_1[\boldsymbol{x}] = 3{x_1}^2 + 2({x_2}^2 + {x_3}^2 + x_1x_2 + x_1x_3)$

(ii)　$S_2[\boldsymbol{x}] = 3({x_1}^2 + {x_3}^2) + {x_2}^2 - 2(x_1x_2 + x_1x_3 + x_2x_3)$

(iii)　$S_3[\boldsymbol{x}] = {x_1}^2 + 2{x_2}^2 + 3{x_3}^2 + 2(x_1x_2 - x_1x_3 + x_2x_3)$

〖ヒント〗 定理24，定理25を適用する．

【解答】 (i)　係数行列は $S_1 = \begin{bmatrix} 3 & 1 & 1 \\ 1 & 2 & 0 \\ 1 & 0 & 2 \end{bmatrix}$ であるから，

$$|3| > 0, \quad \begin{vmatrix} 3 & 1 \\ 1 & 2 \end{vmatrix} = 5 > 0, \quad \begin{vmatrix} 3 & 1 & 1 \\ 1 & 2 & 0 \\ 1 & 0 & 2 \end{vmatrix} = 8 > 0$$

よって，定理25によりこの2次形式 $S_1[\boldsymbol{x}]$ は正定値である．

(ii)　係数行列は $S_2 = \begin{bmatrix} 3 & -1 & -1 \\ -1 & 1 & -1 \\ -1 & -1 & 3 \end{bmatrix}$ であるから，その固有多項式は

$$f_{S_2}(x) = x(x-3)(x-4)$$

よって，S_2 の固有値は $\lambda_1 = 3$, $\lambda_2 = 4$, $\lambda_3 = 0$．符号数は $(p, q) = (2, 0)$．したがって，定理24によりこの2次形式 $S_2[\boldsymbol{x}]$ は半正値である．

(iii)
$$\begin{aligned} S_3[\boldsymbol{x}] &= {x_1}^2 + 2{x_2}^2 + 3{x_3}^2 + 2(x_1x_2 - x_1x_3 + x_2x_3) \\ &= \{{x_1}^2 + 2(x_2 - x_3)x_1 + (x_2 - x_3)^2\} + ({x_2}^2 + 2{x_3}^2 + 4x_2x_3) \\ &= (x_1 + x_2 - x_3)^2 + (x_2 + 2x_3)^2 - 2{x_3}^2 \end{aligned}$$

ここで，変数変換

$$\begin{bmatrix} x_1 \\ x_2 \\ x_3 \end{bmatrix} = \begin{bmatrix} 1 & 1 & -1 \\ & 1 & 2 \\ O & & \sqrt{2} \end{bmatrix}^{-1} \begin{bmatrix} y_1 \\ y_2 \\ y_3 \end{bmatrix}$$

を施せば，$S_3[\boldsymbol{x}] = {y_1}^2 + {y_2}^2 - {y_3}^2$ となる．よって，この2次形式の符号数は $(p, q) = (2, 1)$ となり，定理24により2次形式 $S_3[\boldsymbol{x}]$ は半正値でも正定値でもなく，符号は定まらない．

例題 18　**(2 次形式の最大値・最小値)**

$x_1{}^2 + x_2{}^2 + x_3{}^2 = 1$ のとき

(i)　2 次形式 $S_1[\boldsymbol{x}] = x_2{}^2 + x_3{}^2 - x_1x_2 + x_1x_3 + x_2x_3$
の最大値と最小値を求めよ．

(ii)　2 次形式 $S_2[\boldsymbol{x}] = x_1{}^2 - x_2{}^2 - mx_3{}^2 - 2m(x_1x_2 - x_1x_3) + 2x_2x_3$
の最大値が 2 で，最小値が -2 となるように m の値を求めよ．

〖ヒント〗　定理 26 を適用する．

【解答】　(i)　2 次形式 $2S_1[\boldsymbol{x}] = 2\,(x_2{}^2 + x_3{}^2 - x_1x_2 + x_1x_3 + x_2x_3)$ の係数行列は $S_1' = \begin{bmatrix} 0 & -1 & 1 \\ -1 & 2 & 1 \\ 1 & 1 & 2 \end{bmatrix}$ であり，その固有値は $f_{S_1'}(x) = (x+1)(x-2)(x-3)$ から，$\lambda_1 = 2$，$\lambda_2 = 3$，$\lambda_3 = -1$．したがって，最大固有値は $\lambda_{\max} = \lambda_2 = 3$．最小固有値は $\lambda_{\min} = \lambda_3 = -1$．よって，定理 26 により $-1 \leqq 2S_1[\boldsymbol{x}] \leqq 3$，すなわち $-1/2 \leqq S_1[\boldsymbol{x}] \leqq 3/2$．ゆえに，2 次形式 $S_1[\boldsymbol{x}]$ の最大値は $3/2$ で，最小値は $-1/2$ である．

(ii)　2 次形式 $S_2[\boldsymbol{x}] = x_1{}^2 - x_2{}^2 - mx_3{}^2 - 2m(x_1x_2 - x_1x_3) + 2x_2x_3$ の係数行列は

$$S_2 = \begin{bmatrix} 1 & -m & m \\ -m & -1 & 1 \\ m & 1 & -m \end{bmatrix}$$

であり，その固有多項式は

$$f_{S_2}(x) = x^3 + mx^2 - 2(m^2+1)x - (m^3 - m^2 + m - 1)$$

である．この固有値を $\lambda_{\min} = \lambda_1 \leqq \lambda_2 \leqq \lambda_3 = \lambda_{\max}$ とすれば，定理 26 により $\lambda_1 = -2$，$\lambda_3 = 2$ でなければならない．したがって

$$f_{S_2}(-2) = -m^3 + 5m^2 + 3m - 3 = 0$$

$$f_{S_2}(2) = -m^3 - 3m^2 + 3m + 5 = 0$$

が成り立つことが必要である．よって，これを解いて $m = -1$ を得る．このとき，固有多項式は

$$f_{S_2}(x) = (x+2)(x-1)(x-2)$$

となり，これから固有値は $\lambda_1 = -2$，$\lambda_2 = 1$，$\lambda_3 = 2$ となる．したがって，$m = -1$ のとき，2 次形式 $S_2[\boldsymbol{x}]$ の最大値が 2，最小値が -2 となる．

例題 19　（エルミート形式の標準形）

次の各エルミート形式を，ユニタリ行列を使って標準形になおせ．

(i)　$H_1[\boldsymbol{x}] = i\,(\overline{x}_2 x_1 - \overline{x}_1 x_2)$

(ii)　$H_2[\boldsymbol{x}] = \overline{x}_1 x_1 + \overline{x}_2 x_2 + 4\overline{x}_3 x_3 + 5i(\overline{x}_1 x_2 - x_1\overline{x}_2) + 8(\overline{x}_1 x_3 + x_1 \overline{x}_3)$
$\qquad + 8i(\overline{x}_2 x_3 - x_2 \overline{x}_3)$

〖ヒント〗 定理 21，定理 22 参照．

【解答】　(i)　エルミート形式 $H_1[\boldsymbol{x}]$ は，エルミート行列 $H_1 = \begin{bmatrix} 0 & -i \\ i & 0 \end{bmatrix}$ を使って

$$H_1[\boldsymbol{x}] = i(\overline{x}_2 x_1 - \overline{x}_1 x_2) = \boldsymbol{x}^* H_1 \boldsymbol{x}, \quad \boldsymbol{x} = {}^t(x_1,\, x_2)$$

と書ける．H_1 の固有値 $\lambda_1 = 1$, $\lambda_2 = -1$ に対する正規化された固有ベクトルは，それぞれ ${}^t(1/\sqrt{2},\, i/\sqrt{2})$, ${}^t(i/\sqrt{2},\, 1/\sqrt{2})$ であるから，行列

$$U_1 = \begin{bmatrix} 1/\sqrt{2} & i/\sqrt{2} \\ i/\sqrt{2} & 1/\sqrt{2} \end{bmatrix}$$

はユニタリ行列であって，変数のユニタリ変換 $\boldsymbol{x} = U_1\boldsymbol{y}$, $\boldsymbol{y} = {}^t(y_1,\, y_2)$ によって，ユニタリ形式は次のような標準形になる．

$$H_1[\boldsymbol{x}] = \boldsymbol{y}^* U_1^* H_1 U_1 \boldsymbol{y} = \boldsymbol{y}^* \begin{bmatrix} 1 & 0 \\ 0 & -1 \end{bmatrix} \boldsymbol{y} = \overline{y}_1 y_1 - \overline{y}_2 y_2$$

(ii)　エルミート形式 $H_2[\boldsymbol{x}]$ は，エルミート行列 $H_2 = \begin{bmatrix} 1 & 5i & 8 \\ -5i & 1 & 8i \\ 8 & -8i & 4 \end{bmatrix}$ を使って

$$\begin{aligned} H_2[\boldsymbol{x}] &= \overline{x}_1 x_1 + \overline{x}_2 x_2 + 4\overline{x}_3 x_3 + 5i(\overline{x}_1 x_2 - x_1 \overline{x}_2) + 8(\overline{x}_1 x_3 + x_1 \overline{x}_3) + 8i(\overline{x}_2 x_3 - x_2 \overline{x}_3) \\ &= \boldsymbol{x}^* H_2 \boldsymbol{x}, \quad \boldsymbol{x} = {}^t(x_1,\, x_2,\, x_3) \end{aligned}$$

と書き表される．H_2 の固有値 $\lambda_1 = 6$, $\lambda_2 = 12$, $\lambda_3 = -12$ に対する正規化された固有ベクトルは，それぞれ ${}^t(i/\sqrt{2},\, 1/\sqrt{2},\, 0)$, ${}^t(1/\sqrt{6},\, i/\sqrt{6},\, 2/\sqrt{6})$, ${}^t(1/\sqrt{3},\, i/\sqrt{3},\, -1/\sqrt{3})$ であるから，行列

$$U_2 = \begin{bmatrix} i/\sqrt{2} & 1/\sqrt{6} & 1/\sqrt{3} \\ 1/\sqrt{2} & i/\sqrt{6} & i/\sqrt{3} \\ 0 & 2/\sqrt{6} & -1/\sqrt{3} \end{bmatrix}$$

はユニタリ行列であって，変数のユニタリ変換 $\boldsymbol{x} = U_2\boldsymbol{y}$；$\boldsymbol{y} = {}^t(y_1,\, y_2,\, y_3)$ によって，ユニタリ形式は次のような標準形になる．

$$H_2[\boldsymbol{x}] = \boldsymbol{y}^* U_2^* H_2 U_2 \boldsymbol{y} = \boldsymbol{y}^* \begin{bmatrix} 6 & & O \\ & 12 & \\ O & & -12 \end{bmatrix} \boldsymbol{y} = 6(\overline{y}_1 y_2 + 2\overline{y}_2 y_2 - 2\overline{y}_3 y_3)$$

例題 20　（半正値・正定値行列の構成）

n 次の実対称行列 S に関して次の各々を証明せよ．

(i)　S が半正値であるためには，$S = {}^t\!AA$ なるような n 次の実正方行列 A が存在することが必要十分である．

(ii)　S が正定値であるためには，$S = {}^t\!AA$ なるような n 次の実正則行列 A が存在することが必要十分である．

〖ヒント〗　定理 12 参照．

【解答】　(i)　[十分性]　n 次の実正方行列 A に対して $S = {}^t\!AA$ とおけば，${}^tS = {}^t({}^t\!AA) = {}^t\!AA = S$ であるから，S は実対称行列である．また，任意の実 n 次元数ベクトル $\boldsymbol{x}$ に対して

$$S[\boldsymbol{x}] = {}^t\boldsymbol{x}S\boldsymbol{x} = {}^t\boldsymbol{x}({}^t\!AA)\boldsymbol{x} = {}^t(A\boldsymbol{x})(A\boldsymbol{x}) = ||A\boldsymbol{x}||^2 \geqq 0$$

であるから，$S = {}^t\!AA \geqq 0$ すなわち S は半正値である．

[必要性]　S が n 次の実対称行列であれば，定理 12 によりある実直交行列 T によって

$$T^{-1}ST = \begin{bmatrix} \lambda_1 & & & O \\ & \lambda_2 & & \\ & & \ddots & \\ O & & & \lambda_n \end{bmatrix} = \Lambda_1$$

のように対角化される．このとき，対角元 $\lambda_1, \lambda_2, \cdots, \lambda_n$ は S の固有値であり，かつ S は半正値であるから，定理 24 により $\lambda_1 \geqq 0, \lambda_2 \geqq 0, \cdots, \lambda_n \geqq 0$ である．したがって

$$\Lambda_2 = \begin{bmatrix} \mu_1 & & & O \\ & \mu_2 & & \\ & & \ddots & \\ O & & & \mu_n \end{bmatrix};\ \mu_i = \sqrt{\lambda_i} \quad (i = 1, \cdots, n)$$

とおけば，実行列 $A = \Lambda_2{}^tT$ に対して次式が成り立つ．

$${}^t\!AA = {}^t(\Lambda_2{}^tT)(\Lambda_2{}^tT) = T\Lambda_2{}^2{}^tT = T\Lambda_1{}^tT = S$$

(ii)　[十分性]　(i) において，行列 A が正則であれば

$$S[\boldsymbol{x}] = {}^t\boldsymbol{x}S\boldsymbol{x} = ||A\boldsymbol{x}||^2 \geqq 0 \text{ により} \quad S[\boldsymbol{x}] = 0 \Longleftrightarrow A\boldsymbol{x} = \boldsymbol{o} \Longleftrightarrow \boldsymbol{x} = \boldsymbol{o}$$

が得られる．したがって，S は正定値である．

[必要性]　(i) において，S が正定値であれば，定理 24 により $\lambda_1 > 0, \cdots, \lambda_n > 0$ であるから Λ_1，したがって Λ_2 は正則であり，行列 $A = \Lambda_2{}^tT$ も実正則となる．よって，この実正則な行列 A によって $S = {}^t\!AA$ と書き表される．

例題 21 **（関数の極値問題への応用）**

2変数の実関数 $f(x, y)$ が2回連続偏微分可能で，かつ点 $\mathrm{P}(a, b)$ において

$$f_x(a, b) = f_y(a, b) = 0$$

とする．

$$\alpha = f_{xx}(a, b), \quad \varDelta = f_{xx}(a, b)f_{yy}(a, b) - f_{xy}(a, b)^2$$

とおくとき，点 $\mathrm{P}(a, b)$ において

（i） $\alpha > 0,\ \varDelta > 0$ ならば関数 $f(x, y)$ は極小，

（ii） $\alpha < 0,\ \varDelta > 0$ ならば関数 $f(x, y)$ は極大，

（iii） $\varDelta < 0$ ならば関数 $f(x, y)$ は極値をとらない

ことを示せ．

〚ヒント〛 定理25を適用せよ．

【解答】 仮定から

$$f(a+h,\ b+k) - f(a,\ b)$$
$$= \left(h\frac{\partial}{\partial x} + k\frac{\partial}{\partial y}\right) f(a,\ b) + \frac{1}{2!}\left(h\frac{\partial}{\partial x} + k\frac{\partial}{\partial y}\right)^2 f(a,\ b) + o(\rho),$$
$$\text{ただし，}\quad \rho = \sqrt{h^2 + k^2},\ \lim_{\rho \to 0} o(\rho) = 0$$

と書ける．

したがって，$f_x(a, b) = f_y(a, b) = 0$ となる点 $\mathrm{P}(a, b)$ の近傍では，右辺の符号は

$$\beta = \left(h\frac{\partial}{\partial x} + k\frac{\partial}{\partial y}\right)^2 f(a,\ b)$$

の符号に等しい．よって $\boldsymbol{h} = \begin{bmatrix} h \\ k \end{bmatrix}$，$S = \begin{bmatrix} f_{xx}(a, b) & f_{xy}(a, b) \\ f_{yx}(a, b) & f_{yy}(a, b) \end{bmatrix}$ とおくとき，

$$\beta = {}^t\boldsymbol{h}S\boldsymbol{h}$$

となる．すなわち，β は S を係数行列とする $\boldsymbol{h}$ に関する2次形式となるから，定理25により

（i） $\alpha > 0,\ |S| = \varDelta > 0 \Longrightarrow S > 0 \Longrightarrow \boldsymbol{h} = \boldsymbol{o}$ の近傍で $\beta \geqq 0$

$\therefore$ 点 $\mathrm{P}(a, b)$ で関数 $f(x, y)$ は極小．

（ii） $\alpha < 0,\ |S| = \varDelta > 0 \Longrightarrow S < 0 \Longrightarrow \boldsymbol{h} = \boldsymbol{o}$ の近傍で $\beta \leqq 0$

$\therefore$ 点 $\mathrm{P}(a, b)$ で関数 $f(x, y)$ は極大．

（iii） $\varDelta < 0 \Longrightarrow S$ は不定符号　　$\therefore$ 点 $\mathrm{P}(a, b)$ で関数 $f(x, y)$ は極値をとらない．

問題 7.4　A

1. 次の各 2 次形式を対称行列を用いて表せ．

(1)　$S_1[\boldsymbol{x}] = {x_1}^2 + {x_2}^2 + 12{x_3}^2 - 6x_1x_2 - 8x_1x_3 + 8x_2x_3$

(2)　$S_2[\boldsymbol{x}] = (x_1 + x_2)^2 + x_3x_4$

2. 次の各 2 次形式を，それぞれ与えられた正則行列で変数変換せよ．

(1)　$S_3[\boldsymbol{x}] = 2{x_1}^2 + 5{x_2}^2 - 8x_1x_2$ ； $\boldsymbol{x} = \begin{bmatrix} -1 & 2 \\ 0 & 1 \end{bmatrix}\boldsymbol{y}$

(2)　$S_4[\boldsymbol{x}] = 2{x_1}^2 + 11{x_2}^2 + 5{x_3}^2 - 4x_1x_2 + 20x_1x_3 + 16x_2x_3$ ； $\boldsymbol{x} = \begin{bmatrix} 2 & 1 & 2 \\ -2 & 2 & 1 \\ 1 & 2 & -2 \end{bmatrix}\boldsymbol{y}$

3. 次の各 2 次形式の符号数 (p, q) と標準形を求めよ．

(1)　$S_5[\boldsymbol{x}] = {x_1}^2 - 3{x_2}^2 + 4x_1x_2$

(2)　$S_6[\boldsymbol{x}] = 5{x_1}^2 + 8{x_2}^2 + 5{x_3}^2 - 2(x_1x_2 - x_2x_3) - 4x_1x_3$

(3)　$S_7[\boldsymbol{x}] = {x_1}^2 - {x_2}^2 + {x_3}^2 - 2x_1x_2 - 2x_2x_3$

4. 次の各 2 次形式の符号数 (p, q) と，標準形にうつす変数変換の行列をラグランジュの方法で求めよ．

(1)　$S_8[\boldsymbol{x}] = {x_1}^2 + 5{x_2}^2 + 4{x_3}^2 - 4x_1x_2 - 4x_1x_3 + 6x_2x_3$

(2)　$S_9[\boldsymbol{x}] = x_1x_2 + x_2x_3 + x_1x_3$

5. 次の各 2 次形式が，半正値か正定値かを判定せよ．

(1)　$S_{10}[\boldsymbol{x}] = {x_1}^2 + 3({x_2}^2 + {x_3}^2) + 2x_2x_3$

(2)　$S_{11}[\boldsymbol{x}] = 3({x_1}^2 - {x_3}^2) + 4({x_2}^2 - x_2x_3) - 8(x_1x_2 - x_1x_3)$

(3)　$S_{12}[\boldsymbol{x}] = {x_1}^2 + {x_2}^2 + {x_3}^2 + x_1x_2 + x_1x_3 - x_2x_3$

6. 2 次の正方行列 $A = \begin{bmatrix} 1 & -1 \\ 0 & 2 \end{bmatrix}$ に対して $S = {}^tAA$ とおく．

このとき，条件 $x^2 + y^2 = 1$ のもとでの ${}^t\boldsymbol{x}S\boldsymbol{x}$ の最大値と最小値を求めよ．ただし $\boldsymbol{x} = {}^t(x,\ y)$．

7. 次の各エルミート形式を，エルミート行列を使って表し，かつユニタリ変換で標準形になおせ．

(1)　$H_1[\boldsymbol{x}] = \overline{x}_1x_1 + 4\overline{x}_2x_2 + \overline{x}_3x_3 + i(\overline{x}_1x_2 - x_1\overline{x}_2) - 4(\overline{x}_1x_3 + x_1\overline{x}_3) + i(\overline{x}_2x_3 - x_2\overline{x}_3)$

(2)　$H_2[\boldsymbol{x}] = 11(\overline{x}_1x_1 + \overline{x}_3x_3) + 14\overline{x}_2x_2 - 5(\overline{x}_1x_3 + x_1\overline{x}_3)$
$\qquad + 2i(\overline{x}_1x_2 + \overline{x}_2x_3 - x_1\overline{x}_2 - x_2\overline{x}_3)$

8. 変数の直交変換 $\boldsymbol{x} = T\boldsymbol{y}$（$T$：直交行列）は単位形式を単位形式にうつし，逆に単位形式を単位形式にうつすような変数の線形変換は直交変換であることを示せ．

問題 7.4　B

1. 2 次形式 $S_1[\boldsymbol{x}] = (\alpha+1){x_1}^2 + (\alpha-1){x_2}^2 + \alpha {x_3}^2 + 2\alpha x_1x_3 + 2x_2x_3$ が正定値であるための α の範囲を求めよ．

2. ${x_1}^2 + {x_2}^2 + {x_3}^2 = 1$ のとき，2 次形式

$$S_2[\boldsymbol{x}] = {x_1}^2 - {x_2}^2 - m{x_3}^2 - 2m(x_1x_2 - x_1x_3) + 2x_2x_3$$

の最大値が 2 で，最小値が -2 になるように m の値を定めよ．

3. A, B を n 次の実対称行列とするとき，次の各々が成り立つことを示せ．

(1) $A > 0 \Longrightarrow$ 任意の自然数 m に対して $A^m > 0$

(2) $A > 0,\ B > 0 \Longrightarrow A + B > 0$

4. $F(\boldsymbol{x}) = n\sum_{i=1}^{n} {x_i}^2 - \left(\sum_{i=1}^{n} x_i\right)^2$ は半正値 2 次形式であることを示せ．
また，$F(\boldsymbol{x}) = 0$ となるための $\boldsymbol{x} = {}^t(x_1, \cdots, x_n)$ の条件を求めよ．

5. (m, n) 型の実行列 A に対して $S = {}^tAA$ とおくとき，次の各々が成り立つことを示せ．

(1) $\operatorname{rank} A = n \Longrightarrow S > 0$

(2) $\operatorname{rank} A < n \Longrightarrow S \geqq 0$

6. 実対称行列 S の固有多項式を $f_S(x) = x^n - a_1x^{n-1} + \cdots + (-1)^n a_n$ とおくとき，$S > 0$ となるためには $a_i > 0\ (i = 1, \cdots, n)$ となることが必要十分であることを示せ．

7. 2 次形式 $S_3[\boldsymbol{x}] = {}^t\boldsymbol{x}S_3\boldsymbol{x}$ において，S_3 の任意の固有値 λ に対して，$S_3[\boldsymbol{a}] = \lambda||\boldsymbol{a}||^2$ となるようなベクトル $\boldsymbol{a} \neq \boldsymbol{o}$ が存在することを示せ．

ヒントと解答

問題 7.4　A

1. (1) $S_1[\boldsymbol{x}] = {}^t\boldsymbol{x}\begin{bmatrix} 1 & -3 & -4 \\ -3 & 1 & 4 \\ -4 & 4 & 12 \end{bmatrix}\boldsymbol{x}$　(2) $S_2[\boldsymbol{x}] = {}^t\boldsymbol{x}\begin{bmatrix} 1 & 1 & & \\ 1 & 1 & & \\ & & 0 & 1/2 \\ & & 1/2 & 0 \end{bmatrix}\boldsymbol{x}$（空白部分は O）

2. (1) $S_3[\boldsymbol{x}] = {}^t\boldsymbol{x}\begin{bmatrix} 2 & -4 \\ -4 & 5 \end{bmatrix}\boldsymbol{x} = {}^t\boldsymbol{y}\begin{bmatrix} 2 & 0 \\ 0 & -3 \end{bmatrix}\boldsymbol{y} = 2{y_1}^2 - 3{y_2}^2$

(2) $S_4[\boldsymbol{x}] = {}^t\boldsymbol{x}\begin{bmatrix} 2 & -2 & 10 \\ -2 & 11 & 8 \\ 10 & 8 & 5 \end{bmatrix}\boldsymbol{x} = {}^t\boldsymbol{y}\begin{bmatrix} 9^2 & & O \\ & 2\cdot 9^2 & \\ O & & -9^2 \end{bmatrix}\boldsymbol{y} = (9y_1)^2 + 2(9y_2)^2 - (9y_3)^2$

3. (1) $S_5[\boldsymbol{x}] = {}^t\boldsymbol{x}\begin{bmatrix} 1 & 2 \\ 2 & -3 \end{bmatrix}\boldsymbol{x} = (-1+2\sqrt{2}){y_1}^2 - (1+2\sqrt{2}){y_2}^2$,　$(p, q) = (1, 1)$

(2)　$S_6[\boldsymbol{x}] = {}^t\boldsymbol{x}\begin{bmatrix} 5 & -1 & -2 \\ -1 & 8 & 1 \\ -2 & 1 & 5 \end{bmatrix}\boldsymbol{x} = 3{y_1}^2 + 6{y_2}^2 + 9{y_3}^2, \quad (p,\ q) = (3,\ 0)$

(3)　$S_7[\boldsymbol{x}] = {}^t\boldsymbol{x}\begin{bmatrix} 1 & -1 & 0 \\ -1 & -1 & -1 \\ 0 & -1 & 1 \end{bmatrix}\boldsymbol{x} = {y_1}^2 + \sqrt{3}{y_2}^2 - \sqrt{3}{y_3}^2, \quad (p,\ q) = (2,\ 1)$

4.　(1)　$S_8[\boldsymbol{x}] = \{{x_1}^2 - 4x_1(x_2+x_3) + 4(x_2+x_3)^2\} + ({x_2}^2 - 2x_2x_3 + {x_3}^2) - {x_3}^2$

$= (x_1 - 2x_2 - 2x_3)^2 + (x_2 - x_3)^2 - {x_3}^2$

$= {y_1}^2 + {y_2}^2 - {y_3}^2, \quad (p,\ q) = (2,\ 1)$

$$\boldsymbol{y} = \begin{bmatrix} 1 & -2 & -2 \\ & 1 & 1 \\ O & & 1 \end{bmatrix}\boldsymbol{x} \qquad \therefore \quad \boldsymbol{x} = \begin{bmatrix} 1 & -2 & -2 \\ & 1 & 1 \\ O & & 1 \end{bmatrix}^{-1}\boldsymbol{y} = \begin{bmatrix} 1 & 2 & 4 \\ & 1 & 1 \\ O & & 1 \end{bmatrix}\boldsymbol{y}$$

(2)　$S_9[\boldsymbol{x}] = \{(x_1+x_2)^2 - (x_1-x_2)^2 + 4(x_1+x_2)x_3\}/4$

$= \{({x'_1}^2 + 4x'_1x_3 + 4{x_3}^2) - {x'_2}^2 - 4{x_3}^2\}/4$

$= (x_1 + x_2 + 2x_3)^2/4 - (x_1 - x_2)^2/4 - {x_3}^2$

$= {y_1}^2 - {y_2}^2 - {y_3}^2, \quad (p,\ q) = (1,\ 2)$

ただし $x'_1 = x_1 + x_2, \quad x'_2 = x_1 - x_2$.

$$\boldsymbol{y} = \begin{bmatrix} 1/2 & 1/2 & 1 \\ 1/2 & -1/2 & 0 \\ 0 & 0 & 1 \end{bmatrix}\boldsymbol{x} \qquad \therefore \quad \boldsymbol{x} = \begin{bmatrix} 1/2 & 1/2 & 1 \\ 1/2 & -1/2 & 0 \\ 0 & 0 & 1 \end{bmatrix}^{-1}\boldsymbol{y} = \begin{bmatrix} 1 & 1 & -1 \\ 1 & -1 & -1 \\ 0 & 0 & 1 \end{bmatrix}\boldsymbol{y}$$

5.　(1)　$S_{10}[\boldsymbol{x}] = {}^t\boldsymbol{x}\begin{bmatrix} 1 & 0 & 0 \\ 0 & 3 & 1 \\ 0 & 1 & 3 \end{bmatrix}\boldsymbol{x}.\quad \begin{vmatrix} 1 & 0 \\ 0 & 3 \end{vmatrix} > 0, \quad \begin{vmatrix} 1 & 0 & 0 \\ 0 & 3 & 1 \\ 0 & 1 & 3 \end{vmatrix} > 0. \qquad \therefore \quad S_{10} > 0.$

(2)　$S_{11}[\boldsymbol{x}] = {}^t\boldsymbol{x}\begin{bmatrix} 3 & -4 & 4 \\ -4 & 4 & -2 \\ 4 & -2 & -3 \end{bmatrix}\boldsymbol{x}.\quad f_{S_{11}}(x) = x(x+5)(x-9). \quad (p,\ q) = (1,\ 1)$. よって，この2次形式は非負値でも，正定値でもない.

(3)　$S_{12}[\boldsymbol{x}] = {}^t\boldsymbol{x}\begin{bmatrix} 1 & 1/2 & 1/2 \\ 1/2 & 1 & -1/2 \\ 1/2 & -1/2 & 1 \end{bmatrix}\boldsymbol{x}.\quad f_{S_{12}}(x) = x\left(x - \dfrac{3}{2}\right)^2, \quad (p,\ q) = (2,\ 0)$

$\therefore \quad S_{12} \geqq 0$

6.　$S = {}^tAA = \begin{bmatrix} 1 & -1 \\ -1 & 1 \end{bmatrix}.\quad f_S(x) = x^2 - 6x + 4. \quad \lambda_1 = 3 + \sqrt{5}, \quad \lambda_2 = 3 - \sqrt{5}.$

よって，最大値は $3 + \sqrt{5}$，最小値は $3 - \sqrt{5}$.

7. (1) $H_1[\boldsymbol{x}] = \boldsymbol{x}^* \begin{bmatrix} 1 & i & -4 \\ -i & 4 & i \\ -4 & -i & 1 \end{bmatrix} \boldsymbol{x}$. $f_{H_1}(x) = (x-3)(x-6)(x+3)$.
固有値 $\lambda_1 = 3$, $\lambda_2 = 6$, $\lambda_3 = -3$ に対する正規化された固有ベクトルは，それぞれ ${}^t(1/\sqrt{6},\ 2i/\sqrt{6},\ -1/\sqrt{6})$, ${}^t(1/\sqrt{3},\ -i/\sqrt{3},\ -1/\sqrt{3})$, ${}^t(1/\sqrt{2},\ 0,\ 1/\sqrt{2})$ であるからユニタリ行列 $U_1 = \begin{bmatrix} 1/\sqrt{6} & 1/\sqrt{3} & 1/\sqrt{2} \\ 2i/\sqrt{6} & -i/\sqrt{3} & 0 \\ -1/\sqrt{6} & -1/\sqrt{3} & 1/\sqrt{2} \end{bmatrix}$ で，変数変換 $\boldsymbol{x} = U_1\boldsymbol{y}$ を行えば，標準形 $H_1[\boldsymbol{x}] = 3(|y_1|^2 + 2|y_2|^2 - |y_3|^2)$ を得る．

(2) $H_2[\boldsymbol{x}] = \boldsymbol{x}^* \begin{bmatrix} 11 & 2i & -5 \\ -2i & 14 & 2i \\ -5 & -2i & 11 \end{bmatrix} \boldsymbol{x}$. $f_{H_2}(x) = (x-6)(x-12)(x-18)$.
固有値 $\lambda_1 = 6$, $\lambda_2 = 12$, $\lambda_3 = 18$ に対する正規化された固有ベクトルは，それぞれ ${}^t(1/\sqrt{2},\ 0,\ 1/\sqrt{2})$, ${}^t(1/\sqrt{6},\ 2i/\sqrt{6},\ -1/\sqrt{6})$, ${}^t(1/\sqrt{3},\ -i/\sqrt{3},\ -1/\sqrt{3})$ であるから，ユニタリ行列 $U_2 = \begin{bmatrix} 1/\sqrt{2} & 1/\sqrt{6} & 1/\sqrt{3} \\ 0 & 2i/\sqrt{6} & -i/\sqrt{3} \\ 1/\sqrt{2} & -1/\sqrt{6} & -1/\sqrt{3} \end{bmatrix}$ で，変数変換 $\boldsymbol{x} = U_2\boldsymbol{y}$ を行えば，標準形 $H_2[\boldsymbol{x}] = 6(|y_1|^2 + 2|y_2|^2 + 3|y_3|^2)$ を得る．

8. T が直交行列であれば ${}^tTET = E$. 逆に ${}^tTET = E$ ならば T は直交行列.

問題 7.4 B

1. 定理 25 を利用すれば $\alpha > 1 + \sqrt{2}$.

2. 定理 26 を利用して $f_{S_2}(2) = f_{S_2}(-2) = 0$ から $m = -1$.

3. (1) 定理 24 を使って固有値の問題に帰着させ，定理 1 を適用する．

(2) $\boldsymbol{x} \neq \boldsymbol{o}$ に対して ${}^t\boldsymbol{x}(A+B)\boldsymbol{x} = {}^t\boldsymbol{x}A\boldsymbol{x} + {}^t\boldsymbol{x}B\boldsymbol{x} > 0$.

4. ベクトル $\boldsymbol{n} = {}^t(1, \cdots, 1)$, $\boldsymbol{x} = {}^t(x_1, \cdots, x_n)$ に対して，シュワルツの不等式（第5章5.4，定理16）：$|(\boldsymbol{n}, \boldsymbol{x})| \leqq ||\boldsymbol{n}||||\boldsymbol{x}||$ を適用する．また，この不等式で等号が成り立つための条件は $\boldsymbol{x} = \alpha\boldsymbol{n}$（$\alpha$はスカラー）.

5. ${}^t\boldsymbol{x}S\boldsymbol{x} = {}^t\boldsymbol{x}{}^tAA\boldsymbol{x} = {}^t(A\boldsymbol{x})(A\boldsymbol{x}) = ||A\boldsymbol{x}||^2 \geqq 0$. よって

(1) $\operatorname{rank} A = n \Longrightarrow \boldsymbol{x} \neq \boldsymbol{o}$ に対して $A\boldsymbol{x} \neq \boldsymbol{o}$ $\quad \therefore \quad S > 0$

(2) $\operatorname{rank} A < n \Longrightarrow A\boldsymbol{x} = \boldsymbol{o}$ なるベクトル $\boldsymbol{x} \neq \boldsymbol{o}$ が存在するから $S \geqq 0$

6. 定理 24 と，固有方程式に関する解と係数の間の関係式（基本対称式）を利用せよ．

7. 固有値 λ に対する固有ベクトル $\boldsymbol{a} \neq \boldsymbol{o}$ を選べば

$${}^t\boldsymbol{a}A\boldsymbol{a} = {}^t\boldsymbol{a}(\lambda\boldsymbol{a}) = \lambda({}^t\boldsymbol{a}\boldsymbol{a}) = \lambda||\boldsymbol{a}||^2$$

索　　引

あ　行

か　行

た　行

な　行

は　行

ま　行

や　行

ら 行

わ 行

欧 字

著者略歴

横井英夫(よこい ひでお)

1955年　名古屋大学理学部数学科卒業
2019年　逝去
　　　　名古屋大学名誉教授　理学博士

主要著書
「線形代数学演習と解法」(共著)
「整数論入門」,「線形代数学入門」

尼野一夫(あまの かずお)

1964年　東京教育大学理学部数学科卒業
2016年　逝去
　　　　岐阜大学名誉教授

主要著書
「線形代数入門」(共著)

数学演習ライブラリ＝1
線形代数演習［新訂版］

1984年 6月25日©	初版発行
2001年11月10日	初版第21刷発行
2003年 3月10日©	新訂版発行
2024年 5月25日	新訂第11刷発行

著者　横井英夫　　発行者　森平敏孝
　　　尼野一夫　　印刷者　大道成則

発行所　　株式会社　サイエンス社

〒151-0051　東京都渋谷区千駄ヶ谷1丁目3番25号
営業　☎ (03)5474-8500(代)　振替 00170-7-2387
編集　☎ (03)5474-8600(代)
FAX　☎ (03)5474-8900

印刷・製本　太洋社

《検印省略》

サイエンス社のホームページのご案内
http://www.saiensu.co.jp
ご意見・ご要望は
rikei@saiensu.co.jp　まで

ISBN4-7819-1031-9

PRINTED IN JAPAN